全国医学院校高职高专规划教材

供临床医学、护理类及相关专业用

医学生物化学

第 3 版

主　编 张　申　黄泽智　庄景凡

副主编 段如春　欧卫华　赵　霞

编　委（按姓名汉语拼音排序）

段如春（楚雄医药高等专科学校）

黄泽智（邵阳医学院）

蒋传命（邵阳医学院）

李　杰（永州职业技术学院）

欧卫华（黔东南民族职业技术学院）

王海英（湖南医药学院）

徐　勍（常德职业技术学院）

张　申（湖南医药学院）

赵　霞（黑龙江护理高等专科学校）

周太梅（湖南医药学院）

庄景凡（常德职业技术学院）

北京大学医学出版社

YIXUESHENGWUHUAXUE

图书在版编目（CIP）数据

医学生物化学 / 张申，黄泽智，庄景凡主编 .—3 版 .
—北京：北京大学医学出版社，2015.10（2021.12 重印）
ISBN 978-7-5659-1023-4

Ⅰ . ①医… Ⅱ . ①张… ②黄… ③庄… Ⅲ . ①医用化学－生
物化学－医学院校－教材 Ⅳ. ① Q5

中国版本图书馆 CIP 数据核字 (2015) 第 211549 号

医学生物化学（第 3 版）

主　　编：张　申　黄泽智　庄景凡
出版发行：北京大学医学出版社
地　　址：（100191）北京市海淀区学院路 38 号　北京大学医学部院内
电　　话：发行部 010-82802230；图书邮购 010-82802495
网　　址：http：//www.pumpress.com.cn
E － mail：booksale@bjmu.edu.cn
印　　刷：北京信彩瑞禾印刷厂
经　　销：新华书店
责任编辑：靳新强　　　责任校对：金彤文　　　责任印制：李　啸
开　　本：850 mm × 1168 mm　1/16　印张：18　字数：516 千字
版　　次：2007 年 1 月第 1 版　2015 年 10 月第 3 版　2021 年 12 月第 8 次印刷
书　　号：ISBN978-7-5659-1023-4
定　　价：45.00 元

版权所有，违者必究

（凡属质量问题请与本社发行部联系退换）

全国医学院校高职高专规划教材编审委员会

主 任 委 员　王德炳

学 术 顾 问　程伯基

副主任委员　马晓健　邓　瑞　匡奕珍　李金成　陈文祥
　　　　　　唐　平　秦海洸　袁　宁

秘 书 长　陆银道　王凤廷

委　　　员（按姓名汉语拼音排序）

鲍缇夕	曹玉青	陈涤民	陈小红	陈小菊
邓开玉	段于峰	付林海	耿　磊	桂　芳
郭　兴	郝晓鸣	何辉红	贺志明	侯志英
胡祥上	黄雪霜	黄泽智	简亚平	江兴林
姜海鸥	蒋乐龙	金立军	雷芬芳	李　兵
李　青	李杰红	林新容	刘翠兰	刘羔萍
柳　洁	吕　冬	栾建国	马尚林	马松涛
马新华	孟共林	聂景蓉	裴巧霞	彭　湃
彭艾莉	蒲泉州	饶利兵	申小青	舒安利
谭安雄	唐布敏	陶　莉	田小英	田玉梅
汪小玉	王化修	王嗣雷	王喜梅	王小莲
王玉明	魏明凯	邬贤斌	吴和平	吴水盛
谢日华	熊正南	徐友英	徐袁明	许健瑞
阎希青	阳　晓	姚本丽	义家运	易礼兰
应　萍	曾琦斐	张　申	张丽霞	张荔茗

前　言

全国医学院校高职高专系列教材《医学生物化学》第 2 版于 2010 年出版至今已有 5 年。在此期间，在国家发展职业教育的大格局下，医学高等职业教育也呈现出快速发展的态势，可谓方兴未艾。原卫生部《医药卫生中长期人才发展规划（2011 — 2020 年）》提出"加强基层医疗卫生人才队伍建设""大力开发医药卫生急需紧缺专门人才"等，对医学高等职业技术人才的培养提出了新的要求。而医学高等职业教材建设在提高人才培养质量方面起到基础性作用，教材建设是完善教育教学改革的一项重要内容，高质量的教材是培养优秀人才的基本保证。医学高等职业教育教材要体现出职业教育的特色，即教材在内容、质量上要符合职业岗位人对高技能应用型人才的要求。教育部将教材建设作为衡量高等职业院校深化教育教学改革的重要指标。

根据上述要求，本教材的编写在上一版章节格局的基础上，对一些内容进行了修订调整。①第二章蛋白质的结构与功能，新增了蛋白质构象与疾病，删除了蛋白质的生理功能；②第五章酶，删除酶催化作用机制中底物的"趋近"效应、底物的"定向"效应、底物"变形"与张力作用、酸碱催化作用和表面效应等内容；③第六章生物氧化，新增了氧化磷酸化偶联机制——化学渗透学说、ATP 合酶；将过氧化物酶系的氧化酶类和超氧化物歧化酶修订为活性氧清除体系；④第七章糖代谢，新增糖酵解的特点，删除 2,3- 二磷酸甘油酸支路（与血液生物化学重复）和半乳糖、果糖代谢；⑤第八章脂质代谢，新增脂质的消化与吸收，删除脂肪酸的分类、生理功能，低脂蛋白血症；⑥第十二章肝的生物化学，删除了胆固醇转化为胆汁酸的化学反应过程，胆红素生成的化学反应；⑦第十三章水和无机盐代谢，删除了骨的代谢等内容。

保留了上一版"一课一例，架起通向临床的桥梁""诺奖风采"等特色，使学生能应用生物化学的知识解释一些疾病的临床症状和发病机制。为了扩大学生的知识面，提高教材的可读性、趣味性，让学生"早期接触临床，早期接触岗位"。根据章节特点新增"案例分析""课堂讨论""知识拓展"等内容。

本教材配有实验指导和学习指南，根据循序渐进的原则选择编排了部分实验项目，并对实验内容提出了具体教学要求。为了紧密接轨执业考试，学习指南对每章设置了内容提要和强化训练。

教材分章编写，共同审阅修改，全书最后由张申统稿。教材编写过程中，得到了各参编院校的大力支持，以及湖南医药学院的鼎力相助，在此一并表示由衷的感谢。

由于时间仓促和编者认知水平的限制，教材中难免存在不妥甚至错漏之处，期盼同行专家、使用本教材的师生和其他读者多提宝贵意见，以期日后改进与提高。

编者

2015 年 6 月

目　录

第一章 绪 论

学习目标

掌握

生物化学的概念和主要研究内容。

了解

现代生物化学发展的三个阶段，生物化学与医学的关系。

生物化学（biochemistry）是运用化学、生物学的原理与方法，从分子水平研究生物体的化学组成和生命活动过程中化学变化规律的学科，也称生命的化学，简称生化。生物化学研究的对象是生物体，其中医学生物化学的研究对象是人体，主要从分子水平上了解人体的物质组成、结构与功能，物质代谢及其调节，生物信息的传递与调控，以期阐明疾病的发生、发展与转归的化学机制，为疾病的诊断、防治做出贡献。

第一节 生物化学研究的主要内容

一、人体的物质组成、结构与功能

细胞是生物体的结构和功能单位，而细胞又是由各种化学物质所组成。主要包括水、无机盐、糖类、脂类、蛋白质等。此外，还有核酸、维生素、激素等物质。其中蛋白质、核酸、多糖和复合脂是结构、功能复杂的大分子物质，它们都是由各自的基本组成单位按一定的排列顺序和连接方式构成的多聚体，相对分子质量一般都在 10^4 以上，它们是生命的物质基础，故称为生物大分子，简称为生物分子（biomolecule）。生物分子的重要特征之一是具有信息功能，因此，也称为生物信息分子。研究生物分子的结构、功能和调控，探讨生命本质的学科称为分子生物学（molecular biology）。分子生物学是生物化学的延伸和发展，它涉及生命现象最本质的内容，因此，它全面地推动了生命科学的发展。

二、物质代谢及其调节

新陈代谢（metabolism）是生命的基本特征之一，也称为物质代谢。生物体必须不断地与外界环境进行物质交换，即摄取营养物质，排出废物，以维持内环境的相对稳定。据估计，以 60 岁计算，一个人的一生中与环境交换的物质，约相当于 60 000 kg 水、10 000 kg 糖类、1 600 kg 蛋白质以及 1 000 kg 脂类。正常的物质代谢是正常生命过程的必要条件，若物质代谢发生紊乱则可引起疾病。

物质代谢包括合成代谢（同化作用）和分解代谢（异化作用）两个方面。合成代谢是指将结构简单的代谢物转变成结构复杂，并具有特定生理功能的大分子物质的过程。合成代谢需要消耗能量，同时也是生物体内储存能量和建造组织的过程，通过合成代谢，生物体将从外界摄取的营养物质转变成自身的组织成分。分解代谢是指将结构复杂的大分子物质降解为结构简单的小分子物质，并将代谢终产物排出体外的过程。分解代谢会释放能量，同时使组织不断更新。合成代谢与分解代谢是一对矛盾的统一，两者相互依存。如合成代谢所需要的能量来自分解代谢，而被分解的物质则由合成代谢产生。

物质代谢能有条不紊地进行，这依赖于机体的调节，通过代谢调节使各种物质的代谢速度和代谢方向符合机体的生理需要，如外界刺激通过体内神经、激素等作用于细胞，改变细胞内物质代谢。若物质代谢发生紊乱则可引起疾病。物质代谢中的绝大多数化学反应是由酶催化，酶结构和酶含量的变化对物质代谢的调节起到重要作用。细胞信号转导参与多种物质代谢及其相关的生长、增殖、分化等生命过程的调节。深入研究细胞信号转导机制是生物化学的重要课题之一。

三、生物遗传信息的传递与调控

繁殖是生命过程中的又一基本特征。俗话说"种瓜得瓜，种豆得豆"，生物体通过个体的繁衍，将其遗传信息传递给子代。生物遗传信息传递涉及遗传、变异、生长、分化等诸多生命过程，也与遗传病、恶性肿瘤、免疫缺陷病、心血管病等多种疾病的发病机制有关。现已确定，DNA是遗传信息的载体，是遗传的主要物质基础。基因即 DNA 分子中可表达的功能片段。RNA 是遗传信息的传递者，通过转录获得 DNA 分子中的信息。蛋白质是基因表达的产物，是遗传信息的体现者。当今研究基因中各片段在染色体中的定位、DNA 分子中核苷酸的顺序及功能、DNA 的复制、RNA 的转录和蛋白质生物合成过程中基因信息传递的机制，基因传递与表达的时空调节规律等是生物化学研究的重要领域，这将为解开生命之谜奠定坚实的基础。许多基因工程产品将应用于人类疾病的诊断和治疗。

第二节　生物化学发展简史

生物化学的研究始于 18 世纪，19 世纪已有许多进展，如某些代谢过程的发现，成功地结晶了血红蛋白，发现了细胞色素，从无机物合成了尿素等。20 世纪初，即 1903 年德国化学家纽堡（C. Neuberg）首先提出"生物化学"这一名词，使之成为一门独立的学科得以迅速发展。目前生物化学已成为生命科学领域的带头学科，其原理和技术已渗透到生命科学的各学科中，医学领域的各学科无不广泛地应用到生物化学的知识。

基于生产和生活的需要，我国古代劳动人民对生物化学的发展做出了重要的贡献。在酶学、营养学、医药等方面都有不少创造和发明。

酶学方面：公元前 21 世纪，我国劳动人民已掌握了酿酒技术。相传夏禹时期的仪狄发明了酿酒。公元前 12 世纪，已能制酱，《论语》上有"不得其酱不食"之说。上述例子表明，我国劳动人民早在 4000 多年前就已使用了生物体内一类很重要的活性物质——酶，这显然是酶学的萌芽时期。

营养学方面：《黄帝内经》就记载了各种膳食对人体的作用，即"五谷为养，五果为助，五畜为益，五菜为充"，将食物分为 4 大类，分别以"养""助""益""充"表明营养价值。这在近代营养学中，也是配制平衡膳食的原则。

医药方面：地方性甲状腺肿古称瘿病，这主要是由于饮食中缺碘所致，东晋时期，葛洪著《肘后百一方》中载有用海藻酒治疗瘿病的方法。而欧洲直到公元 1170 年，才有用海藻及海绵的灰分治疗此病的记载。夜盲症是一种缺乏维生素 A 的病症，古称雀目。孙思邈（公元581—682年）首先用含维生素 A 丰富的猪肝治疗。

近代生物化学发展历史经历了叙述生物化学、动态生物化学和分子生物学三个发展阶段。

一、叙述生物化学阶段

主要是研究生物体的物质组成及结构，描述其组成成分的性质及在体内的含量和分布。早在19 世纪李比希（J. Von Liebig，1803—1873）提出了著名的"燃烧"学说，并将食物分为糖、脂和蛋白质三大类主要成分，同时提出了物质在体内可进行合成和分解两种化学过程。19 世纪 40 年代魏尔啸（R. Virchow）提出了细胞学说，证明细胞是一切生命体的基本结构单位，是进行化学反应的场所。1878 年，库奈（W. Kühne）首先引入了酶的概念。20 世纪初，生物化学之父费舍尔（H. E. Fischer）（诺贝尔奖，1902 年）首次证明蛋白质是由不同数量、种类的氨基酸组成的，并采用化学方法合成了几种 18 肽；发现了酶的特异性，验证了他早在 1894 年提出的酶催化作用的"锁 - 钥学说"。为生物化学的后续发展奠定了良好的基础。

二、动态生物化学阶段

研究物质在生物体内的代谢变化，以及酶、维生素、激素等在代谢中的作用。从 20 世纪 20 年代开始，生物化学进入了一个蓬勃发展的阶段。1926 年，萨姆奈（J.B. Sumner）（诺贝尔奖，1946 年）第一个成功地制备了尿素酶结晶，并首次证明酶是蛋白质，终于使科学家彻底揭开了"酶的化学本质是蛋白质"的事实。1918 年，恩伯登（G. Embden）和迈耶霍夫（O. Meyerhof）（诺贝尔奖，1922 年）阐明了糖酵解过程，因此，糖酵解途径又称恩伯登 - 迈耶霍夫途径。1926 年，瓦尔堡（O. H. Warburg）（诺贝尔奖，1931 年）发现了呼吸作用关键酶——细胞色素氧化酶。1932 年，克雷布斯（H.A. Krebs）和汉瑟雷特（K. Henseleit）发现了尿素循环反应途径。1937 年，克雷勃斯又揭示了三羧酸循环机制（诺贝尔奖，1953 年）。1941 年，李普曼（F. A. Lipmann）（诺贝尔奖，1953 年）发现辅酶 A 及其作为中间体在代谢中的重要作用，并提出了生物能过程中的ATP 循环学说。在此阶段，体内各种主要物质代谢转变的酶催化途径已基本搞清。

三、分子生物学阶段

研究核酸、蛋白质等生物分子的结构与功能的关系，从分子水平上阐明生命现象。即分子生物学发展时期。1944 年，艾弗里（O.T. Avery）与其同事通过细菌转化实验，直接证明 DNA 是遗传的物质基础，揭示了基因的本质。1951 年，鲍林（L. Pauling）（诺贝尔奖，1954 年）和考利（R.B. Corey）采用 X 衍射技术，发现了蛋白质的 α 螺旋结构。1953 沃森（J.D. Watson）和克里克（F.H. Crick）建立 DNA 双螺旋模型（诺贝尔奖，1962 年），1968 年克里克提出了遗传细心传递的中心法则，1964 年，霍利（R.W. Holley）、科拉纳（H.G. Khorana）和尼伦伯格 (M.W. Nirenberg) 阐明遗传密码及其在蛋白质合成中的作用（诺贝尔奖，1968 年）。1973 年，伯格（P. Berg）、鲍耶（H. Boyer）和科汉（S. Cohen）首次在体外将重组 DNA 分子形成无性繁殖系——DNA "克隆"（诺贝尔奖，1980 年）。1985 年，穆利斯（K. Mullis）发明了 DNA 体外扩增技术——聚合酶链反应（诺贝尔奖，1993 年）。新方法和新技术的应用，使生物化学研究产生飞跃，进入了研究 DNA、RNA、蛋白质等生物分子的结构与功能阶段。为最终揭示生命本质创造了有利条件。

克隆羊多莉的诞生

1997 年 2 月 27 日的英国《自然》杂志报道了一项震惊世界的研究成果：1996 年 7 月 5 日，英国爱丁堡罗斯林研究所的维尔穆特（L. Wilmut）领导的一个科研小组，利用克隆技术培育出一只小母羊。这是世界上第一只用已经分化的成熟的体细胞克隆出的羊。克隆羊多莉的诞生，引发了世界范围内关于动物克隆技术的热烈争论。它还被美国《科学》杂志评为 1997 年世界十大科技进步的第一项，也是当年最引人注目的国际新闻之一。科学家们普遍认为，多莉的诞生标志着生物技术新时代的来临。

对于近代生物化学的发展我国科学家也做出了举世瞩目的贡献。我国生物化学家吴宪提出了蛋白质变性学说，创立了血滤液的制备及血糖测定方法。1965 年，我国在世界上首先用人工方法合成具有生物活性的结晶牛胰岛素。1981 年，又用人工方法合成了酵母丙氨酰 tRNA。2000 年 6 月在包括我国科学家在内的各国科学家的努力之下，完成了对人类基因组 DNA 30 亿对碱基序列的测定，人类基因组计划的完成，更是生物化学发展到全新阶段的结果。进入 21 世纪，我国生物化学与分子生物学的发展与时俱进，也步入后基因阶段，即蛋白质组学研究，同样取得了令人瞩目的进步。

第三节　生物化学与医学的关系

一、生物化学是医学各学科相互联系的共同语言

生物化学在医学教育中起到了承前启后的重要作用。医学科学包括基础医学、临床医学和预防医学，基础医学是临床医学和预防医学的基础。基础医学各学科主要是从器官、细胞和分子水平揭示了人体正常、异常的结构与功能，临床医学各学科则研究疾病发生、发展机制及诊断和治疗；而生物化学为医学各学科从分子水平上研究正常或疾病状态时人体结构与功能，乃至疾病预防、诊断与治疗，提供了理论与技术，对推动医学各学科的发展作出了重要的贡献。著名的诺贝尔奖获得者亚瑟·科恩伯格（Arthur Kornberg）在哈佛大学医学院建校 100 周年时说："所有的生命体都有一个共同的语言，这个语言就是化学"，即"生命的化学语言"。

二、生物化学推动了医学各学科的发展

生物化学不仅是联系这些学科之间的桥梁，也是产生新的学科领域的生长点。例如，没有生物化学的"中间代谢"研究，就没有生理学完整"新陈代谢"的认识；没有从分子水平阐明化学递质及受体的结构和功能，就没有完善的神经 - 体液调节理论；重组 DNA 技术使分子医学家能迅速将疾病相关基因进行"克隆"，揭示疾病的发病机制，为疾病的诊断和治疗提供新的策略。由于生物化学与分子生物学在医学上的应用日益广泛，使医学进入了基因水平研究。基因信息传

递不仅涉及遗传、变异、生长、分化等诸多生命过程，也涉及遗传病、肿瘤、心血管病等多种疾病的发生、发展与转归的问题。当前迅速发展的基因诊断、基因治疗就是医学与生物化学，分子生物学、分子遗传学相结合的成果。

（张 中）

第二章 蛋白质的结构与功能

学习目标

掌握

蛋白质的元素组成特点与蛋白质系数，氨基酸的结构特点，蛋白质一级结构与空间结构的概念，蛋白质的两性电离和变性。

熟悉

蛋白质结构与功能的关系，蛋白质胶体性质和沉淀，蛋白质的生理功能。

了解

蛋白质的二、三、四级结构，蛋白质的分类，分子病和构象病。

蛋白质（protein）是一类由 20 种 α- 氨基酸通过肽键互相连接而成的高分子含氮有机化合物。它们具有特定的空间构象和生物学活性，是生物体的基本组成成分。机体蛋白质分布广泛，几乎所有的器官组织都含有蛋白质，约占人体固体成分的 45%。蛋白质种类繁多，人体的蛋白质种类高达 10 万种以上，是构成人体特异形态结构和生命活动的最基本物质基础。蛋白质功能复杂多样，一切生命活动都是通过蛋白质来实现的。

第一节 蛋白质的分子组成

一、蛋白质的元素组成

元素分析表明所有蛋白质都含有碳、氢、氧、氮四种元素，大多数蛋白质含有硫，有的蛋白质还含有少量磷、铁、铜、锌、锰、钼、硒和碘等。各种蛋白质的含氮量很接近，平均约为 16%，即每克氮相当于 6.25（100/16）克蛋白质。由于蛋白质是体内的主要含氮化合物，因此，根据蛋白质元素组成这一特征，常用定氮法来推算生物样品中蛋白质的含量，即

每克样品中含氮量 ×6.25 ＝ 每克样品中蛋白质含量（g）。

二、蛋白质的基本组成单位——氨基酸

蛋白质经过酸、碱或酶的作用，最终的水解产物都是氨基酸（amino acid），因此，氨基酸为构成蛋白质的基本单位。

（一）氨基酸的结构特点

构成天然蛋白质的氨基酸有 20 余种，它们在结构上各不相同，但都有一个共同的结构特征，

三聚氰胺与奶粉

　　蛋白质含量是奶粉的一项重要营养检测指标，根据上述所说和三聚氰胺分子结构，请解释为什么一些不良乳制品厂家会在奶粉中添加三聚氰胺。

即分子中的氨基（ — NH_2 ）或亚氨基（ = NH ）都连接在与羧基（ — COOH ）相邻的 α- 碳原子上，所以称为 α- 氨基酸。除甘氨酸外，其余氨基酸的 α- 碳原子均为不对称碳原子（又称手性碳原子），因此，氨基酸都有两种不同的立体构型，即 L- 构型和 D- 构型，天然蛋白质中的氨基酸都属于 L-α- 氨基酸。D-α- 与 L-α- 氨基酸的通式结构如下：

$$\text{L-α-氨基酸} \qquad\qquad \text{D-α-氨基酸}$$

式中 R 为侧链。

（二）氨基酸的分类

　　氨基酸的分类方法有多种，其中最常用的是根据氨基酸 R 侧链结构与极性不同，将 20 种氨基酸分成四类：

　　1. 非极性氨基酸　指含有如烃基、吲哚环或甲硫基等非极性的 R 侧链的一类氨基酸。包括甘氨酸、丙氨酸、缬氨酸、亮氨酸、异亮氨酸、苯丙氨酸、脯氨酸、色氨酸和甲硫氨酸。

　　极性氨基酸根据 R 侧链的酸碱性又可分为：中性氨基酸、酸性氨基酸和碱性氨基酸。

　　2. 极性中性氨基酸　指含有羟基、巯基或酰胺基等极性 R 侧链的一类氨基酸。包括丝氨酸、苏氨酸、半胱氨酸、酪氨酸、天冬酰胺和谷氨酰胺。

　　3. 极性酸性氨基酸　指 R 侧链都含有羧基，在生理状态下带负电荷的一类氨基酸。包括天冬氨酸与谷氨酸。

　　4. 极性碱性氨基酸　指 R 侧链含有氨基、胍基和咪唑基，在生理状态下带正电荷的一类氨基酸。包括赖氨酸、精氨酸与组氨酸。

　　现将组成蛋白质的 20 种编码氨基酸的名称、结构主要分类及特征列于表 2-1。

三、蛋白质分子中氨基酸的连接方式

（一）肽键

　　组成蛋白质的基本单位为氨基酸，氨基酸之间以肽键（peptide bond）连接，一个氨基酸的羧基与相邻的另一个氨基酸的氨基脱水缩合形成的化学键称为肽键（酰胺键）。肽键为共价键，是蛋白质分子中的主键，天然蛋白质分子中的肽键都是由 α- 羧基和 α- 氨基脱水缩合而成。

（二）肽键平面

　　X 射线衍射分析法证实肽键中的 C—N 键长为 0.132 nm，介于 C—N 单键（0.149 nm）和

表 2-1　组成蛋白质的 20 种编码氨基酸

中英文名称	结构式	中英文缩写	化学系统名	pI
1. 非极性氨基酸				
甘氨酸 glycine	H—CH—COOH，NH₂	甘 Gly, G	甘氨酸	5.97
丙氨酸 alanine	H₃C—CH—COOH，NH₂	丙 Ala, A	α- 氨基丙酸	6.02
缬氨酸 valine	CH₃—CH—CH—COOH，CH₃ NH₂	缬 Val, V	α- 氨基 -β- 甲基丁酸	5.96
亮氨酸 leucine	CH₃—CH—CH₂—CH—COOH，CH₃ NH₂	亮 Leu, L	α- 氨基 -γ- 甲基戊酸	5.98
异亮氨酸 isoleucine	CH₃—CH₂—CH—CH—COOH，CH₃ NH₂	异亮 Ile, I	α- 氨基 -β- 甲基戊酸	6.02
甲硫氨酸 methionine	H₃C—S—CH₂—CH₂—CH—COOH，NH₂	甲硫 Met, M	α- 氨基 -γ- 甲硫基丁酸	5.74
苯丙氨酸 phenylalanine	—CH₂—CH—COOH，NH₂	苯丙 Phe, F	α- 氨基 -β- 苯基丙酸	5.48
色氨酸 tryptophan	—CH₂—CH—COOH，NH₂	色 Trp, W	α- 氨基 -β-（3- 吲哚基）丙酸	5.89
脯氨酸 proline	CH—COOH，NH	脯 Pro, P	吡咯 -α- 甲酸	6.30
2. 极性中性氨基酸				
丝氨酸 serine	HO—CH₂—CH—COOH，NH₂	丝 Ser, S	α- 氨基 -β- 羟基丙酸	5.68
苏氨酸 threonine	HO—CH—CH—COOH，CH₃ NH₂	苏 Thr, T	α- 氨基 -β- 羟基丁酸	5.87
半胱氨酸 cysteine	HS—CH₂—CH—COOH，NH₂	半胱 Cys, C	α- 氨基 -β- 巯基丙酸	5.07
酪氨酸 tyrosine	HO——CH₂—CH—COOH，NH₂	酪 Tyr, Y	α- 氨基 -β- 对羟苯基丙酸	5.66
天冬酰胺 asparagine	H₂N—C(O)—CH₂—CH—COOH，NH₂	天胺 Asn, N	α- 氨基丁二酰胺	5.41
谷氨酰胺 glutamine	H₂N—C(O)—CH₂—CH₂—CH—COOH，NH₂	谷胺 Gln, Q	α- 氨基戊二酰胺	5.65

续表

中英文名称	结构式	中英文缩写	化学系统名	pI
3. 极性酸性氨基酸				
天冬氨酸 aspartic acid	$HOOC-CH_2-CH-COOH$ 　　　　　　　$\vert$ 　　　　　　　NH_2	天冬 Asp，D	α-氨基丁二酸	2.77
谷氨酸 glutamic acid	$HOOC-CH_2-CH_2-CH-COOH$ 　　　　　　　　　　$\vert$ 　　　　　　　　　　NH_2	谷 Glu，E	α-氨基戊二酸	3.22
4. 极性碱性氨基酸				
赖氨酸 lysine	$H_2N-CH_2-CH_2-CH_2-CH_2-CH-COOH$ 　　　　　　　　　　　　　　　$\vert$ 　　　　　　　　　　　　　　　NH_2	赖 Lys，K	α, ε-二氨基己酸	9.74
精氨酸 arginine	$H_2N-C-NH-CH_2-CH_2-CH-COOH$ 　　　　$\Vert$　　　　　　　　$\vert$ 　　　　NH　　　　　　　　NH_2	精 Arg，R	α-氨基-δ-胍基戊酸	10.76
组氨酸 histidine	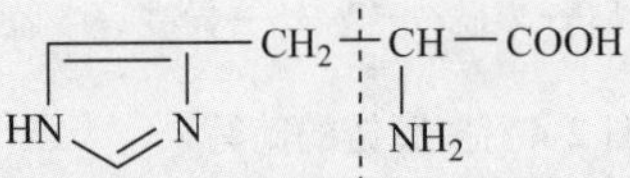 $-CH_2-CH-COOH$ 　　　　　　$\vert$ 　　　　　　NH_2 $HN\diagdown N$	组 His，H	α-氨基-β-（4-咪唑基）丙酸	7.59

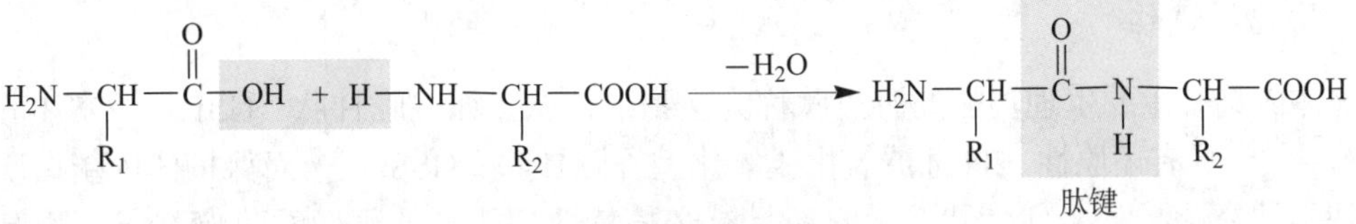

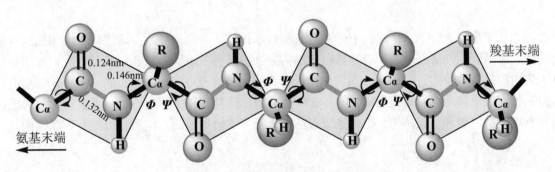

图 2-1　肽键的生成

C=N 双键（0.127 nm）之间，因此，具有部分双键性质，不能自由旋转。肽键中的 C、O、N、H 四个原子和与它相邻的两个 α-碳原子总是处在同一个平面上（Cα₁—CO—NH—Cα₂），该平面称为肽键平面或肽单元。而肽键平面中与 α-碳原子相连的单键可以自由旋转，这样肽键平面可以围绕 Cα 旋转、卷曲、折叠。相邻两个肽键平面的夹角取决于碳原子两侧单键旋转角度。这就是以肽键平面为基本单位的自由旋转形成空间结构的基础（图 2-2）。

图 2-2　肽键平面与多肽链肽平面示意图

（三）肽

　　氨基酸之间通过肽键互相连接而形成的化合物称为肽（peptide）。两个氨基酸形成的肽叫二肽，三个氨基酸形成的肽叫三肽······一般将十肽以下称为寡肽（oligopeptide），十肽以上者称多肽（polypeptide）或称多肽链。由于多肽链的氨基酸互相结合时已脱水，因此多肽中的氨基酸称为氨基酸残基。多肽链中含自由 α- 氨基的一端，称氨基末端或简称为 N 端，习惯上书写在左侧，并用 H_2N— 或 H— 表示；含自由 α- 羧基的一端，称为羧基末端或简称为 C 端，书写在右侧，用 —COOH 或 —OH 表示，因此，肽链具有方向性（图 2-3）。

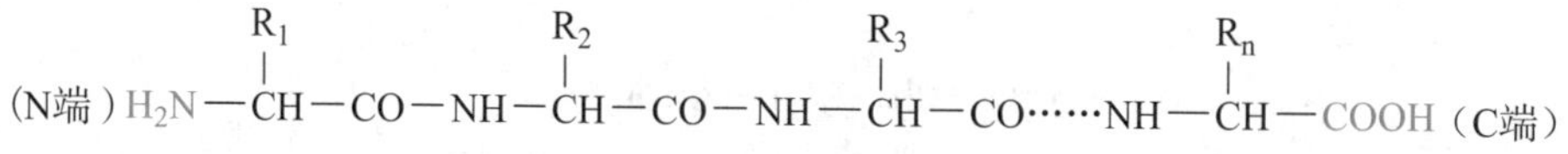

$$（N端）H_2N—CH—CO—NH—CH—CO—NH—CH—CO······NH—CH—COOH（C端）$$

（式中 R₁、R₂、R₃、Rₙ 为侧链）

图 2-3　肽链的结构

肽链也可用中文或英文代号来表示，如图 2-4 所示：

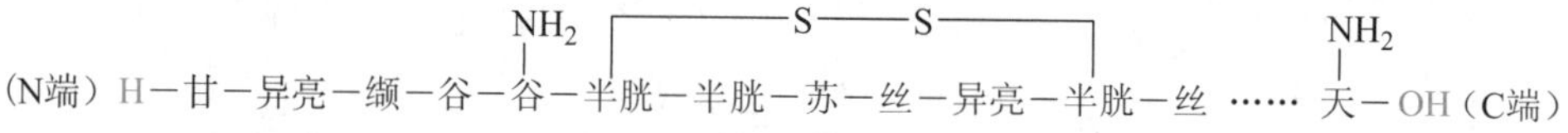

（N端）H—甘—异亮—缬—谷—谷—半胱—半胱—苏—丝—异亮—半胱—丝······天—OH（C端）

（半胱—半胱间及半胱—丝间有 S—S 键连接）

图 2-4　多肽链的简写

四、生物活性肽

生物体内具有重要生理功能的游离肽称为生物活性肽。如谷胱甘肽（GSH）。GSH 分子中半胱氨酸的 —SH 具有还原性，自身被氧化成氧化型谷胱甘肽（GSSG），而保护体内蛋白质或酶分子中巯基不被氧化，处于活性状态；它还具有亲核特性，能与外源性的致癌剂或药物等毒物结合，保护核酸或蛋白质免受毒物损害。临床常用 GSH 作为解毒、抗辐射或治疗肝疾病的药物。

体内还有许多肽类激素，如催产素（9 肽）、加压素（9 肽）、促甲状腺素释放激素（3 肽）等；以及在神经传导中起信号转导作用的脑啡肽（5 肽）、强啡肽（17 肽）、P 物质等，都是重要的生物活性肽。

第二节　蛋白质的分子结构

蛋白质是生物大分子，由成百上千个氨基酸残基构成。并具有三维空间结构，因而能执行复杂的生物学功能。在研究中，一般将蛋白质结构分为一级、二级、三级和四级结构。一级结构也称为蛋白质的基本结构，二、三、四级结构统称为空间结构或空间构象（conformation），它们是蛋白质特有性质和功能的结构基础。但并非所有的蛋白质都有四级结构，由一条肽链形成的蛋白质只有一级、二级和三级结构，由两条或者两条以上多肽链形成的蛋白质才可能有四级结构。

一、蛋白质的一级结构

蛋白质一级结构是指蛋白质分子中氨基酸残基的排列顺序及二硫键所在位置。这种顺序由 DNA 分子中的核苷酸序列决定，如人胰岛素的一级结构（图 2-5）。

体内种类繁多的蛋白质，其一级结构各不相同，一级结构是蛋白质空间构象和生物学功能的基础。但随着蛋白质结构研究的深入，人们已认识到蛋白质一级结构并不是决定蛋白质空间构象的唯一因素。

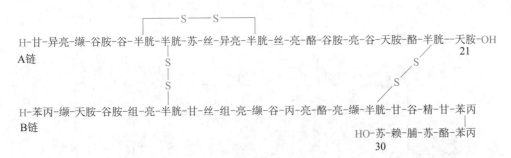

图 2-5　人胰岛素的一级结构

胰岛素的人工合成

胰岛素是胰岛 β- 细胞分泌的一种蛋白质激素，是第一个被人们分离纯化、完成序列分析和人工合成的蛋白质。1921 年，加拿大医生班廷（G.Banting）等人分离纯化出胰岛素，并证实其有降低血糖、治疗糖尿病的作用，于 1923 年获得诺贝尔生理学或医学奖。1955 年，英国科学家桑格（F.Sanger）测定完成牛胰岛素的一级结构，于 1958 年获得诺贝尔化学奖。1965 年，中国科学家首次用人工方法合成结晶牛胰岛素，这是世界上第一个人工合成的蛋白质，1982 年获中国自然科学一等奖。

二、蛋白质的空间结构

蛋白质分子的多肽链并非呈线形伸展，而是折叠和盘曲构成特有的比较稳定的空间结构。蛋白质的生物学活性和理化性质主要决定于空间结构的完整，因此，仅测定蛋白质分子的氨基酸组成和它们的排列顺序并不能完全了解蛋白质分子的生物学活性和理化性质。

蛋白质的空间结构包括二级、三级和四级结构。

（一）蛋白质二级结构

蛋白质二级结构（secondary structure）是指多肽链中主链原子在各局部空间进行盘曲、折叠形成的空间结构，而不涉及各 R 侧链的空间位置。由于两个 α- 碳原子所连的两个单链可自由旋转，因此可形成蛋白质分子二级结构的不同形式，即 α- 螺旋、β- 折叠、β- 转角和无规则卷曲等。

1. α- 螺旋　α- 螺旋（α-helix）指多肽链主链围绕中心轴盘曲形成的结构。最常见为右手螺旋。其结构特点如下（图 2-6）：

（1）多肽链以 α- 碳原子为转折点，通过其两侧结合键的旋转，以肽键平面为基本折叠单位，形成稳固的右手螺旋。仅在极个别的蛋白质分子内存在左手螺旋。

（2）多肽链呈螺旋形上升，螺旋旋转一周包含 3.6 个氨基酸残基，每一个氨基酸残基上升高度为 0.15nm，螺旋每上升一圈的高度（螺距）为 0.54 nm（3.6×0.15 nm）。

（3）每个肽键的亚氨基（—NH）氢与第四个肽键的羰基（—C＝O）氧之间形成氢键，氢键方向与螺旋的长轴平行，维持螺旋的纵向稳定。

（4）R 基团均伸向螺旋外侧，其大小及电荷均对 α- 螺旋的形成及稳定性产生影响。较大的 R 侧链（如异亮氨酸、色氨酸）集中的区域，由于空间位阻的作用，可影响 α- 螺旋的形成。酸性与碱性氨基酸集中的区域，因同性电荷相斥，不利于 α- 螺旋形成。脯氨酸是亚氨酸，形成肽键后不能参与氢键形成，加上 α- 碳原子位于五元环上，其两侧键难以旋转，也难以形成 α- 螺旋。

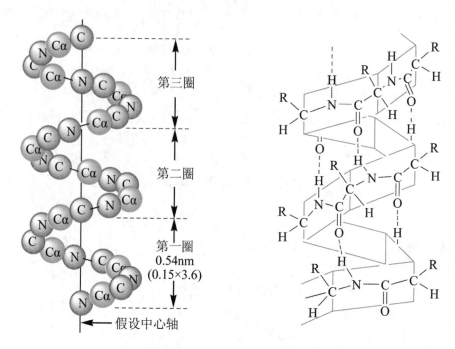

图 2-6 α- 螺旋结构示意图

2. β- 折叠　β- 折叠（β-pleated sheet）是指多肽链主链以每个肽键平面的 Cα 为旋转点折叠成折纸状的结构（也称 β- 片层）。两条以上的 β- 折叠结构互相并行排列，其结构特点如图 2-7：

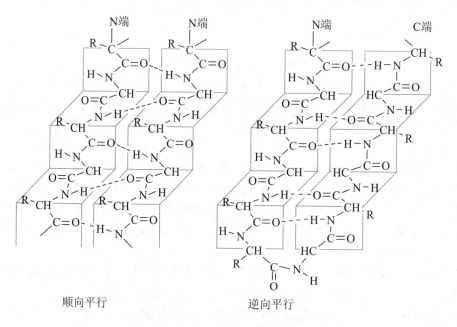

图 2-7 β- 折叠结构示意图

（1）β- 折叠是多肽链中较为伸展的结构，在 β- 折叠结构中，两条或多条伸展的肽段或肽链侧向聚集，各肽键平面以 Cα 为旋转点形成 110° 的夹角，依次折叠形成锯齿状。

（2）维持 β- 折叠结构稳定的因素是相邻肽链中肽键的—NH 和—C＝O 之间形成的横向的氢键。

（3）当并行排列的两条肽链走向相同（即两条链的 N 端、C 端都在同一侧）时，称顺向平行；

反之，称为反向平行，反向平行的构象更为稳定。

（4）R 基团交错位于锯齿状结构的上下方。

3. β- 转角和无规卷曲　β- 转角（β-turn）是指蛋白质分子中肽链进行 180° 回折，这种回折处的结构称为 β- 转角（或 β- 发夹结构）。β- 转角一般由 4 个氨基酸残基组成，第二个氨基酸残基常为脯氨酸残基，其他常见的有甘氨酸、天冬氨酸、天冬酰胺和色氨酸残基。在此种回折中，第一个氨基酸残基的羰基氧与第四个氨基酸残基的氨基氢之间形成氢键（图 2-8）。无规卷曲是指一些不易描述、没有确定规律性的肽链结构。

4. 模体　在许多蛋白质分子中，可发现 2 至 3 个具有二级结构的肽段，在空间上相互接近，形成一个有规则的二级结构组合，称为超二级结构，也称为模体（motif）。目前已知的二级结构组合形式有 3 种：αα，βαβ，βββ（图 2-9）。每个模体总有其特征性氨基酸序列，并发挥特殊的功能。如锌指结构（zinc finger），由 3 个肽段组成，1 个肽段是 α- 螺旋，另 2 个肽段是反向平行的 β- 折叠。该模体形似手指，具有结合锌离子的功能。Zn^{2+} 可稳固模体中的 α- 螺旋结构，使其能镶嵌于 DNA 的大沟，故含锌指结构的蛋白质能与 DNA 或 RNA 结合。

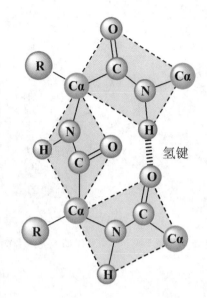

图 2-8　β- 转角结构示意图

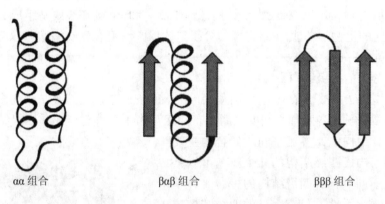

αα 组合　　　　βαβ 组合　　　　βββ 组合

图 2-9　蛋白质的超二级结构示意图

（二）蛋白质的三级结构

1. 三级结构　蛋白质的三级结构（tertiary structure）是指肽链中所有原子在三维空间的排布位置，包括多肽链分子主链及 R 侧链构象。即在蛋白质分子二级结构基础上，多肽链进一步折叠、盘曲和缠绕形成的结构。

具有三级结构形式的蛋白质多肽链具有以下特点。

（1）稳定蛋白质三级结构的化学键和作用力是各种次级键。主要有疏水键、氢键、离子键与范德华力等（图 2-10），其中以疏水键最为重要。但在某些蛋白质分子中二硫键在维系构象稳定方面也起重要作用。除二硫键外，所有的次级键都是非共价键，键能很弱。

（2）在盘曲、折叠所形成的特殊空间构象中，疏水基团多聚积在分子内部，亲水基团则多分布在分子表面。

（3）经过多肽链的盘曲、折叠，在分子表面或局部可形成能发挥生物学功能的特殊区域，称为结构域。如肌红蛋白球状分子中，有一个"口袋"状空隙可嵌入一个血红素分子，它是结合氧

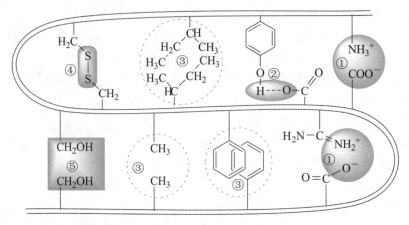

①离子键　②氢键　③疏水键　④二硫键　⑤范德华力

图 2-10　维系蛋白质三级结构的主要化学键

的部位。

（4）盘曲、折叠的多肽链分子在空间可形成棒状、纤维状或球状。

由一条肽链组成的蛋白质只要具有完整的三级结构即具有生物学活性，如核糖核酸酶能水解 RNA，肌红蛋白具有储存 O_2 的功能。这类蛋白质的最高级结构是三级结构。

2. 结构域　分子量较大的蛋白质可折叠形成多个结构较为紧密且稳定，能独立行其功能的区域，称为结构域（domain）。一般每个结构域由 100 ~ 300 个氨基酸残基组成，有独特的空间结构，并承担不同的生物学功能。结构域与分子整体以共价键相连，一般难以分离，这是它与蛋白质亚基的区别。

（三）蛋白质分子的四级结构

有的蛋白质是由 2 条或 2 条以上的多肽链组成，每条具有独立三级结构的多肽链称为亚基（subunit）。蛋白质分子中各亚基之间的空间排布和相互作用，称为蛋白质四级结构（quaternary structure）。在四级结构中，各亚基间的聚合力主要是氢键和离子键。构成四级结构的几个亚基可以是相同的，也可以不同。含有四级结构的蛋白质，单独的亚基没有生物学活性，只有完整的四级结构才表现出生物学活性。

血红蛋白（Hb）为两种不同亚基构成的四聚体（$\alpha_2\beta_2$），两条 α 链及两条 β 链。每个亚基含 20 多个疏水氨基酸残基，构成一个疏水 "口袋"，内含血红素辅基（图 2-11）。4 个亚基通过 8 个离子键相连，形成血红蛋白的四聚体，具有运输 O_2 和 CO_2 的功能。但每一个亚基单独存在时，虽可结合氧且与氧亲和力增强，但在体内组织中难释放氧，失去了血红蛋白原有的运输氧的作用。

蛋白质的一、二、三、四级结构如图 2-12 所示。

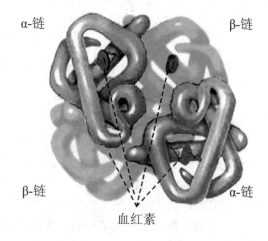

图 2-11　血红蛋白的四级结构模式图

三、蛋白质结构与功能的关系

各种蛋白质因其氨基酸的种类、数量及排列顺序不同，分子的空间构象也不相同，这造就了生物界蛋白质种类及功能的多样性。而这些功能都与其特异的一级结构和空间构象有关，可以

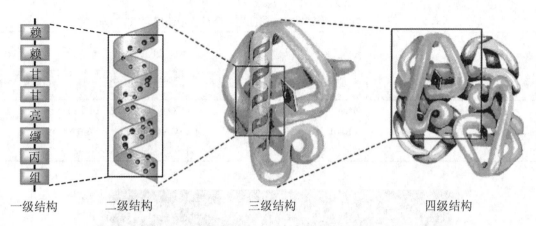

一级结构　　　二级结构　　　　　三级结构　　　　　　四级结构

图 2-12　蛋白质的一、二、三、四级结构模式图

说，蛋白质的分子结构决定了它的生物学功能。

（一）蛋白质一级结构与功能的关系

1. 相似的结构表现出相似的功能　如垂体前叶分泌的促肾上腺皮质激素（ACTH）和促黑激素（α-MSH、β-MSH）共有一段相同的氨基酸序列（图 2-13），因此，ACTH 也有促进皮下黑色素生成的作用，只不过作用较弱。又如神经垂体释放的催产素和加压素都是 9 肽，其中仅有 2 个氨基酸不同，其余 7 个是相同的（图 2-14），因此，催产素和加压素的生理功能有相似之处，即催产素兼有加压素样作用，而加压素也兼有催产素样作用。

ACTH　　　　H_2N-丝----甲硫-谷-组-苯-精-色-甘----苯丙-COOH

α-MSH　　　H_3C-CO-丝----甲硫-谷-组-苯-精-色-甘----缬-$CONH_2$

β-MSH　　　H_2N-丙----甲硫-谷-组-苯-精-色-甘----天-COOH

图 2-13　ACTH、α-MSH 和 β-MSH 一级结构比较

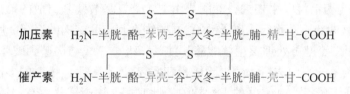

加压素　H_2N-半胱-酪-苯丙-谷-天冬-半胱-脯-精-甘-COOH

催产素　H_2N-半胱-酪-异亮-谷-天冬-半胱-脯-亮-甘-COOH

图 2-14　加压素和催产素一级结构比较

2. 不同的结构具有不同的功能　上述催产素和加压素，尽管有相似的结构从而有相似的功能，但它们的结构毕竟不完全相同，因而生理功能就有很大差别。催产素对子宫平滑肌的收缩作用远比加压素为强，而对血管壁的加压效应和抗利尿作用只有加压素的 1% 左右。因此，催产素和加压素这两种生理活性物质是说明"相似的结构表现相似的功能""不同结构具有不同的功能"的典型例子，充分体现了蛋白质一级结构与功能的关系。

3. 一级结构变化与分子病　分子病是指由于基因（DNA）的突变，导致其编码蛋白质分子的氨基酸序列异常而引起的遗传性疾病。例如，镰状细胞贫血病人的血红蛋白，其 β 亚基的第 6 位氨基酸残基由正常的谷氨酸变成了缬氨酸（表 2-2），仅此一个氨基酸之差，就导致了血红蛋白分子空间构象和功能的变化，继而造成红细胞形态由正常的双凹圆盘变为镰刀形（图 2-15），这种镰状细胞在通过毛细血管时极易破碎，产生溶血性贫血。可见，血红蛋白正常的一级结构对其发

表2-2　正常人与镰刀形红细胞性贫血患者血红蛋白遗传信息的比较

	DNA	……TGT GGG CTT CTT TTT……
正常人	mRNA	……ACA CCC GAA GAA AAA……
	HbA(β 亚基)	N 端…苏—脯—谷—谷—赖……
	DNA	……TGT GGG CAT CTT TTT……
镰状细胞贫血患者	mRNA	……ACA CCC GUA GAA AAA……
	HbS(β 亚基)	N 端…苏—脯—缬—谷—赖……

图 2-15　正常红细胞与镰状细胞的显微形态

挥正常的生理功能有多重要。现已发现多种遗传性疾病都是由于基因突变、表型蛋白质特定的一级结构及空间构象发生改变、功能丧失所致。

（二）蛋白质空间构象与功能的关系

蛋白质分子的一级结构决定其空间构象，而蛋白质分子具有的特定空间构象与其发挥特定的生理功能有着直接的关系。如蛋白质的一级结构不变，而空间构象发生改变也可导致其功能的变化。

1. 蛋白质构象与酶活性　牛核糖核酸酶是由 124 个氨基酸残基组成的单链蛋白质，分子内 4 个二硫键和次级键（氢键、疏水键、离子键等）共同维系其空间结构的稳定。用尿素（破坏氢键）和 β 巯基乙醇（破坏二硫键）处理核糖核酸酶，使其二级、三级结构遭到破坏，但不影响肽键，此时该酶活性丧失殆尽。当用透析方法去除尿素和 β- 巯基乙醇后，松散的多肽链可重新卷曲折叠，巯基氧化又形成二硫键，恢复酶的天然构象，此时酶又逐渐恢复原有的活性（图 2-16）。这充分证明，核糖核酸酶的催化活性依赖其完整的空间构象。

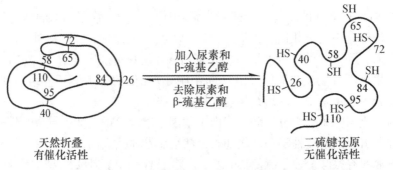

图 2-16　牛核糖核酸酶空间结构与功能的关系

2. 蛋白质构象与别构效应 蛋白质构象并非固定不变。生物体内某些小分子物质与蛋白质分子特定部位作用，使其构象改变而生物学功能也随之改变，这种现象称为别构效应（allosteric effect）或变构效应。具有这种作用的蛋白质（或酶），其分子内多有功能活性部位及调节部位两部分，后者一般称为别位。当某种小分子物质特异地与某种蛋白质（或酶）分子的别位结合时，即能触发该蛋白质（或酶）的构象发生一定变化，从而导致其功能活性的改变（增强或减弱）。具有变构作用的蛋白质或酶称为别构（变构）蛋白或别构（变构）酶。凡能引起蛋白质（或酶）发生此种构象变化的物质，称为别构效应剂。蛋白质（或酶）的变构作用在生物体内普遍存在，这对物质代谢的调控及生理功能的调节是十分重要的。

血红蛋白（hemoglobin，Hb）是最早发现具有别构作用的一种蛋白质，其主要功能为运输氧和二氧化碳。Hb 的运氧功能是通过构象变化来完成的，Hb 是由两个 α 和两个 β 亚基组成的四聚体，每个亚基都含有一个血红素，每个血红素分子中含有的铁（Fe^{2+}）都能与 1 分子 O_2 结合，故每分子 Hb 可结合 4 分子 O_2。Hb 有两种可互变的天然构象：紧密型（T 型）和松弛型（R 型）。T 型结合氧的能力较弱，R 型的氧亲和力比 T 型高数百倍。在肺部毛细血管，O_2 分压高，当 Hb 的一个 α 亚基与 1 分子 O_2 结合后，使其相邻亚基的空间构象也随之改变，即触发 Hb 由 T 型转变为 R 型，与 O_2 的亲和力加强，易于与 O_2 结合。在组织的毛细血管，O_2 分压低，而 CO_2 和 H^+ 的浓度高。当 CO_2 或 H^+ 与 HbO_2 结合后，可使 Hb 由 R 型变为 T 型，从而促进 HbO_2 释放 O_2，供组织利用。Hb 的这种别构作用，极有利于它在肺部与 O_2 结合及在周围组织释放 O_2。Hb 分子中 Fe^{2+} 与 O_2 结合或脱氧过程中不发生电子得失现象，故不属于氧化还原反应。Hb 即通过氧合、脱氧而完成运氧功能。

$$Hb + O_2 \xrightleftharpoons[\text{脱氧}]{\text{氧合}} HbO_2$$

3. 蛋白质构象与疾病 生物体内蛋白质多肽链的正确折叠对其正确构象的形成和功能的发挥至关重要。若蛋白质发生错误折叠，尽管其一级结构不变，但蛋白质构象发生改变，仍可影响其功能，严重时可导致疾病的发生，人们将此类疾病称为蛋白质构象疾病。如有些蛋白质错误折叠后相互聚集，形成抗蛋白水解酶的淀粉样纤维沉淀，产生毒性而致病，这类疾病包括人纹状体脊髓变性病、阿尔茨海默（Alzheimer）病、亨廷顿舞蹈病（Huntington disease）和疯牛病等。

一种新的传染源——朊病毒

1997 年诺贝尔医学奖得主美国生物学家普鲁西纳（S. Prusiner）的先驱工作是发现了一种全新类型的传染源——朊病毒（prion），并阐明了其作用机制，使人们在已知的包括细菌、病毒、真菌和寄生虫在内的传染性因子名单上又加进了朊病毒。这一研究始于 1972 年，他的一个病人因患人纹状体脊髓变性病引起的痴呆而死亡，自此开始长达 10 年的研究，终于在 1982 年发现了朊病毒，这是除细菌、病毒、真菌和寄生虫外的一种新的致病物质。1992 年，又发现朊病毒在脑病致病方面起作用。这对了解痴呆症具有重要的意义，并为研制治疗痴呆症的新药奠定了基础。

第三节　蛋白质的理化性质

蛋白质是由氨基酸组成的高分子化合物，其理化性质一部分与氨基酸相似，如两性电离、等电点、紫外吸收、呈色反应等，也有一部分又不同于氨基酸，如胶体性质、变性等。

一、蛋白质的两性电离与等电点

蛋白质和氨基酸一样属于两性电解质，除 N 端的氨基、C 端 α- 羧基可解离外，R 侧链中某些基团。如赖氨酸残基的 ε - 氨基、精氨酸残基的胍基和组氨酸残基的咪唑基，天冬氨酸残基的 β- 羧基和谷氨酸残基的 γ- 羧基，均可解离成带正电荷或负电荷的基团，其电离过程与带电状态取决于溶液的 pH 值。

在某一 pH 条件下，蛋白质解离成正、负离子的数量相等、净电荷为零时，此时溶液的 pH 称为该蛋白质的等电点（isoelectric point，pI）。当溶液 pH 值大于蛋白质 pI 时，蛋白质分子带负电荷；而当溶液 pH 值小于蛋白质 pI 时，蛋白质分子带正电荷（图 2-17）。

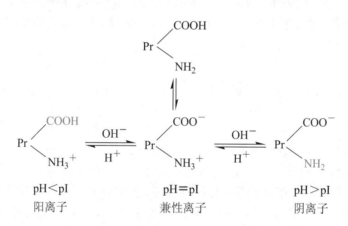

图 2-17　蛋白质的两性电离与等电点

体内各种蛋白质的等电点不同，但大多数接近于 pH5.0。所以在人体体液 pH7.4 的环境下，大多数蛋白质解离成阴离子。少数蛋白质含碱性氨基酸较多，其等电点偏于碱性，被称为碱性蛋白质，如鱼精蛋白、组蛋白等。也有少量蛋白质含酸性氨基酸较多，其等电点偏于酸性，被称为酸性蛋白质，如胃蛋白酶和丝蛋白等。

由于蛋白质能电离形成带电颗粒，带电颗粒在电场中向电荷相反方向移动的现象称为电泳。在同一 pH 溶液中，由于各种蛋白质所带电荷性质和数量不同，分子量大小不同，它们在同一电场中移动的速度不同。利用这一性质将不同蛋白质分离的技术称为蛋白质电泳技术。

二、蛋白质的胶体性质

蛋白质是一类高分子化合物，相对分子质量介于 $10^4 \sim 10^7$ 之间，颗粒直径已达到胶粒（ $1 \sim 100$ nm ）的范围，故蛋白质具有胶体性质。同时蛋白质分子中的亲水基团（如 $-NH_3^+$、$-COO^-$、$-CO-NH_2$、$-OH$、$-SH$ 等）多位于颗粒表面，能吸引水分子在其周围形成一层水化膜，所以蛋白质溶液是亲水胶体。

蛋白质分子表面的水化膜和同种电荷是蛋白质溶液稳定的两个主要因素。蛋白质颗粒表面形成水化膜，将蛋白质颗粒分隔开，从而阻止蛋白质颗粒的相互聚集沉淀。蛋白质在非等电点的溶液中，表面带有相同电荷，同种电荷相斥，也能防止蛋白质颗粒聚集沉淀。若去除蛋白质表面的水化膜和电荷两个稳定因素，蛋白质极易从溶液中析出（图 2-18）。

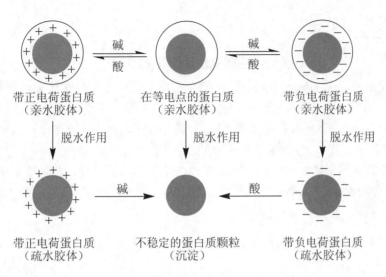

图 2-18　蛋白质胶体颗粒的沉淀

与小分子物质比较，蛋白质分子颗粒大，溶液黏度大，分子扩散速度慢，不能透过半透膜，在分离纯化蛋白质过程中，可利用蛋白质的这一性质，将混有小分子杂质的蛋白质溶液放于半透膜制成的囊内，置于流动水或适宜的缓冲液中，小分子杂质皆易从囊中透出，保留了纯化的囊内蛋白质，这种方法称为透析（dialysis）（图 2-19）。

蛋白质不能透过半透膜的性质对维持生物体内体液平衡起有重要作用。如血浆中蛋白质不能透过毛细血管壁，所形成的胶体渗透压有利于组织水分的回流，当血浆蛋白质含量降低时（如急性肾小球肾炎、慢性肝炎等），血浆胶体渗透压降低，组织中水分回流障碍，而发生水肿。

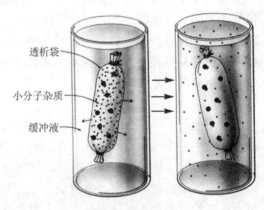

图 2-19　透析示意图

三、蛋白质的变性

蛋白质在某些理化因素作用下，次级键断裂，严格的空间结构遭到破坏，从而改变其理化性质与生物学活性，这种现象称为蛋白质的变性（denaturation）。一般认为蛋白质变性其本质是次级键（氢键、离子键、疏水键、二硫键等）的破坏，只有空间构象的改变，并不涉及一级结构的变化。

常见的引起蛋白质变性的化学因素有强酸、强碱、乙醇、丙酮等有机溶剂、重金属盐、生物碱试剂、十二烷基磺酸钠（SDS）等，物理因素有高温、高压、紫外线照射、超声波、剧烈振荡等。温和变性剂引起的蛋白质变性，去掉变性因素后，可恢复天然构象（图 2-16）。

蛋白质变性后，由于空间构象受到破坏，位于内部的疏水基团暴露，使蛋白质的亲水程度降低，水化膜丧失，溶解度下降，黏度增加，易于沉淀，易被蛋白酶水解，丧失原有生物学活性。

蛋白质变性这一性质，在临床医学上有着广泛的应用，如消毒及灭菌、加热醋酸法检测尿蛋白等。反之，在保存生物制品（如酶、疫苗、白蛋白、丙种球蛋白等）时，要注意防止蛋白质变性。

蛋白质变性理论的提出

Advances in Protein Chemistry 是蛋白质研究领域国际上最具有权威性的综述性丛书。在该丛书 1995 出版的第 47 卷上发表了美国哈佛大学教授，著名生物化学家 J.T. Eddsall 教授的文章《吴宪与第一个蛋白质变性理论》，对吴宪教授的学术成就给予了极高的评价。该卷还重新全文刊登了吴宪教授 64 年前关于蛋白质变性的论文。

吴宪，我国生物化学的开拓者，他一生作出了多方面的贡献，其中最重要的无疑是他的关于蛋白质变性的理论，这一理论已为世界生物化学界广泛接受，并成为当前国际上蛋白质变性和蛋白质折叠研究的基础。

四、蛋白质沉淀

蛋白质从溶液中析出的现象称为蛋白质沉淀（precipitation）。如前所述，蛋白质在溶液中稳定的两个因素是颗粒表面的水化膜和电荷。若无外加条件，不致互相凝集。若用物理或化学方法除掉这两个稳定因素，如将蛋白质溶液的 pH 值调到等电点，再加入脱水剂除去蛋白质水化膜，即可使蛋白质沉淀。先使其脱水，再调节 pH 值到等电点，同样可使蛋白质沉淀（图 2-18）。常用的蛋白质沉淀方法有：

（一）盐析

高浓度的中性盐可以破坏蛋白质的水化膜，中和其所带的电荷，引起蛋白质沉淀的过程称为盐析。常用的中性盐有硫酸铵、硫酸钠、亚硫酸钠等。不同蛋白质亲水程度和带电荷多少不同，盐析时所需要中性盐的浓度也不同，故调节盐的浓度，可将蛋白质分段沉淀。如血清球蛋白多在半饱和硫酸铵溶液中析出，而清蛋白（白蛋白）则在饱和硫酸铵溶液中析出。盐析法一般不引起蛋白质变性，是分离纯化蛋白质的常用方法之一。

（二）有机溶剂沉淀

能与水任意混溶的有机溶剂，如乙醇、甲醇、丙酮等，对水的亲和力很大，能破坏蛋白质的水化膜，同时改变溶液的介电常数，降低蛋白质的电离，使蛋白质沉淀。在等电点时加入这类溶剂更易使蛋白质沉淀析出。如操作在低温条件下进行，缓慢加入有机溶剂沉淀，可保持蛋白质不变性。

（三）某些酸类沉淀

有些酸如苦味酸、钨酸、鞣酸、三氯乙酸、磺柳酸等化合物的酸根，可与蛋白质的阳离子结合成不溶性的蛋白质盐沉淀。沉淀的条件为 pH＜pI。

这些沉淀剂常引起蛋白质发生变性。临床上常用这类方法沉淀蛋白质，如血液样品分析中无蛋白质血滤液的制备。

（四）重金属盐沉淀

重金属离子如 Pb^{2+}、Hg^+、Ag^+、Cu^{2+} 等，可与蛋白质的阴离子结合，形成不溶性蛋白质盐沉淀。临床上利用蛋白质与重金属盐结合形成不溶性沉淀这一性质，用于误服重金属盐中毒的病人的早期抢救。给病人口服大量乳制品或鸡蛋清，然后再用催吐剂将结合的重金属盐呕出以解毒。

（五）加热凝固

加热使蛋白质变性，疏水基团暴露，在等电点时，可加速凝聚而形成凝块。这是因为变性后，伸展的肽链结构互相纠缠、聚合在一起而形成凝块。如鸡蛋煮熟后使本来流动的蛋清变成固体状。

五、蛋白质的紫外吸收与呈色反应

组成蛋白质的肽键及侧链上的某些基团对一定波长的光有特征性吸收，同时也可与某些试剂反应而呈色。这些常被用于蛋白质的定性及定量分析。

（一）蛋白质的紫外光谱吸收特征

蛋白质在紫外光范围有两处吸收峰：一是 280nm 处有最大吸收值，这是因为色氨酸残基和酪氨酸残基中存在的共轭双键引起的；二是因肽键存在而引起的，在 200～220nm 处有一吸收峰。此两处吸收峰都可用于蛋白质的定量测定，但以前者为常用。

（二）蛋白质的呈色反应

蛋白质分子中除大量存在的肽键外，其侧链上多种基团都各具特定的反应性能，故蛋白质分子具有多种呈色反应，其中以下列两种尤为重要。

1. 双缩脲反应　在碱性条件下，蛋白质分子可与 Cu^{2+} 形成紫红色络合物。凡分子中含有两个以上－ CO － NH －键的化合物都呈此反应，蛋白质分子中氨基酸是以肽键相连，因此，所有蛋白质都有双缩脲反应。反应产物在 540 nm 波长处的光密度值与蛋白质含量成正比，临床上用此反应以测定血清蛋白质含量。

2. 酚试剂反应　磷钼酸能与蛋白质中的色氨酸及酪氨酸残基反应生成蓝色化合物（钼蓝）。在 650 nm 波长处的光密度值与蛋白质含量成正比，临床上用此反应测定血清黏蛋白含量。酚试剂反应检测蛋白质的灵敏度较双缩脲反应高 100 倍，酚试剂反应常用于检测蛋白质含量低的生物样本。

第四节　蛋白质的分类

蛋白质的种类繁多、功能各异，通常按其形状、组成和功能进行分类。

一、按分子组成分类

根据蛋白质分子组成的不同，可分为单纯蛋白质和结合蛋白质。

1. 单纯蛋白质　单纯蛋白质是指彻底水解后生成的产物全部为氨基酸的蛋白质。单纯蛋白质又可根据溶解性质及来源分为清蛋白、球蛋白、谷蛋白、醇溶谷蛋白、精蛋白、组蛋白、硬蛋白等。

表 2-3　单纯蛋白质按溶解度分类

蛋白质分类	举　例	溶　解　度
清蛋白	血清清蛋白	溶于水和中性盐溶液，不溶于饱和硫酸铵溶液
球蛋白	免疫球蛋白、纤维蛋白原	不溶于水，溶于稀中性盐溶液，不溶于半饱和硫酸铵溶液
谷蛋白	麦谷蛋白	不溶于水、中性盐及乙醇；溶于稀酸、稀碱
醇溶谷蛋白	醇溶谷蛋白、醇溶玉米蛋白	不溶于水、中性盐溶液；溶于 70%～80% 的乙醇中
硬蛋白	角蛋白、胶原蛋白、弹性蛋白	不溶于水、稀中性盐、稀酸、稀碱和一般有机溶剂
组蛋白	胸腺组蛋白	溶于水、稀酸、稀碱；不溶于稀氨水
精蛋白	鱼精蛋白	溶于水、稀酸、稀碱、稀氨水

2. 结合蛋白质 由蛋白质与其他非蛋白质组分组成的一类蛋白质，非蛋白部分称为辅基，根据辅基不同可分为六类（表 2-4），结合蛋白质只有与辅基结合后才有生物活性。

表 2-4 结合蛋白质及其辅基

结合蛋白质	辅　基	举　例
金属蛋白	金属离子	铁蛋白、超氧化物歧化酶（SOD）
核蛋白	核　酸	染色质蛋白、病毒核蛋白
色蛋白	色　素	血红蛋白、黄素蛋白、细胞色素
糖蛋白	糖　类	转铁蛋白、受体、免疫球蛋白
磷蛋白	磷　酸	胃蛋白酶、染色质磷蛋白
脂蛋白	脂　类	α- 脂蛋白、β- 脂蛋白

二、按分子形状分类

1. 球状蛋白质 蛋白质分子形状基本呈球形或椭圆形，分子长短轴之比小于 10。多属有特定功能的蛋白质，如酶、清蛋白、球蛋白、血红蛋白、肌红蛋白等。

2. 纤维状蛋白质 是指分子长短轴之比大于 10，一般呈纤维状。多为生物体组织结构材料，如毛发中的角蛋白，皮肤和结缔组织中的胶原蛋白，肌腱、韧带中的弹性蛋白等。

三、按功能分类

在生物体内，有些蛋白质只参与生物细胞或组织器官的构成，起支持与保护作用，如胶原蛋白、角蛋白、弹性蛋白等。而大多数蛋白质在代谢过程中主要发挥调控作用，即生物活性蛋白质。蛋白质的功能分类见表 2-5。

表 2-5 蛋白质按功能分类

功能类别	举　例
运输蛋白	血红蛋白、脂蛋白、清蛋白
防御蛋白	血凝与纤溶蛋白、免疫球蛋白
运动蛋白	肌动蛋白、肌球蛋白
激素蛋白	胰岛素、甲状腺球蛋白
基因调节蛋白	阻遏蛋白、DNA 结合蛋白
代谢调控蛋白	酶
结构蛋白	胶原蛋白、弹性蛋白、角蛋白

架起通向临床的桥梁

蛋白质构象病

1. 疯牛病　疯牛病是由朊病毒蛋白（prion protein，PrP）引起。朊病毒蛋白存在两种结构形式。一种为正常细胞膜相关的细胞朊病毒蛋白（cellular PrP，PrP^C），另一种为朊病毒颗粒相关的羊瘙痒症朊病毒蛋白（scrapie-causing PrP，PrP^{SC}）。两者一级结构完全相同，但分子构象具有较大差异。在 PrP^C 中 α-螺旋结构含量较高，而 PrP^{SC} 中 β-折叠结构含量较高。两者高级结构的不同使得它们在物理、化学性质以及生物学特性上产生很大差异。目前能区分这两种不同结构蛋白质的方法之一是根据它们对蛋白酶 K 抗性的差异，PrP^{SC} 能够抵抗该酶的消化，而 PrP^C 则不能。疯牛病发病的分子机制是生理性 PrP^C 转变为病理性 PrP^{SC}，导致生物化学性质改变。PrP^{SC} 水溶性差，对蛋白酶不敏感，构象不稳定易成聚集状态，当在中枢神经细胞中堆积，最终破坏神经细胞。根据脑部受破坏的区域不同，发病的症状也不同，如果感染小脑，则会引起运动功能的损害，导致共济失调；如果感染大脑皮层，则会引起语言、记忆力及行为能力的下降。

2. 帕金森病　帕金森病（Parkinson's disease，PD）是常见的神经变性疾病，主要临床特征是静止性震颤、肌强直、运动减少和姿势平衡障碍等。主要病理改变是中脑黑质致密部多巴胺生成障碍，残存神经元中出现含 α-突触核蛋白（α-synuclein）、泛素和蛋白包涵体（Lewy 小体）的形成。目前研究表明，α-突触核蛋白突变、构象改变或过度表达可加速线粒体功能障碍、增强对氧化应激的敏感性以及多巴胺转运载体介导的毒性，促进细胞死亡。自然状态下，α-突触核蛋白呈无序的未折叠结构的单体，但在高浓度时，它可转变为淀粉纤维样的 β-折叠结构，错误折叠的蛋白质不能被分子伴侣或蛋白酶所识别，未被分子伴侣保护又未被蛋白酶降解的错误折叠分子就可能发生聚合，最终转化为稳定的纤维状结构的多聚体及形成 Lewy 小体。α-突触核蛋白纤维多聚体或 Lewy 小体为 PD 的发病基础。

（张　中）

第三章　核酸的结构与功能

学习目标

掌握
　　两类核酸的基本成分和基本单位的异同，DNA 双螺旋结构模型的要点及 DNA 的功能。

熟悉
　　游离核苷酸的重要生物学功能、RNA 的分类、各类 RNA 的结构特点与功能。

了解
　　核酸的紫外吸收特性，DNA 的变性、复性及分子杂交的概念。

核酸（nucleic acid）是以核苷酸为基本组成单位的生物大分子，具有复杂的结构和重要的生物学功能。核酸分为脱氧核糖核酸（deoxyribonucleic acid，DNA）和核糖核酸（ribonucleic acid，RNA）两大类。DNA 主要存在于细胞核内，是遗传信息的携带者，决定着细胞和个体的遗传型；RNA 主要分布于胞浆内，主要参与遗传信息的传递和表达。在某些病毒中，RNA 也可以作为遗传信息的携带者。

核酸的发现

1868 年，24 岁的瑞士青年科学家米歇尔（F. Miescher）到德国学习，从事细胞核组成成分的研究工作。实验首先要获得大量的实验材料——细胞，米歇尔想到了外科手术用的绷带。他用稀的硫酸钠溶液清洗绷带，并在稀硫酸钠溶液中加入了含有胃蛋白酶的猪胃提取物用以消化分解蛋白质，结果分离出了一种未知的化合物，当时他把这种物质叫"核素"。后来人们逐渐认识了这种物质，由于它最初是从细胞核中分离出来的，又具有酸性，1889 年它被命名为"核酸"。

第一节　核酸的化学组成及一级结构

一、核酸的基本成分

元素分析表明，核酸由C、H、O、N和P元素组成，其中磷的含量相对恒定，平均为9.5%左右。用不同的方法可将核酸水解成核苷酸（nucleotide），核苷酸进一步水解为核苷（nucleoside）和磷酸，核苷还可进一步水解生成碱基（base）和戊糖（图3-1）。磷酸、戊糖和碱基称为核酸的基本成分。

图3-1　核酸的水解产物

（一）碱基

核酸中的碱基是两类含氮杂环化合物，即嘌呤（purine）和嘧啶（pyrimidine）的衍生物，嘌呤衍生物称为嘌呤碱，主要包括腺嘌呤（adenine，A）和鸟嘌呤（guanine，G）。嘧啶衍生物称为嘧啶碱，主要包括胞嘧啶（cytosine，C）、尿嘧啶（uracil，U）和胸腺嘧啶（thymine，T）。A、G、C为DNA与RNA共享，T只存在于DNA中而不存在于RNA中，U则只存在于RNA中而不存在于DNA中。主要碱基化学结构如图3-2所示，两类核酸化学组成的比较见表3-1。

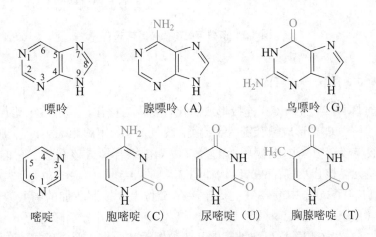

图3-2　存在于DNA和RNA中的碱基结构

表3-1　两类核酸化学组成比较

核酸	碱基		戊糖	磷酸
	嘌呤	嘧啶		
DNA	A, G	C, T	脱氧核糖	磷酸
RNA	A, G	C, U	核糖	磷酸

除了上述 5 种基本的碱基之外，还发现核酸分子中含有几十种其他的碱基。它们是通过甲基化、羟甲基化及硫化基本碱基内的某些基团所产生的，由于它们在核酸中含量稀少，故称为稀有碱基。如 RNA 中的稀有碱基主要见于 tRNA 中，DNA 中的则主要存在于噬菌体 DNA 中。核酸中的部分稀有碱基见表 3-2。

表 3-2 核酸中的部分稀有碱基

DNA	RNA
尿嘧啶（U）	1- 甲基腺嘌呤（m^1A）
5- 羟甲基尿嘧啶（hm^5U）	N^6- 甲基腺嘌呤（m^6A）
5- 甲基胞嘧啶（m^5C）	2- 甲基鸟嘌呤（m^2G）
5- 羟甲基胞嘧啶（hm^5C）	5，6- 二氢尿嘧啶（DHU 或 hU）
N^6- 甲基腺嘌呤（m^6A）	4- 乙酰基胞嘧啶（ac^4C）
2- 氨基腺嘌呤（n^2A）	4- 硫尿嘧啶（s^4U）

（二）戊糖

核酸中所含的糖均为五碳糖，即戊糖。RNA 分子中的戊糖在第 2 位碳上含氧，称为 β-D- 核糖 (ribose)；DNA 分子中的戊糖在第 2 位碳上不含氧，称为 β-D-2- 脱氧核糖 (deoxyribose)。核糖与脱氧核糖结构式见图 3-3。

图 3-3 核糖与脱氧核糖结构式

二、核酸的基本单位——核苷酸

碱基与戊糖通过糖苷键（N—C）连接形成的化合物称为核苷。其中嘌呤类（脱氧）核苷由嘌呤碱 N-9 与（脱氧）核糖 C-1′ 形成糖苷键，嘧啶类（脱氧）核苷由嘧啶碱 N-1 与（脱氧）核糖 C-1′ 形成糖苷键。磷酸与核苷分子中戊糖环上的羟基以酯键结合形成核苷酸。它们是构成 RNA 与 DNA 的基本结构单元。核苷及核苷酸的结构如图 3-4，图 3-5。

核苷酸或脱氧核苷酸分子中的磷酸主要连接在 5′ 位上，按照所加的磷酸数目分别称为（脱氧）核苷一磷酸、（脱氧）核苷二磷酸和（脱氧）核苷三磷酸，并分别标记为 α、β 和 γ。无论核糖还是脱氧核糖，一个磷酸基均可与糖基的几个位置羟基酯化，形成环式磷酸酯。如核苷酸的 3′ -OH 与 5′ -OH 同时与磷酸生成酯，即 3′，5′ - 环核苷酸。重要的环核苷酸有 3′，5′ - 环腺苷酸（cAMP）和 3′，5′ - 环鸟苷酸（cGMP），它们是由 ATP 与 GTP 分别在细胞膜上的腺苷酸环化酶和胞液内的鸟苷酸环化酶催化下，脱去 1 分子焦磷酸而生成。这两种核苷酸在细胞代谢调节和跨膜信息传导中起着十分重要的作用。

核酸中常见的碱基、核苷、核苷酸及其缩写见表 3-3。

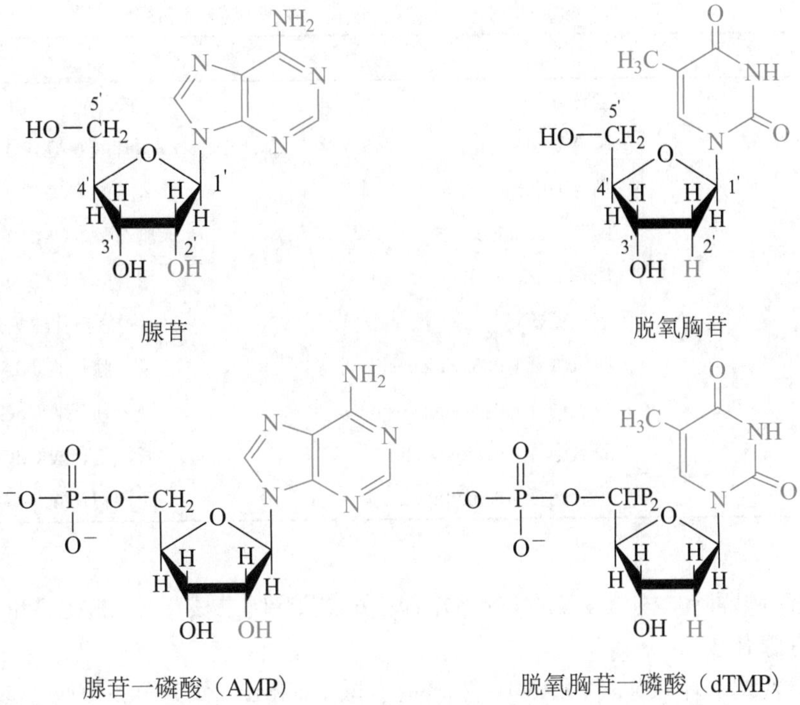

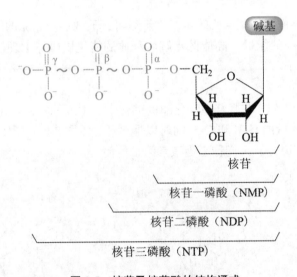

腺苷
脱氧胸苷
腺苷一磷酸（AMP）
脱氧胸苷一磷酸（dTMP）

图 3-4　核苷与核苷酸结构

碱基
核苷
核苷一磷酸（NMP）
核苷二磷酸（NDP）
核苷三磷酸（NTP）

图 3-5　核苷及核苷酸的结构通式

三、体内重要的游离核苷酸及生物学功能

核苷酸除了用于合成核酸外，体内尚有一些核苷酸以游离的形式存在于细胞内，它们几乎参与体内所有的生化反应过程，因而具有极其重要的生物学功能。

1．是生物系统的通用能源　腺苷三磷酸（ATP）水解释放能量，是机体的直接供能物质，如参与大多数耗能的酶促反应、为体内磷酸化反应提供磷酸基等。

2．为某些物质合成所必需　在生物合成途径中，核苷酸及其衍生物作为载体参与其中，如尿苷二磷酸（UDP）是糖基的载体，UDP- 葡萄糖在糖原（G_n）合成中提供葡萄糖单位，故 G_n 合成需 UTP。此外，磷脂（PL）合成需 CTP。

3．构成许多酶的辅酶成分　腺苷酸是多种重要辅酶的组分，如烟酰胺腺嘌呤二核苷酸

表 3-3　核酸中常见的碱基、核苷、核苷酸及其缩写

碱基	核苷	核苷酸
RNA	核糖核苷	5′- 核苷酸（NMP）
腺嘌呤（A）	腺苷（adenosine）	腺苷酸（AMP）
鸟嘌呤（G）	鸟苷（guanosine）	鸟苷酸（GMP）
胞嘧啶（C）	胞苷（cytidine）	胞苷酸（CMP）
尿嘧啶（U）	尿苷（uridine）	尿苷酸（UMP）
DNA	脱氧核糖核苷	5′- 脱氧核苷酸（dNMP）
腺嘌呤（A）	脱氧腺苷（deoxyadenosine）	脱氧腺苷酸（dAMP）
鸟嘌呤（G）	脱氧鸟苷（deoxyguanosine）	脱氧鸟苷酸（dGMP）
胞嘧啶（C）	脱氧胞苷（deoxycytidine）	脱氧胞苷酸（dCMP）
胸腺嘧啶（T）	脱氧胸苷（deoxythydine）	脱氧胸苷酸（dTMP）

（NAD$^+$）、烟酰胺腺嘌呤二核苷酸磷酸（NADP$^+$）、黄素腺嘌呤二核苷酸（FAD）和辅酶 A（CoA）等分子中均含有腺苷酸。

4.调节物质代谢　环腺苷酸（cAMP）和环鸟苷酸（cGMP）作为第二信使，参与生物体内的信号转导，对机体代谢起有重要调节作用。

（一）多磷酸核苷酸

ATP 分子中含有高能键，用" ～ "表示。水解后可释放 30.5kJ/mol 的能量，而普通磷酸酯键水解时仅能释放 8.3kJ/mol 的能量，高能键水解后释放的能量供机体生理活动需要，ATP 在能量代谢中起有重要作用。

（二）环化核苷酸

环腺苷酸（cAMP）是 ATP 在腺苷酸环化酶的催化下，生成的一种环化腺苷酸，称为 cAMP，在 cAMP 分子中磷酸与核糖的 C-3′ 和 C-5′ 同时以酯键相连（图 3-6）。现已知，许多激素是通过 cAMP 而发挥生理作用，因此，人们称之为激素第二信使。

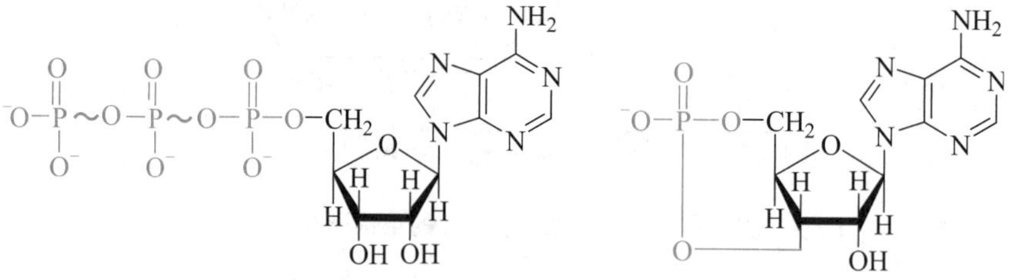

腺苷三磷酸（ATP）　　　　　3′, 5′-环腺苷酸（cAMP）

图 3-6　ATP 与 cAMP 的结构

四、核酸的一级结构

核酸（DNA 和 RNA）的一级结构是指分子中核苷酸的排列顺序，称为核苷酸序列。由于核苷酸之间的差别仅是其碱基的不同，所以核酸分子中碱基的排列顺序就代表了核苷酸的排列顺序。脱氧核苷酸通过 3′, 5′- 磷酸二酯键连接而成多聚脱氧核苷酸链称为 DNA。核苷酸通过 3′, 5′- 磷酸二酯键连接而成多聚核苷酸链称为 RNA。脱氧核苷酸或核苷酸的连接具有严格的方向性，由前一位核苷酸的 3′-OH 与下一位核苷酸的 5′ 位磷酸基之间形成 3′, 5′- 磷酸二酯键，从

而构成一个没有分支的线性大分子。其书写从左侧（5′-末端）向右侧（3′-末端）延伸，5′-末端为游离磷酸基，3′-末端为游离羟基（—OH），即 5′→3′ 方向为正方向。表示核酸一级结构的方法从结构式到简化为英文缩写字母代号有多种（图 3-7）。

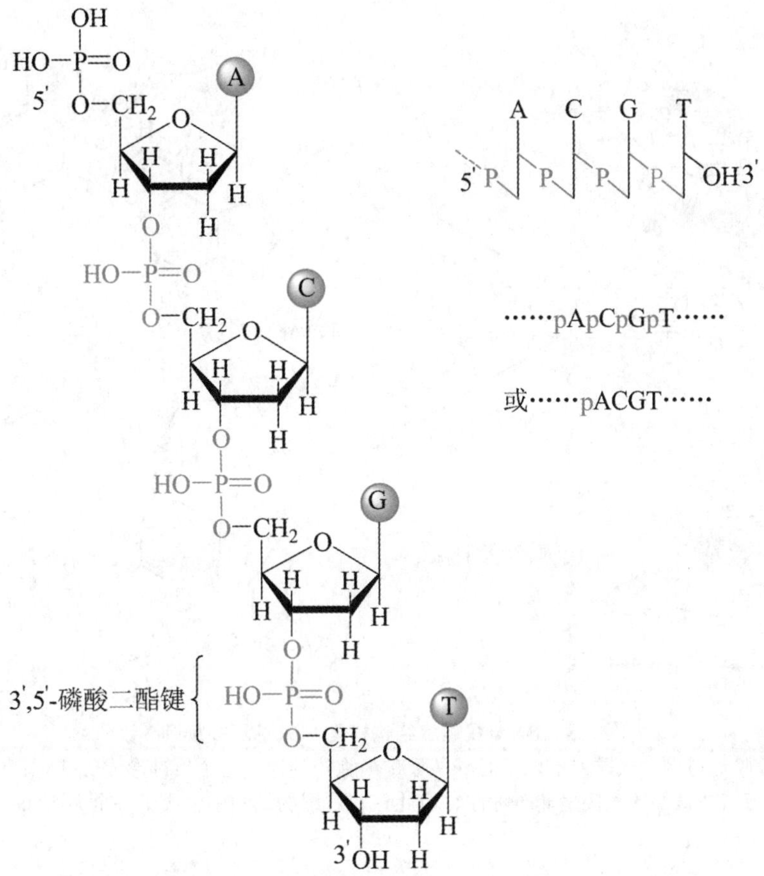

图 3-7 DNA 的多核苷酸片段及其缩写法

第二节 DNA 的分子结构与功能

一、DNA 的二级结构——双螺旋结构

1953 年，沃森（J.Watson）和克里克（F.Crick）根据 DNA 的 X 线衍射图像和碱基分析数据，提出了 DNA 双螺旋结构模型学说。DNA 双螺旋结构的发现是生物学发展的里程碑，标志着现代分子生物学的开始，奠定了现代分子生物学的理论基础。

双螺旋结构模型的要点是：

1. **DNA 由两条多聚脱氧核苷酸链组成** 它们围绕着同一个中心轴以右手螺旋方式盘旋成双螺旋结构。两条链中一条链是 5′→3′ 走向，而另一条链是 3′→5′ 走向，呈现反向平行的特征。螺旋的直径为 2.37nm，螺距为 3.54 nm，每个螺旋包含 10.5 个碱基对（图 3-8）。

2. **核糖与磷酸位于螺旋外侧** 由脱氧核糖和磷酸基通过 3′，5′-磷酸二酯键相连形成的亲水骨架位于双螺旋的外侧，而疏水的碱基则位于螺旋内侧。双螺旋结构的表面有大沟和小沟。

3. **两条链之间的碱基形成互补碱基对** DNA 分子中一条链的碱基与另一条链处于同一平面的碱基通过氢键形成碱基对，即腺嘌呤与胸腺嘧啶配对，形成两条氢键（A=T）；鸟嘌呤与胞嘧啶配对，形成3条氢键（G≡C）。这种A与T，G与C的配对规律称之为碱基互补规则（图3-8）。每一碱基对的两个碱基称为互补碱基，同一DNA分子的两条脱氧核苷酸链称为互补链。

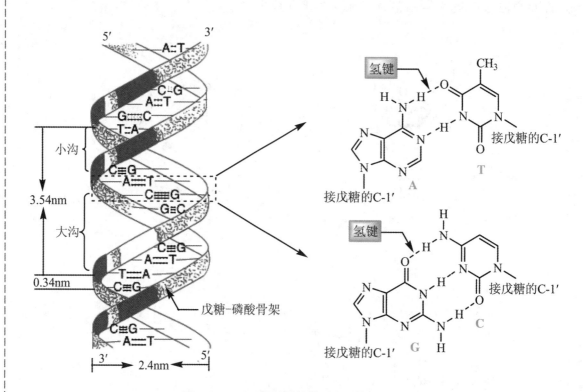

图3-8   DNA双螺旋结构模型和碱基互补规则
腺嘌呤与胸腺嘌呤通过两个氢键形成碱基对；鸟嘌呤与胞嘧啶通过三个氢键形成碱基对；反向平行的特点使得碱基对与磷酸骨架的连接呈非对称性，由此在双螺旋的结构中生成了一个大沟和一个小沟

4. 碱基堆积力和氢键共同维系着DNA双螺旋结构的稳定   相邻的两个碱基对平面在螺旋中会彼此重叠，由此产生疏水性的碱基堆积力（纵向范德华力），碱基堆积力和互补链之间碱基对的氢键共同维系着DNA双螺旋结构的稳定，而前者的作用更为重要。

DNA 双螺旋结构的发现

1951 年，沃森（J.Watson）博士第一次看到了由富兰克林（R.Franklin）和威尔金斯（M.Wilkins）拍摄的DNA的X衍射图像后，激发了研究核酸结构的兴趣。后来他在卡文迪许实验室结识了克里克（F.Crick），两人为揭示DNA空间结构的奥秘开始了密切合作，根据富兰克林和威尔金斯的高质量的DNA分子X线衍射图像和前人的研究成果，他们于1953年提出了DNA双螺旋结构模型。DNA双螺旋结构的发现被认为是分子生物学发展史上的里程碑。因此，沃森、克里克和威尔金斯分享了1962年的诺贝尔生理学或医学奖。

二、DNA 的超螺旋结构

原核生物、线粒体和叶绿体中的 DNA 是共价封闭的双螺旋环状结构，这种环状 DNA 进一步螺旋，形成超螺旋结构。如果超螺旋方向与双螺旋方向一致，称为正超螺旋。反之称为负超螺旋（图 3-9）。

真核生物 DNA 是线状双螺旋，它缠绕在组蛋白的八聚体上，形成核小体。根据所含碱性氨基酸的不同，组蛋白可分为 H_1、H_{2A}、H_{2B}、H_3 和 H_4 五类。每个核小体直径约为 5.5 nm，其核心部分由 H_{2A}、H_{2B}、H_3 和 H_4 各两分子组成八聚体。双螺旋

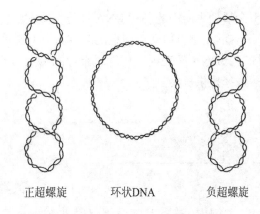

正超螺旋　　环状DNA　　负超螺旋

图 3-9　环状 DNA 结构示意图

DNA 分子在它的表面盘绕 1.75 圈（约 140 bp），称核心 DNA。在两个核心颗粒之间由双链 DNA（连接 DNA）约 60 bp 连接一分子组蛋白 H_1 形成串珠状结构。在此基础上进一步盘旋成直径为 30 nm 的中空的染色质纤维空管，染色质纤维空管进一步卷曲和折叠形成超螺旋管。超螺旋管几经卷曲，最后形成染色单体（图 3-10）。

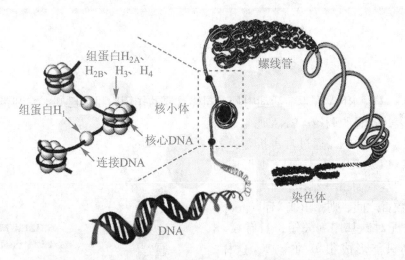

组蛋白H_{2A}、H_{2B}、H_3、H_4
组蛋白H_1
核小体
核心DNA
连接DNA
螺线管
染色体
DNA

图 3-10　核小体及其组成的染色质纤维超螺旋结构示意图

三、DNA 的功能

人们早在 20 世纪 30 年代就已经知道了染色体是遗传物质，也了解到 DNA 是染色体的组成部分。但是直到 1944 年，埃弗里（O.Avery）才首次证明了 DNA 是细菌遗传性状的转化因子。他们利用从有荚膜的致病性 S 型肺炎球菌中提纯的 DNA 使另一种无荚膜的非致病性 R 型肺炎球菌细胞转变成致病菌，而蛋白质和多糖物质没有这种功能。如果 DNA 被脱氧核糖核酸酶降解后，则失去转化功能。已经转化的细菌，其后代仍保留了合成 S 型荚膜的能力。这些结果证明 DNA 是遗传的物质基础。

DNA 的遗传信息是以基因的形式存在的。基因（gene）是指 DNA 中具有功能的特定区段，其中的核苷酸排列顺序决定了基因的功能。DNA 是细胞内 DNA 复制和 RNA 合成的模板，DNA 的核苷酸序列以遗传密码的方式决定了蛋白质的氨基酸顺序。依据这一原理，DNA 利用四种碱基的不同排列对生物体的所有遗传信息进行编码，经过复制遗传给子代，并通过转录和翻译确保

生命活动中所需的各种 RNA 和蛋白质在细胞内有序合成。

DNA 是生物遗传信息的载体，具有高度稳定性的特点，以保持生物体系遗传的相对稳定性。同时，DNA 又表现出高度复杂性的特点，它可以发生各种重组和突变，适应环境的变迁，为自然选择提供机会。

人类基因组计划

1986 年 3 月，美国政府开始组织和讨论人类基因组计划（Human Genome Project，HGP）。该计划将对人类 23 对染色体的全部 DNA 进行测序，并绘制相关的遗传图谱、物理图谱和序列图谱。1988 年，美国国会正式批准 HGP，并任命沃森为项目总负责人。该计划于 1990 年正式启动，英、法、德、日等国相继加入。我国于 1999 年加入人类基因组计划，承担了 1% 的测序任务。2001 年 2 月，美国成立的"国家人类基因组研究中心"与 Celera 公司联合公布了人类基因组序列草图。至此，人类历史上第一次由多个国家的数千名科学家参与的国际性科研合作项目宣告完成。

第三节　RNA 的分子结构与功能

如同 DNA 一样，RNA 在生命活动中具有同样重要的作用。目前已知，它和蛋白质共同负责基因的表达和表达过程的调控。RNA 通常是以单链形式存在，单链 RNA 通过自身折叠，若出现互补碱基对（A=U，G ≡ C），则形成局部双螺旋——"茎"（stem）结构，非配对碱基序列在数十到数百之间，则膨出成"环"（loop）结构，如果非配对碱基序列较短，只有 6～8 个核苷酸，则只能形成很短的突起，这样，RNA 分子就有两种常见的二级结构形式，一种是"茎 - 环"结构（stem-loop structures），一种是"发夹"结构（hairpin structures）。几乎所有的 RNA 都具备"茎 - 环"或"发夹"结构（图 3-11）。

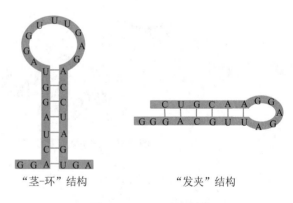

"茎-环"结构　　　　"发夹"结构

图 3-11　RNA 二级结构

RNA 种类较多。根据 RNA 在基因表达中所发挥的功能，将 RNA 分为信使 RNA（messenger RNA，mRNA）、转运 RNA（transfer RNA，tRNA）和核糖体 RNA（ribosomal RNA，rRNA）。

一、信使 RNA 的结构与功能

信使 RNA（messenger RNA，mRNA）是蛋白质合成的模板，其特点是种类多而含量少，它仅占 RNA 总量的 2%～5%，但 mRNA 代谢活跃，半衰期只有数分钟到几小时。真核生物和原核生物 mRNA 的一级结构有相当大的区别。真核生物 mRNA 多聚核苷酸链具有与原核生物 mRNA 不同的独特结构，即 5′- 端有一个以 7- 甲基鸟苷三磷酸（m^7G_{PPP}）为主体的"帽子"结构，3′- 末端大多有一个由 30～200 个多聚腺苷酸（poly A）的"尾巴"（图 3-12）。

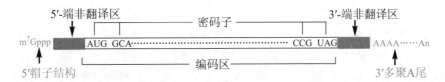

图 3-12　哺乳动物成熟 mRNA 结构特点

　　mRNA 的功能是转录核内 DNA 遗传信息的碱基排列顺序，并携带至细胞质，指导蛋白质的生物合成。mRNA 从 5′- 末端的碱基序列 AUG 开始，每三个相邻的核苷酸组成一个三联体密码（triplet code），编码一种氨基酸（具体编码方式见第十章）。因此，mRNA 分子中核苷酸排列顺序决定蛋白质分子中氨基酸排列顺序。

二、转运 RNA 的结构与功能

　　转运 RNA（transfer RNA，tRNA）占细胞内 RNA 总量的 15% 左右，是分子量最小的 RNA，已完成了一级结构测定的 100 多种 tRNA 都是由 74～95 个核苷酸组成的。tRNA 的主要生理功能是转运活化了的氨基酸，参与蛋白质的生物合成。在 tRNA 中，约 50% 的碱基可自身折叠而形成局部双螺旋结构，而非互补区形成环状结构。所有 tRNA 的二级结构都有 3 个茎 - 环结构、4 个螺旋区、3 个环和 1 个附加叉，形似三叶草形（图 3-13），

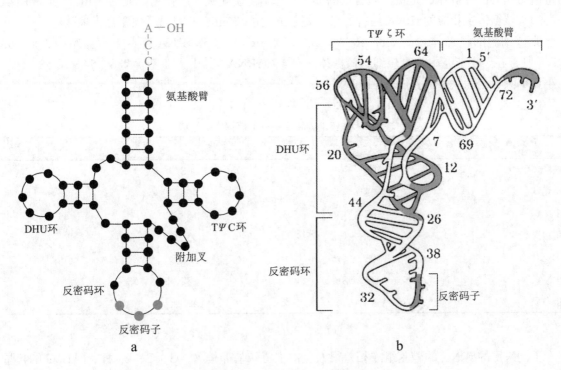

图 3-13　tRNA 的二、三级结构
a. tRNA 的"三叶草"形二级结构；b. tRNA 的"倒 L"三级结构

　　tRNA 三叶草结构具有以下结构特点：

　　1. 分子中含有较多稀有碱基　tRNA 分子中的稀有碱基占所有碱基的 10%～20%，包括二氢尿嘧啶（DHU）、假尿嘧啶（Ψ）和甲基化嘌呤（mG，mA）等，这些稀有碱基主要来自 tRNA 合成后的化学修饰。

　　2. 分子形成茎 - 环结构　tRNA 分子中有 3 个茎 - 环结构，分别称为 DHU 环、TΨC 环和反

密码子环。

3. 分子末端构成氨基酸臂 氨基酸臂由 7 个碱基对组成的螺旋区与 3′- 末端上 CCA 相连接的部分构成。所有的 tRNA 的 3′- 末端都是以 CCA 结束的，氨基酸可以通过酯键连接在 A 上，从而使得 tRNA 成为了氨基酸的载体。不同的 tRNA 可以结合不同的氨基酸，有的氨基酸只有一种 tRNA 作为载体，有的则有数种 tRNA 作为载体。

4. tRNA 序列中有反密码子 反密码子环由 7~9 个核苷酸组成，居中的 3 个核苷酸构成了一个反密码子，这个反密码子与 mRNA 分子上的三联体密码子通过碱基互补的关系相互识别，将其所携带的氨基酸正确地运送到蛋白质合成的场所。

tRNA 二级结构扭曲成倒 L 形构象即为三级结构。在倒 L 形的一端为反密码子环，另一端为氨基酸臂，拐角处则为 TΨC 环及 DHU 环。

tRNA 的主要功能是携带氨基酸，在翻译开始之前的准备阶段，各种氨基酸在相应的氨基酰 -tRNA 合成酶催化下分别加载到各自的 tRNA 上，形成氨基酰 -tRNA。同时 tRNA 的反密码子能与 mRNA 中相应的密码子互补结合，于是 tRNA 所携带的氨基酸就准确地在 mRNA 上"对号入座"，从而使肽链中氨基酸按 mRNA 规定的顺序排列起来。

三、核糖体 RNA 的结构与功能

核糖体 RNA（rRNA）是细胞中含量最多的一类 RNA，约占细胞总 RNA 的 80% 以上。它们与蛋白质结合成核糖体，是蛋白质合成的场所，起着"装配机"的作用。无论是 tRNA 或 mRNA 都必须与核糖体中相应的 rRNA 结合，各种氨基酸才能按 mRNA 密码子顺序合成多肽链。

原核细胞的核糖体含有 3 种 rRNA，其中 23S rRNA 与 5S rRNA 存在于大亚基中，而 16S rRNA 则存在于小亚基中。真核细胞核糖体含有 4 种 rRNA，其中大亚基含 28S、5.8S 及 5S 三种，而小亚基只含 18S 一种（表 3-4）。

表 3-4 原核细胞和真核细胞核糖体的组成

成分	原核细胞	真核细胞
核糖体	70S	80S
小亚基	30S	40S
rRNA	16S	18S
蛋白质	21 种	33 种
大亚基	50S	60S
rRNA	23S，5S	28S，5.8S，5S
蛋白质	34 种	49 种

不同来源的 rRNA 的碱基组成相差很大，但主要碱基都是 A、G、C、U4 种，且以 G 的含量最多。各类 rRNA 结构无统一模式，它们因自身回折可形成 A=U、G ≡ C 小螺旋区，呈现多种高级结构（图 3-14）。

核糖体是细胞合成蛋白质的场所，核糖体中的 rRNA 和蛋白质共同为肽链合成所需要的 mRNA、tRNA 以及多种蛋白因子提供了相互结合的位点和相互作用的空间环境（图 3-15）。

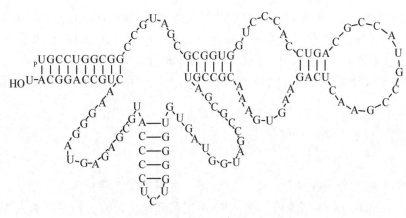

图 3-14 大肠埃希菌 5S rRNA 的二级结构

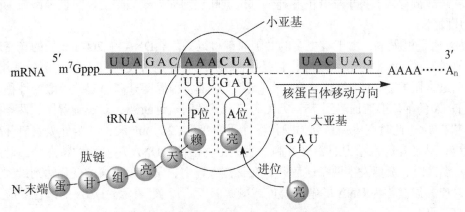

图 3-15 由核糖体、mRNA 和 tRNA 形成的复合体

第四节 核酸的理化性质

核酸的化学成分和结构特征决定了它本身一些特殊的理化性质。这些理化性质被广泛用于基础研究及疾病诊断中。

一、核酸的一般性质

核酸是生物大分子，活体中 DNA 多数为线性，相对分子量很大，在 $10^6 \sim 10^{12}$ 之间。一个碱基对（bp）的分子量平均为 660；长度为 1 μm 的 DNA 双螺旋相当于 2940 个碱基对，其分子量为 1.94×10^6。如人的二倍体细胞 DNA 若展开成一直线，其总长约 1.7 m。由于 DNA 分子比较细长，故其溶液的黏滞度也较高。

RNA 分子为单链，但不同的局部节段因有互补性，$A=U$，$G \equiv C$ 配对，可形成链内双螺旋区。溶液中的核酸在引力场中可下沉。应用超速离心技术可测定核酸的沉降系数（S）。DNA 分子经反复盘曲形成超螺旋后，其沉降系数增加，超螺旋松解后其沉降系数减少。

核酸是两性电解质，因为它既有酸性的磷酸基，又有碱基上的碱性基团。因磷酸基的酸性较强，故整个分子呈酸性。

二、核酸的紫外吸收

嘌呤碱与嘧啶碱都含有共轭双键，使碱基、核苷、核苷酸和核酸在 240 ～ 290 nm 的紫外波段显示强烈的吸收峰。在中性条件下，它们的最大峰值在波长 260 nm 处。利用这一性质可以对核酸、核苷酸、核苷和碱基进行定性和定量分析。实验中常以 $A_{260}=1.0$ 相当于 50μg 双链 DNA、40μg RNA、33μg 单链 DNA 为计算标准。利用 260nm 与 280nm 的光密度比值（A_{260}/A_{280}）还可以判断所提取的核酸样品的纯度，DNA 纯品的 A_{260}/A_{280} 应为 1.8；而 RNA 纯品的 A_{260}/A_{280} 应为 2.0。

三、核酸的变性、复性与分子杂交

（一）变性

天然有序的双螺旋分子在加热、酸、碱、尿素或甲酰胺等理化因素作用下，核酸双螺旋区氢键断裂，如为双链的 DNA 则变成单链，RNA 则局部螺旋解旋，但并不涉及 3′，5′- 磷酸二酯键共价键断裂。这种现象称为核酸变性。核酸变性只改变其二级结构，并不改变它的核苷酸序列，而多核苷酸链骨架上各单核苷酸相连的共价键断裂则称为核酸降解，可使核酸成为分子量较小的多个片段。

在 DNA 解链过程中，由于有更多的共轭双键得以暴露，DNA 在 260 nm 处的光密度随之增加。这种现象称为 DNA 的增色效应。它是检测 DNA 双链是否发生变性的一个最常用的指标。在实验室内最常用的 DNA 变性方法之一是加热，通常将因温度升高引起的核酸变性称为高温热变性。当 DNA 的稀盐溶液加热到 75～95℃时，两条链间氢键断裂，双螺旋解体，两条链分开形成两条单链 DNA。此时产生一系列物理化学性质的变化：260 nm 波长处紫外吸收值升高，即所谓增色效应，黏度降低，浮力、密度升高，丧失生物活性。DNA 热变性的特点是当升温到某一特定的狭窄温区时，突然发生两条链解开，在解链过程中，紫外吸收值的变化达到最大变化值的一半时所对应的温度称为 DNA 的解链温度或融解温度，以 T_m 表示。DNA 的增色效应及解链温度见图 3-16。

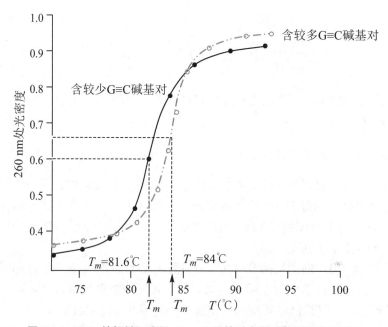

图3-16 DNA 的解链温度及 G ≡ C 碱基对含量对解链温度的影响

RNA 分子中局部的双螺旋区也可因加热解链发生变性，但 T_m 值较低，变性曲线不似 DNA 那么陡峭。DNA 分子均一性高，解链过程发生于一个很窄的温区内。GC 含量越高，T_m 值越高，因为要破坏 GC 之间的三个碱基对，必须消耗比破坏 AT 更多的能量。DNA 分子中因种属不同所含 AT 与 GC 比例不一，含 GC 比例大者由于解开三个氢键所需能量高于含两个氢键 A=T 者，故其 T_m 值较高（图 3-16 ）。

（二）复性

DNA 的变性是可逆的。变性 DNA 在缓慢冷却时可以使两条彼此分开的单链重新缔合成为双螺旋结构，称为复性，这一过程也称为退火。DNA 复性后许多理化性质恢复，生物活性也可大部分恢复。最适宜的复性温度比 T_m 值约低 25℃，这个温度又叫作退火温度。在这个温度下，不规则的碱基配对较稳定。若再给以足够的时间，DNA 的碱基配对就有机会达到天然 DNA 的状态而完成复性（图 3-17 ）。如果将热变性 DNA 骤然冷却至 4℃以下，DNA 不可能发生复性。这一特性被用来保持 DNA 的变性状态。

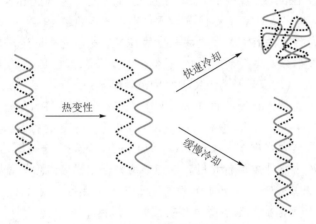

图 3-17　DNA 变性与复性示意图

（三）核酸的杂交

将不同来源的 DNA 置于试管中，经加热（沸水浴）变性后，慢慢冷却退火，让它们复性。若这些异源 DNA 之间在某些区域有互补序列，则复性时会形成杂交分子 DNA，也可产生 DNA-RNA 之间的互补杂交。这种杂交不仅在基因变异的发现和基因测序方面有重大意义，而且还可根据互补程序了解种属亲缘关系，如黑猩猩与人类 DNA 序列同源率高达 99%，说明两者亲缘关系极近。

DNA 指纹技术

生物个体间的差异本质上是 DNA 分子序列的差异，人类不同个体（同卵双生除外）的 DNA 各不相同。如人类 DNA 分子中存在着高度重复的序列，不同个体重复单位的数目不同，差异很大，但重复序列两侧的碱基组成高度保守，且重复单位有共同的核心序列。因此，针对保守序列选择同一种限制性核酸内切酶，针对重复单位的核心序列设计探针，将人类基因组 DNA 经酶切、电泳、分子杂交及放射自显影等处理，可获得检测的杂交图谱，杂交图谱上的杂交带数目和分子量大小具有个体差异性，这如同一个人的指纹图形一样各不相同。因此，把这种杂交带图谱称为 DNA 指纹。DNA 指纹技术已被广泛应用于法医学如物证检测、亲子鉴定、疾病诊断和肿瘤研究等领域。

架起通向临床的桥梁

1. PL-12 型多发性肌炎　PL-12 型多发性肌炎（polymyositis）是一种自身免疫性疾病，通常累及横纹肌，有时也累及平滑肌和心肌。主要临床表现是间歇性肢体苍白或发绀（特别是手指足趾），肺纤维化和肌炎综合征。大部分病例为慢性渐进性，数年后可逐步恢复。病人血清中可发现抗多发性肌炎抗原 -1（PM-1）和抗肌凝蛋白的抗体。部分病人血清中含有抗自身的氨酰 tRNA 合成酶的抗体（这部分疾病又称为氨酰 tRNA 合成酶综合征）。PL-12 型多发性肌炎病人的自身免疫性抗体不仅可以与丙氨酰 tRNA 合成酶发生免疫沉淀反应，同时还可以与丙氨酰 tRNA 合成酶相应的 tRNA 发生免疫沉淀反应，这是发现的第一种以 tRNA 为抗原并与人类疾病有关的抗体。现已证实，PL-12 型自身免疫性抗体的作用靶是人丙氨酸 tRNA（反密码子为 IGC）的反密码环部分。

2. 假尿苷的检测与肿瘤诊断　假尿苷（Ψ）及其衍生物是 tRNA 分子中最多的一类修饰核苷，它是正常尿苷在"tRNA 假尿苷合成酶"催化下，尿嘧啶的 N_1 与戊糖的 C_1 连接的糖苷键断裂，再经过转位在嘧啶的 C_6 与戊糖的 C_1 间重新形成糖苷键，从而得到假尿苷。当 tRNA 降解后，Ψ 不能再被重新利用，以完整的分子形式经血由尿排出。研究表明，在癌变组织中，tRNA 中尿苷转变为 Ψ 的转换率比正常组织要高，患者尿液中 Ψ 的含量增多。通过对 Ψ 的测定可作为癌症早期诊断及疗效监测的指标之一。

（欧卫华）

第四章 维 生 素

学习目标

掌握

维生素概念及分类，维生素的主要生理功能及相应的缺乏症。

熟悉

维生素与辅酶的关系，引起维生素缺乏的原因。

了解

维生素的结构特点、性质和主要来源。

第一节 概 述

维生素（vitamin）是维持机体正常生命活动所必需、但体内不能合成或合成量很少、必须由食物供给的一类小分子有机化合物。维生素在体内既不参与构成各种组织成分，也不是体内的能源物质，但在调节物质代谢和维持正常生理功能等方面起着重要作用。当人体缺乏某种维生素时，可使物质代谢发生障碍和出现生理功能紊乱，产生维生素缺乏病（avitaminosis）。

一、维生素的命名与分类

（一）命名

维生素通常按照它们被发现的先后，依字母排列顺序命名。例如维生素 A、维生素 B、维生素 D、维生素 E 等。也可根据它们的化学结构特点或生理功能来命名，如硫胺素、抗癞皮病维生素等。有些维生素，特别是 B 族维生素，开始发现时认为是一种，后经证明是多种维生素的混合物，命名时在其字母右下角标注 1、2、3 等数字加以区别，如，维生素 B_1、维生素 B_2 等。

（二）分类

根据维生素的溶解性质将其分为水溶性维生素（water-soluble vitamin）及脂溶性维生素（lipid-soluble vitamin）两大类。脂溶性维生素主要有维生素 A、D、E、K 四种。水溶性维生素主要包括维生素 B_1、B_2、PP、B_6、泛酸、生物素、叶酸、维生素 B_{12} 和维生素 C 等。水溶性维生素除维生素 C 外，统称为 B 族维生素。

二、维生素缺乏病发生的原因

引起维生素缺乏病发生的原因很多，但非常典型的维生素缺乏病如夜盲症、坏血病等已不多见。维生素缺乏的常见原因有以下几个方面：

1．摄入量不足　食物构成及膳食调配不合理或严重偏食，或因食物贮存及烹调方法不当。如维生素 B_1 可因粮食加工过细，淘米过度，烹调加碱等造成大量破坏和丢失；蔬菜先切后洗或加热时间过长而导致大量维生素 C 的破坏等。

2．吸收障碍　消化系统疾病，如长期慢性腹泻、消化道梗阻或有瘘管及胆道疾病等，导致维生素吸收障碍。

3．需要量增加　某些生理和病理情况下，如儿童生长发育期、妇女妊娠以及哺乳期、长期高热和慢性消耗性疾病患者都对维生素的需要量会相对增加。

4．药物作用　长期服用抗生素等药物，使肠道细菌的生长受到抑制，可引起某些维生素的不足，如维生素 K、B_6、叶酸等。

水溶性维生素摄入过多时，多以原型从尿中排出体外，不易引起机体中毒。但脂溶性维生素吸收后可贮存于肝中，当长期摄入过量时，它们会在肝中蓄积，出现中毒症状。

维生素的发现

霍普金斯（F.G. Hopkins）英国生物化学家，1906 年提出佝偻病及坏血病是缺乏必要营养素所致。1912 年通过动物实验证实，以糖、脂肪、蛋白质和无机盐配制的人工膳食，动物不能正常生长，而加入少量新鲜牛奶后则能，发现肉汁、牛奶中都含有动物生长和代谢所必需的微量有机物，称为维他命（vitamin），提出了维生素学说，因此，荣获 1929 年诺贝尔生理学或医学奖。

第二节　脂溶性维生素

维生素 A、D、E、K 不溶于水而溶于脂溶剂，故将它们称为脂溶性维生素。在天然食物中它们常与脂类共存，因此吸收也常和脂类的吸收密切相关。当脂类吸收障碍时脂溶性维生素吸收也相应减少，严重时可引起缺乏症。由于脂溶性维生素不能从肾排出，长期大量摄入时，可导致体内积存过多而引起中毒。

一、维生素 A

（一）化学本质、性质及来源

维生素 A 又称抗干眼病维生素，是一类含有 β- 白芷酮环的不饱和一元伯醇。天然维生素 A 有 A_1 及 A_2 两种，A_2 在脂环的 3 位上比 A_1 多一个双键，故 A_1 又称视黄醇（retinol），A_2 称为 3-脱氢视黄醇。A_1 和 A_2 的生理功能相同，但 A_2 的生理活性只有 A_1 的一半。

维生素 A 的侧链上都含有 4 个双键，能形成数种顺反异构体，其中最为重要的是 9- 顺型和 11- 顺型（图 4-1）。维生素 A 只存在于动物性食物（肝、蛋、肉）中，但植物性食物如胡萝卜、红辣椒、番茄、黄玉米等含有被称为维生素 A 原的多种胡萝卜素，其中以 β- 胡萝卜素（β-carotene）最为重要，在小肠黏膜细胞内被加双氧酶催化可生成 2 分子视黄醇（图 4-2）。这种本身不具有维生素活性，但在体内能转变成维生素的物质，称为维生素原。

（二）生理功能及缺乏症

1. 构成视觉细胞感光物质　人视网膜中有两种感光细胞，其中视杆细胞内的感光物质为

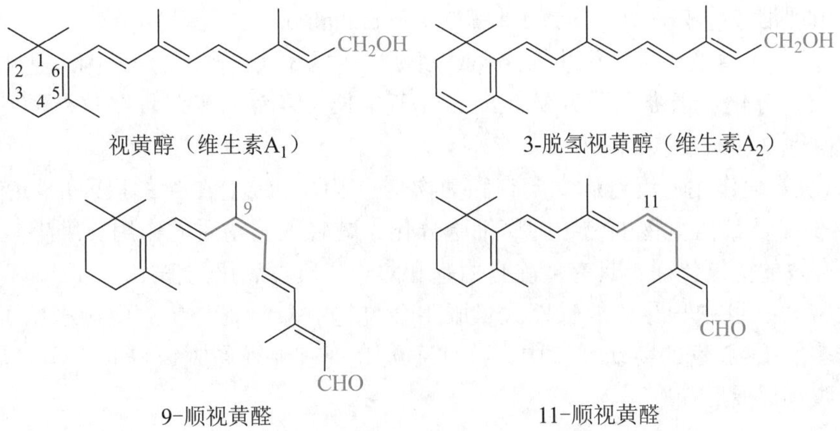

视黄醇（维生素A_1）　　　　　　　3-脱氢视黄醇（维生素A_2）

9-顺视黄醛　　　　　　　11-顺视黄醛

图 4-1　维生素 A 的结构式

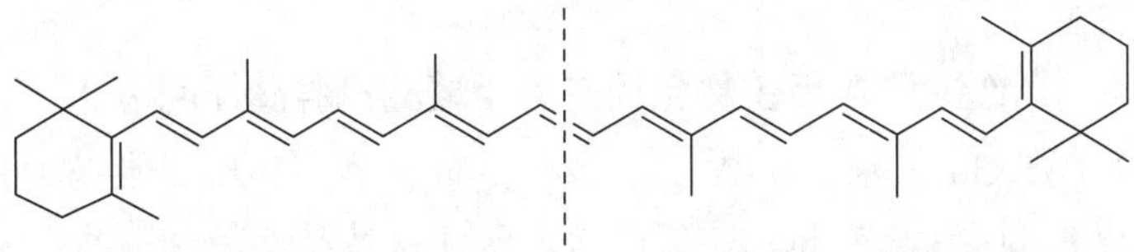

图 4-2　β- 胡萝卜素的结构式

视紫红质（rhodopsin），由 11- 顺视黄醛与视蛋白构成，对弱光敏感，与暗视觉有关。当视紫红质吸收光子时，视紫红质中的 11- 顺视黄醛迅速异构化为全反视黄醛与视蛋白分离，这一光异构变化引起视杆细胞膜上 Ca^{2+} 通道开放，Ca^{2+} 内流引发神经冲动，传导到大脑皮质产生视觉（图 4-3 ）。维生素 A 缺乏时，11- 顺视黄醛的量不足，视杆细胞合成视紫红质的量减少，对弱光敏感度降低，使暗适应（dark adaptation）时间延长，严重缺乏时可造成夜盲症（night blindness），祖国医学称为"雀目"。

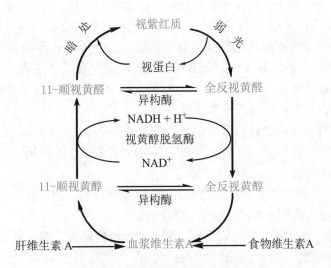

图 4-3　视紫红质的视觉循环

2. 维持上皮组织结构的完整与健全　维生素 A 可促进上皮细胞糖蛋白的合成，后者是维持上皮组织健全和完整所必需的物质。缺乏维生素 A 时，黏液分泌减少，上皮组织干燥、增生和过度角化，其中影响最为显著的是眼、呼吸道、消化道、尿道及生殖道等的黏膜上皮。如泪腺上皮不健全可出现泪液分泌减少，导致干眼病（xerophthalmia）。

3. 促进生长、发育及生殖 维生素 A 可与细胞核内受体结合，调控基因表达组织分化，从而影响细胞生长、分化。当维生素 A 缺乏时，儿童生长、发育迟缓，骨骼及神经发育不良，成人生殖功能减退等。

4. 抑癌、抗氧化作用 流行病学调查和动物实验表明，维生素 A 的摄入量与癌症的发生呈负相关，维生素 A 及其衍生物可诱导肿瘤细胞分化，减轻致癌物质的作用。维生素 A 和胡萝卜素是机体一种有效的抗氧化剂，具有清除自由基和防止脂质过氧化的作用。

因维生素 A 可在肝中积存，故长期大量服用会引起中毒。维生素 A 中毒多见于服用鱼肝油或 AD 滴剂过多的 1~2 岁的婴幼儿。中毒症状主要表现有毛发易脱、皮肤干燥、烦躁、厌食、头痛、恶心、腹泻以及肝脾肿大等。

维生素 A 衍生物全反式维甲酸的抗肿瘤作用

全反式维甲酸 (ATRT) 是维生素 A 的一种天然衍生物，用于白血病的治疗。由中国科学家王振义在 20 世纪 80 年代提出，是目前国内治疗急性早幼粒细胞白血病、骨髓异常增生（白血病前期）尤其是早幼粒细胞白血病的临床首选化疗药物之一。王振义教授因此获得 2010 年度国家最高科技技术奖，并于 2012 年获得全美癌症研究基金会颁发的第七届捷尔吉癌症研究创新成就奖。

二、维生素 D

（一）化学本质、性质及来源

维生素 D 是类固醇衍生物，具有环戊烷多氢菲结构。维生素 D_3（胆钙化醇）在侧链上仅比维生素 D_2（麦角钙化醇）少一个甲基和一个双键。不论维生素 D_2 或 D_3，本身都没有直接的生理活性，它们必须在体内进行一定的代谢转化，才能生成活性的化合物，即活性维生素 D。

植物油或酵母中的麦角固醇在紫外线照射下被激活，分子内 B 环断裂，转变为可被人体吸收的维生素 D_2。人体在肠道、肝及皮下含有胆固醇，经脱氢变成 7- 脱氢胆固醇，并贮于皮下，在紫外线照射下异构化为维生素 D_3（图 4-4），这是人体内维生素 D 的主要来源。因此，经常晒太阳和户外活动是预防维生素 D 缺乏的重要措施。

鱼肝油、肝、蛋等动物性食物是维生素 D 的主要来源。机体内的维生素 D_3 必须经肝羟化成 25-（OH）-D_3，后者再经肾羟化成 1，25-（OH）$_2$-D_3 后才能发挥生理作用。

（二）生理功能及缺乏症

1，25-（OH）$_2$-D_3 生理功能主要是促进小肠对钙、磷的吸收，促进肾小管对钙、磷的重吸收，提高血浆中钙、磷浓度，有利于骨的生长、发育和更新。

缺乏维生素 D_3 时，肠道钙、磷吸收受阻，婴幼儿易患佝偻病，成人易患骨质软化症，因此，维生素 D 又称抗佝偻病维生素。但是如果大剂量久用，可发生维生素 D 中毒，表现为食欲缺乏、恶心、呕吐、腹泻等，严重时可造成骨破坏、异位钙化、肾结石等。

三、维生素 E

（一）化学本质、性质及来源

维生素 E 又名生育酚（tocopherol），是 6- 羟基苯骈二氢吡喃的衍生物。天然存在的维生素

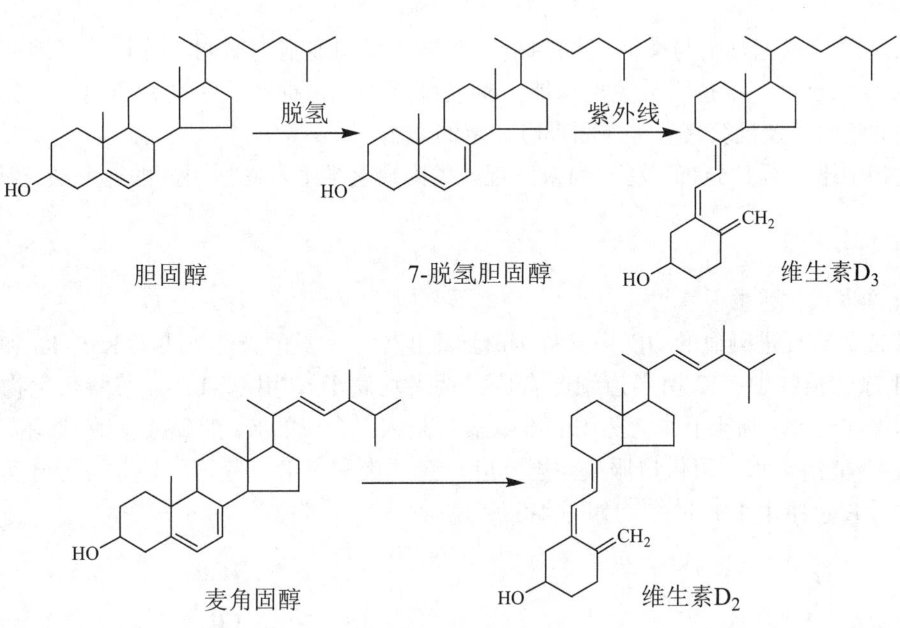

图 4-4　维生素 D_2 和 D_3 的生成

E 可分为生育酚及生育三烯酚两类，每类又各包括 α、β、γ 及 δ 四种异构体，其区别在于苯环上甲基位置和数目不同，其中以 α- 生育酚活性最大，δ - 生育酚抗氧化作用最强。维生素 E 结构如图 4-5 所示。

维生素 E 主要存在于植物油中，为淡黄色油状物，具有特异的紫外吸收光谱（295 nm 波长处），在无氧状况下能耐高热，当温度高至 200℃ 也不被破坏，并对酸和碱有一定抗力，但对氧却十分敏感，是一种有效的抗氧化剂。

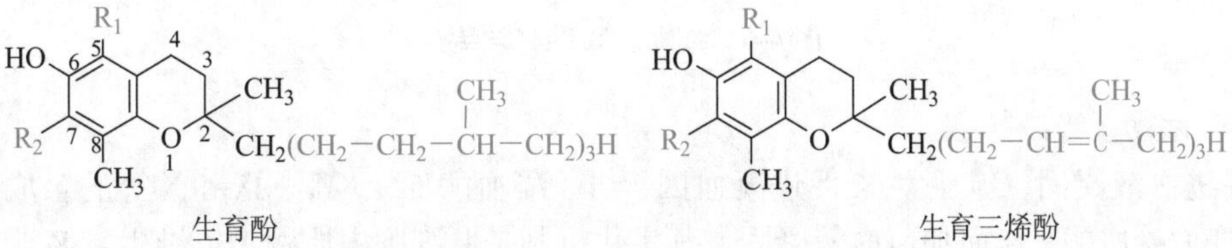

	R_1	R_2
α-生育酚(α-生育三烯酚)	—CH_3	—CH_3
β-生育酚(β-生育三烯酚)	—CH_3	—H
γ-生育酚(γ-生育三烯酚)	—H	—CH_3
δ-生育酚(δ-生育三烯酚)	—H	—H

图 4-5　生育酚及生育三烯酚的化学结构

维生素 E 在麦胚油、棉籽油、玉米油、大豆油中含量丰富，豆类及绿叶蔬菜含量也较多。

（二）生理功能及缺乏症

1. 维生素 E 与动物生殖功能　维生素 E 与胚胎发育和动物生殖功能有关。尽管目前还未发现维生素 E 与人类生殖的确凿证据，但临床上常用维生素 E 治疗先兆流产及习惯性流产。

2. 抗氧化作用　维生素 E 作为脂溶性的抗氧化剂和自由基清除剂，能对抗生物膜磷脂中多不饱和脂肪酸的过氧化反应，避免脂质过氧化物的产生，从而保护生物膜的结构与功能，是体内最重要的抗氧化剂。

3. 调节基因表达　维生素 E 可上调或下调生育酚摄取和降解的相关基因、脂类摄取与动脉硬化的相关基因、细胞黏附与炎症、细胞信号转导系统和细胞周期调节等相关基因的表达。因而，维生素 E 在抗炎、维持正常免疫功能、抑制细胞增殖、抑制低密度脂蛋白的氧化从而降低心血管疾病的危险性及延缓衰老等方面都有一定的作用。

由于食物中维生素 E 分布广泛，尚未发现人类因缺乏维生素 E 所引起的典型缺乏症。

四、维生素 K

（一）化学本质、性质及来源

维生素 K 具有促进凝血的功能，又称为凝血维生素。常见的天然维生素 K 有 K_1 和 K_2 两种，K_1 主要存于绿叶植物中，K_2 由肠道细菌合成，两者均属于 α- 甲基 -1, 4- 萘醌衍生物，它们对胃肠黏膜刺激性较大。临床上作为药用的维生素 K 是人工合成的 K_3（亚硫酸氢钠甲萘醌）和 K_4（二乙酰甲萘醌），能溶于水，可供口服或注射。肝、鱼、肉和苜蓿、菠菜、青菜等绿叶蔬菜中含有丰富的维生素 K。维生素 K 的结构如图 4-6 所示。

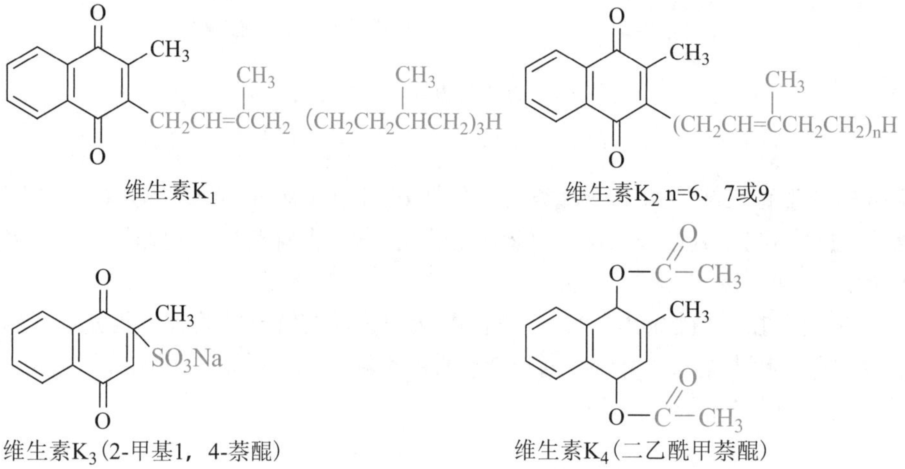

维生素 K_1

维生素 K_2 n=6、7或9

维生素 K_3（2-甲基1，4-萘醌）

维生素 K_4（二乙酰甲萘醌）

图 4-6　维生素 K 的化学结构

（二）生理功能及缺乏症

1. 促进血液凝固　维生素 K 促进凝血因子 Ⅱ（凝血酶原）、Ⅶ、Ⅸ 和 Ⅹ 等的合成，并使凝血酶原转变为凝血酶，从而加速血液凝固。其生化机制是肝细胞内质网中以维生素 K 为辅酶的 γ- 羧化酶，能催化前凝血酶原的氨基末端肽链中某些谷氨酸残基进行羧化，生成 γ- 羧基谷氨酸残基（Gla）而转变为凝血酶原，Gla 具有很强的螯合 Ca^{2+} 的能力，这种结合使凝血酶原被体内蛋白酶水解而激活，转变成有活性的凝血酶（凝血因子 Ⅱ）。其他凝血因子也同样需要 γ- 羧化酶来促进其谷氨酸残基的羧化（图 4-7）。缺乏维生素 K 时，上述各种凝血因子均减少，致使凝血时间延长，易发生皮下、肌肉及胃肠出血。

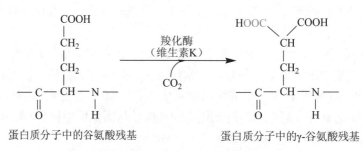

蛋白质分子中的谷氨酸残基　　　　　蛋白质分子中的γ-谷氨酸残基

图 4-7　维生素 K 参与的羧化反应

2. 参与骨盐代谢　骨及其他骨化组织中也存在维生素 K 依赖性蛋白质，被称为骨钙蛋白（osteocalcin），其分子中含有 3 个 γ- 羧基谷氨酸残基，它与 Ca^{2+} 结合而参与调节钙盐沉积、骨盐结晶的多型性与骨中无机盐的转换，而且与钙代谢密切相关。

因肠道细菌能合成维生素 K，所以一般情况下不会缺乏。长期服用广谱抗生素和肠道梗阻以及其他伴随肠道脂肪吸收减退的种种原因，都会造成维生素 K 缺乏。新生儿有时会出现维生素 K 缺乏症，故孕妇在产前可适当补充维生素 K，以防新生儿颅、脑、皮下出血等。

第三节　水溶性维生素

水溶性维生素的化学结构彼此间悬殊很大，除钴胺素（维生素 B_{12}）之外，均可在植物中合成；它们在人体内基本不能贮存，浓度超过其肾阈值时，即随尿排出，很少有中毒现象发生；机体基本不能合成，必须经常由膳食补充。目前已知绝大多数水溶性维生素都是辅酶或辅基的组成成分，分别参与物质代谢。

一、维生素 B_1

（一）化学本质、性质及来源

维生素 B_1 分子由含硫的噻唑环及含氨基的嘧啶环两部分组成，故又名硫胺素（thiamine）。维生素 B_1 缺乏时易发生脚气病，因此亦称抗脚气病维生素。维生素 B_1 主要分布在谷类、豆类的表皮和胚芽中，如米糠中含量丰富，酵母中含量亦很高。维生素 B_1 为白色结晶，在水中溶解度较大，在碱性溶液中加热极易分解破坏，而在酸性溶液中虽加热到 120℃ 也不被破坏。因此烹调食物时加碱或淘米过度，易使其水解破坏或丢失。

维生素 B_1 在体内的活性形式是焦磷酸硫胺素（thiamine pyrophosphate, TPP）。TPP 是维生素 B_1 在体内经硫胺素激酶催化，与 ATP 作用生成的产物（图 4-8）。

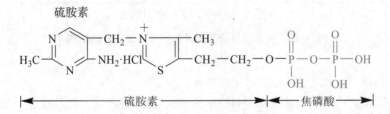

图 4-8　硫胺素及焦磷酸酯的结构

（二）生理功能及缺乏症

1. TPP 是 α- 酮酸氧化脱羧酶系的辅酶　TPP 是 α- 酮酸氧化脱羧酶系如丙酮酸脱氢酶系、α- 酮戊二酸脱氢酶系等的辅酶。它们催化丙酮酸、α- 酮戊二酸的氧化脱羧反应。

2. TPP 是转酮醇酶的辅酶　转酮醇酶存在于磷酸戊糖途径中，主要催化 5C 和 4C 糖之间酮醇基的转移。磷酸戊糖途径是体内核糖合成的唯一来源。

3. 维生素 B_1 可抑制胆碱酯酶的活性　乙酰胆碱是一种兴奋性神经递质，胆碱酯酶能催化其水解生成乙酸和胆碱。当缺乏维生素 B_1 时，胆碱酯酶活性增强，乙酰胆碱水解加速，神经传导受到影响，导致消化液分泌减少，胃肠蠕动缓慢，表现为食欲缺乏、消化不良等消化功能障碍。

维生素 B_1 与糖代谢关系密切，当维生素 B_1 缺乏时，体内 TPP 合成不足，糖代谢受阻，丙酮酸、乳酸在组织中堆积。导致神经组织能量供应不足和神经细胞膜鞘磷脂合成受阻，表现出慢性末梢神经炎、心力衰竭、四肢麻木和下肢水肿等症状，临床上称为脚气病。

二、维生素 B_2

（一）化学本质、性质及来源

维生素 B_2 是核糖醇与 7，8- 二甲基异咯嗪的缩合物，异咯嗪是一种黄色色素，所以维生素 B_2 又称核黄素（riboflavin）。核黄素异咯嗪环上的 N_1 位及 N_5 位之间有共轭双键，可反复受氢或脱氢，在生物氧化过程中作为递氢体。维生素 B_2 的化学结构见图 4-9。

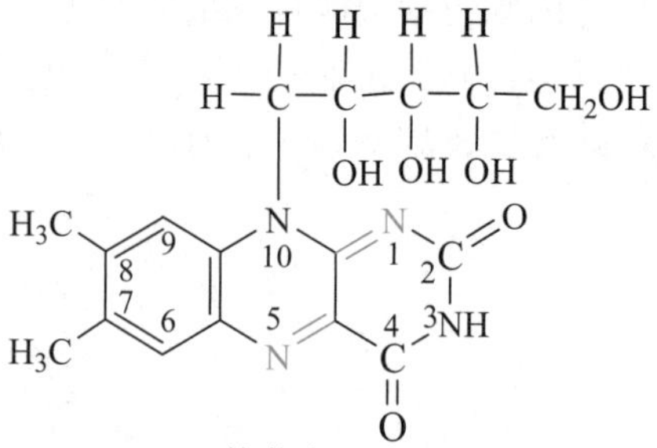

维生素 B_2 分布甚广，蔬菜、黄豆、小麦及动物的肝、肾、心脏及乳中含量较多，酵母中含量也很丰富。维生素 B_2 在碱性溶液中不耐热，且对光照极为敏感，故烹调食物时不宜加碱。

核黄素

图 4-9　维生素 B_2 的化学结构

维生素 B_2 在体内的活性形式是黄素单核苷酸（flavin mononucleotide，FMN）和黄素腺嘌呤二核苷酸（flavin adenine dinucleotide，FAD）（图 4-10）。

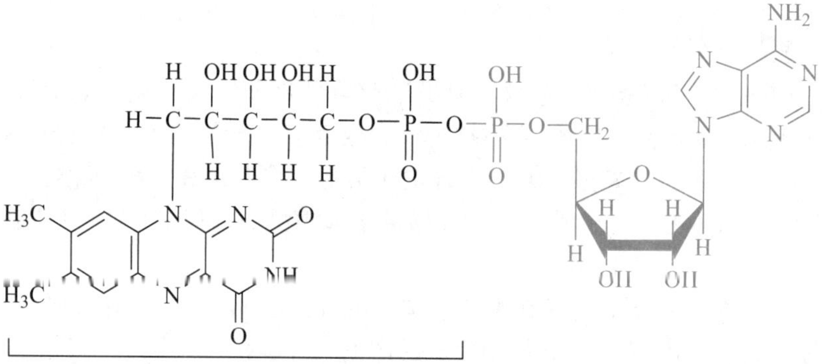

黄素单核苷酸（FMN）

黄素腺嘌呤二核苷酸（FAD）

图 4-10　黄素单核苷酸和黄素腺嘌呤二核苷酸结构

（二）生理功能及缺乏症

FMN 和 FAD 是黄素酶的辅基，参与体内多种氧化还原反应。二者通过分子中异咯嗪环上的 1 位和 5 位氮原子可逆地加氢和脱氢，在生物氧化过程中起传递氢的作用。

维生素 B_2 缺乏常与其他 B 族维生素缺乏同时出现。人类缺乏维生素 B_2 时，细胞呼吸减弱，代谢强度降低，常见的症状是唇炎、舌炎、口角炎、眼结膜炎、阴囊炎等。值得注意的是治疗新生儿黄疸的光照疗法，在破坏胆红素的同时也可破坏核黄素，容易引起新生儿维生素 B_2 缺乏症。

三、维生素 PP

（一）化学本质、性质及来源

维生素 PP 又称抗癞皮病维生素，包括尼克酸（nicotinic acid）和尼克酰胺 (nicotinamide)，两者均属吡啶衍生物，在体内可相互转化，主要以酰胺形式存在。维生素 PP 结构如下：

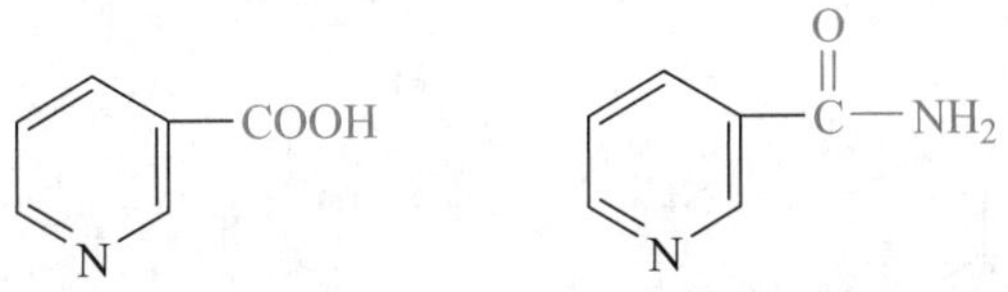

尼克酸　　　　　　　　　　尼克酰胺

维生素 PP 广泛分布于肉类、乳类、花生、蔬菜中，酵母和米糠中含量最高。豆类、蔬菜、茶、肝等都是它的重要来源。人体肝能将色氨酸转变成尼克酸，但数量极少，不能满足人体需要，因此，人体主要从食物中摄取维生素 PP。

维生素 PP 在体内的活性形式是尼克酰胺腺嘌呤二核苷酸（nicotinamide adenine dinucleotide，NAD^+）即辅酶 I（Co I）和尼克酰胺腺嘌呤二核苷酸磷酸（nicotinamide adenine dinucleotide phosphate，$NADP^+$）即辅酶 II（Co II）（图 4-11）。

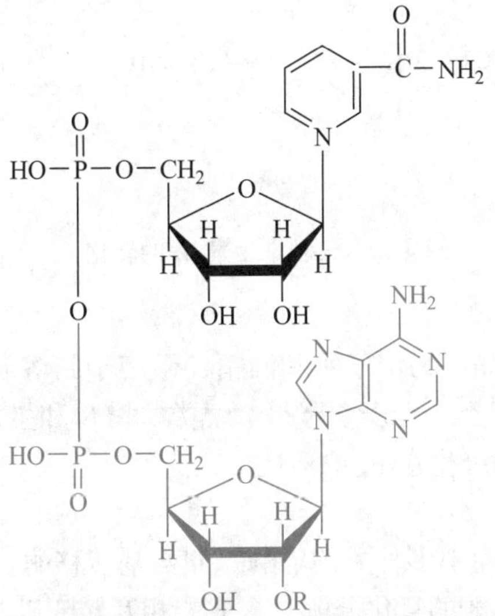

R=H 为尼克酰胺腺嘌呤二核苷酸，即 NAD^+
R=PO_3H_2 为尼克酰胺腺嘌呤二核苷酸磷酸，即 $NADP^+$

图 4-11　尼克酰胺腺嘌呤二核苷酸和尼克酰胺腺嘌呤二核苷酸磷酸结构

（二）生理功能及缺乏症

1. NAD^+ 和 $NADP^+$ 是多种不需氧脱氢酶的辅酶　NAD^+ 和 $NADP^+$ 分子中的尼克酰胺部分，具有可逆性加氢脱氢的特性，在生物氧化过程中起递氢作用。

2. 降低胆固醇，保护心血管　实验研究表明，尼克酸能抑制脂肪动员，减少肝中 VLDL 合成，降低血浆胆固醇。近年来，尼克酸已用于临床治疗高胆固醇血症。但大剂量服用维生素 PP 会引起血管扩张、脸颊潮红、痤疮及胃肠不适等反应；长期过量服用还可损伤肝。

当维生素 PP 缺乏时，引起神经营养障碍，发生癞皮病（pellagra）。该病的典型症状是皮肤暴露部位的对称性皮炎，并且还伴有胃炎、腹泻、消化道出血等症状，严重者中枢神经系统发生混乱，甚至痴呆。因玉米蛋白质缺乏色氨酸，以玉米为主食的地区，容易出现维生素 PP 缺乏症。

抗结核病药物异烟肼（雷米封）的结构与维生素 PP 十分相似，对维生素 PP 有拮抗作用，故长期服用异烟肼的患者，应注意补充维生素 PP。

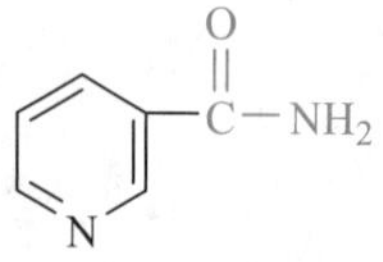

尼克酰胺 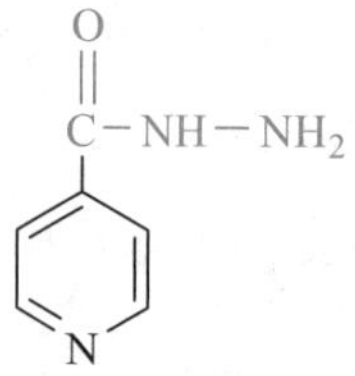　　　　　　　异烟肼

四、维生素 B_6

（一）化学本质、性质及来源

维生素 B_6 包括三种化合物，即吡哆醇（pyridoxine）、吡哆醛（pyridoxal）和吡哆胺(pyridoxamine)，都属吡啶衍生物。在体内，吡哆醛和吡哆胺可以相互转变（图 4-12）。

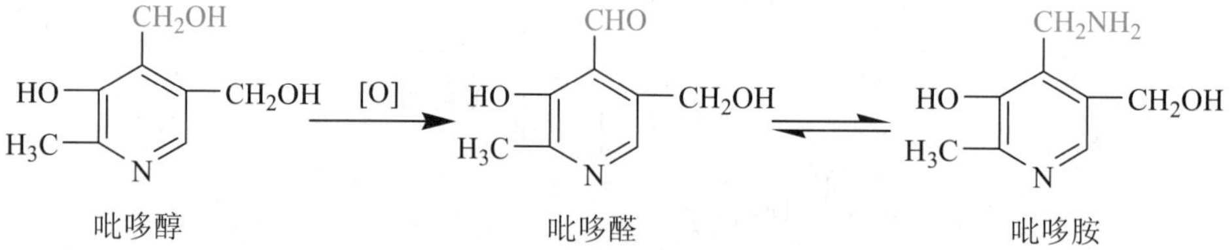

吡哆醇　　　　　　　　吡哆醛　　　　　　　　吡哆胺

图 4-12　三种维生素 B_6 的转化

维生素 B_6 纯品都是无色结晶，易溶于水和酒精，微溶于脂溶剂。对光敏感，高温下迅速被破坏。其分布广泛，肝、鱼、肉类、全麦、坚果、豆类、酵母和蛋黄都含量丰富。

磷酸吡哆醛和磷酸吡哆胺是维生素 B_6 的活性形式。

（二）生理功能及缺乏症

1. **磷酸吡哆醛是氨基酸代谢中多种酶的辅酶**　如氨基转移酶、氨基酸脱羧酶等。它的作用是传递氨基和脱羧基，参与氨基酸的氧化分解、合成、相互转变以及多种神经递质的产生过程。

临床上常用维生素 B_6 治疗妊娠性呕吐和婴儿惊厥，其生化机理是：磷酸吡哆醛是谷氨酸脱羧酶的辅酶，该酶催化谷氨酸生成 γ- 氨基丁酸（GABA），后者是一种中枢神经系统抑制性递质。

2. **磷酸吡哆醛是 δ- 氨基 γ- 戊酮酸（ALA）合酶的辅酶**　ALA 合酶是血红素合成的关键酶，维生素 B_6 缺乏时可出现低血色素性贫血和血清铁增高。

食物中富含维生素 B_6，人类尚未发现缺乏的典型病例。抗结核药物异烟肼能与磷酸吡哆醛结合，使其失去辅酶的作用；因此长期服用异烟肼时，应注意补充维生素 B_6。

五、泛酸

（一）化学本质、性质及来源

泛酸（pantothenic acid）又名遍多酸，因在自然界中分布广泛而得名，尤以酵母、肝、谷类及豆类中含量丰富。泛酸由 2，4- 二羟基 3，3- 二甲基丁酸和 β- 丙氨酸缩合而成，为淡黄色黏稠的油状物，在中性溶液中对热稳定，易被酸、碱破坏。泛酸的活性形式是辅酶 A（coenzyme A, CoA）和酰基载体蛋白（acyl carrier protein, ACP）。辅酶 A 分子由泛酸、巯基乙胺（β- 氨乙硫醇）和 3'- 磷酸腺苷 5'- 焦磷酸三部分构成，其分子中巯乙胺的—SH 为反应的活性基团，故常以 HS-CoA 表示。辅酶 A 的分子结构及其组成见图 4-13。

（二）生理功能及缺乏症

辅酶 A 是各种酰基转移酶的辅酶，在代谢过程中起运载酰基的作用。CoA 和 ACP 在体内广

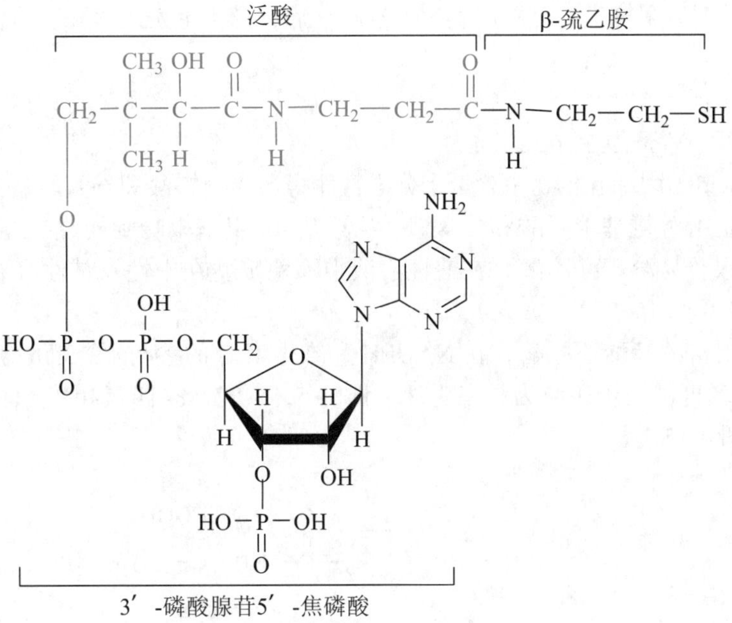

图 4-13　辅酶 A 的分子结构及组成

泛参与糖、脂、蛋白质代谢及肝的生物转化作用。

由于泛酸广泛分布于各类食物，而且肠道细菌又能合成，极罕见泛酸缺乏症。

六、生物素

（一）化学本质、性质及来源

生物素（biotin）是由噻吩环和尿素缩合成的一个骈环化合物，噻吩环上带有戊酸侧链。自然界存在的生物素至少有两种，α- 生物素（存在于蛋黄中）和 β- 生物素（存在于肝中），为无色针状结晶，耐酸不耐碱。生物素来源广泛，其中以肝、肾、蛋黄、酵母、蔬菜、谷类内含量较丰富。人肠道细菌也能够合成。

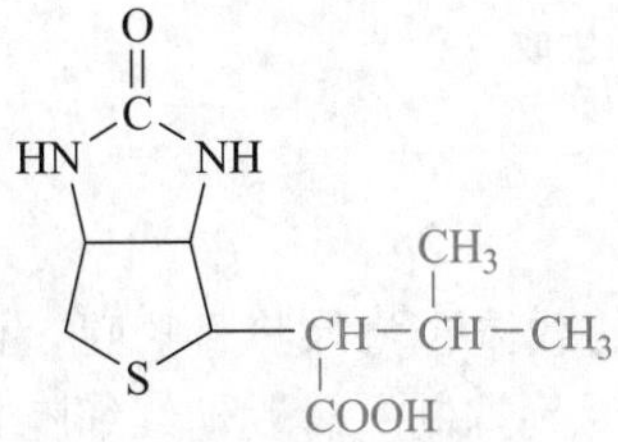

α-生物素 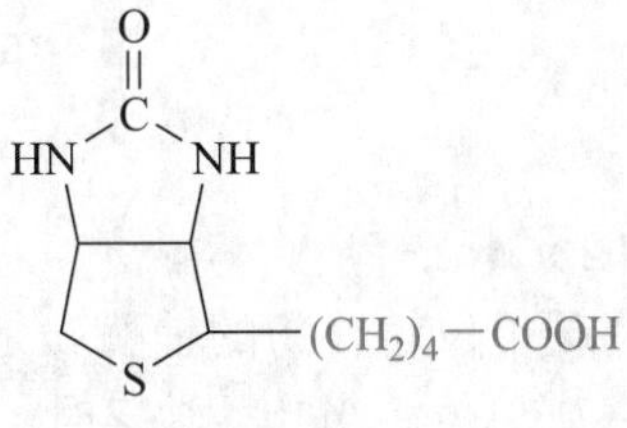　　　　β-生物素

（二）生理功能及缺乏症

生物素是多种羧化酶的辅酶组分，如丙酮酸羧化酶、乙酰辅酶 A 羧化酶等，参与 CO_2 的固定或羧化过程。生物素戊酸侧链上的羧基先与酶蛋白的赖氨酸残基中的 ε- 氨基结合形成生物胞素（biocytin）残基，CO_2 再结合到生物胞素残基的氮原子上，然后再将 CO_2 转给适当的受体。因此，生物素在代谢过程中起 CO_2 载体的作用。

生物素来源广泛，人体肠道细菌又能合成，人类一般不会发生缺乏症。新鲜蛋清中含有一种抗生物素蛋白，它能与生物素结合成一种稳定的、无活性的且难以吸收的化合物，如果长期大量食用生鸡蛋清或长期口服抗生素可能产生生物素缺乏症，产生毛发脱落和鳞屑皮炎等症状。

七、叶酸

（一）化学本质、性质及来源

叶酸（folic acid）因绿叶植物中含量十分丰富而得名，由蝶酸和谷氨酸缩合而成，又称蝶酰谷氨酸。蝶酸又是由对氨基苯甲酸和 2- 氨基 -4- 羟基 -6- 甲基蝶呤啶构成（图 4-14）。叶酸为黄色结晶，微溶于水，易溶于稀乙醇，在酸性溶液中不稳定，在中性及碱性溶液中耐热，对光照射较为敏感。

细胞内含有丰富的叶酸还原酶，在 NADPH 和维生素 C 的参与下，叶酸被其催化生成二氢叶酸（FH_2），后者再进一步还原为具有生理活性的 5，6，7，8- 四氢叶酸（tetrahydrofolic acid，THFA 或 FH_4）（图 4-15）。

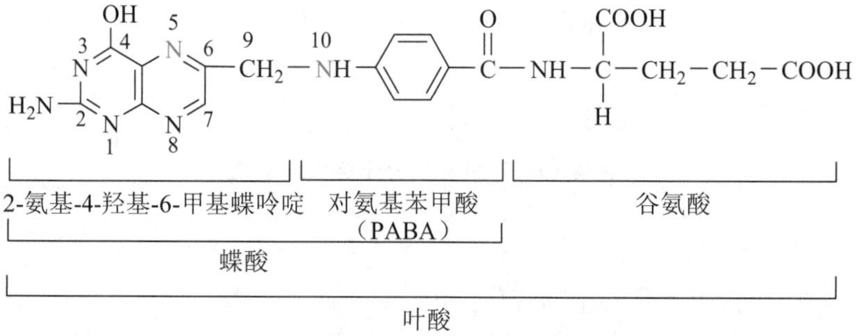

图 4-14 叶酸的化学结构及组成成分

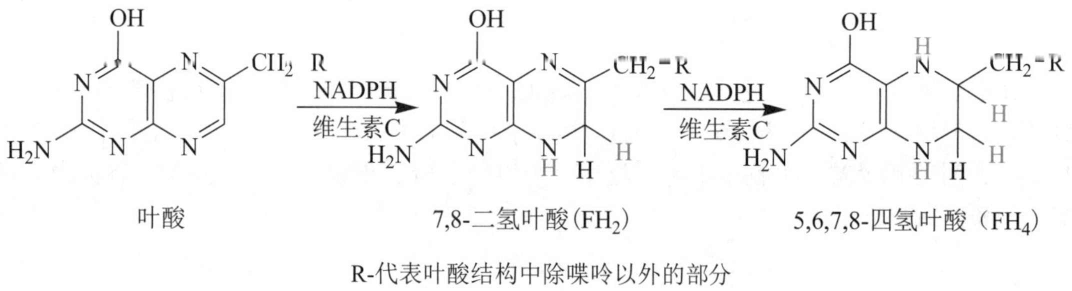

图 4-15 四氢叶酸的生成

（二）生理功能及缺乏症

FH_4 是体内一碳单位转移酶的辅酶，是一碳单位的载体，为嘌呤、嘧啶、核苷酸、甲硫氨酸等的合成提供一碳单位。当叶酸缺乏时，DNA 合成受到抑制，骨髓幼红细胞 DNA 合成减少，细胞分裂速度降低，细胞体积增大，细胞核内染色质疏松，导致巨幼细胞性贫血（macrocytic anemia）。

由于动植物类食品中叶酸普遍存在，且肠道细菌又能合成，所以一般不容易产生缺乏症。 孕妇及哺乳期妇女代谢较旺盛，应适量补充叶酸。口服避孕药、抗惊厥药等能干扰和抑制叶酸吸收，长期服用此类药物亦应补充叶酸。

叶酸类似物——甲氨蝶呤（methotrexate，MTX）和氨蝶呤（aminopterin）的结构与叶酸相似，是二氢叶酸还原酶的竞争性抑制剂，可阻断四氢叶酸的生成，对核酸、蛋白质生物合成有很强的抑制作用，故临床上可用这类药物作为抗癌药物。磺胺药的结构与叶酸中对氨基苯甲酸（PABA）的结构相似，对细菌体内二氢叶酸的合成起竞争性抑制作用，从而抑制细菌的繁殖和生长。

叶酸与神经管畸形

　　叶酸对于怀孕中的准妈妈而言是一种重要的维生素。怀孕早期缺乏叶酸可引起神经管未能闭合而导致脊柱裂和无脑畸形为主的神经管畸形。据中国妇婴保健中心调查结果表明，中国是世界上脑部和脊髓缺陷儿高发的国家，每年约有 10 万个孕妇产下脑部和脊髓缺陷儿，其主要原因是中国妇女在计划怀孕和怀孕期间普遍缺乏叶酸。中美合作项目组最近公布的一项叶酸应用效果评价研究证实，妇女从孕前 1 个月至早期 3 个月内每日增补 680 微克叶酸，可有效降低神经管畸形的发生率。

八、维生素 B_{12}

（一）化学本质、性质及来源

　　维生素 B_{12} 又称钴胺素（cobalamin），是唯一含有金属元素的维生素。根据其分子中钴离子所结合基团的不同，有氰钴胺素、羟钴胺素、甲钴胺素和 5′ - 脱氧腺苷钴胺素等多种形式（图4-16）。其中甲钴胺素和 5′ - 脱氧腺苷钴胺素具有辅酶功能，而羟钴胺素性质最稳定，是药用维生素 B_{12} 的常见形式。

　　维生素 B_{12} 为红色结晶，在弱酸环境下相当稳定，在强酸、碱环境下则极易分解。日光、氧化剂还原剂易遭破坏。

　　维生素 B_{12} 在肝、肉、鱼及蛋中含量丰富，人类肠道细菌也可合成。维生素 B_{12} 的吸收与正常胃黏膜细胞分泌的一种糖蛋白——内因子（intrinsic factor，IF）有密切关系，它只有与 IF 结合才能被吸收，且不易被肠道细菌破坏。

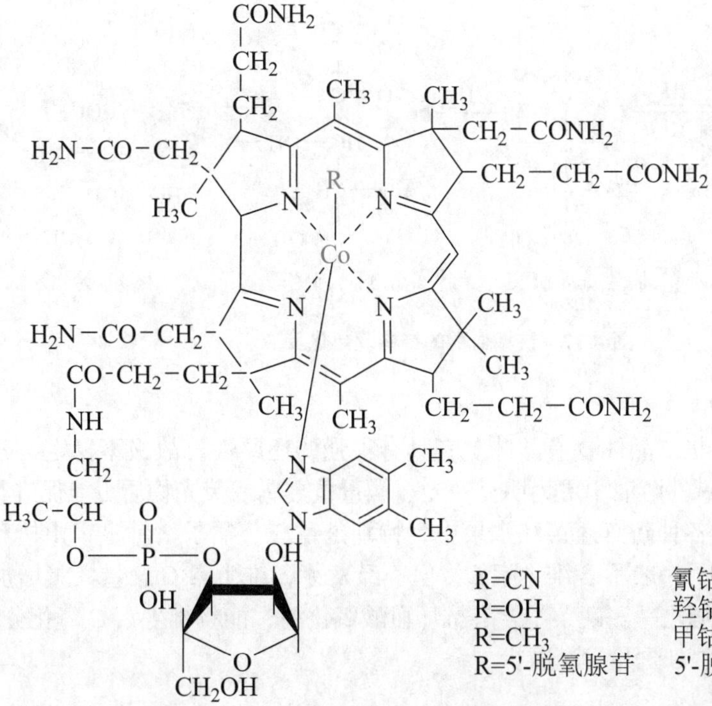

R=CN　　　　　　氰钴胺素
R=OH　　　　　　羟钴胺素
R=CH₃　　　　　甲钴胺素
R=5'-脱氧腺苷　　5'-脱氧腺苷钴胺素

图 4-16 维生素 B_{12} 结构

（二）生理功能及缺乏病

1. 甲钴胺素（CH_3-B_{12}）是甲基转移酶的辅酶 甲基转移酶可催化 N^5- 甲基四氢叶酸和同型半胱氨酸的甲基转移反应，释放出四氢叶酸，同时生成甲硫氨酸，后者再进一步活化成活性甲基的供体——S- 腺苷甲硫氨酸，为嘌呤、嘧啶、胆碱等的合成提供甲基。维生素 B_{12} 充足时，一方面有利于提高四氢叶酸的利用率，另一方面有利于甲硫氨酸的生成，加快甲基的转移。而当维生素 B_{12} 缺乏时，转甲基反应受阻，可影响嘌呤、嘧啶乃至核酸的生物合成，导致红细胞的分裂与成熟，从而产生巨幼细胞性贫血。而同型半胱氨酸堆积又可引起同型半胱氨酸尿症。

2. $5'$ - 脱氧腺苷钴胺素是甲基丙二酰 CoA 变位酶的辅酶 该酶催化甲基丙二酰 CoA 异构为琥珀酰 CoA。当维生素 B_{12} 缺乏时，导致甲基丙二酰 CoA 堆积，而后者结构又与体内脂肪酸合成的中间产物丙二酰 CoA 相似，因而可以干扰脂肪酸的正常合成。脂肪酸合成异常可影响髓鞘质的转换，引起髓鞘质变性退化，造成进行性脱髓鞘，这可能是维生素 B_{12} 缺乏造成神经疾患的原因所在。

维生素 B_{12} 广泛存在于动物性食物，其缺乏症少见，偶见于内因子产生不足的年长者或有严重吸收障碍的患者和长期素食者。

九、维生素 C

（一）化学本质、性质及来源

维生素 C 是一种 6 碳多羟基内酯化合物，具有防治坏血病的功能，故称 L- 抗坏血酸。它分子中 C-2 及 C-3 位的两个烯醇式羟基极易解离释放 H^+，所以，维生素 C 分子中虽然无自由的羧基，但仍具有有机酸的性质。C-2 与 C-3 位羟基上两个氢还能以氢原子的形式转移，故维生素 C 具有较强的还原性，可在氧化还原反应中起传递氢的作用。抗坏血酸和脱氢抗坏血酸具有相同的生理活性，但脱氢抗坏血酸易水解，生成二酮古洛糖酸而失活，如进一步氧化则生成草酸和 L-苏阿糖酸（图 4-17）。

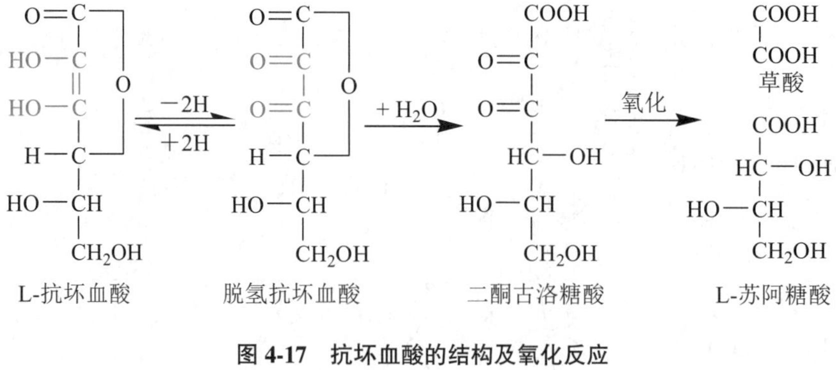

图 4-17 抗坏血酸的结构及氧化反应

维生素 C 为无色的片状结晶体，有酸味。它具有很强的还原性，故极不稳定，容易被热或氧化剂所破坏，在中性或碱性溶液中更为明显。光、微量重金属或荧光物质更能促进其被氧化。

维生素 C 广泛存在于各种新鲜蔬菜和水果中，特别是番茄、橘子、鲜枣、山楂和辣椒等含量尤为丰富。干的植物种子一般不含维生素 C，但一经发芽，维生素 C 含量大量增加，各种豆芽亦是维生素 C 的最好来源之一。蔬菜中含有抗坏血酸氧化酶，能将维生素 C 氧化分解，因此，蔬菜在存放的过程中维生素 C 含量逐渐减少。

维生素 C 的故事

1928 年匈牙利生物化学家圣特·乔尔吉（Szent-Gyorgyi）成功地从牛肾上腺中分离出一种 6 碳化合物，并确定其化学分子式是 $C_6H_8O_6$，称之为己糖醛酸（即维生素 C）。后来，他将分离出的己糖醛酸送给哈沃斯进行分析。哈沃斯（N. Haworth），英国化学家，1912 年他研究发现，糖的碳原子不是直线排列而呈环状，故糖的环状结构被称为哈沃斯结构式。1925 年以后，哈沃斯转而研究维生素 C，于 1934 年和赫斯特（E. Hearst）一起成功地人工合成出维生素 C。因他们的突出贡献，圣特·乔尔吉获得 1937 年的诺贝尔医学奖。哈沃斯获得了 1937 年的诺贝尔化学奖。

（二）生化作用及缺乏症

1. 参与体内的羟化反应　维生素 C 是体内某些羟化酶的辅助因子，能促使含铜羟化酶中 Cu^{2+} 还原为 Cu^+。

（1）促进胶原的合成　维生素 C 是维持胶原脯氨酸羟化酶及胶原赖氨酸羟化酶活性所必需的辅助因子，参与羟化反应，促进胶原蛋白的合成。胶原是结缔组织、骨及毛细血管等的重要组成成分。维生素 C 缺乏时，羟化酶活性降低，胶原蛋白合成障碍，导致毛细血管脆性增加，甚至破裂，牙易松动，皮下、黏膜易出血，骨易折断以及伤口不易愈合等症状，此即为坏血病。

（2）促进胆汁酸的生成和类固醇的羟化　正常情况下体内胆固醇约有 40% 可在 7α- 羟化酶的催化下转变为胆汁酸后排出。维生素 C 是 7α- 羟化酶的辅酶，促进胆固醇的转化与排泄。肾上腺皮质激素合成中的羟化反应也需要维生素 C 参与。

（3）参与芳香族氨基酸的代谢　维生素 C 除参与苯丙氨酸羟化生成酪氨酸，酪氨酸羟化、脱羧生成对羟苯丙酮酸的反应，还参与酪氨酸转变为儿茶酚胺及色氨酸转变成 5- 羟色胺等反应。

（4）参与肉碱的合成　肉碱在体内合成过程中，需要两个依赖维生素 C 的羟化酶。缺乏维生素 C，因脂肪酸 β- 氧化减弱而出现倦怠乏力亦是坏血病的症状之一。

2. 参与体内氧化还原反应　维生素 C 既能作为受氢体，又可作为供氢体，是强抗氧化剂，在体内氧化还原反应中发挥重要的作用。

（1）保护巯基的的作用　巯基是体内许多巯基酶的必需基团，维生素 C 能使巯基酶分子中的—SH维持还原状态，以保持其催化活性。重金属离子（Pb^{2+}、Hg^{2+}）等能与巯基酶的—SH结合，使其失去生物学活性，以致代谢发生障碍而中毒。维生素 C 可使氧化型谷胱甘肽（GSSG）还原成还原型谷胱甘肽（GSH），后者与金属离子结合后排出体外（图 4-18）。所以维生素 C 具有解毒作用，常用于防治职业中毒。

（2）抗氧化作用　人体在正常新陈代谢情况下，要产生少量游离的自由基以及脂质过氧化物等，维生素 C 在机体内能够清除自由基和使脂质过氧化物还原，对细胞膜结构和功能起重要的保护作用。

$$脂质过氧化物 + 2G—SH \underset{}{\overset{谷胱甘肽过氧化物酶}{\rightleftharpoons}} 还原产物 + G—S—S—G$$

（3）使 Fe^{3+} 还原成 Fe^{2+}　维生素 C 可使 Fe^{3+} 还原成 Fe^{2+}，有利于食物中铁的吸收；还能使红细胞中的高铁血红蛋白（MHb）还原为血红蛋白（Hb）恢复其运输氧的功能。

3. 增强机体免疫力　维生素 C 通过促进淋巴细胞增殖和趋化作用，促进免疫球蛋白的合成，

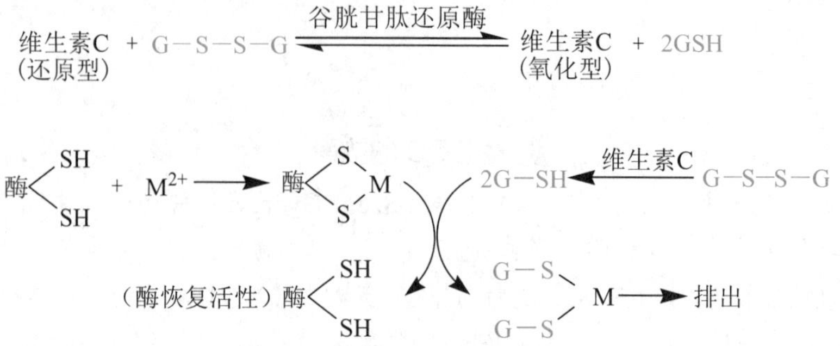
谷胱甘肽还原酶
维生素C + G—S—S—G
(还原型)
维生素C + 2GSH
(氧化型)
酶 SH SH
+ M2+
酶 S S M
2G—SH
维生素C
G—S—S—G
（酶恢复活性）酶 SH SH
G—S G—S M
排出

图 4-18 维生素 C 对巯基酶保护作用

增强吞噬细胞的吞噬能力，提高机体的免疫力，已用于临床对心血管疾病和感染性疾病等的支持性治疗中。

表 4-1 维生素来源、主要功能、活化形式及缺乏病一览表

名 称	别 名	来 源	活性形式	主要生理功能	缺乏症
维生素 A	视黄醇、抗眼干燥症维生素	肝、蛋黄、牛奶，绿色蔬菜、鱼肝油等	11- 顺视黄醛	① 构成视紫红质 ②维持上皮组织结构的完整 ③促进生长发育	夜盲症 眼干燥症
维生素 D	抗佝偻病维生素、钙化醇	鱼肝油、肝、蛋黄	$1,25(OH)_2D_3$	①调节钙磷代谢，促进钙磷吸收 ②促进骨盐代谢与骨的生长	佝偻病 软骨病
维生素 E	生育酚	植物油 莴苣		①抗氧化作用，保护生物膜 ②与动物生殖功能有关 ③促血红素合成	人类未发现缺乏病，临床用以治疗习惯性流产
维生素 K	凝血维生素	肝、绿色蔬菜、肠道细菌可以制造	2- 甲基 -1,4- 萘醌	①促进肝合成凝血因子 ②参与骨钙代谢	凝血时间延长，皮下出血、肌肉及胃肠道出血
维生素 B_1	硫胺素、抗脚气病维生素	谷类外皮及胚芽、豆类、酵母	TPP	① α- 酮酸氧化脱羧酶辅酶 ②抑制胆碱酯酶活性	脚气病、 胃肠道功能障碍
维生素 B_2	核黄素	蛋、 绿色蔬菜	FAD、FMN	构成黄酶的辅基，起传递氢的作用	口角炎、舌炎、唇炎、阴囊皮炎
维生素 PP	尼克酸、尼克酰胺	肉、谷类、 花生等	NAD^+ $NADP^+$	构成不需氧脱氢酶的辅酶，起传递氢的作用	癞皮病
维生素 B_6	吡哆醇、吡哆醛、吡哆胺	酵母、蛋黄、肝、谷类	磷酸吡哆醛 磷酸吡哆胺	氨基酸脱羧酶和转氨酶的辅酶、ALA 合酶的辅酶	人类未发现典型缺乏病
泛 酸	遍多酸	动植物细胞中均含有	辅酶 A	是 CoA 的组分，参与酰基转移	人类未发现缺乏病
生物素		动植物组织中均含有		羧化酶辅酶，参与 CO_2 固定	人类未发现缺乏病
叶 酸		肝、绿色蔬菜	FH_4	作为一碳单位载体，参与一碳单位代谢	巨幼细胞性贫血
维生素 B_{12}	钴胺素	肝、肉、鱼、	甲钴胺素 5′ - 脱氧腺苷钴胺素	①甲基转移酶的辅酶，参与甲基转移 ② L- 甲基丙二酰辅酶 A 变位酶的辅酶	巨幼细胞性贫血
维生素 C	抗坏血酸	新鲜水果、蔬菜，特别是番茄、柑橘、鲜枣等含量较高		①参与体内羟化反应 ②参与氧化还原作用 ③解毒作用	坏血病

架起通向临床的桥梁

1. 脚气与脚气病　俗称的"脚气"常指由真菌感染引起的足部皮肤病，又称为"香港脚"，在医学上其名称为足癣。足癣如不及时治疗，可传染至其他部位，引起手癣和甲癣等；有时因为痒被抓破，继发细菌感染，产生严重的并发症。因此，洗脚盆及擦脚毛巾应分别使用以免传染他人。成人中很多患有轻重不同的脚气，常在夏季加重，冬季减轻，也有人经年不愈。

脚气病是由于维生素 B_1 缺乏引起的全身性疾病。硫胺素在体内的活性形式是焦磷酸硫胺素（TPP），它是参与体内糖及能量代谢的重要维生素，其缺乏可导致消化、神经和心血管诸系统的功能紊乱。其症状表现为多发性神经炎、食欲缺乏、大便秘结，严重时可出现心力衰竭，称脚气性心脏病；还有的有水肿及浆液渗出，常见于足踝部，其后发展至膝、大腿至全身，严重者可有心包、胸腔积液及腹水。

由此可见，"脚气"和脚气病不是一回事，作为医学生要严格加以区分。

2. 老年人的特殊营养需求　随着老龄社会的到来，老年人的营养备受关注。老年人体内维生素具有如下特殊的代谢特点：①维生素 B_6 的吸收和利用随年龄的增长而降低；老年人胃产生内因子的能力下降，容易发生维生素 B_{12} 的缺乏。同型半胱氨酸生成甲硫氨酸和半胱氨酸时需要叶酸、维生素 B_{12} 和维生素 B_6 的参与，这些维生素的缺乏可导致高同型半胱氨酸血症，而后者是动脉粥样硬化的危险因子。②老年人因体力减弱，户外活动较少而缺乏日晒，可使皮肤生成的维生素 D_3 减少，同时随年龄的增长，肾羟化 25-OH-D_3 生成 1,25-(OH)-D_3 的能力减弱，加速骨质疏松。③维生素 A 的吸收随年龄而增加，但肝清除维生素 A 的能力降低，所以老年人不但对维生素 A 的需要量下降，而且还要防止维生素 A 中毒的发生。

（徐　劢）

第五章 酶

学习目标

掌握

酶的概念、酶促反应的特点，酶的分子组成，酶活性中心和必需基团，酶原与酶原激活的概念，同工酶的概念。

熟悉

变构酶和修饰酶，影响酶促反应速度的因素，竞争性抑制。

了解

酶的命名与分类，酶催化作用机制，酶与医学的关系。

酶（enzyme，E）是由活细胞合成的具有高效、特异催化作用的生物分子，其化学本质为蛋白质或核酸。由酶催化的化学反应称为酶促反应，被酶催化的物质称为底物（substrate，S），酶促反应产生的物质称为产物（product，P），酶具有的催化能力称为酶的"活性"，当酶失去催化能力称为"酶失活"。本章只讨论化学本质为蛋白质的酶。

核酶的发现与意义

1981年，美国生物化学家切赫（T. Cech）发现四膜虫rRNA的前体在没有蛋白质的情况下能专一地催化寡聚核苷酸底物的切割与连接，具有分子内催化的活性。1983年，美籍加裔生物化学家奥特曼（S. Altman）发现大肠埃希菌RNase P的蛋白质部分除去后，在体外高浓度镁离子存在下，与留下的RNA部分具有与全酶相同的催化活性。1986年，切赫又证实rRNA前体的内含子能催化分子间反应。核酶的发现对于所有酶都是蛋白质的传统观念提出了挑战；为生命的起源和分子进化提供了新的依据；揭示了内含子自我剪接的奥秘，促进了RNA的研究。1989年，核酶的发现者切赫和奥特曼被授予诺贝尔化学奖。

第一节 概　述

一、酶促反应的特点

生物体内的新陈代谢是由一系列复杂的化学反应完成的，这些反应几乎都是由生物催化剂所催化。酶作为最主要的生物催化剂，除了具有一般催化剂的共性外，又具有与一般催化剂不同的特点。

（一）高度的催化效率

酶具有极高的催化效率，对同一化学反应，酶比一般催化剂催化反应的速度高 $10^7 \sim 10^{13}$ 倍。例如，脲酶催化尿素的水解速度是 H^+ 催化作用的 7×10^{12} 倍。酶高度的催化效率有赖于酶的特有作用机制。

（二）高度的特异性

酶作用的特异性又称为专一性（specificity），是指酶对所催化的底物或化学反应具有严格的选择性。根据酶对底物的选择程度不同，其特异性可分为三种类型。

1. 绝对特异性　一种酶只能作用于一种底物发生化学反应并生成相应的产物，称为绝对特异性。如脲酶只能催化尿素水解生成 CO_2 和 NH_3，而不能水解甲基尿素。这一类酶对于底物结构和反应类型要求非常严格。

2. 相对特异性　一种酶作用于一类底物或一种化学键发生化学反应，这种不太严格的选择性称为相对特异性。例如磷酸酶对一般的磷酸酯键都能水解，无论是甘油磷酸酯、葡萄糖磷酸酯或酚磷酸酯；脂肪酶不仅能水解脂肪，也可水解简单的酯。体内绝大多数酶对底物的选择性属于此类。

3. 立体异构特异性　一种酶只对底物的一种立体异构体起催化作用，而对另一种立体异构体无催化作用。如 L- 乳酸脱氢酶只催化 L- 乳酸脱氢，而对 D- 乳酸无作用。D- 氨基酸氧化酶只能催化 D- 氨基酸氧化脱氨，而对 L- 氨基酸无作用。几乎所有的酶对立体异构体都具有高度特异性。

（三）高度的不稳定性

由于酶是蛋白质，凡能引起蛋白质变性的因素，如强酸、强碱、高温、重金属盐、有机溶剂、紫外线等都能使酶蛋白变性，影响酶的活性，甚至使酶完全失活。

（四）酶活性的可调节性

酶促反应速度的快慢，取决于酶活性的高低。酶活性受机体内多种因素的调节。如酶生物合成的诱导和阻遏调节、酶的化学修饰调节、抑制剂和激活剂的调节、代谢物的反馈调节以及神经体液因素的调节等。通过酶活性的调节，改变机体内物质代谢反应的速度和方向，使生命活动中各种物质代谢有条不紊地进行，以适应机体对不断变化的内外环境和生命活动的需要。

为什么加酶洗衣粉比普通洗衣粉有更好的去污效果

目前加酶洗衣粉中使用的酶制剂有 4 种：蛋白酶、脂肪酶、淀粉酶、纤维素酶。它们有着对污垢的特殊去污能力，因洗衣粉是偏碱性的，因此加酶洗衣粉中的酶也是耐碱的。碱性蛋白酶可以使奶渍、血渍等多种蛋白质污垢降解成易溶于水的小分子肽。碱性脂肪酶能将脂肪水解成容易被水冲洗掉的二酰甘油、单酰甘油和脂肪酸，从而达到清除衣物上脂质污垢的目的。淀粉酶可将淀粉类污垢（巧克力、土豆泥、粥等）水解成溶于水的糊精或麦芽糖。碱性纤维素酶作用对象不是衣物上的污垢，而是除去织物表面因多次洗涤出现的微毛和小绒球，同时有增白效果，使有色衣物的色泽变得更加鲜艳。

二、酶的分子组成

（一）根据酶分子的化学组成分类

根据酶分子的化学组成不同，可将其分为单纯酶（simple enzyme）和结合酶（conjugated

enzyme）两类。

1. **单纯酶**　仅由蛋白质构成，水解后的产物只有氨基酸。如脲酶、淀粉酶、溶菌酶等水解酶类。

2. **结合酶**　生物体内大多数酶是结合酶。结合酶由蛋白质和非蛋白质两部分组成，前者称为酶蛋白（apoenzyme），后者则被称为辅助因子（cofactor），酶蛋白与辅助因子结合形成的复合物称为全酶（holoenzyme）。结合酶的催化活性有赖于全酶的完整性，如果酶蛋白与辅助因子分离，单独存在的酶蛋白和辅助因子均无催化活性。

全酶＝酶蛋白＋辅助因子

根据与酶蛋白结合的牢固程度的不同，辅助因子分为辅酶和辅基两类。与酶蛋白结合比较疏松，一般为非共价键结合，可以用透析或超滤等方法除去的辅助因子称为辅酶；与酶蛋白结合牢固，一般为共价键结合，不能用透析或超滤等方法除去的辅助因子称为辅基。辅酶和辅基的本质都是金属离子或小分子有机化合物，两者并无严格区别，一般统称为辅酶。

金属离子是最常见的辅助因子。最常见的金属离子有 K^+、Na^+、Mg^{2+}、Ca^{2+}、Mn^{2+}、Zn^{2+}、Fe^{2+}、Fe^{3+} 等（表 5-1）。

表 5-1　金属离子类辅酶

全酶	辅酶	全酶	辅酶
己糖激酶	Mg^{2+}	丙酮酸激酶	K^+
细胞色素氧化酶	Fe^{3+}/Fe^{2+}	质膜 ATP 酶	Na^+
过氧化酶	Fe^{3+}/Fe^{2+}	黄嘌呤氧化酶	Mo^{3+}
酪氨酸酶	Cu^{2+}/Cu^+	α-淀粉酶	Ca^{2+}
精氨酸酶	Mn^{2+}	羧基肽酶	Zn^{2+}

金属离子的作用是：①参与电子的传递；②连接酶与底物起桥梁作用；③稳定酶的特定空间构象；④中和阴离子，降低反应中的静电斥力等。

小分子有机化合物是一些化学稳定的物质，这类辅酶在酶促反应中主要起传递氢原子、电子或转移化学基团等作用。如 B 族维生素或其衍生物类的辅酶（表 5-2）。

表 5-2　B 族维生素类辅酶

维生素	辅酶	全酶	辅酶作用
维生素 B_1	TPP（焦磷酸硫胺素）	α-酮酸脱氢酶	脱羧基
维生素 B_2	FMN（黄素单核苷酸） FMN（黄素腺嘌呤二核苷酸）	黄酶（黄素蛋白）	传递氢原子
维生素 B_6	磷酸吡哆醛	氨基酸转氨酶	转氨基
维生素 B_{12}	5-甲基钴铵素，5-脱氧腺苷钴铵素	甲基转移酶	转移甲基
维生素 PP	NAD⁺（尼克酰胺腺嘌呤二核苷酸） NADP⁺（尼克酰胺腺嘌呤二核苷酸磷酸）	脱氢酶	传递氢原子
泛酸	CoA（辅酶 A）	酰基转移酶	转移酰基
叶酸	FH_4（四氢叶酸）	一碳基团转移酶	转移一碳基团
生物素	生物素	羧化酶	传递 CO_2

在大多数情况下，一种酶蛋白只能与一种辅酶结合，组成一种全酶，催化一种或一类底物进行某种化学反应；而一种辅酶可以与不同的酶蛋白结合，组成多种全酶，分别对不同的底物起催化作用。因此，在酶促反应中，酶蛋白决定酶促反应的特异性，而辅酶决定酶促反应中电子、原子或某些基团的转移，即决定催化反应的类型。

（二）根据酶蛋白分子结构和分子大小分类

1. 单体酶　只含有一条多肽链的酶。其相对分子质量较小，为 13 000～35 000，这类酶大多数是催化水解反应的酶，如溶菌酶、胰蛋白酶等。

2. 寡聚酶　以非共价键相连的多亚基酶。其分子量从 35 000 到几百万，如苹果酸脱氢酶、琥珀酸脱氢酶等。

3. 多酶体系　由几种催化功能不同的酶彼此嵌合形成的复合体。它有利于一系列反应的连续进行。其分子量较大，一般都在几百万以上，如丙酮酸脱氢酶复合体由三种酶组成等。

三、酶的命名与分类

（一）酶的命名

酶的命名分为习惯命名和系统命名两种方法。

1. 习惯命名法　一般是以酶催化的底物、反应性质、酶的来源命名。如水解淀粉的酶称为淀粉酶，催化脱氢反应的酶称为脱氢酶。当酶的来源不同时，可加上来源部位，如唾液淀粉酶等。

2. 系统命名法　由国际酶学委员会 1961 年提出。系统命名法规定每种酶的名称应包括底物名称和反应类型两部分，如果酶催化的反应中有两种或多种底物，底物之间用"："分开。同时对酶进行分类编号，分类编号由 4 组数字组成，编号前冠以 EC（为 Enzyme Commission 的缩写），数字间用"·"分隔。例如乳酸脱氢酶的系统命名法，乳酸脱氢酶催化的反应：

$$乳酸 + NAD^+ \Longleftrightarrow 丙酮酸 + NADH + H^+$$

反应体系中有乳酸和 NAD^+ 两种底物，它的系统名称是：乳酸：NAD^+ 氧化还原酶。分类编号为 EC 1.1.1.27，第一组数字表明该酶属于 6 个大类中的哪一类；第二组数字指出该酶属于哪一个亚类；第三组数字指出该酶属于哪一个亚亚类；第四组数字表明该酶在亚亚类中的顺序号。

（二）酶的分类

根据国际酶学委员会的规定，按酶促反应的性质，将酶分为 6 大类：

1. 氧化还原酶类　指催化底物进行氧化还原的酶类，如乳酸脱氢酶、琥珀酸脱氢酶等。

2. 转移酶类　指催化不同底物间进行某些基团转移或交换的酶类，如谷丙转氨酶、甲基转移酶等。

3. 水解酶类　指催化底物发生水解反应的酶类，如淀粉酶、蛋白酶等。

4. 裂解酶类（或裂合酶类）　指催化一种化合物裂解成两种产物或其逆反应的酶类，如醛缩酶、柠檬酸合酶等。

5. 异构酶类　指催化同分异构体之间相互转变的酶类，如磷酸丙糖异构酶、磷酸己糖异构酶等。

6. 合成酶类（或连接酶类）　指催化两分子底物化合成一分子产物，同时偶联 ATP 消耗的酶类，如 DNA 聚合酶、谷胱甘肽合成酶等。

第二节　酶的结构与催化作用机制

一、酶的结构特点

酶的活性中心

各种研究证明，酶分子中只有少数氨基酸残基侧链上的基团参与底物结合及催化作用。这些与酶活性密切相关的基团称为酶的必需基团（essential group）。常见的必需基团有丝氨酸残基的羟基、半胱氨酸残基的巯基、组氨酸残基的咪唑基、酸性氨基酸残基的非 α - 羧基等。酶分子中必需基团比较集中具有特定空间构象，能与底物特异地结合并催化底物转变为产物的区域称为酶的活性中心（active center）（图 5-1）。

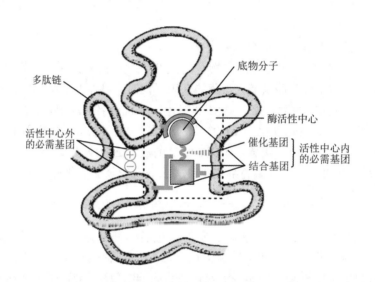

图 5-1　酶活性中心示意图

单纯酶的活性中心是由氨基酸残基组成的三维结构。结合酶的活性中心，除氨基酸残基外，还有辅酶参与。如果酶的活性中心被破坏，酶则失去活性。

酶活性中心内的必需基团按其功能可分为结合基团和催化基团两种，能与底物相结合的必需基团称为结合基团；能催化底物转化为产物的必需基团称为催化基团；有的必需基团可兼有上述两种功能。

除了组成酶活性中心的必需基团外，还有一些必需基团在酶活性中心外，称为酶活性中心外的必需基团。其作用主要是维持酶活性中心的空间构象。

$$
活性中心
\begin{cases}
活性中心内必需基团
\begin{cases}
结合基团 & E+S \rightarrow ES \\
催化基团 & ES \rightarrow E+P
\end{cases} \\
活性中心外必需基团
\end{cases}
$$

二、酶催化作用机制

酶促反应高效率的重要原因，常是多种催化机制的综合作用。主要有中间产物学说和诱导契合学说。

(一)中间产物学说

中间产物学说认为，酶（E）在发挥作用前，首先与底物（S）相结合，形成酶-底物复合物，即中间产物（ES），中间产物（ES）不稳定，很快分解为产物（P），并释放出酶（E），酶继续与底物结合发挥催化作用，所以少量的酶可以催化大量的底物。反应如下：

$$E + S \rightleftharpoons ES \longrightarrow E + P$$

中间产物的形成使底物分子内的某些敏感键的张力发生改变，呈现不稳定状态，容易断裂，这就大大地降低了底物的活化能，使活化状态的底物分子增加，反应速度加快。

在化学反应体系中，只有那些达到或超过一定能阈的分子（即活化分子）才能发生化学反应。反应物分子平均能量与活化分子最低能量之差称为活化能（energy of activation）。反应体系中活化分子越多，反应速度越快。酶和化学催化剂都能降低活化能，而酶能通过中间产物的形成显著地降低活化能，所以酶表现为高度的催化效率（图5-2）。

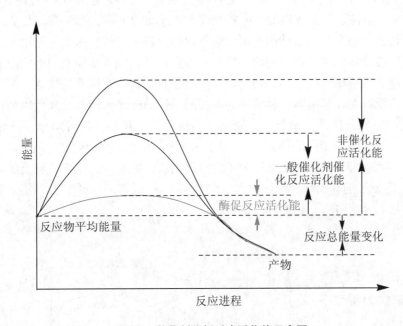

图 5-2　催化剂降低反应活化能示意图

(二)诱导契合学说

当酶分子与底物分子接近时，彼此结构相互诱导而变形以致相互适应而结合。即在此过程中，酶的构象发生有利于与底物结合的变化，同时在酶的诱导下，底物也发生变形，酶构象的改变和底物的变形，使酶和底物结构相吻合，彼此"契合"结合成中间产物（ES）（图5-3），故为诱导契合学说。近年来X衍射晶体结构分析的实验结果也支持这一学说，因此，人们认为这一学说较满意地解释了酶的特异性。

诱导契合反应，加速了中间产物（ES）的形成，使过渡态的底物增加，底物的活化能大大地降低，酶促反应速度加快。

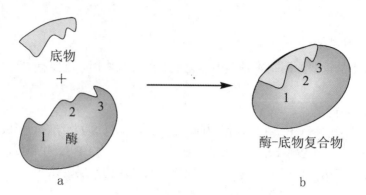

图 5-3 酶与底物诱导契合示意图

a. 酶活性部位的结构与底物结构不互补；b. 诱导契合使酶与底物互补结合为中间产物

第三节 酶在体内的几种存在形式

一、酶原

有些酶在细胞内初合成或初分泌时没有催化活性，这些无活性的酶前体，称为酶原（zymogen）。在一定条件下，无活性的酶原转变成有活性酶的过程，称为酶原激活。

酶原激活过程，实质上是酶活性中心形成或暴露的过程。在某些因素的作用下，酶蛋白被水解掉一个或几个肽段，使原来被掩盖的酶活性中心暴露出来，或者使原来因空间阻隔而远离的必需基团集中在一起，形成酶活性中心，使无活性的酶原转化成具有活性的酶。

酶原在体内广泛存在，是机体一种重要的调控酶活性的方式。例如，胰蛋白酶从胰腺初分泌时，以无活性的酶原形式存在。胰蛋白酶原进入小肠后，在有 Ca^{2+} 的环境中，胰蛋白酶原被肠激酶或胰蛋白酶水解，当胰蛋白酶原被水解去除一个含有 6 个氨基酸残基（缬 - 天 - 天 - 天 - 天 - 赖）的片段后，多肽链重新盘曲，引起酶分子的空间构象发生改变，使多肽链上的必需基团集中在一起（即 46 位组氨酸的咪唑基和 183 位丝氨酸羟基），形成酶的活性中心，使无活性的胰蛋白酶原转变成有活性的胰蛋白酶（图 5-4）。

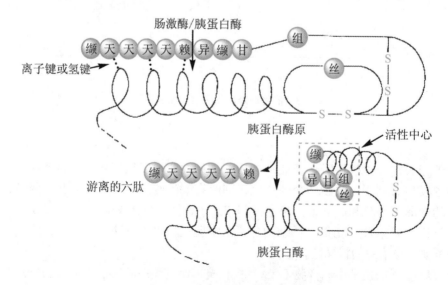

图 5-4 胰蛋白酶原激活示意图

　　酶原激活具有重要的生理意义,这一过程避免了合成酶的细胞本身的蛋白质不被蛋白酶水解破坏;同时保证酶原到达特定部位和环境中被激活发挥催化作用。急性胰腺炎是因为某种胰酶(包括胰蛋白酶、磷脂酶 A、弹性蛋白酶、脂肪酶、激肽释放酶等)在胰腺内被激活,引起胰腺组织自身消化的化学性炎症。血液中的凝血因子以酶原形式存在,可避免血液在血管中凝固,保证了血液的流动性。

二、同工酶

　　同工酶(isoenzyme)是指能催化相同的化学反应,而酶蛋白的分子结构、理化性质和免疫学特性不同的一组酶。目前已发现数百种同工酶,如乳酸脱氢酶、酸性和碱性磷酸酶、肌酸激酶等。同工酶在不同组织、器官和亚细胞结构中分布和含量有很大差异。正常人血清中同工酶活性很低,当某一组织或器官发生病变时,该组织、器官的同工酶释放入血液,引起血清同工酶电泳图谱改变,所以,临床上常测定血清同工酶,以对某些组织和器官的疾病进行诊断。

　　目前研究最多的是乳酸脱氢酶(LDH)。该酶是由两种亚基组成的四聚体,即 M 型(骨骼肌型)亚基和 H 型(心肌型)亚基。两种亚基以不同的比例组成五种同工酶:LDH_1(H_4)、LDH_2(H_3M_1)、LDH_3(H_2M_2)、LDH_4(H_1M_3)、LDH_5(M_4)(图 5-5)。

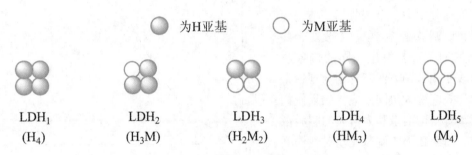

图 5-5　LDH 同工酶结构模式图

　　由于分子组成不同,五种同工酶具有不同的电泳速度,电泳时向正极移动,其速度由 $LDH_1 \rightarrow LDH_5$ 依次递减(图 5-6),可借此鉴别这五种同工酶。

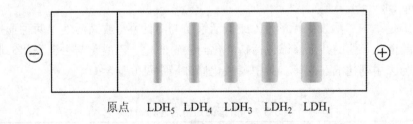

图 5-6　LDH 同工酶电泳图

　　五种同工酶在不同组织和器官中的分布和含量有很大差异。例如心肌、大脑中含 LDH_1 最多,而肝和骨骼肌中含 LDH_5 最多,当心肌梗死时,患者血清 LDH_1 含量升高,肝细胞受损时,患者血清 LDH_5 含量增高,而溶血的标本中,LDH_1 和 LDH_2 升高。

三、变构酶

　　变构酶又称别构酶,这类酶除了有能与底物结合的活性中心外,还有一个或几个能与特异性物质结合的部位。当这些部位与特异性物质结合时,可引起酶蛋白的空间构象发生改变,使酶活性改变，从而调节酶促反应速度，这种调节称为变构调节。受变构调节的酶称为变构酶（allosteric enzyme），引起变构调节的物质称为变构剂，使酶活性增强的变构剂称为变构激活剂，使酶活性减弱的变构剂称为变构抑制剂，能与变构剂结合的部位称为变构部位或调节部位。

变构酶是含有两个或两个以上亚基的寡聚酶，活性中心和变构部位可以在同一个亚基上，也可以在不同的亚基上。含催化部位的亚基称为催化亚基；含调节部位的亚基称为调节亚基。

变构剂一般是小分子有机化合物，有的是变构酶的底物，有的是变构酶催化的中间产物或终产物。变构酶的底物通常是变构激活剂；代谢途径的终产物往往是变构抑制剂。例如在糖酵解中，ATP 和柠檬酸是磷酸果糖激酶的变构抑制剂，这两种物质增多时，糖酵解代谢途径受到抑制，防止产物过剩；而 AMP、ADP 等是该酶的变构激活剂，这两种物质增多，激发葡萄糖氧化供能，增加 ATP 生成。

在变构酶催化的反应过程中，底物浓度［S］与反应速度（V）之间的关系呈 S 形曲线。当变构酶与变构激活剂结合时，酶活性增强，V 加快，S 形曲线左移；当变构酶与变构抑制剂结合时，酶活性减弱，V 变小，S 形曲线右移（图 5-7）。

当变构酶分子中一个调节亚基与变构剂结合后，该调节亚基构象发生改变，并导致相邻的调节亚基发生相同的构象改变，从而改变相邻调节亚基对变构剂的亲和力，这种效应称为协同效应。如果使相邻调节亚基对变构剂亲和力增大的叫做正协同效应；而使相邻的调节亚基对变构剂亲和力减小的叫做负协同效应。

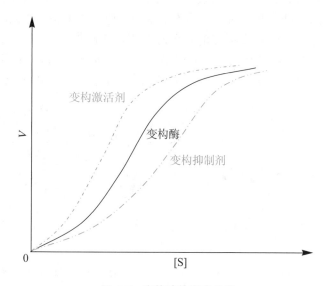

图 5-7   变构酶的反应曲线

四、修饰酶

某些酶在其他酶的催化下，酶蛋白肽链上一些基团能与某些化学基团共价结合或解离，使酶的活性发生改变，这种调节称为共价修饰调节（covalent modification）。这类被修饰的酶称为修饰酶（processing enzyme）。

在共价修饰过程中，酶发生无活性（或低活性）与有活性（或高活性）两种形式互变。这些互变由不同的酶催化。酶的共价修饰包括磷酸化与去磷酸化、乙酰化与去乙酰化、腺苷化与去腺苷化、甲基化与去甲基化的互变等。其中磷酸化修饰最常见（表 5-3）。

表 5-3   共价修饰对酶活性的调节

酶	修饰类型	酶活性变化
糖原磷酸化酶	磷酸化 / 去磷酸化	激活 / 抑制
磷酸化酶 b 激酶	磷酸化 / 去磷酸化	激活 / 抑制
三酰甘油脂肪酶	磷酸化 / 去磷酸化	激活 / 抑制
糖原合酶	磷酸化 / 去磷酸化	抑制 / 激活
丙酮酸脱羧酶	磷酸化 / 去磷酸化	抑制 / 激活
磷酸果糖激酶	磷酸化 / 去磷酸化	抑制 / 激活
谷氨酰胺合成酶	腺苷化 / 去腺苷化	抑制 / 激活

第四节　影响酶促反应速度的因素

酶促反应速度常用单位时间内底物的消耗量或产物的生成量来表示。酶促反应速度受底物浓度、酶浓度、pH、温度、激活剂和抑制剂等多种因素的影响。研究这些因素的影响测定的是酶促反应开始时的速度，即初速度，因为初速度与酶的浓度成正比，而且能避免了反应产物及其他因素对酶促反应的影响。在研究某一影响因素时，应保持反应体系中的其他因素不变。

一、底物浓度

（一）底物浓度与酶促反应速度的关系

在其他因素不变的情况下，酶促反应过程中，底物浓度［S］与酶促反应速度（V）的关系呈矩形双曲线（图5-8）。

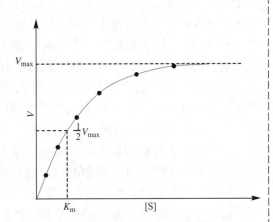

图 5-8　底物浓度与酶促反应速度的关系

在［S］很低时，V 随［S］的增加而急骤上升，两者呈正比关系；当［S］继续增高时，V 随［S］的增加而增加，但 V 增加的趋势逐渐缓慢，两者不再呈正比关系；当［S］增高到一定极限时，随着［S］的增加，V 不再继续增加，而达到最大值，称为最大反应速度（ V_{max} ），此时所有酶的活性中心已被底物饱和。

在酶促反应过程中，V 与［S］之间的变化关系反映了中间产物学说。当［S］很小时，酶未被底物饱和，这时增加［S］，单位时间内 ES 生成量增加，产物也呈正比例增加，V 的增加与［S］增加呈正比；当［S］加大后，酶逐渐被饱和，V 的增加与［S］增加不呈正比；而［S］增加到极大值时，所有酶活性中心都被底物饱和，所有的酶均转变成 ES，此时增加［S］，V 不会再增高。

（二）米 - 曼氏方程式

1913 年米 - 曼氏（Michaelis 和 Menten）根据中间产物学说进行数学推导，得出了反应速度与底物浓度关系的公式，即著名的米 - 曼氏方程式：

$$V = \frac{V_{max} \cdot [S]}{K_m + [S]}$$

式中 V 为在不同［S］时的反应速度，［S］为底物浓度，V_{max} 为最大反应速度，K_m 为米氏常数。

当反应速度为最大反应速度的一半时，整理米氏方程得：$K_m = $［S］，即 K_m 值等于酶促反应速度为最大速度一半时的底物浓度。K_m 的单位是 $mol \cdot L^{-1}$。

（三）K_m 的意义

米氏常数在酶学研究中有重要意义。

1. K_m 是酶的特征性常数　只与酶的结构、底物性质和反应条件（如温度、pH、离子强度）有关，与酶浓度无关。

2. K_m 可表示酶对底物的亲和力　K_m 值越大，酶对底物的亲和力越小；K_m 值越小，酶对底物的亲和力越大。

3. 利用 K_m 值选择酶催化的最适底物　当一种酶有几种不同的底物时，该酶就有几种不同的 K_m 值，其中 K_m 值最小的底物，通常认为是该酶的最适底物或天然底物。

二、酶浓度

在酶促反应体系中，当底物浓度足够使酶饱和，而其他条件保持不变时，酶浓度与酶促反应速度呈正比关系。即酶浓度越高，反应速度越快（图 5-9）。

三、温度

对于一般化学反应来说，随着温度的升高，增加反应分子有效碰撞，反应速度加快。但是酶是蛋白质，当温度升到一定高度时，酶蛋白发生变性，反应速度降低。因此，温度对酶促反应速度具有双重影响。在低温范围

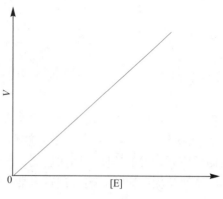

图 5-9　酶浓度对酶促反应速度的影响

内（0～40℃），随着温度的升高，酶活性逐渐增加，酶促反应的速度也逐渐增加，以致达到最大的反应速度，此时，温度加快反应速度起主要作用，一般来说，温度每升高 10℃，反应速度增加 1～2 倍。当温度升高到 60℃以上时，大多数酶蛋白开始变性，酶活性降低，反应速度下降。当温度升高到 80℃以上时，绝大多数酶蛋白变性而失去催化活性。使酶促反应达到最大速度时的温度，称为酶的最适温度（图 5-10）。

人体内大多数酶的最适温度在 35～40℃之间。酶的最适温度不是酶的特征性常数，它与反应时间有关，在短时间内酶能耐受较高的温度，此时最适温度可以高些；而反应时间较长时，酶对温度的耐受力下降，酶蛋白容易变性，酶的最适温度会降低。

临床上，酶活性与温度的关系具有重要的意义。低温麻醉就是利用酶的这一特性，使机体的组织细胞代谢速度减慢，提高机体对缺乏氧和营养物质时的耐受性。低温保存菌种和生物制剂等，也是基于这一原理。高温灭菌则是利用高温使酶蛋白变性、酶活性丧失这一特性，使细菌快速死亡。

四、pH 值

不同的 pH 值条件下，底物、酶和辅酶将表现不同的解离和带电状态。在酶促反应中，酶活性中心的必需基团以及底物和辅酶分子在某一解离状态下，酶与底物才能达到最佳结合，产生最大的催化活性，使酶促反应达到最大速度。可见，pH 是通过影响底物、酶和辅酶解离状态来改变酶促反应速度的。使酶促反应速度达到最大时的 pH 值称为酶的最适 pH。溶液 pH 值偏离最适 pH 时，无论偏酸性还是偏碱性，酶的活性都会降低，酶促反应速度减慢，远离最适 pH 时甚至会导致酶蛋白变性失活（图 5-11）。

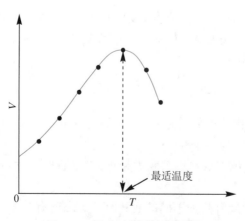

图 5-10　温度对酶活性的影响

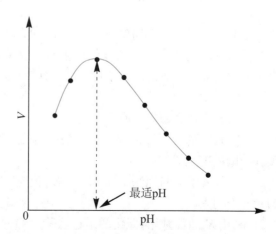

图 5-11　pH 对酶促反应速度的影响

不同的酶有不同的最适 pH，生物体内大多数酶的最适 pH 接近中性，有少数偏酸性或偏碱性，如胃蛋白酶的最适 pH 为 1.8，肝精氨酸酶的最适 pH 为 9.8。

最适 pH 不是酶的特征性常数。它受底物种类和浓度、缓冲溶液的性质与浓度、介质的 离子强度、温度、反应时间等因素的影响。因此，在测定酶活性时应选择最适 pH，并应用适当的缓冲液，以维持酶具有较高的催化活性和稳定性。

五、激活剂

能提高酶的活性或使无活性酶转变成有活性酶的物质，称为酶的激活剂（activator）。激活剂包括无机离子和小分子有机物，如 K^+、Mg^{2+}、Zn^{2+}、Cl^-、半胱氨酸、胆汁酸盐等。

激活剂又可分为必需激活剂和非必需激活剂。酶促反应中不可缺少的激活剂称为必需激活剂，如 Mg^{2+} 是己糖激酶的必需激活剂；而有些酶当没有激活剂存在时活性很小，有激活剂存在时有活性显著提高，这种激活剂称为非必需激活剂，如 Cl^- 为唾液淀粉酶的非必需激活剂。激活剂在参与酶活性中心的构成、促进酶与底物结合、稳定酶分子构象等方面具有重要作用。

六、抑制剂

能使酶活性降低或丧失而不引起酶蛋白变性的物质，称为酶的抑制剂（inhibitor，I）。抑制剂常与酶活性中心内、外必需基团结合，使酶活性降低或丧失。当去除抑制剂时，酶活性能重新恢复。强酸、强碱、重金属离子等物质能导致酶蛋白变性失活，不属于抑制剂。根据抑制剂与酶结合牢固程度不同，把抑制作用分为不可逆性抑制和可逆性抑制两类。

（一）不可逆性抑制

抑制剂与酶活性中心上的必需基团共价结合，引起酶活性丧失，这种抑制作用称为不可逆性抑制。它不能用透析、超滤等物理的方法去除抑制剂，使酶活性恢复，只能靠某些药物才能解除抑制。如敌敌畏、美曲膦酯、1059 等有机磷杀虫剂，能特异地与胆碱酯酶活性中心内丝氨酸残基上的羟基（—OH）结合，使酶失去活性。

$$
\begin{array}{ccc}
\underset{\text{有机磷化合物}}{\overset{R_1O}{\underset{R_2O}{>}}P\overset{O}{\underset{X}{<}}} + \underset{\text{羟基酶}}{E\!-\!OH} \longrightarrow & \underset{\text{失活的酶}}{\overset{R_1O}{\underset{R_2O}{>}}P\overset{O}{\underset{O-E}{<}}} + \underset{\text{酸}}{HX}
\end{array}
$$

由于胆碱酯酶失去活性，不能水解乙酰胆碱，造成乙酰胆碱积蓄，引起胆碱能神经兴奋性增强的中毒症状。解磷定（PAM）能与有机磷杀虫剂结合成稳定的复合物，使酶与有机磷杀虫剂分离，从而解除有机磷杀虫剂对羟基酶的抑制作用，使酶活性得到恢复。

$$
\underset{\text{失活的酶}}{\overset{R_1O}{\underset{R_2O}{>}}P\overset{O}{\underset{O-E}{<}}} + \underset{\text{解磷定}}{\left[\text{吡啶}\overset{+}{N}\text{—CHNOH}, CH_3\right]} \longrightarrow \underset{\text{解磷定与有机磷复合物}}{\left[\text{吡啶}\overset{+}{N}\text{—CHNO}\overset{O}{\underset{OR_2}{P}OR_1}, CH_3\right]} + \underset{\text{复活的酶}}{E\!-\!OH}
$$

又如某些重金属离子（Hg^{2+}、Ag^+、Pb^{2+} 等）及砷（As^{3+}）能与巯基酶的巯基（—SH）结合，使酶失去活性。路易士气是一种含砷的化学毒气，与巯基酶的巯基结合后，引起酶活性丧失，导致人畜中毒。

$$\begin{array}{c}Cl \\ \diagdown \\ Cl \diagup \end{array} As-CH=CNCl \;+\; \begin{array}{c} SH \\ E \diagup \\ \diagdown SH \end{array} \longrightarrow \begin{array}{c} S \\ E \diagup \\ \diagdown S \end{array} As-CH=CHCl \;+\; 2HCl$$

路易士气　　　　巯基酶　　　　　　失活的酶　　　　　酸

二巯基丙醇（British anti-Lewisite，BAL）可以解除这类抑制剂对巯基酶的抑制。

$$\begin{array}{c} S \\ E \diagup \\ \diagdown S \end{array} As-CH=CHCl \;+\; \begin{array}{c} CH_2-SH \\ | \\ CH-SH \\ | \\ CH_2-OH \end{array} \longrightarrow \begin{array}{c} SH \\ E \diagup \\ \diagdown SH \end{array} \;+\; \begin{array}{c} CH_2-S \\ | \qquad \diagdown \\ CH-S \quad As-CH=CHCl \\ | \\ CH_2-OH \end{array}$$

失活的酶　　　二巯基丙醇　　　　复活的酶　　　二巯基丙醇-砷剂复合物

（二）可逆性抑制

抑制剂与酶的必需基团以非共价键结合，使酶活性降低或丧失，这种抑制称为可逆性抑制。它可采用透析、超滤等物理方法将抑制剂除去，使酶活性得到恢复。可逆性抑制分为竞争性抑制、非竞争性抑制和反竞争性抑制。

1. 竞争性抑制　抑制剂（I）与底物（S）结构相似，可与底物竞争地与酶活性中心的结合基团结合，从而减少酶与底物的结合，使酶活性降低，这种抑制称为竞争性抑制。这一过程主要是阻碍了酶与底物形成中间产物。竞争性抑制的反应如图 5-12 所示。

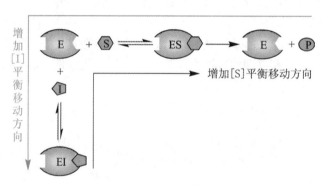

图 5-12　竞争性抑制

竞争性抑制的强弱取决于抑制剂与底物的相对浓度，由于竞争性抑制剂与酶的结合是可逆的，所以，增加底物浓度可以减弱或消除抑制作用。实验表明，在竞争性抑制反应中，增加底物浓度，反应可以达到原来的最大速度，V_{max} 不变，但是，需要较高的底物浓度才能达到，酶对底物的亲和力下降，K_m 值增大。

竞争性抑制原理已用于药物的开发。如磺胺类药物、磺胺增效剂（TMP）、阿拉伯糖胞苷、氟尿嘧啶等都是利用竞争性抑制原理研制出来的。

对磺胺类药物敏感的细菌，在生长繁殖过程中，因为不能利用环境中的叶酸，只能在二氢叶酸合成酶的催化下，以对氨基苯甲酸为底物合成二氢叶酸（FH_2），二氢叶酸还原酶再将二氢叶酸还原成四氢叶酸（FH_4）。四氢叶酸是一碳基团的载体，而一碳基团是细菌合成核酸的必需物质。

磺胺类药物与对氨基苯甲酸结构相似，是二氢叶酸合成酶的竞争性抑制剂；磺胺增效剂（TMP）与二氢叶酸结构相似，是二氢叶酸还原酶的竞争性抑制剂。通过两者的作用，使细菌合成的四氢叶酸减少，导致细菌核酸合成受阻，从而抑制细菌的生长和繁殖。而人体能从食物中直接利用叶酸，故不受磺胺类药物的影响。

H_2N——————COOH　　　　H_2N——————SO_2NHR

　　　　对氨基苯甲酸　　　　　　　　　　　磺胺类药物

对氨基苯甲酸
二氢喋呤　$\xrightarrow[\text{磺胺类药物（－）}]{\text{二氢叶酸合成酶}}$ 二氢叶酸 $\xrightarrow[\text{TMP（－）}]{\text{二氢叶酸还原酶}}$ 四氢叶酸
谷氨酸

多马克与他的磺胺药物

　　多马克（G. Domagk）德国生物化学家。1932 年，多马克发现注射磺胺类药物（百浪多息）对老鼠的链球菌感染非常有效。并通过非常直接的途径发现百浪多息的作用对人类也是适用的。他的小女儿受到链球菌的感染。在采用各种方法医治无效后，多马克在绝望中对她注射了大量的百浪多息。她很快恢复了健康。当百浪多息被用来挽救美国总统的儿子小罗斯福时，这种新药便获得了更大的名声。1939 年多马克因发现磺胺药物的抑菌作用而荣获诺贝尔医学或生理学奖。

---

　　2. 非竞争性抑制　抑制剂（I）与酶活性中心外的必需基团结合，使酶的空间构象改变，引起酶活性下降，由于底物与抑制剂之间无竞争关系，所以称为非竞争性抑制。非竞争性抑制的反应如图 5-13 所示。

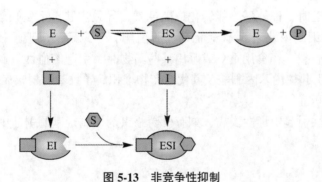

图 5-13　非竞争性抑制

　　非竞争性抑制的强弱取决于抑制剂的浓度，与底物浓度无关，不能通过增加底物浓度来消除抑制。由于非竞争性抑制作用不影响酶对底物的亲和力，故 K_m 值不变；但它与酶的结合，抑制了酶的活性，使 V_{max} 降低。

　　3. 反竞争性抑制　抑制剂（I）与酶和底物形成的中间产物（ES）结合成 ESI，使中间产物（ES）的量减少，反应产物生成量减少，使酶活性降低，这种抑制称为反竞争性抑制。反竞争性抑制的反应如图 5-14 所示。

　　反竞争性抑制的强弱既与抑制剂浓度成正比，也和底物浓度成正比。反竞争性抑制与 ES 结合后，酶活性被抑制，V_{max} 降低；此时 ES 除转变为产物外，又多了一条生成 ESI 的去路，使 E 与 S 的亲和力增加，故 K_m 值降低。

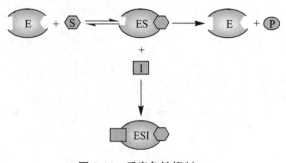

图 5-14 反竞争性抑制

第五节 酶与临床医学

一、酶与疾病的发生

某些疾病的发病机制往往与酶结构的异常和酶活性的改变有关。由于酶的缺陷使相应的正常代谢途径不能进行而引起的疾病，称为酶遗传性缺陷病（表 5-4）。

表 5-4 遗传性酶缺陷所致疾病

缺陷酶	相应疾病	缺陷酶	相应疾病
酪氨酸酶	白化病	谷胱甘肽过氧化物酶	新生儿黄疸
苯丙氨酸羟化酶	苯丙酮尿症	1- 磷酸半乳糖尿苷转移酶	半乳糖血症 I 型
尿黑酸氧化酶	尿黑酸症	6- 磷酸葡萄糖脱氢酶	蚕豆病
高铁血红蛋白还原酶	高铁血红蛋白血症	葡萄糖 -6- 磷酸酶	糖原累积症

例如酪氨酸酶缺乏时，酪氨酸不能转化成黑色素，导致皮肤、毛发缺乏黑色素而患白化病；蚕豆病患者，因为红细胞内缺乏 6- 磷酸葡萄糖脱氢酶，导致磷酸戊糖途径受阻，生成 NADPH 减少，红细胞膜容易破裂，当食用蚕豆或服用某些药物时，引起溶血性贫血和出现黄疸症状；苯丙氨酸羟化酶缺乏，引起体内苯丙酮酸及其代谢产物堆积，导致苯丙酮尿症；肝内缺乏葡萄糖 -6- 磷酸酶，引起糖原累积症等。

毒物抑制酶的活性引起中毒性疾病，如有机磷杀虫剂抑制羟基酶引起中毒；重金属离子抑制巯基酶引起中毒等。

二、酶与疾病的诊断

临床上常测定体液中酶活性来辅助诊断疾病。其中最常用的是对血清和血浆酶活性的测定。

（一）血清（浆）酶对疾病的诊断

正常人血清中酶的活性比较稳定，只在一定范围内波动。当某些组织或器官发生病变时，血清中某些酶的活性会发生较大的改变。临床上常用于诊断疾病的血清酶与疾病的关系见表 5-5。

（二）同工酶对疾病的诊断

同工酶在不同的组织器官，或者在同一组织器官的不同发育阶段，都有不同的同工酶电泳图谱，因此，检测同工酶可提高酶学诊断的特异性和敏感性。如 CK 同工酶包括 CK-BB、CK-MB 和 CK-MM 三种，早期心肌梗死时 CK-MM 明显升高；ACP 同工酶有前列腺 ACP（PAP）和非前列腺 ACP 两类，前列腺癌时 PAP 显著升高；GGT 同工酶分为 GGT_1、GGT_2、GGT_3、GGT_4 四种，正常人血清只有 GGT_2 和 GGT_3，肝癌时出现 GGT_1，胆总管结石时 GGT_2 增加。

表 5-5　常用于诊断疾病的血清酶

血清酶	主要来源	主要疾病
乳酸脱氢酶 (LDH)	心、肝、骨骼肌、红细胞	心肌梗死、肝实质疾病、溶血
丙氨酸转氨酶 (ALT)	肝、心、骨骼肌	肝病
天冬氨酸转氨酶 (AST)	心、肝、骨骼肌、肾、红细胞	心肌梗死、肝病、肌肉疾病
碱性磷酸酶 (ALP)	肝、骨、肠黏膜、胎盘、肾	骨病、肝胆疾病
酸性磷酸酶 (ACP)	前列腺、红细胞	前列腺癌、骨病
γ-谷氨酰转移酶 (GGT)	肝、肾	肝病、乙醇中毒
淀粉酶 (AMY)	唾液腺、胰腺、卵巢	胰腺炎
肌酸激酶 (CK)	骨骼肌、脑、心、平滑肌	心肌梗死、肌肉疾病

三、酶与疾病的治疗

酶制剂用于临床治疗已越来越广泛。如治疗消化不良使用的胃蛋白酶、胰蛋白酶、胰脂肪酶、胰淀粉酶、纤维素酶和木瓜蛋白酶等；用于抗菌消炎治疗而使用的胰蛋白酶、溶菌酶、菠萝蛋白酶、木瓜蛋白酶、胶原蛋白酶等；用于抗肿瘤治疗而使用的天冬酰胺酶以及抗血栓治疗而使用的纤溶酶、尿激酶、葡激酶、链激酶、蚓激酶、蛇毒降纤酶等。另外还有超氧化物歧化酶用于治疗类风湿性关节炎和放射病；凝血酶用于止血；单胺氧化酶可抗抑郁；青霉素酶用于治疗青霉素过敏等。

酶解清创

酶解清创是指采用某些具有蛋白水解作用的外源性酶类，将坏死或失活的组织分解清除，同时又不损害邻近正常组织，从而达到清创目的一种方法。由于正常组织细胞产生的抑制因子的作用，这些外源性蛋白酶通常不会对活组织产生水解作用，仅分解坏死或失活组织，从而可在理论上起到具有高度选择性的清创作用。1940 年，格拉瑟（S.R. Glasser）首次报道了使用木瓜蛋白酶进行酶清创的方法。随后，越来越多的学者开始将目光投向酶清创这一非手术清创方法，研究不同酶类的清创效果和安全性。

四、酶在医学上的其他应用

酶作为工具和试剂也已被广泛应用于科学研究和临床检验。

在分子生物学研究领域，利用酶具有高度特异性的特点，以限制性核酸内切酶和连接酶等作为工具酶，对某些生物大分子进行定向的分割和连接。在酶标记法中，用酶代替同位素与某些物质结合，使该物质被酶所标记。通过测定酶活性来判断被标记物或与其定量结合的物质的存在与含量。这种方法灵敏性高，同时又可避免同位素污染，如酶联免疫测定法。

在临床检验中，将酶作为分析试剂，检测待测酶活性或底物浓度，把作为分析试剂的酶称为工具酶。工具酶所催化的反应产物可以直接测定，所以工具酶的应用，使一些不易直接测定的待测酶和化合物变为可以直接测定的反应，同时利于自动化分析。

架起通向临床的桥梁

1. **急性胰腺炎**　急性胰腺炎是胰酶在胰腺内被激活后引起胰腺组织自身消化的化学性炎症。如胆结石引起Oddi括约肌松弛，使含肠激酶的十二指肠液反流入胰管，激活胰酶。磷脂酶A在少量胆酸参与下分解细胞膜的磷脂产生溶血卵磷脂和溶血脑磷脂，因其细胞毒作用而引起胰腺组织坏死与溶血。弹力蛋白酶可水解血管壁的弹力纤维，致使胰腺出血和血栓形成。激肽释放酶可使激肽酶原变为缓激肽和胰激肽，使血管舒张和通透性增加，引起水肿、微循环障碍和休克。脂肪酶参与胰腺及周围脂肪坏死、液化。上述消化酶共同作用，造成胰实质及邻近组织的损伤、坏死，后者又进一步促进消化酶释出，形成恶性循环。消化酶和坏死组织液，经血循环、淋巴管途径输送到全身，则可引起全身多脏器损害。

2. **铅中毒**　铅与含巯基酶的巯基结合，使巯基酶失去活性。铅中毒时，首先与红细胞 δ-氨基-γ-酮戊酸脱水酶的巯基结合，使酶失去水解 δ-氨基-γ-酮戊酸（ALA）的能力，引起血清和尿液 δ-氨基-γ-酮戊酸增多。大量ALA进入脑组织，引起行为和神经效应改变，甚者发生铅中毒脑病。神经病变可有周围神经麻痹，平滑肌痉挛引起铅绞痛。急性中毒临床表现：口中有金属味，有恶心、呕吐、便秘、腹泻以及顽固性腹绞痛。重症可出现肝病、周围神经麻痹、溶血性贫血和高血压等。儿童易发生铅中毒脑病。急性期用二巯丙醇（BAL）和 EDTACa-Na$_2$ 联合疗法。

（赵　霞）

第六章　生物氧化

学习目标

掌握

生物氧化的概念、特点、方式，呼吸链的概念、组成成分及作用，氧化磷酸化的概念，CO_2、H_2O 和 ATP 的生成方式。

熟悉

胞质中 NADH 的氧化，氧化磷酸化偶联部位及偶联机制、影响氧化磷酸化的因素。

了解

微粒体氧化体系和过氧化物酶氧化体系的基本作用。

生物体的一切活动都需要能量。绿色植物和光合细菌等自养生物通过光合作用，利用太阳能将 CO_2 和 H_2O 同化为糖类等有机化合物，使太阳能转变成化学能加以利用；人、动物和某些微生物等异养生物不能直接利用太阳能，只能利用光合植物形成的有机化合物在生物体内氧化，生成 CO_2 和 H_2O，同时产生 ATP，以供机体进行各种生命活动的需要。

第一节　概　　述

一、生物氧化的概念和特点

生物氧化（biological oxidation），主要是指糖、脂肪和蛋白质等营养物质在体内氧化分解，生成 CO_2 和 H_2O，同时释放能量的过程。生物氧化过程中细胞要摄取 O_2 和排出 CO_2，所以生物氧化也称为组织呼吸或细胞呼吸。

不同的物质进行生物氧化经历不同的反应过程，但又具有共同的规律。在高等动物和人，糖、脂肪、蛋白质的生物氧化大致可分为三个阶段（图 6-1）。

物质在生物体内和体外进行氧化在化学本质上是相同的，都遵循氧化反应的一般规律，常见的氧化方式有失电子、脱氢和加氧等，消耗的氧量、最终产物（CO_2 和 H_2O）和释放的能量相同。但生物氧化所需条件和反应的过程与物质在体外氧化有很大的不同，生物氧化的特点是：①生物氧化是在细胞内温和的环境中（体温 37℃，pH 近中性），由一系列酶催化逐步进行的过程；② CO_2 是有机酸脱羧产生；③代谢物脱下的氢经呼吸链传递给氧结合生成水；④生物氧化中能量逐步释放，部分以化学能形式储存与利用。

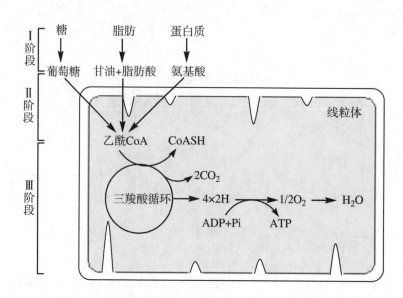

图 6-1　糖、脂肪、蛋白质氧化放能的三个阶段

Ⅰ、Ⅱ、Ⅲ阶段所释放的能量分别占总能量的 <1%、<1/3、>2/3

二、生物氧化的方式

生物氧化与普通的化学反应的氧化方式一样，主要包括失电子、脱氢、加氧；不同的是，生物体内氧化都是酶促反应，以脱氢氧化方式为主。

1. 失电子反应　从代谢物分子上脱下一个电子，如：

$$Fe^{2+} \longrightarrow Fe^{3+} + e$$

2. 脱氢反应　从代谢物分子上脱下一对氢（2H），如：

$$\begin{array}{ccc} COOH & & COOH \\ | & & | \\ HO-C-H & \rightleftharpoons & C=O \quad + \quad 2H \\ | & & | \\ CH_3 & & CH_3 \\ 乳酸 & & 丙酮酸 \end{array}$$

有些代谢物不能直接脱氢，而是进行加水脱氢，即在加入 1 分子 H_2O 的同时脱去 2H。

$$CH_3-\overset{O}{\underset{H}{C}} \xrightarrow{H_2O} \left[CH_3-\underset{OH}{\overset{OH}{CH}} \right] \xrightarrow{2H} CH_3-\overset{O}{C}-OH$$
乙醛　　　　　　　　　　　　　　　乙酸

3. 加氧反应　在代谢物分子中直接加入氧分子或氧原子，如：

$$\bigcirc + 1/2O_2 \longrightarrow \bigcirc-OH$$
苯　　　　　　　　　苯酚

生物体内并不存在游离的电子或氢原子，在上述氧化反应中脱下的电子或氢原子必须为另一物质所接受。这种既能接受又能供出电子或氢原子的物质称为递电子体或递氢体，如 NAD^+ 和

FAD 等。

三、参与生物氧化的酶类

生物氧化是在一系列氧化 - 还原酶的催化下分步进行的。每一步反应都由特定的酶催化，主要有氧化酶和脱氢酶两类，其中以脱氢酶尤为重要。

（一）氧化酶类

氧化酶为含铜或铁的蛋白质，能激活氧分子，直接利用氧作为受氢体，促进氧对代谢物的直接氧化，反应产物是 H_2O。如细胞色素氧化酶，可使还原型细胞色素氧化成氧化型，并将电子传递给氧使其活化，心肌中含量甚多。

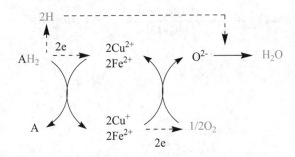

（二）脱氢酶类

分为需氧脱氢酶和不需氧脱氢酶两类。

1. 需氧脱氢酶　通常以黄素腺嘌呤二核苷酸（FAD）或黄素单核苷酸（FMN）为辅基，可激活作用物分子中的氢，与分子氧结合，反应产物为 H_2O_2，如黄嘌呤氧化酶。

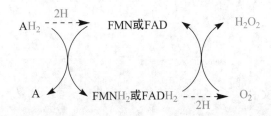

2. 不需氧脱氢酶　以辅酶为直接受氢体，催化作用物脱下的氢经过一系列的中间传递体的传递，最后传递给氧生成水的一类酶。如乳酸脱氢酶、3- 磷酸甘油醛脱氢酶等。其辅酶包括烟酰胺腺嘌呤二核苷酸（NAD^+）、烟酰胺腺嘌呤二核苷酸磷酸（$NADP^+$）、黄素单核苷酸（FMN）或黄素腺嘌呤二核苷酸（FAD）等。

不需氧脱氢酶在生物氧化尤其是在能量代谢方面是最重要的酶。

（三）其他酶类

参与生物氧化的酶类还有加氧酶类、过氧化氢酶类、过氧化物酶类、超氧化物歧化酶等，它们主要参与线粒体外的生物氧化过程。

四、生物氧化过程中 CO_2 的生成

生物氧化中 CO_2 的生成来自于有机酸的脱羧反应。根据被脱去 CO_2 的羧基在有机酸中的位置不同，可将脱羧反应分为 α- 脱羧和 β- 脱羧；根据脱羧过程是否伴随氧化反应。又可将脱羧反应分为单纯脱羧和氧化脱羧。即：

1. α- 单纯脱羧

$$R-CH-[COOH] \xrightarrow[\text{磷酸吡哆醛}]{\text{氨基酸脱羧酶}} R-CH_2-NH_2 + CO_2$$
$$\overset{|}{NH_2}$$

2. α- 氧化脱羧

$$CH_3-\overset{O}{\overset{\|}{C}}-[COOH] + CoASH \xrightarrow[NAD^+ \quad NADH+H^+]{\text{丙酮酸脱氢酶系}} CH_3-\overset{O}{\overset{\|}{C}}\sim SCoA + CO_2$$

3. β- 单纯脱羧

$$\begin{matrix} COOH \\ | \\ C=O \\ | \\ CH_2 \\ | \\ [COOH] \end{matrix} \xrightarrow{\text{草酰乙酸脱羧酶}} \begin{matrix} COOH \\ | \\ C=O \\ | \\ CH_3 \end{matrix} + CO_2$$

4. β- 氧化脱羧

$$\begin{matrix} COOH \\ | \\ CHOH \\ | \\ CH_2 \\ | \\ [COOH] \end{matrix} \xrightarrow[NAD^+ \quad NADH+H^+]{\text{苹果酸酶}} \begin{matrix} COOH \\ | \\ C=O \\ | \\ CH_3 \end{matrix} + CO_2$$

第二节 线粒体生物氧化体系

线粒体是生物氧化的主要场所，机体所需能量的 95% 源于线粒体氧化体系。故人们常将线粒体称为细胞的"动力工厂"。在线粒体生物氧化体系中，代谢物脱下的 2H（ $2H^+ + 2e$ ），经线粒体内膜上一系列传递体的传递，最终与 O_2 结合生成 H_2O ，并释放能量，释放的能量约 40% 用于生成 ATP，其余以热能形式释放。

线粒体内膜上的酶和辅酶按一定的顺序排列组成的递氢或递电子体系，称为电子传递链。电子传递过程与细胞摄取氧的呼吸过程有关，故又称为呼吸链（respiratory chain）。

细胞呼吸与细胞色素氧化酶的发现

瓦尔堡（O.H. Warburg）德国生物化学家。1918 年，开始有关呼吸酶的研究，并设计一种通过测定氧消耗量以确定细胞呼吸速率的测压计，用这种测压计，与一种简易的组织薄片法相结合，就能测定细胞呼吸。瓦尔堡用自己研制的仪器研究了细胞呼吸酶类的性质和作用方式，发现海胆卵、酵母等细胞中都有一种能加速细胞呼吸的酶，他称其为"含铁加氧酶"，并确定这种酶是一种血红素化合物（即细胞色素氧化酶）。细胞色素氧化酶的发现使细胞呼吸的研究发展到深入揭示呼吸本质的新阶段，因为这一划时代发现，瓦尔堡被授予 1931 年度诺贝尔生理学或医学奖。

一、呼吸链的组成与作用

由实验证实，线粒体氧化呼吸链由 4 种具有电子传递功能的酶复合体（Ⅰ、Ⅱ、Ⅲ、Ⅳ）和以游离形式存在的泛醌、细胞色素 c 组成（表 6-1）。

表 6-1 人线粒体呼吸链复合体及作用

复合体	酶名称	辅基或辅酶	作用
复合体Ⅰ	NADH- 泛醌还原酶	FMN，Fe-S	将 NADH＋H$^+$上的 2H 传递给泛醌
复合体Ⅱ	琥珀酸 - 泛醌还原酶	FAD，Fe-S	将琥珀酸等脱下的 2H 传递给泛醌
辅酶 Q			将 FMNH$_2$/ FADH$_2$ 的 2H 分解为 2H$^+$和 2e，将 2e 传递给复合体Ⅲ
复合体Ⅲ	泛醌 - 细胞色素 c 还原酶	铁卟啉，Fe-S	将 2e 由还原型泛醌传递给 Cyt c
细胞色素 c		铁卟啉	将 2e 由复合体Ⅲ传递给复合体Ⅳ
复合体Ⅳ	细胞色素 c 氧化酶	铁卟啉，Cu	将 2e 由还原型 Cyt c 传递给 O$_2$

（一）复合体Ⅰ

复合体Ⅰ又称 NADH- 泛醌还原酶，接受来自 NADH＋H$^+$的氢经复合体Ⅰ中的黄素单核苷酸（FMN）、铁硫蛋白传递给泛醌（ubiquinone，UQ）。

1. 尼克酰胺核苷酸　包括尼克酰胺腺嘌呤二核苷酸（NAD$^+$）或称辅酶Ⅰ（Co Ⅰ）和尼克酰胺腺嘌呤二核苷酸磷酸（NADP$^+$）或称辅酶Ⅱ（Co Ⅱ），是多种脱氢酶的辅酶。其结构中的尼克酰胺（维生素 PP）能进行可逆的加氢和脱氢反应。反应时，NAD$^+$中的烟酰胺部分可接受 1 个氢原子和 1 个电子，尚有 1 个质子（H$^+$）留在介质中（图 6-2）。

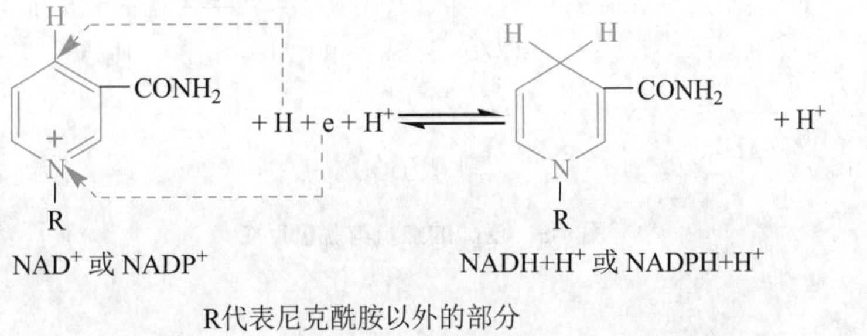

$$\text{NAD}^+ \text{ 或 NADP}^+ \quad +H+e+H^+ \rightleftharpoons \text{NADH}+H^+ \text{ 或 NADPH}+H^+ \quad +H^+$$

R代表尼克酰胺以外的部分

图 6-2　NAD（P）$^+$的加氢和 NAD（P）H 的脱氢反应

2. 黄素蛋白　黄素蛋白（flavoprotein，FP）的辅基有两种，黄素单核苷酸（FMN）和黄素腺嘌呤二核苷酸（FAD），两者均含有核黄素（维生素 B_2），FMN 和 FAD 分子中异咯嗪环上的第 1 位和第 5 位氮原子与活泼的双键相连，能可逆地加氢和脱氢，是递氢体（图 6-3）。

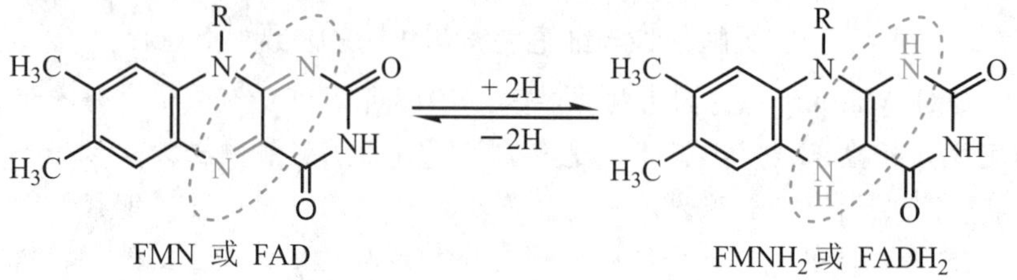

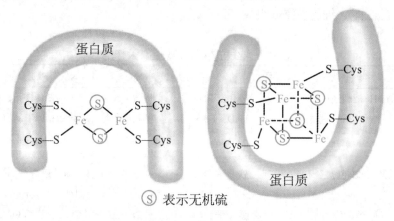

图 6-3　FMN 或 FAD 的加氢和 FMNH$_2$ 或 FADH$_2$ 的脱氢反应

3. 铁硫簇　又称铁硫中心（Fe-S），是铁硫蛋白的辅基，Fe-S 与蛋白质结合为铁硫蛋白。铁硫中心有几种不同的类型，最简单的铁硫中心是一个 Fe 离子与 4 个半胱氨酸残基的 S 原子相连，而复杂的铁硫中心可以有 2 个、4 个 Fe 离子与等量的无机 S 原子相连，同时 Fe 离子与半胱氨酸残基的 S 原子相连，如 Fe_2S_2 和 Fe_4S_4（图 6-4）。铁硫蛋白分子中只有一个 Fe 离子能可逆地进行氧化还原反应，每次只能传递一个电子，是单电子传递体。

图 6-4　铁硫蛋白结构示意图

4. 泛醌　泛醌（UQ）又称辅酶 Q（CoQ），为一脂溶性醌类化合物，其分子中的苯醌结构能可逆地进行加氢和脱氢反应（图 6-5），UQ 是呼吸链中唯一的不与蛋白质紧密结合的递氢体。UQ 在电子传递过程中的作用是将电子从 NADH-UQ 还原酶（复合体 I）或从琥珀酸 -UQ 还原酶（复合体 II）转移到细胞色素 c 还原酶（复合体 III）上。

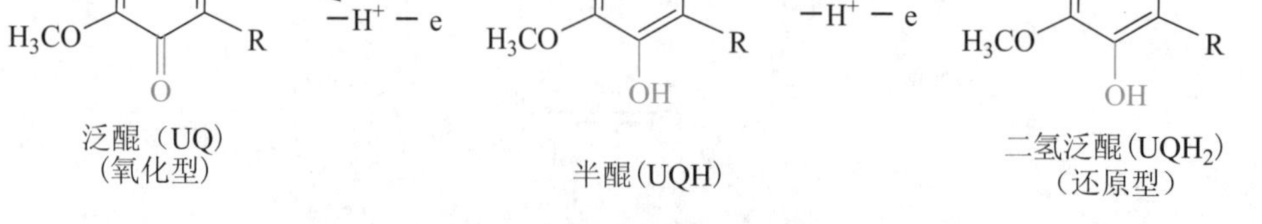

图 6-5　泛醌的加氢与脱氢反应

（二）复合体 II

复合体 II 又称为琥珀酸 - 泛醌还原酶，人复合体 II 中含有以 FAD 为辅基的黄素蛋白 2（FP$_2$），铁硫蛋白和细胞色素 b。以 FAD 为辅基的琥珀酸脱氢酶、脂酰辅酶 A 脱氢酶等催化相应底物脱氢后，使 FAD 还原为 $FADH_2$，电子的传递顺序是：$FADH_2$ 传递电子到铁硫中心，然后传递给泛醌。

（三）复合体Ⅲ

复合体Ⅲ又称为泛醌-细胞色素 c 还原酶。人复合体Ⅲ含有细胞色素 b、细胞色素 c_1、铁硫蛋白以及其他多种蛋白质。复合体Ⅲ将电子从 UQ 传递给细胞色素 c，同时将质子从线粒体内膜基质侧转移至胞浆侧。

细胞色素（cytochrome，Cyt）是一类以铁卟啉为辅基的结合蛋白质，因具有颜色故名细胞色素。细胞色素根据其吸收光谱的不同分为三大类，分别为 Cyt a、Cyt b、Cyt c，每类又有各种亚类。在呼吸链中的细胞色素有 b、c_1、c、a、a_3。细胞色素各辅基中的铁可以得失电子，进行可逆的氧化还原反应，因此起到传递电子的作用，为单电子递体。

$$Fe^{2+} \xrightleftharpoons[+e]{-e} Fe^{3+}$$

细胞色素 c 分子量较小，与线粒体内膜结合疏松，是除 UQ 外另一个可在线粒体内膜外侧移动的递电子体，有利于将电子从复合体Ⅲ传递到复合体Ⅳ。

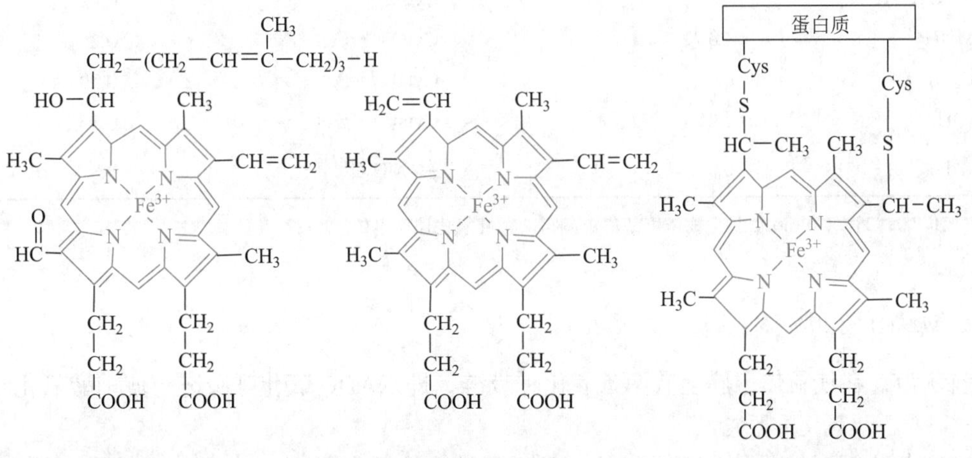

细胞色素a辅基　　　　　　细胞色素b辅基　　　　　　细胞色素c辅基

图 6-6　细胞色素 a、b、c 的辅基

（四）复合体Ⅳ

复合体Ⅳ包括细胞色素 a 及 a_3，电子从细胞色素 c 通过复合体Ⅳ到氧，同时引起质子从线粒体内膜基质侧向胞浆侧移动。Cyta 与 $Cyta_3$ 很难分开，组成一复合体，故统称细胞色素 aa_3。$Cytaa_3$ 是唯一能将电子传给氧的细胞色素，故又称为细胞色素氧化酶（cytochrome　oxidase）。复合体Ⅳ中有四个氧化还原中心：Cyta、$Cyta_3$、Cu_B、Cu_A。电子传递顺序如下：

还原型 $Cytc \rightarrow Cu_A \rightarrow Cyta \rightarrow Cyta_3 — Cu_B \rightarrow O_2$

代谢物氧化后脱下的质子及电子通过以上呼吸链组成成分传递到氧，这样活化了的氧与活化了的氢（质子）结合成水（图 6-7）。

二、呼吸链成分的排列顺序

在呼吸链中，各种电子传递体是按照它们氧化还原对的标准氧化还原电位（$E^{0'}$）由低到高进行排列的，因为电子总是从低氧化还原电位向高氧化还原电位流动。氧化还原电位越低，其供电

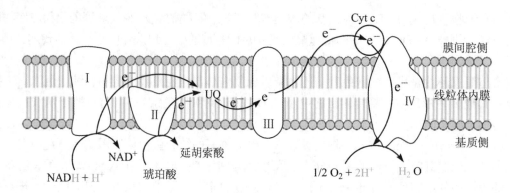

图 6-7   呼吸链四个复合体传递顺序示意图

子的倾向越大，越易成为还原剂，而排在呼吸链的前面，其后按氧化还原对的标准氧化还原电位值的递增而依次排列（表 6-2）。

表 6-2   呼吸链中各氧化还原对的标准氧化还原电位（$E^{0'}$）

氧化还原对	$E^{0'}$（V）	氧化还原对	$E^{0'}$（V）
$NAD^+/NADH+H^+$	−0.32	$Cytc_1Fe^{3+}/Fe^{2+}$	0.22
$FMN/FMNH_2$	−0.22	$CytcFe^{3+}/Fe^{2+}$	0.25
$FAD/FADH_2$	0.03	$CytaFe^{3+}/Fe^{2+}$	0.29
$CoQ/CoQH_2$	0.05	$Cyta_3Fe^{3+}/Fe^{2+}$	0.35
$CytbFe^{3+}/Fe^{2+}$	0.07	$\frac{1}{2}O_2/H_2O$	0.82

$E^{0'}$ 表示在 pH=7.0，25℃，1 mol/L 反应物浓度条件下测得的标准氧化还原电位

三、体内重要的氧化呼吸链

目前认为，在线粒体内膜上有两条氧化呼吸链，即 NADH 氧化呼吸链与琥珀酸氧化呼吸链。

（一）NADH 氧化呼吸链

NADH 氧化呼吸链是体内最常见的一条呼吸链，该途径以 NADH 为电子供体，从 NADH＋H^+ 开始经复合体 Ⅰ 到 O_2 而生成 H_2O。电子传递顺序是：

$$NADH＋H^+→复合体Ⅰ→UQ→复合体Ⅲ→Cytc→复合体Ⅳ→O_2$$

生物氧化过程中，大多数代谢物（如丙酮酸、苹果酸、异柠檬酸、α- 酮戊二酸等）在以 NAD^+ 为辅酶的不需氧脱氢酶的催化下脱氢使 NAD^+ 还原为 NADH＋H^+，后者再经 NADH 脱氢酶作用，依次将 1 个氢原子、一个电子和基质中的 H^+ 传递给 FMN，生成 $FMNH_2$。$FMNH_2$ 再将两个氢原子传给 UQ，UQ 被还原为 UQH_2。UQH_2 中两个电子通过细胞色素类中 Fe^{3+} 与 Fe^{2+} 的互变并按照 Cytb → c_1 → c → aa_3 的方向和顺序传递，而 $2H^+$ 则进入膜间腔。$Cytaa_3$ 将两个电子传给 $1/2O_2$，后者被激活成 O^{2-}，然后 O^{2-} 与介质中的 $2H^+$ 化合成 H_2O。每 2 个 H 通过此呼吸链氧化生成水时，所释放的能量可以生成 2.5 个 ATP。

（二）琥珀酸氧化呼吸链

琥珀酸氧化呼吸链，又称 $FADH_2$ 氧化呼吸链，该途径以 $FADH_2$ 为电子供体，经复合体 Ⅱ 到 O_2 而生成 H_2O。其电子传递顺序是：

$$琥珀酸→复合体Ⅱ→UQ→复合体Ⅲ→Cytc→复合体Ⅳ→O_2$$

少数代谢物（如琥珀酸、α- 磷酸甘油、脂酰 CoA 等）被以 FAD 为辅基的脱氢酶催化脱下的 2H 由 FAD 接受生成 $FADH_2$，后者再将 2H 传给 UQ，其后的电子传递路线和 H_2O 的生成与

NADH 氧化呼吸链相同。每 2H 经此呼吸链氧化生成水时，所释放的能量可以生成 1.5 个 ATP。

四、胞质中 NADH 氧化

氧化磷酸化在线粒体进行，线粒体内生成的 $NADH + H^+$ 和 $FADH_2$ 可直接参加氧化磷酸化，但胞质中生成的 $NADH + H^+$ 不能自由透过线粒体内膜，而是通过穿梭机制进入线粒体参加氧化磷酸化。穿梭机制有两种，分别存在于不同的组织器官中。

（一）苹果酸—天冬氨酸穿梭

苹果酸 - 天冬氨酸穿梭（malate-aspartate shuttle）主要在肝、肾、心肌细胞中发挥作用。胞质中的 $NADH + H^+$ 在苹果酸脱氢酶催化下，使草酰乙酸还原为苹果酸，苹果酸通过线粒体内膜上的载体进入线粒体重新生成草酰乙酸和 $NADH + H^+$，$NADH + H^+$ 进入 NADH 氧化呼吸链，最后被氧化生成水，同时产生 2.5 分子 ATP。具体过程见图 6-8。

（二）α- 磷酸甘油穿梭

α- 磷酸甘油穿梭（glycerol-α-phosphate shuttle）主要存在脑和骨骼肌中。胞质中的 NADH 在胞质甘油磷酸脱氢酶（辅酶为 NAD^+）的作用下，将 2H 传递给磷酸二羟丙酮，使其还原为 α- 磷酸甘油，后者再经位于线粒体内膜近外侧部的甘油磷酸脱氢酶（辅酶为 FAD）催化氧化为磷酸二羟丙酮，FAD 接受的 2H 可经琥珀酸氧化呼吸链传递给氧生成水。产生 1.5 分子 ATP。具体过程见图 6-9。

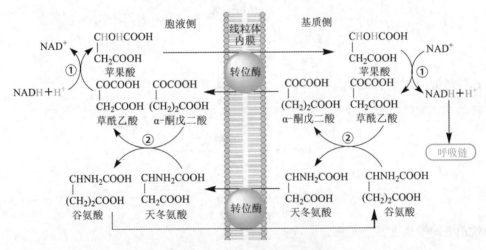

图 6-8　苹果酸 - 天冬氨酸穿梭
①苹果酸脱氢酶；②天冬氨酸氨基转移酶

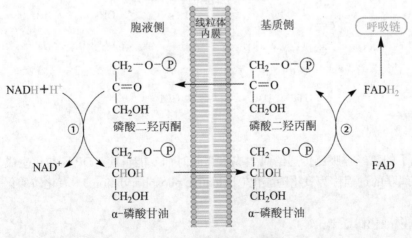

图 6-9　α- 磷酸甘油穿梭系统

第三节　生物氧化过程中能量的生成、储存和利用

ATP 是体内最重要的高能化合物，是一切生命活动如肌肉收缩、合成与分泌、神经传导等所需能量的直接供体，所以机体能量的释放、贮存、利用都以 ATP 为中心。细胞内生成 ATP 的方式有底物水平磷酸化和氧化磷酸化两种。

一、底物水平磷酸化

代谢物由于脱氢或脱水引起分子内部能量重新分布，形成高能键，然后将该高能键直接转移给 ADP 生成 ATP 的过程称底物水平磷酸化（substrate phosphorylation）。产生的 ATP 只占体内 ATP 生成总量的 5%。目前，已知体内有 3 个底物水平磷酸化反应：

1. 1,3- 二磷酸甘油酸生成 3- 磷酸甘油酸

$$
\begin{array}{ccc}
\text{COO} \sim \text{P} & & \text{COOH} \\
| & \xrightarrow[\text{Mg}^{2+}]{\text{磷酸甘油酸激酶}} & | \\
\text{CHOH} & & \text{CHOH} \\
| & \text{ADP} \quad\quad \text{ATP} & | \\
\text{CH}_2\text{O}-\text{P} & & \text{CH}_2\text{O}-\text{P}
\end{array}
$$

1,3-二磷酸甘油酸　　　　　　　　　　　　　3-磷酸甘油酸

2. 磷酸烯醇丙酮酸生成丙酮酸

$$
\begin{array}{ccc}
\text{COOH} & & \text{COOH} \\
| & \xrightarrow{\text{丙酮酸激酶}} & | \\
\text{C}-\text{O} \sim \text{P} & & \text{C}=\text{O} \\
\| & \text{ADP} \quad\quad \text{ATP} & | \\
\text{CH}_2 & & \text{CH}_3
\end{array}
$$

磷酸烯醇式丙酮酸　　　　　　　　　　　　丙酮酸

3. 琥珀酰辅酶 A 生成琥珀酸

$$
\begin{array}{ccc}
\text{COOH} & & \text{COOH} \\
| & & | \\
\text{CH}_2 & & \text{CH}_2 \\
| & \xrightarrow{\text{琥珀酸硫激酶}} & | \\
\text{CH}_2 & & \text{CH}_2 \\
| & \text{GDP}+\text{Pi} \quad\quad \text{GTP} & | \\
\text{C}=\text{O} & & \text{COOH} \\
| & & \\
\text{CO} \sim \text{SCoA} & &
\end{array}
$$

琥珀酰CoA　　　　　　　　　　　　　　琥珀酸

$$\text{GTP}+\text{ADP} \rightleftharpoons \text{GDP}+\text{ATP}$$

二、氧化磷酸化

代谢物脱下的氢经呼吸链传递给氧生成水，同时释放能量使 ADP 磷酸化生成 ATP，这种氧化与磷酸化相偶联的过程称为氧化磷酸化（oxidative phosphorylation）。氧化磷酸化是机体内 ATP 生成的主要方式。

（一）氧化磷酸化偶联部位

根据测定不同作用物经呼吸链氧化的 P/O 比值，可大致推出氧化磷酸化偶联部位。P/O 比值

是指氧化磷酸化反应中，每消耗 1 摩尔氧原子所消耗的无机磷的摩尔数。综合近年来多个实验的结果，目前多数人认为，NADH 氧化呼吸链 P/O 比值大约为 2.5，每传递 2 个电子生成 2.5 分子 ATP；$FADH_2$ 氧化呼吸链 P/O 比值大约为 1.5，每传递 2 个电子生成 1.5 分子 ATP。通过计算得出，ATP 生成部位位于复合体 I、III、IV 内（图 6-10）。

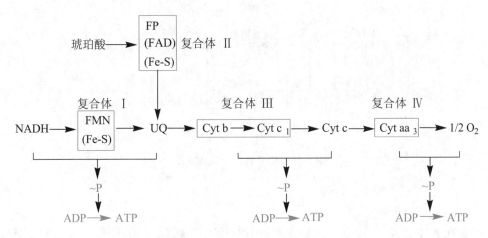

图 6-10　氧化磷酸化偶联部位

（二）氧化磷酸化偶联机制

关于氧化磷酸化的机制有多种假说，目前被普遍接受的是化学渗透学说（chemiosmotic hypothesis）。其基本要点是电子经呼吸链传递时将质子（H^+）从线粒体内膜基质侧转运到膜间腔侧，而线粒体内膜不允许质子自由回流，从而形成跨线粒体内膜的质子电化学梯度（H^+ 浓度梯度和跨膜电位差），储存电子传递释放的能量。当质子顺梯度回流到基质时驱动 ADP 与 H_3PO_4 生成 ATP。传递一对电子，在复合体 I、III、IV 处分别生成 1、1、0.5 个 ATP，而复合体 II 不形成 ATP。因此，NADH 氧化呼吸链每传递 2H 生成 2.5 个 ATP，$FADH_2$ 氧化呼吸链每传递 2H 生成 1.5 个 ATP。

化学渗透理论阐明了氧化磷酸化偶联机制

米切尔（P. Mitchell）英国生物化学家，1961 年，他从离子泵出膜外需要消耗 ATP 得到启发，提出了"化学渗透学说"，电子传递能量驱动质子从线粒体基质转移到膜间腔，形成跨膜梯度，储存能量。泵出的质子再通过 ATP 合酶内流释放能量催化 ATP 合成。该理论解释了氧化磷酸化中电子传递链各复合体、ATP 合酶在基质内膜如何利用质子作为能源，阐明了氧化磷酸化偶联机制。这一杰出贡献使他荣获 1978 年诺贝尔化学奖。

（三）ATP 合酶

ATP 合酶（ATP synthase）又称为复合体 V，是由多种蛋白质组成的蘑菇样结构，主要由疏水的 F_0 部分和亲水的 F_1 部分组成（图 6-11）。F_0 镶嵌在线粒体内膜中，形成跨内膜质子通道，用于质子的回流；F_1 为线粒体内膜的基质侧蘑菇头状突起，其功能是催化 ATP 合成。当质子顺梯度经 F_0 回流时，F_1 催化 ADP 和 H_3PO_4 磷酸化生成 ATP。

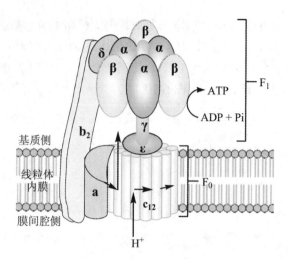

图 6-11　ATP 合酶结构模式图

（四）影响氧化磷酸化的因素

1. ADP 和 ATP 浓度的调节　在氧化磷酸化过程中，呼吸链电子传递和 ADP 磷酸化生成 ATP 是偶联进行，相互依赖的。所以，只有当 ADP 浓度高（而 ATP 浓度低）时，电子传递才会加快，生成 ATP 才会增多，即有利于加速氧化磷酸化；反之，当 ADP 不足（而 ATP 充足）时，氧化磷酸化速度减慢。这种调节作用可使机体 ATP 的生成速度适应生理需要，防止能源浪费。

2. 甲状腺激素的调节　甲状腺素可诱导细胞膜上 Na^+，K^+-ATP 酶的生成，使 ATP 加速分解为 ADP 和 Pi；ADP 进入线粒体的数量增加，使氧化磷酸化反应增强，ATP 合成加速。由于 ATP 的合成和分解速度均增加，导致机体耗氧量和产热量均增加。所以甲状腺功能亢进患者基础代谢率增高，临床上可表现出汗、易饥饿、体重减轻等。

3. 氧化磷酸化抑制剂

（1）呼吸链抑制剂　此类抑制剂可抑制呼吸链某些部位的电子传递。如鱼藤酮、粉蝶霉素 A、异戊巴比妥等，它们与复合体 I 中的铁硫蛋白结合，从而阻断电子传递到 CoQ；抗霉素 A、二巯基丙醇（BAL）可抑制复合体 III 中 Cyt b 到 Cyt c_1 之间的电子传递；H_2S、CO、CN^- 等抑制细胞色素氧化酶，使电子不能由 Cyt aa_3 传递到氧。这些抑制剂的毒性很强，少量进入机体就可导致死亡。

（2）解偶联剂　解偶联剂不抑制电子传递过程，氧化过程可正常进行，但抑制 ADP 的磷酸化，不能生成 ATP，使氧化与磷酸化脱偶联。常见的解偶联剂是二硝基苯酚。

（3）ATP 合酶抑制剂　此类抑制剂既抑制电子传递过程又抑制 ADP 的磷酸化，如寡霉素。各种抑制剂对呼吸链的抑制作用见图 6-12。

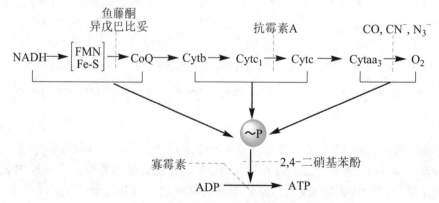

图 6-12　各种抑制剂对呼吸链的抑制作用

三、ATP 的储存与利用

生物氧化的结果是生成 CO_2、H_2O，同时伴有能量的产生。这些能量产生、储存和利用都要通过能量转换来完成，不管能量如何转换，总是以 ATP/ADP 循环为中心环节进行。体内能量的转移、储存和利用的关系总结见图 6-13。

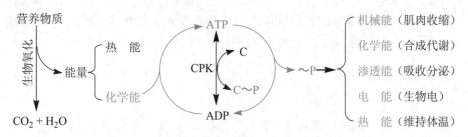

CPK：肌酸磷酸激酶，C：肌酸，C~P：磷酸肌酸

图 6-13　ATP 的生成、储存与利用

在肌肉和脑组织中，磷酸肌酸激酶（CPK）可催化 ATP 将其高能磷酸键转移给肌酸生成磷酸肌酸，磷酸肌酸为能量的储存形式，其所含的高能磷酸键不能直接被利用，当肌肉和脑组织中 ATP 不足时，磷酸肌酸可将其高能磷酸键转移给 ADP 生成 ATP，为生理活动提供能量。

ATP 是机体所需能量的直接供给者，但也有少数反应以其他高能化合物直接供能，如糖原合成过程中需要 UTP，磷脂合成时需 CTP 参与，蛋白质合成时需 GTP 参与。但这些高能化合物又都是在二磷酸核苷激酶的作用下由 ATP 提供 ~P 生成的。反应式如下：

$$CDP + ATP \rightleftharpoons CTP + ADP$$
$$UDP + ATP \rightleftharpoons UTP + ADP$$
$$GDP + ATP \rightleftharpoons GTP + ADP$$

血清肌酸激酶与心肌梗死

　　肌酸激酶 (CK) 又名磷酸肌酸激酶 (CPK)。存在于骨骼肌、脑和心肌中。肌酸激酶对诊断急性心肌梗死有较高价值，它在急性心肌梗死后 3~6h 就开始急剧升高，可高达正常上限的 10~12 倍。CK 对诊断心肌梗死较 AST、LDH 的特异性高，但此酶增高持续时间短，在 2~4 天后就恢复正常。CK 有多种同工酶，CK-MM 主要存在于各种肌肉细胞中，CK-BB 主要存在于脑细胞中，CK-MB 主要存在于心肌细胞中。其中 CK-MB 对急性心肌梗死诊断的特异性最高，是急性心肌梗死诊断的"金标准"。

第四节　非线粒体氧化体系

非线粒体氧化体系包括微粒体氧化体系、过氧化物体氧化体系以及细胞其他部位存在的氧化体系。这些氧化体系参与呼吸链以外的氧化作用，不伴有 ATP 的生成（氧化不偶联磷酸化），主要与自由基的清除、H_2O_2 的代谢，代谢物、毒物和药物的生物转化有关。

一、微粒体氧化体系

（一）加单氧酶

加单氧酶（monooxygenase）顾名思义就是能催化 O_2 中的一个氧原子加到底物分子中，使底物被羟化；另一个氧原子被来自 $NADH + H^+$ 分子上的氢还原成水，因此，又将其称为混合功能氧化酶（mixed function oxidase）或羟化酶（hydroxylase）。其反应通式如下：

$$RH + O_2 + NADPH + H^+ \xrightarrow{\text{加单氧酶}} ROH + H_2O + NADP^+$$

加单氧酶实际上是由 NADPH- 细胞色素 P_{450} 还原酶、细胞色素 P_{450} 和 FAD 等组成的一种复杂酶系，其主要存在于肝、肾、肠、肺等细胞的微粒体中，以肝中作用最强。参与类固醇激素、胆汁酸和胆色素的生成，维生素 D_3 活性形式的转化、饱和脂肪酸的去饱和以及一些药物、毒物的生物转化作用。

（二）加双氧酶

加双氧酶（dioxygenase），亦称氧转移酶（oxygen transferases），其能催化 O_2 中两个氧原子加进底物分子中。如色氨酸加双氧酶。

色氨酸　　　　　　　　　　　　　　　　　　　　　N甲酰犬尿氨酸

二、活性氧清除体系

生物氧化过程中 O_2 必须接受细胞色素氧化酶传递的 4 个电子被还原成 H_2O。当 O_2 接受电子不足时，则产生活性氧。如 O_2 得到 1 个电子生成超氧阴离子（O_2^-），接受 2 个电子生成 H_2O_2，接受 3 个电子生成 H_2O_2 和羟基自由基（O_2^-）。O_2^-、H_2O_2、OH^- 统称为活性氧簇，其中 O_2^- 和 OH^- 称为自由基（free radical）。自由基是指生物体在代谢过程中产生的能够独立存在并包含一个或多个未成对电子的原子或原子团。

活性氧对机体的作用具有两重性：嗜中性粒细胞产生的 H_2O_2 可杀死侵入的细菌；甲状腺细胞中产生的 H_2O_2 参与酪氨酸的碘化过程，促进甲状腺素的合成。但对于大多数组织来说，活性氧会对细胞产生毒性作用。活性氧反应性极强，能使 DNA 氧化、修饰、甚至断裂，破坏核酸结构；可氧化含巯基的酶和蛋白质，使之丧失活性；还可使生物膜的磷脂分子中不饱和脂肪酸氧化产生脂质过氧化物，严重损伤生物膜。机体含有多种清除活性氧的酶，可将它们及时处理和利用。

（一）过氧化物酶体氧化体系

过氧化物酶体是一种特殊的细胞器，主要存在于肝、肾、中性粒细胞中。过氧化物酶主要通过过氧化氢酶和过氧化物酶发挥作用。

1. 过氧化氢酶 过氧化氢酶（catalase）又称触酶，以血红素为辅基，可催化两分子 H_2O_2 生成 H_2O，并放出 O_2。过氧化氢酶的催化效率极高，体内一般不会发生 H_2O_2 的蓄积。

$$H_2O_2 + H_2O_2 \xrightarrow{\text{过氧化氢酶}} 2H_2O + O_2$$

2. 过氧化物酶 过氧化物酶（peroxidase）可催化 H_2O_2 还原，释放的氧原子直接氧化酚类和胺类等有毒物质，对机体有双重保护作用。

$$R + H_2O_2 \xrightarrow{\text{过氧化物酶}} RO + H_2O \quad \text{或} \quad RH_2 + H_2O_2 \xrightarrow{\text{过氧化物酶}} R + 2H_2O$$

临床上利用白细胞中过氧化物酶可将愈疮木酯或苯胺氧化成蓝色化合物的特点，判断粪便、消化液等有无隐血。

在某些组织的细胞内，还有一种含硒的谷胱甘肽过氧化物酶（GSH-Px），它能催化 2GSH 变为 GSSG，使有毒的过氧化物还原成无毒的羟基化合物，同时促进 H_2O_2 的分解，从而保护细胞膜的结构及功能不受过氧化物的干扰及损害。

$$
\begin{array}{c}
H_2O_2 \text{ 或 } ROOH \\
\text{GSH-Px} \\
2H_2O \text{ 或 } ROH + H_2O
\end{array}
\qquad
\begin{array}{c}
2G\text{-}SH \\
\text{GSH还原酶} \\
G\text{-}S\text{-}S\text{-}G
\end{array}
\qquad
\begin{array}{c}
NADP^+ \\
\\
NADPH + H^+
\end{array}
$$

（二）超氧化物歧化酶

超氧化物歧化酶（superoxide dismutase，SOD）是一种含有金属元素的活性蛋白酶，按照其结合金属离子种类不同，有以下三种：含铜与锌的超氧化物歧化酶（Cu，Zn-SOD）、含锰超氧化物歧化酶（Mn-SOD）和含铁超氧化物歧化酶（Fe-SOD）。

SOD 广泛分布于生物体内，能清除生物体内的自由基，是一种重要的抗氧化酶。SOD 能催化 $O_2^{\overline{\cdot}}$ 与 H^+ 发生反应生成 O_2 和 H_2O_2，后者可进一步被过氧化氢酶分解：

$$2O_2^{\overline{\cdot}} + 2H^+ \xrightarrow{\text{SOD}} H_2O_2 + O_2$$

架起通向临床的桥梁

1. CN^-、CO、N_3^- 中毒 细胞色素 aa_3（Cyt aa_3），亦称细胞色素氧化酶，它是氧化呼吸链中直接将电子传递给 O_2 的重要复合物，它的辅基是血红素 A。细胞色素 b、c、c_1 的铁卟啉辅基中的铁原子与卟啉环和蛋白质能形成六个配位键，不能再与 O_2、一氧化碳（CO）、叠氮化物（N_3^-）或氰化物（CN^-）结合，而细胞色素 aa_3 中的铁原子与卟啉环和蛋白质只形成五个配位键，剩下的一个配位键极易与 O_2、CO、N_3^- 或 CN^- 结合，且对 CO、N_3^- 和 CN^- 有很强的亲和力，即使在 CO、N_3^- 和 CN^- 浓度极低时也能形成稳定的化合物，从而使其丧失传递电子给 O_2 的功能，结果呼吸链中断，细胞因窒息而死亡。其中 CN^- 和

N_3^- 能与血红素 a_3 的高铁形式作用而形成复合物，而一氧化碳（CO）则抑制血红素 a_3 的亚铁形式。

2. 缺氧对氧化磷酸化的影响 缺氧（hypoxia）指当组织的氧供应不足或利用氧障碍时，导致组织的代谢、功能和形态结构发生异常变化的病理过程。它是临床各种疾病中极常见的一类病理过程，脑、心等生命重要器官缺氧也是导致机体死亡的重要原因。缺氧可损伤线粒体，线粒体损伤又可导致缺氧，两者互为因果。严重缺氧可明显抑制线粒体呼吸功能和氧化磷酸化过程，使 ATP 生成更减少，细胞内各种代谢发生障碍，活性氧类物质增多，从而引起细胞的损伤；持续较长时间严重缺氧，可以使线粒体的基质颗粒减少或消失，基质电子密度增加，脊内腔扩张，脊肿胀、崩解，外膜破裂等。

（李　杰）

第七章 糖 代 谢

学习目标

掌握

糖酵解、有氧氧化和糖异生的概念，关键酶，生理意义；糖酵解和有氧氧化中能量生成；磷酸戊糖途径的生理意义；血糖的来源与去路。

熟悉

糖酵解、有氧氧化、磷酸戊糖途径、糖异生、糖原合成与分解的基本反应过程及特点；血糖浓度的调节。

了解

糖的生理功能，糖代谢紊乱，糖尿病的分型与诊断。

糖是人类食物的主要成分，约占食物总量的 50% 以上，其化学本质为多羟基醛或多羟基酮及其衍生物或多聚物。如葡萄糖（glucose）、蔗糖、淀粉、糖原、糖复合物等。糖在体内主要以葡萄糖和糖原两种形式存在。糖原为多糖，是糖在体内的贮存形式，而葡萄糖为糖的功能和运输形式。食物中的糖类主要成分是淀粉，经消化道消化成葡萄糖后被吸收。

糖的主要生理功能是氧化供能。人体所需能量的 50%~70% 来自糖的氧化分解，1 mol 葡萄糖完全氧化为 CO_2 和 H_2O，可释放 2 840 kJ（679 kcal）的能量；糖也是组成人体组织结构的重要成分，与蛋白质结合形成糖蛋白，构成细胞表面受体、配体，在细胞间信息传递中起着重要作用；与脂类结合形成糖脂，是神经组织和细胞膜中的组成成分；糖的磷酸衍生物是形成许多重要生物活性物质的原料，如 NAD^+、FAD、DNA、RNA、ATP 等。此外，糖也是机体重要的碳源，糖代谢的中间产物可以转变为氨基酸、脂肪酸、核苷等其他含碳化合物。

第一节 糖的分解代谢

葡萄糖是体内糖的利用形式，其分解代谢途径主要 3 条：即无氧氧化、有氧氧化和磷酸戊糖途径。

一、糖酵解

葡萄糖或糖原在无氧或缺氧条件下分解为乳酸的过程称为糖的无氧氧化。由于此过程与酵母菌使糖生醇发酵的过程相似，故又称糖酵解（glycolysis）。催化此途径的酶类存在于细胞的胞液中，其全部反应均在胞液中完成。

（一）糖酵解的反应过程

糖酵解的代谢反应过程可分为三个阶段：第一个阶段为耗能阶段，葡萄糖或糖原利用 ATP 的同时裂解为两分子磷酸丙糖；第二阶段为产能阶段，磷酸丙糖经一系列反应转化为丙酮酸，以底物磷酸化方式产生 ATP；第三阶段是还原反应，在无氧或缺氧的情况下丙酮酸被还原为乳酸。

1. 磷酸丙糖的生成

（1）6- 磷酸葡萄糖的生成　葡萄糖进入细胞后，在肌肉中己糖激酶（hexokinase，HK）或肝中葡萄糖激酶（glucokinase，GK）催化下由 ATP 提供磷酸基和能量，生成 6- 磷酸葡萄糖（glucose-6-phosphate，G-6-P）和 ADP。因有较多自由能释放，反应是不可逆的。这一过程不仅活化了葡萄糖，有利于进一步代谢，同时使进入细胞的葡萄糖不再逸出细胞。

若从糖原开始，需糖原磷酸化酶催化，在磷酸参与下分解生成 1- 磷酸葡萄糖，再经变位酶作用生成 6- 磷酸葡萄糖。己糖激酶是糖酵解过程的关键酶之一。

（2）6- 磷酸果糖的生成　6- 磷酸葡萄糖在磷酸己糖异构酶（需要 Mg^{2+} 参与）催化下转化为 6- 磷酸果糖（fructose-6-phosphate，F-6-P），为可逆反应。

（3）二磷酸果糖的生成　6- 磷酸果糖由磷酸果糖激酶 -1（phosphofructokinase，PFK-1）催化，ATP 提供磷酸基和能量，并需要 Mg^{2+} 参与，生成 1,6- 二磷酸果糖（fructose-1,6-phosphate，F-1,6-P），此反应是不可逆反应。磷酸果糖激酶 -1 也是糖酵解过程的关键酶，是糖酵解过程中的主要调节点。

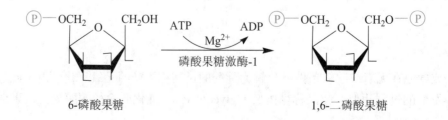

6-磷酸果糖　　　　　　　　　　　　　　　　1,6-二磷酸果糖

（4）磷酸丙糖的生成   在醛缩酶催化下，1,6- 二磷酸果糖裂解为 2 分子磷酸丙糖，即 3- 磷酸甘油醛和磷酸二羟丙酮，二者在磷酸丙糖异构酶作用下可相互转变。

CH₂OH
|
C=O
|
CH₂-O-(P)

磷酸二羟丙酮

磷酸丙糖异构酶

(P)-OCH₂   CH₂O-(P)
        O

醛缩酶

1,6-二磷酸果糖

CHO
|
CH-OH
|
CH₂-O-(P)

3-磷酸甘油醛

至此，通过两次磷酸化作用，消耗 2 分子 ATP，6C 的己糖裂解成 2 分子 3C 的磷酸丙糖。

2. 丙酮酸的生成

（1）1,3- 二磷酸甘油酸的生成   在 3- 磷酸甘油醛脱氢酶催化下，3- 磷酸甘油醛氧化生成含有高能磷酸键的 1,3- 二磷酸甘油酸。反应需要 NAD^+ 为受氢体，另需无机磷酸参与，是该途径唯一一步氧化反应。

CHO
|
CH-OH   + H_3PO_4
|
CH₂-O-(P)

3-磷酸甘油醛

NAD^+ $NADH+H^+$

3-磷酸甘油醛脱氢酶

O
‖
C-O~(P)
|
CH-OH
|
CH₂-O-(P)

1,3-二磷酸甘油酸

（2）3- 磷酸甘油酸的生成   在磷酸甘油酸激酶催化下，1,3- 二磷酸甘油酸的高能磷酸基转移给 ADP 生成 ATP 和 3- 磷酸甘油酸。这种底物氧化过程中产生的能量直接将 ADP 磷酸化生成 ATP 的过程，称为底物水平磷酸化作用。因为 1 分子葡萄糖产生 2 分子丙糖，因此共产生 2 分子 ATP。

O
‖
C-O~(P)
|
CH-OH
|
CH₂-O-(P)

1,3-二磷酸甘油酸

ADP   ATP
Mg^{2+}
磷酸甘油酸激酶

COOH
|
CH-OH
|
CH₂-O-(P)

3-磷酸甘油酸

（3）2- 磷酸甘油酸的生成   在磷酸甘油酸变位酶催化下，3- 磷酸甘油酸 C_3 位上的磷酸基转移到 C_2 位上，生成 2- 磷酸甘油酸。

COOH
|
CH-OH
|
CH₂-O-(P)

3-磷酸甘油酸

磷酸甘油酸变位酶

COOH
|
CH-O-(P)
|
CH₂OH

2-磷酸甘油酸

（4）磷酸烯醇式丙酮酸的生成　在烯醇化酶催化下，2-磷酸甘油酸脱水的同时，能量重新分配生成含有高能磷酸键的磷酸烯醇式丙酮酸。

$$
\begin{array}{c}
\text{COOH} \\
| \\
\text{CH-O-} \textcircled{P} \\
| \\
\text{CH}_2\text{OH}
\end{array}
\quad
\underset{\text{烯醇化酶}}{\overset{\text{H}_2\text{O}}{\rightleftharpoons}}
\quad
\begin{array}{c}
\text{COOH} \\
| \\
\text{C-O} \sim \textcircled{P} \\
\| \\
\text{CH}_2
\end{array}
$$

2-磷酸甘油酸　　　　　　　　磷酸烯醇式丙酮酸

（5）丙酮酸的生成　在丙酮酸激酶（pyruvate kinase，PK）催化下，磷酸烯醇式丙酮酸释放高能磷酸基团转移给 ADP 生成 ATP，自身转变为烯醇式丙酮酸，并自发转变为丙酮酸。这是糖酵解过程中第二个底物水平磷酸化反应，丙酮酸激酶也是糖酵解过程中的关键酶及调节点。

$$
\begin{array}{c}
\text{COOH} \\
| \\
\text{C-O} \sim \textcircled{P} \\
\| \\
\text{CH}_2
\end{array}
\quad
\underset{\text{丙酮酸激酶}}{\overset{\text{ADP}\quad\text{ATP}}{\underset{\text{Mg}^{2+}}{\longrightarrow}}}
\quad
\begin{array}{c}
\text{COOH} \\
| \\
\text{C-OH} \\
\| \\
\text{CH}_2
\end{array}
\quad \rightleftharpoons \quad
\begin{array}{c}
\text{COOH} \\
| \\
\text{C=O} \\
| \\
\text{CH}_3
\end{array}
$$

磷酸烯醇式丙酮酸　　　　　　　烯醇式丙酮酸　　　　　　丙酮酸

3. 乳酸的生成　在无氧或缺氧情况下，丙酮酸在乳酸脱氢酶催化下接受氢，还原生成乳酸。这使糖酵解途径中 3-磷酸甘油醛脱氢生成的 $NADH+H^+$ 可不需氧参与重新转变成 NAD^+，使糖酵解过程在无氧条件下得以继续运行。

$$
\begin{array}{c}
\text{COOH} \\
| \\
\text{C=O} \\
| \\
\text{CH}_3
\end{array}
\quad
\underset{\text{乳酸脱氢酶}}{\overset{\text{NADH+H}^+ \quad \text{NAD}^+}{\longleftrightarrow}}
\quad
\begin{array}{c}
\text{COOH} \\
| \\
\text{CHOH} \\
| \\
\text{CH}_3
\end{array}
$$

丙酮酸　　　　　　　　　　　　　　乳酸

糖酵解途径其整个过程如图 7-1 所示。

（二）糖酵解的特点

1. 反应部位与终产物　糖酵解的整个过程在细胞的胞液中进行，不需氧参与，乳酸是其终产物。

2. 无 NADH 净生成　糖酵解过程中有氧化反应，即 3-磷酸甘油醛脱氢生成 1,3-二磷酸甘油酸，脱下的氢由 NAD^+ 接受生成 $NADH+H^+$，但 $NADH+H^+$ 又作为供氢体参与丙酮酸还原为乳酸的反应，使 $NADH+H^+$ 又转变为 NAD^+ 再参与脱氢反应，使糖酵解得以持续进行。

3. 产能　糖酵解过程中有两个耗能反应，即葡萄糖→6-磷酸葡萄糖和 6-磷酸果糖→1,6-二磷酸果糖，消耗 2 分子 ATP；两个产能反应，即 1,3-二磷酸甘油酸→3-磷酸甘油酸，磷酸烯醇式丙酮酸→丙酮酸，产生 2×2 分子 ATP，故净生成 2 分子 ATP；若从糖原开始，则糖原中的每一个葡萄糖单位经糖酵解净生成 3 分子 ATP。

4. 有 3 个不可逆反应　己糖激酶、磷酸果糖激酶 -1、丙酮酸激酶催化的反应是不可逆反应，它们也是糖酵解的关键酶，调节这 3 个酶的活性可影响糖酵解的速度，其中最重要是磷酸果糖激酶 -1。

（三）糖酵解的生理意义

1. 是机体在缺氧情况下快速供能的方式　在生理性缺氧情况下，如剧烈运动时，能量需求增加，肌肉处于相对缺氧状态，此时骨骼肌主要通过糖酵解迅速获得能量。在病理性缺氧情况

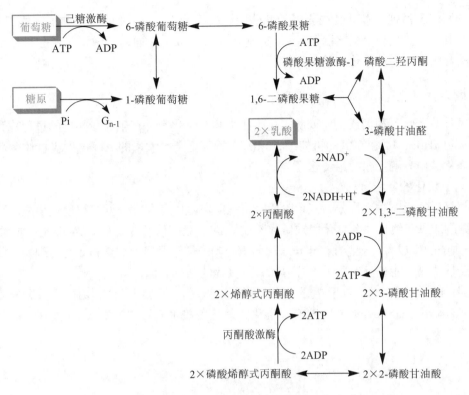

图 7-1 糖酵解反应过程

下，如严重贫血、大量失血、呼吸障碍、肿瘤组织等，组织细胞处于缺血、缺氧状态，糖酵解途径增强。倘若糖酵解过度，可因乳酸产生过多导致酸中毒。

2. 是某些组织获得能量的主要方式　有些组织细胞，如视网膜、白细胞、睾丸、肿瘤等，在有氧条件下也主要依赖糖酵解获得能量；成熟红细胞因无线粒体，不能进行糖的有氧氧化，所需能量全部来自糖酵解。

为什么剧烈运动后，肌肉常有酸痛的感觉？哪些情况下，机体会加强糖酵解供能？

（四）糖酵解的调节

机体通过别构剂和激素调节糖酵解中 3 个关键酶活性，以影响糖酵解的反应速率。

目前认为，磷酸果糖激酶 -1（PFK-1）是 3 个关键酶中催化效率最低的，调节 PFK-1 的活性是糖酵解途径最重要的控制步骤。该酶受多种别构剂的影响。ATP 和柠檬酸可别构抑制 PFK-1 的活性，当有足够 ATP 时，ATP 与 PFK-1 的调节部位结合使酶活性丧失，糖酵解反应速度减慢。而 PFK-1 的别构激活剂有 AMP、ADP、1,6- 二磷酸果糖、2,6- 二磷酸果糖。当细胞内能量消耗增多，AMP、ADP 充足时，糖酵解反应速度加快，ATP 的生成量增加，使糖酵解对细胞能量需要得以应答。

此外，通过改变丙酮酸激酶和己糖激酶的活性也可调节糖酵解的速率。1,6- 二磷酸果糖是丙酮酸激酶的别构激活剂，ATP 和丙氨酸为此酶的别构抑制剂。胰高血糖素抑制丙酮酸激酶活性。己糖激酶受其反应产物 6- 磷酸葡萄糖反馈抑制。胰岛素可诱导葡萄糖激酶、磷酸果糖激酶、丙酮酸激酶的合成，因而促进这些酶的活性。

二、糖的有氧氧化

在有氧条件下，葡萄糖或糖原彻底氧化生成水和二氧化碳并产生大量能量的过程称为有氧氧化（aerobic oxidation）。在需氧的机体中，糖的有氧氧化产生大量的 ATP，供应机体生命活动所需，有氧氧化是糖分解代谢的主要途径。

（一）有氧氧化的反应过程

糖有氧氧化的反应过程可分为三个阶段：第一阶段是由葡萄糖循糖酵解途径生成丙酮酸；第二阶段是丙酮酸进入线粒体，氧化脱羧生成乙酰 CoA；第三阶段为乙酰 CoA 进入三羧酸循环。

1. 丙酮酸的生成　在胞液中，1 mol 葡萄糖经糖酵解途径净生成 2 mol 的丙酮酸。此途径无论是有氧还是缺氧都能进行，属于糖酵解和有氧氧化的共同通路。

2. 乙酰辅酶 A 的生成　在有氧条件下，丙酮酸被转运进入线粒体，由丙酮酸脱氢酶复合体（pyruvate dehydrogenase complex，PDH）催化，氧化脱羧生成乙酰辅酶 A（乙酰 CoA），反应不可逆。总反应为：

$$
\begin{array}{c}
\text{COOH} \\
| \\
\text{C}=\text{O} \\
| \\
\text{CH}_3
\end{array}
+ \text{HS-CoA}
\xrightarrow[\text{NAD}^+ \quad \text{NADH}+\text{H}^+]{\text{丙酮酸脱氢酶复合体}}
\text{CH}_3\text{CO}\sim\text{CoA} + \text{CO}_2
$$

丙酮酸　　　　辅酶A　　　　　　　　　　　　　　　　　　乙酰辅酶A

丙酮酸脱氢酶复合体是糖有氧氧化的关键酶，是由丙酮酸脱氢酶、二氢硫辛酸转乙酰基酶和二氢硫辛酸脱氢酶三种酶组合而成的多酶复合体。参与反应的辅酶有焦磷酸硫胺素（TPP）、硫辛酸、FAD、NAD$^+$ 和辅酶 A 5 种（表 7-1）。

表 7-1　丙酮酸脱氢酶复合体的组成

酶	辅酶	所含维生素
丙酮酸脱氢酶	TPP	维生素 B$_1$
二氢硫辛酸转乙酰基酶	二氢硫辛酸、辅酶 A	硫辛酸、泛酸
二氢硫辛酸脱氢酶	FAD、NAD$^+$	维生素 B$_2$、维生素 PP

丙酮酸脱氢酶复合体的作用机制见图 7-2。

丙酮酸脱氢酶复合体中含有 5 种维生素，这些维生素缺乏可能影响丙酮酸的氧化脱羧反应，如缺乏维生素 B$_1$，体内 TPP 不足，丙酮酸氧化脱羧受阻，使丙酮酸、乳酸堆积而发生多发性末梢神经炎。临床上对代谢旺盛的甲亢、发热患者或输入大量葡萄糖的病人，均应适当补充有关维生素，以维持糖的氧化分解。

3. 乙酰 CoA 的氧化——三羧酸循环　乙酰辅酶 A 与草酰乙酸缩合生成柠檬酸，经四次脱氢、两次脱羧，又生成草酰乙酸。由于此过程是由含有三个羧基的柠檬酸作为起始物的循环反应，因而称之为三羧酸循环（tricarboxylic acid cycle，TCA）。为纪念德国科学家 Hans Krebs 在阐明三羧酸循环方面所作的突出贡献，这一循环又被称为 Krebs 循环。具体反应过程如下：

（1）柠檬酸的生成　乙酰 CoA 与草酰乙酸在柠檬酸合酶（citrate synthase，CS）的催化下缩合成柠檬酸，并释放出辅酶 A。乙酰 CoA 的高能硫酯键水解时可释放较多的自由能，柠檬酸合

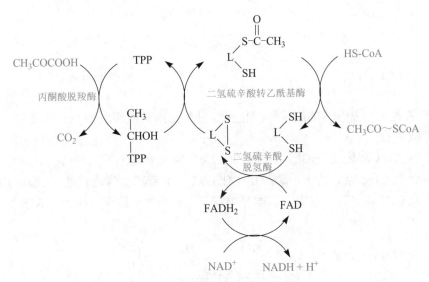

图 7-2　丙酮酸脱氢酶复合体作用机制

酶驱动反应呈单向不可逆地进行，为三羧酸循环关键酶。

$$\underset{\text{乙酰辅酶A}}{\overset{CH_3}{\underset{CO \sim SCoA}{|}}} + \underset{\text{草酰乙酸}}{\overset{CO-COOH}{\underset{CH_2-COOH}{|}}} \xrightarrow[\text{柠檬酸合酶}]{H_2O \quad CoA\text{-}SH} \underset{\text{柠檬酸}}{\overset{CH_2-COOH}{\underset{\underset{CH_2-COOH}{|}}{\overset{|}{COH-COOH}}}}$$

（2）异柠檬酸的生成　柠檬酸在顺乌头酸酶的催化下，经脱水及再加水，从而改变分子内—OH 和 H 的位置，生成异柠檬酸。

$$\underset{\text{柠檬酸}}{\overset{CH_2-COOH}{\underset{\underset{CH_2-COOH}{|}}{\overset{|}{COH-COOH}}}} \underset{\text{顺乌头酸酶}}{\overset{H_2O}{\rightleftharpoons}} \underset{\text{顺乌头酸}}{\overset{CH_2-COOH}{\underset{\underset{CH-COOH}{|}}{\overset{|}{C-COOH}}}} \xrightarrow[\text{顺乌头酸酶}]{H_2O} \underset{\text{异柠檬酸}}{\overset{CH_2-COOH}{\underset{\underset{CHOH-COOH}{|}}{\overset{|}{CH-COOH}}}}$$

（3）异柠檬酸氧化脱羧　在异柠檬酸脱氢酶（isocitrate dehydrogenase，IDH）的催化下，异柠檬酸氧化脱氢脱羧生成 α- 戊二酸，脱下的 2H 由 NAD^+ 接受，经电子传递链氧化生成 2.5 分子 ATP。这是三羧酸循环中第一次氧化脱羧，异柠檬酸脱氢酶是三羧酸循环中的关键酶。

$$\underset{\text{异柠檬酸}}{\overset{CH_2-COOH}{\underset{\underset{CHOH-COOH}{|}}{\overset{|}{CH-COOH}}}} \xrightarrow[\text{异柠檬酸脱氢酶}]{NAD^+ \quad NADH+H^+} \underset{\text{α-酮戊二酸}}{\overset{CH_2-COOH}{\underset{\underset{CO-COOH}{|}}{\overset{|}{CH_2}}}} + CO_2$$

（4）α- 酮戊二酸氧化脱羧　α- 酮戊二酸在 α- 酮戊二酸脱氢酶复合体催化下，氧化脱羧生成琥珀酰 CoA。这是三羧酸循环中第二次氧化脱羧。α- 酮戊二酸（脱氢）脱羧时释放较多自由能，反应不可逆。

$$
\begin{array}{c}
\text{CH}_2-\text{COOH} \\
| \\
\text{CH}_2 \\
| \\
\text{CO}-\text{COOH}
\end{array}
+ \text{CoA-SH}
\xrightarrow[\alpha\text{-酮戊二酸脱氢酶复合体}]{\text{NAD}^+ \quad \text{NADH}+\text{H}^+}
\begin{array}{c}
\text{CH}_2-\text{COOH} \\
| \\
\text{CH}_2 \\
| \\
\text{CO}\sim\text{SCoA}
\end{array}
+ \text{CO}_2
$$

α-酮戊二酸   琥珀酰辅酶A

α- 酮戊二酸脱氢酶复合体的组成和催化反应过程与丙酮酸脱氢酶复合体类似，是三羧酸循环中又一关键酶。

（5）琥珀酰 CoA 转化成琥珀酸　在琥珀酰 CoA 硫激酶催化下，琥珀酰 CoA 高能硫酯键水解将能量转移，使 GDP 经底物水平磷酸化生成 GTP，本身转变为琥珀酸。GTP 与 ADP 反应通过能量转化生成 GDP 与 ATP，这是三羧酸循中唯一次底物水平磷酸直接产生 ATP 的步骤。

$$
\begin{array}{c}
\text{CH}_2-\text{COOH} \\
| \\
\text{CH}_2 \\
| \\
\text{CO}\sim\text{SCoA}
\end{array}
+ \text{Pi}
\xrightarrow[\text{琥珀酰辅酶A硫激酶}]{\text{GDP} \quad \text{GTP}}
\begin{array}{c}
\text{COOH} \\
| \\
\text{CH}_2 \\
| \\
\text{CH}_2 \\
| \\
\text{COOH}
\end{array}
+ \text{CoA-SH}
$$

琥珀酰辅酶A   琥珀酸

$$\text{GTP} + \text{ADP} \Longrightarrow \text{GDP} + \text{ATP}$$

（6）琥珀酸脱氢生成延胡索酸　琥珀酸在琥珀酸脱氢酶催化下脱氢生成延胡索酸，脱下的 2H 由辅酶 FAD 接受，并直接进入电子传递链氧化，可产生 1.5 分子 ATP。

$$
\begin{array}{c}
\text{COOH} \\
| \\
\text{CH}_2 \\
| \\
\text{CH}_2 \\
| \\
\text{COOH}
\end{array}
\xrightleftharpoons[\text{琥珀酸脱氢酶}]{\text{FAD} \quad \text{FADH}_2}
\begin{array}{c}
\text{COOH} \\
| \\
\text{C}-\text{H} \\
\| \\
\text{H}-\text{C} \\
| \\
\text{COOH}
\end{array}
$$

琥珀酸   延胡索酸

（7）延胡索酸水化生成苹果酸　延胡索酸在延胡索酸酶催化下加水生成苹果酸。

$$
\begin{array}{c}
\text{COOH} \\
| \\
\text{C}-\text{H} \\
\| \\
\text{H}-\text{C} \\
| \\
\text{COOH}
\end{array}
\xrightleftharpoons[\text{延胡索酸酶}]{\text{H}_2\text{O}}
\begin{array}{c}
\text{COOH} \\
| \\
\text{CHOH} \\
| \\
\text{CH}_2 \\
| \\
\text{COOH}
\end{array}
$$

延胡索酸   苹果酸

（8）草酰乙酸的再生　苹果酸在苹果酸脱氢酶催化下脱氢生成草酰乙酸，脱下的 2H 由 NAD$^+$ 接受生成 NADH+H$^+$。经呼吸链传递生成水，氧化磷酸化生成 2.5 分子 ATP。再生的草酰乙酸则不断地被用于柠檬酸的合成。

$$
\begin{array}{c}
\text{COOH} \\
| \\
\text{CHOH} \\
| \\
\text{CH}_2 \\
| \\
\text{COOH}
\end{array}
\xrightleftharpoons[\text{苹果酸脱氢酶}]{\text{NAD}^+ \quad \text{NADH}+\text{H}^+}
\begin{array}{c}
\text{COOH} \\
| \\
\text{C}=\text{O} \\
| \\
\text{CH}_2 \\
| \\
\text{COOH}
\end{array}
$$

苹果酸   草酰乙酸

三羧酸循环（图7-3）的总反应式为：$CH_3CO \sim CoA + 3NAD^+ + FAD + GDP + Pi + 2H_2O \rightarrow CO_2 + 3NADH + 3H^+ + FADH_2 + GTP + HSCoA$。在此循环中，乙酰CoA的乙酰基被彻底氧化，以2分子CO_2形式释放，这是体内CO_2的主要来源。循环中4次脱氢反应，生成的$NADH + H^+$和$FADH_2$将通过电子传递体及氧化磷酸化产生H_2O和ATP。

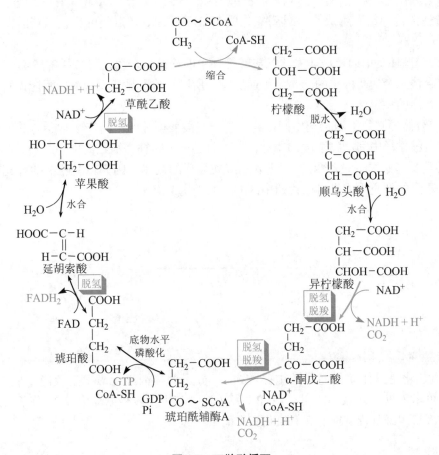

图7-3 三羧酸循环

三羧酸循环的发现

1937年克雷布斯（H. A. Krebs）发现了柠檬酸循环（又称三羧酸循环或Krebs循环）。揭示了生物体内糖经酵解途径变为三碳物质后，进一步氧化为二氧化碳和水的途径以及代谢能的主要来源。他将这一发现投稿至《Nature》，遗憾的是被拒稿。接着改投至《Enzymologia》，2个月内论文就得以发表。这一发现被公认为代谢研究的里程碑，因此，荣获1953年的诺贝尔生理学或医学奖。此后，他经常用这段拒稿经历鼓励青年学者专注自己的研究兴趣，坚持自己的学术观点。1988年，在Krebs辞世7年后，《Nature》杂志公开表示，拒绝Krebs的文章是有史以来所犯的最大错误。

（二）三羧酸循环的特点

1. 三羧酸循环是 ATP 生成的主要途径　每循环一次有 4 次脱氢和两次脱羧，生成 3 分子 $NADH+H^+$ 和 1 分子 $FADH_2$，经电子传递链氧化生成 9 分子 ATP，加上底物水平磷酸化生成 1 分子 ATP，1 分子乙酰 CoA 经三羧酸循环一次，共生成 10 分子 ATP。

2. 三羧酸循环是需氧的代谢过程　在循环中产生的 3 分子 $NADH+H^+$ 和 1 分子 $FADH_2$ 必须经电子传递链传递给氧生成水并重新氧化成 NAD^+ 和 FAD。由此可见，三羧酸循环是在有氧条件下运转的。

3. 三羧酸循环是单向反应体系　三羧酸循环中的柠檬酸合酶、异柠檬酸脱氢酶、α- 酮戊二酸脱氢酶复合体三个酶所催化的均是不可逆反应，所以三羧酸循环反应方向不能逆转，这有利于三羧酸循环产能的稳定性。

4. 三羧酸循环必须不断补充中间产物　由于三羧酸循环的中间产物常参与其他代谢，所以为了维持三羧酸循环中间产物浓度的相对恒定，就必须不断补充消耗的中间产物。草酰乙酸是三羧酸循环的重要起始物，是乙酰 CoA 进入三羧酸循环的载体，因而草酰乙酸的补充就显得尤为重要。草酰乙酸的补充主要来自糖代谢中丙酮酸的羧化生成。

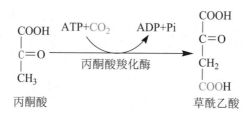

（三）有氧氧化的生理意义

1. 有氧氧化是机体获得能量的主要方式　1 分子葡萄糖经无氧酵解仅净生成 2 分子 ATP，经有氧氧化可净生成 32（或 30）分子 ATP（表 7-2），其中三羧酸循环生成 20 分子 ATP。在生理条件下，许多组织细胞皆从糖的有氧氧化获得能量。

表 7-2　葡萄糖有氧氧化时 ATP 的生成与消耗

反应阶段	反应步骤	辅酶	产能方式	ATP 生成数
第一阶段	葡萄糖→6- 磷酸葡萄糖			−1
	6- 磷酸果糖→1,6- 二磷酸果糖			−1
	2×3- 磷酸甘油醛→2×1,3- 二磷酸甘油酸	NAD^+	氧化磷酸化	2×2.5 或 2×1.5*
	2×1,3- 二磷酸甘油酸→2×3- 磷酸甘油酸		底物磷酸化	2×1
	2× 磷酸烯醇式丙酮酸→2× 丙酮酸		底物磷酸化	2×1
第二阶段	2× 丙酮酸→2× 乙酰 CoA	NAD^+	氧化磷酸化	2×2.5
第三阶段	2× 异柠檬酸→2×α- 酮戊二酸	NAD^+	氧化磷酸化	2×2.5
	2×α- 酮戊二酸→2× 琥珀酰 CoA	NAD^+	氧化磷酸化	2×2.5
	2× 琥珀酰 CoA→2× 琥珀酸		底物磷酸化	2×1
	2× 琥珀酸→2× 延胡索酸	FAD	氧化磷酸化	2×1.5
	2× 苹果酸→2× 草酰乙酸	NAD^+	氧化磷酸化	2×2.5
合计				32（或 30）

* 根据 $NADH+H^+$ 进入线粒体的方式不同，如 α- 磷酸甘油穿梭经呼吸链只产生 2×1.5 分子 ATP，苹果酸穿梭经呼吸链产生 2×2.5 分子 ATP。

2. 三羧酸循环是糖、脂肪和蛋白质氧化分解的共同途径 三羧酸循环的起始物乙酰辅酶A，不仅是糖氧化分解的中间产物，也是脂肪、蛋白质分解的中间产物。因此三羧酸循环是三大营养物质在体内氧化分解的共同通路，估计人体内2/3的有机物是通过三羧酸循环而被分解的。

3. 三羧酸循环是体内物质代谢相互联系的枢纽 因糖和甘油在体内代谢可生成α-酮戊二酸及草酰乙酸等三羧酸循环的中间产物，这些中间产物可以转变为某些氨基酸，而有些氨基酸又可通过不同途径变成α-酮戊二酸和草酰乙酸，再经糖异生的途径生成糖或转变为甘油。由此可见，三羧酸循环是体内连接糖、脂肪和氨基酸代谢的枢纽。

（四）有氧氧化的调节

糖的有氧氧化是机体获得能量的重要过程，所以有氧氧化的调节是为了适应机体能量的需求。体内ATP消耗大于ATP合成时，ADP、AMP、NAD^+浓度升高，磷酸果糖激酶、丙酮酸激酶、丙酮酸脱氢酶复合体等均被激活，有氧氧化反应增强。反应产物乙酰CoA、$NADH+H^+$及ATP增加时，此类酶被反馈抑制，有氧氧化反应速度减慢。

三羧酸循环的速率和流量也受多种因素的调控。柠檬酸合酶、异柠檬酸脱氢酶和α-酮戊二酸脱氢酶复合体所催化的反应是三羧酸循环中3个不可逆反应的主要调节点。当$NADH/NAD^+$和ATP/ADP比值升高时，酶被反馈抑制，三羧酸循环速率减慢。三羧酸循环中脱下的氢和电子需通过电子传递进行氧化磷酸化，因此，凡是抑制电子传递链各环节的因素均可阻断三羧酸循环运转。

有氧氧化抑制糖酵解的现象称巴斯德效应。这个效应是巴斯德在研究酵母菌使葡萄糖发酵时发现的。人体组织中同样存在此效应。当组织供氧充足时，丙酮酸进入三羧酸循环氧化，$NADH+H^+$可穿梭进入线粒体经电子传递链氧化，抑制乳酸的生成，所以有氧抑制糖酵解。

有氧运动与无氧运动

有氧运动是指人体在供氧充足的条件下进行的运动。它特点是强度低、有节奏、持续时间较长。常见的有氧运动项目有瑜伽、慢跑、游泳、骑自行车、打太极拳、做韵律操等。通过这种运动，可消耗体内的糖和脂肪，增强心肺功能，调节心理和精神状态，达到健身强体的目的。

无氧运动是指肌肉在缺氧的状态下高速剧烈的运动。它的特点是运动时氧气的摄取量非常低。常见的无氧运动项目有赛跑、举重、投掷、拔河、肌力训练等。由于速度快和爆发力猛，机体不得不依靠糖的无氧氧化供能。无氧运动可以增强肌肉力量，塑造肌肉线条，达到形体美。

三、磷酸戊糖途径

磷酸戊糖途径（pentose phosphate pathway）又称磷酸葡萄糖旁路。此途径由6-磷酸葡萄糖开始，生成具有重要生理功能的NADPH和5-磷酸核糖。主要在肝、脂肪组织、哺乳期的乳腺、肾上腺皮质、性腺和红细胞等组织的胞液中进行。

（一）磷酸戊糖途径的主要反应过程

磷酸戊糖途径可分为不可逆的氧化阶段和可逆的基团转移阶段。

1. 氧化阶段 6-磷酸葡萄糖在以$NADP^+$为辅酶的6-磷酸葡萄糖脱氢酶催化下生成6-磷酸

葡萄糖酸内酯，然后在 6- 磷酸葡萄糖酸 δ- 内酯酶催化下，水解成 6- 磷酸葡萄糖酸。在 6- 磷酸葡萄糖酸脱氢酶催化下产生 5- 磷酸核酮糖，$NADP^+$再一次作为受氢体。每分子 6- 磷酸葡萄糖生成 5- 磷酸核酮糖的过程中，同时生成 2 分子 $NADPH+H^+$ 及 1 分子 CO_2。

5- 磷酸核酮糖在磷酸戊糖异构酶催化下转变为 5- 磷酸核糖，也可在差向酶作用下生成 5- 磷酸木酮糖。6- 磷酸葡萄糖脱氢酶是磷酸戊糖途径的关键酶，催化不可逆反应。此酶活性受 NADPH 浓度影响，NADPH 反馈抑制酶的活性。

2. 基团转移阶段　通过一系列的基团转移反应，进行酮基和醛基的转移，产生 3 碳、4 碳、5 碳、6 碳和 7 碳糖，最后转变成 6- 磷酸果糖和 3- 磷酸甘油醛又进入糖酵解途径。

磷酸戊糖途径（图 7-4）的总反应为：3×6- 磷酸葡萄糖$+6NADP^+ \longrightarrow 2 \times 6$- 磷酸果糖$+3$- 磷酸甘油醛$+6NADPH+6H^+ +3CO_2$。

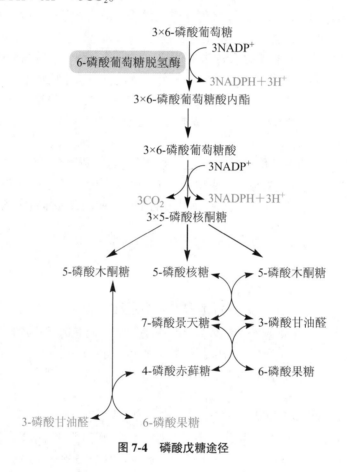

图 7-4　磷酸戊糖途径

（二）磷酸戊糖途径的生理意义

1. 产生 5- 磷酸核糖参与核酸的生物合成　磷酸戊糖途径是葡萄糖在体内生成 5- 磷酸核糖的唯一途径，5- 磷酸核糖是合成核酸和核苷酸辅酶的重要原料之一。

2. 产生 $NADPH+H^+$，参与多种代谢反应

（1）为体内多种合成代谢提供氢　人体内脂肪酸、胆固醇及类固醇激素等化合物的生物合成都需 $NADPH+H^+$ 作为供氢体，故脂类合成旺盛的组织，磷酸戊糖途径也比较活跃。

（2）参与生物转化作用　从胆固醇合成胆汁酸、类固醇激素、药物和毒物在肝中的生物转化都有羟化过程。$NADPH+H^+$ 作为加单氧酶的辅酶在体内的羟化反应中起重要作用。

（3）是谷胱甘肽还原酶的辅酶　谷胱甘肽还原酶以 NADPH 为辅酶，催化氧化型谷胱甘肽（GSSG）还原成还原型谷胱甘肽（GSH）。还原型谷胱甘肽是体内重要的抗氧化剂，可保护巯

基酶和巯基蛋白免受氧化剂的破坏，维持细胞膜的完整性。遗传性 6- 磷酸葡萄糖脱氢酶缺陷的患者，红细胞中磷酸戊糖途径不能正常进行，NADPH 缺乏，GSH 减少，患者衰老红细胞增多，易遭氧化剂的破坏而破裂，发生溶血。

临床病例中发现，患者服用抗疟药伯氨喹等有氧化作用的药物及蚕豆等食物时，可引起溶血及黄疸，故有蚕豆病之称。

第二节　糖原的合成与分解

糖原（glycogen）是由多个葡萄糖残基组成具有多分支结构的高分子化合物，分子中葡萄糖主要以 α-1,4- 糖苷键相连形成直链，其中部分以 α-1,6- 糖苷键相连构成支链。糖原分子有许多非还原性分支末端，是糖原合成、分解关键酶作用的位点。肌肉和肝是贮存糖原的主要组织器官，肌肉中糖原占肌肉总重量的 1% ~ 2%，约为 400g；肝中糖原占肝总重量的 6% ~ 8%，约为 100g。肌糖原分解为肌肉自身收缩供给能量，肝糖原分解主要维持血糖浓度。糖原是葡萄糖的贮存形式。当细胞中能量充足时，进行糖原合成而贮存能量；当能量供应不足时，糖原分解，供应生命活动所需的能量。

一、糖原合成

由单糖（主要是葡萄糖）合成糖原的过程称糖原合成（glycogenesis），反应在细胞质中进行，需要消耗 ATP 和 UTP。糖原合成的反应过程如下：

1. 1- 磷酸葡萄糖的生成　葡萄糖可自由通过肝细胞膜。在肝细胞内，葡萄糖由葡萄糖激酶催化磷酸化为 6- 磷酸葡萄糖，在肌肉或其他组织催化此步骤的酶是己糖激酶。6- 磷酸葡萄糖经磷酸葡萄糖变位酶催化下转变为 1- 磷酸葡萄糖。

$$
\text{葡萄糖} \xrightarrow[\substack{\text{己糖激酶（肌肉）}\\\text{葡萄糖激酶（肝）}}]{\text{ATP} \quad \text{ADP}} \text{6- 磷酸葡萄糖} \xleftrightarrow[\text{变位酶}]{} \text{1- 磷酸葡萄糖}
$$

2. 尿苷二磷酸葡萄糖的生成　1- 磷酸葡萄糖在 UDPG 焦磷酸化酶催化下与尿苷三磷酸反应，生成尿苷二磷酸葡萄糖（UDPG），释放出焦磷酸。

$$
\text{1- 磷酸葡萄糖} \xrightarrow[\text{UDPG焦磷酸化酶}]{\text{UTP} \quad \text{PPi}} \text{尿苷二磷酸葡萄糖}
$$

3. 糖原合成　UDPG 可看作"活性葡萄糖"，作为糖原合成的葡萄糖供体。在糖原合酶的催化下，将 UDPG 的葡萄糖基连接于糖原引物的糖链末端，形成 α-1,4- 糖苷键。糖原引物是指原有的细胞内较小的糖原分子。

$$
\text{UDPG + Gn} \xrightarrow{\text{糖原合酶}} \text{Gn+1 + UDP}
$$

糖原合酶只能延长糖链，不能形成分支。当糖链的直链超过 11 个糖基的长度时，由分支酶将一段糖链残基（通常 6 ~ 7 个葡萄糖单位）转移到邻近的糖链上，以 α-1,6- 糖苷键相连形成新分支。两种酶反复作用的结果，形成高度分支的糖原分子（图 7-5）。

糖原合成是一个耗能过程，每增加 1 个葡萄糖单位消耗 2 分子 ATP。糖原合酶是糖原合成的关键酶。

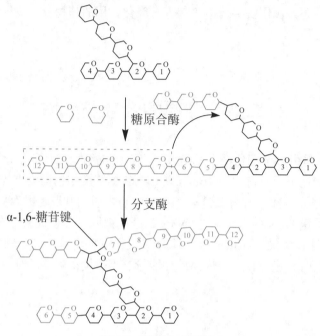

图 7-5　糖原合成示意图

二、糖原分解

肝糖原分解为葡萄糖以补充血糖的过程称糖原分解（glycogenolysis）。其分解过程如下：

1. 糖原磷酸化生成 1- 磷酸葡萄糖　肝糖原分解反应的位点是糖链的非还原端，糖原磷酸化酶作用于糖链非还原端的 α-1,4- 糖苷键，糖基逐个磷酸解生成 1- 磷酸葡萄糖。

$$Gn + Pi \xrightarrow{\text{糖原磷酸化酶}} Gn-1 + 1\text{-} 磷酸葡萄糖$$

磷酸化酶只能分解 α-1,4- 糖苷键，并且催化至距 α-1,6- 糖苷键 4 个葡萄糖残基时就不再起作用。对分支点 α-1,6- 糖苷键水解还需脱支酶作用。

2. 脱支酶的作用　脱支酶是一种双功能酶，它具有 1,4-α- 葡聚糖转移酶和 α-1,6- 葡萄糖苷酶的活性。糖原降解至分支处约 4 个糖基时，磷酸化酶由于位阻作用被中止，由脱支酶（1,4-α-葡聚糖转移酶）将其中 3 个葡萄糖基转移到邻近糖链末端，形成 α-1,4- 糖苷键连接。剩下的一个以 α-1,6- 糖苷键与糖链相连的最后葡萄糖基，被脱支酶（α-1,6- 葡萄糖苷酶）水解为游离葡萄糖。糖原在磷酸化酶和脱支酶交替作用下，分子逐渐变小（图 7-6）。

糖原分解的产物中 1- 磷酸葡萄糖约为 85%，游离葡萄糖为 15%。

3. 1- 磷酸葡萄糖变位生成 6- 磷酸葡萄糖　1- 磷酸葡萄糖在变位酶作用下转变为 6- 磷酸葡萄糖。

4. 6- 磷酸葡萄糖水解生成葡萄糖　葡萄糖 -6- 磷酸酶可催化 6- 磷酸葡萄糖水解为葡萄糖而释放入血。

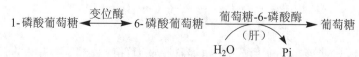

葡萄糖 -6- 磷酸酶只存在于肝和肾组织中，所以只有肝糖原可补充血糖。肌肉中无此酶，故

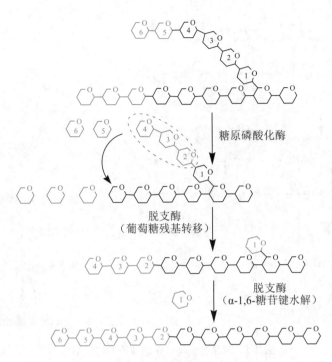

图 7-6 脱支酶的作用

肌糖原只能酵解成乳酸或有氧氧化，而不能直接分解成葡萄糖。糖原磷酸化酶是糖原分解的关键酶。

三、糖原合成与分解的生理意义

糖原是糖在体内的贮存形式。进食后，血糖浓度升高，葡萄糖合成糖原将能量进行贮存。空腹等血糖供应不足时，肝糖原迅速分解为葡萄糖，维持血糖浓度的恒定，保证组织细胞能量代谢得以实现。所以糖原的合成与分解对维持血糖浓度的恒定，保证机体组织细胞对能量的需求十分重要。

四、糖原合成与分解的调节

糖原合成与分解不是简单的可逆反应。合成途径中的糖原合酶和分解途径中的磷酸化酶是关键酶，也是两条代谢途径的调节酶。各种因素一般都是通过改变这两种酶的活性状态而实现对糖原合成与分解的调节。这两种酶在体内有活性型（糖原合酶 a 和磷酸化酶 a）和无活性型（糖原合酶 b 和磷酸化酶 b）两种形式。两型之间通过磷酸化和去磷酸化共价修饰相互转变而改变酶的活性。此外，还存在关键酶活性的别构调节。

（一）共价修饰调节

细胞内活性型糖原合酶 a，在蛋白激酶 A 的催化下，磷酸化成无活性的糖原合酶 b，磷蛋白磷酸酶则使后者脱磷酸活化，调节糖原合成过程。而无活性的磷酸化酶 b 激酶在蛋白激酶 A 催化下磷酸化转变成有活性的磷酸化酶 b 激酶，后者催化无活性的磷酸化酶 b 磷酸化，转变为有活性的糖原磷酸化酶 a，从而使糖原的分解加强。胰高血糖素和肾上腺素可通过信号传导途径，增加细胞内 cAMP 浓度而活化蛋白激酶 A，促进糖原分解，抑制糖原合成。糖原合成、分解的共价修饰调节见图 7-7 所示。

（二）别构调节

AMP 是别构激活剂，使无活性的磷酸化酶 b 在磷酸化酶 b 激酶作用下进行磷酸化修饰形成

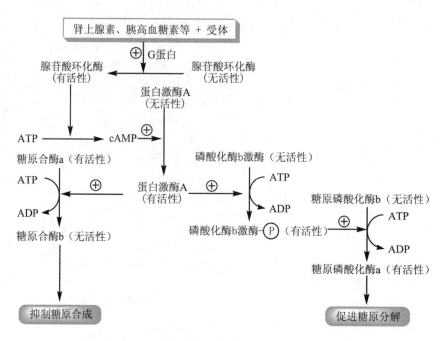

图 7-7 糖原合成与分解的共价修饰调节

有活性的磷酸化酶 a，加速糖原分解。而 ATP 是磷酸化酶 a 的别构抑制剂，使糖原分解减少。6-磷酸葡萄糖是糖原合酶 b 的别构激活剂，促使糖原合酶 b 转变为有活性的糖原合酶 a，加速糖原的合成。

第三节 糖异生作用

非糖物质转变为葡萄糖或糖原的过程称为糖异生作用（gluconeogenesis）。在不进食期间，机体通过肝糖原分解以补充血糖，但糖原的贮量有限，约 12 h 后肝糖原将耗尽。所以饥饿情况下，肝可利用氨基酸、乳酸等转变为葡萄糖，使血糖在饥饿 24 h 以上仍保持正常范围。能转变为糖的非糖物质主要有乳酸、丙酮酸、甘油、生糖氨基酸（谷、丙、丝、甘、苏、天冬）等。肝是糖异生作用的主要器官。长期饥饿和酸中毒时，肾糖异生的能力增强。

一、糖异生途径

糖异生途径基本上是糖酵解的逆过程，但不是简单的酵解途径逆转。糖酵解途径大多数　反应是可逆的，只有己糖激酶、磷酸果糖激酶 -1 和丙酮酸激酶催化的 3 个反应不可逆，成为糖异生的"能障"。糖异生时由另外的酶催化逆转，这些酶即为糖异生作用的关键酶。

（一）丙酮酸转变为磷酸烯醇式丙酮酸

此过程由两步反应组成。首先是丙酮酸羧化酶催化，将丙酮酸转变为草酰乙酸。第二步反应是草酰乙酸在磷酸烯醇式丙酮酸羧激酶催化下，脱羧并磷酸化生成磷酸烯醇式丙酮酸。此过程称为丙酮酸羧化支路（pyruvate carboxylation shunt），两步反应共消耗 2 分子 ATP（图 7-8）。

丙酮酸羧化酶存在于线粒体中，磷酸烯醇式丙酮酸羧激酶存在于线粒体及胞液中，而草酰乙酸不能直接通过线粒体内膜，通过转变为苹果酸或天冬氨酸的方式转入胞液。

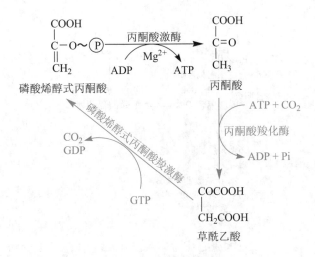

图 7-8 丙酮酸羧化支路

（二）1,6-二磷酸果糖水解为 6-磷酸果糖

这是糖异生途径的第 2 个能障，1,6-二磷酸果糖在果糖二磷酸酶催化下，水解下 C_1 位上的磷酸基团，生成 6-磷酸果糖。

6-磷酸果糖 ⇌（磷酸果糖激酶-1 Mg^{2+} / 果糖二磷酸酶）1,6-二磷酸果糖

（三）6-磷酸葡萄糖水解为葡萄糖

6-磷酸葡萄糖在葡萄糖-6-磷酸酶催化下水解为葡萄糖，所生成的葡萄糖释放到血液可补充血糖。葡萄糖-6-磷酸酶存在于肝、肾细胞，肌肉组织中不含此酶，故糖异生作用只能在肝、肾组织中进行。

葡萄糖 ⇌（己糖激酶 / 葡萄糖-6-磷酸酶）6-磷酸葡萄糖

糖异生途径小结见图 7-9。

二、乳酸循环与糖异生作用

肌肉组织通过糖酵解生成的乳酸，从细胞扩散到血液，经血液运输到肝，经糖异生作用 生成葡萄糖。葡萄糖释放入血中又被肌肉组织摄取利用。这种循环过程称为乳酸循环（lactic acid cycle），亦称 Cori 循环（图 7-10）。乳酸循环的生理意义在于回收利用肌肉生成的乳酸，同时防止乳酸堆积引起的酸中毒。1 分子葡萄糖经酵解生成 2 分子乳酸，产生 2 分子 ATP；而 2 分子乳酸异生成 1 分子葡萄糖需消耗 6 分子 ATP。乳酸循环是耗能过程。

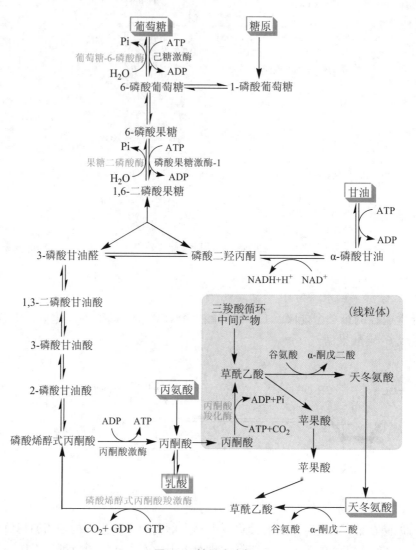

图 7-9 糖异生途径

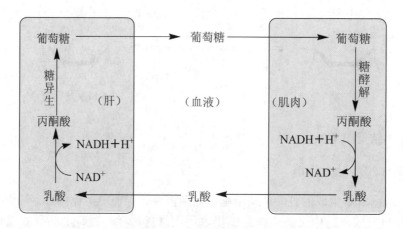

图 7-10 乳酸循环

诺贝尔奖明星夫妇

1936 年，卡尔·柯里（C.F. Cori）、格蒂·科里（G.T. Cori）夫妇于从肌肉组织中分离出一种未为人知的化合物（即 1- 磷酸葡萄糖），为了纪念柯里夫妇，它常被称为柯里酯；1943 年他们提出了"柯里循环"（乳酸循环），即骨骼肌细胞通过糖酵解分解葡萄糖或糖原获得能量并产生乳酸，乳酸随血液循环到达肝，在肝经糖异生，重新生成葡萄糖，而葡萄糖再随血液循环到达骨骼肌。由于柯里夫妇在糖原分解与合成方面的贡献，为此获 1947 年诺贝尔生理学或医学奖。成为世界上第 3 对诺贝尔奖明星夫妇。

三、糖异生作用的调节

糖异生作用和糖酵解是两条方向相反的代谢途径，因此一条代谢途径加强时，另一条代谢途径将受到抑制。糖异生途径的关键酶是丙酮酸羧化酶、磷酸烯醇式丙酮酸羧激酶、果糖二磷酸酶和葡萄糖 -6- 磷酸酶。一些代谢物和激素通过调节这 4 种酶的活性从而对糖异生进行调节。

（一）别构剂的调节

1. ATP 和柠檬酸对糖异生的作用　ATP 和柠檬酸是果糖二磷酸酶的别构激活剂，同时是磷酸果糖激酶 -1 和丙酮酸激酶的别构抑制剂，所以 ATP 和柠檬酸能促进糖异生、抑制糖酵解；而 ADP、AMP 和 2,6- 二磷酸果糖的作用则反之。

2. 乙酰辅酶 A 对糖异生的作用　乙酰辅酶 A 决定了丙酮酸代谢的方向，脂肪酸氧化分解产生大量的乙酰辅酶 A 可以抑制丙酮酸脱氢酶系，使丙酮酸大量蓄积，为糖异生提供原料，同时又可激活丙酮酸羧化酶，加速丙酮酸生成草酰乙酸，促进糖异生作用。

（二）激素的调节

1. 肾上腺素和胰高血糖素　能激活肝细胞膜上腺苷酸环化酶，使 cAMP 水平升高，进而激活磷酸烯醇式丙酮酸羧激酶；另外能促进脂肪动员，提供了糖异生的原料甘油，而脂肪氧化产生的乙酰 CoA 又可激活丙酮酸羧化酶，使糖异生作用增强。

2. 糖皮质激素　可诱导糖异生 4 个关键酶的合成，并能促进肝外组织蛋白质分解成氨基酸及促进脂肪动员，这些作用均有利于糖异生作用。

3. 胰岛素　能抑制糖异生的 4 个关键酶的合成，同时抑制腺苷酸环化酶的活性，使 cAMP 水平降低，故可抑制糖异生作用。

四、糖异生的生理意义

（一）饥饿情况下维持血糖浓度恒定

实验证明，在禁食 12 h 后肝糖原耗尽，糖异生作用成为饥饿情况下补充血糖的主要来源。糖异生作用最主要的生理意义就是在血糖来源不足情况下，利用非糖物质转变为糖以维持血糖浓度的相对恒定。长期饥饿情况下，糖异生作用的存在对于维持血糖浓度的恒定，保证脑、红细胞等组织器官的葡萄糖供应是十分必要的。

（二）有利于乳酸的利用防止酸中毒

在剧烈运动或缺氧时，糖酵解加速，肌糖原分解增多，产生大量的乳酸。乳酸为固定酸，生成过多可导致酸中毒。各种途径生成的乳酸经血液运输到肝，通过糖异生作用合成肝糖原或葡萄糖，用于补充血糖浓度的同时，有利于乳酸的再利用，同时可有效防止酸中毒的发生。

糖异生作用使不能直接分解为葡萄糖的肌糖原通过乳酸循环间接转变为血糖，维持血糖浓度恒定，利于肝糖原的更新。

（三）协助氨基酸代谢

生糖氨基酸在体内分解代谢过程中可生成丙酮酸、α- 酮戊二酸、草酰乙酸等糖代谢的中间产物，在肝内经糖异生作用转变为葡萄糖。在补充血糖浓度的同时，加速了蛋白质的分解代谢。实验证明，进食蛋白质后，肝糖原含量增加；饥饿时，组织蛋白分解增强，血中氨基酸水平升高，糖异生作用活跃。

第四节　血糖与糖代谢紊乱

血糖（blood sugar）主要指血液中的葡萄糖。血糖是反映体内糖代谢状况的一项重要指标，正常人空腹血糖浓度为 3.89 ~ 6.11mmol/L。这是机体对血糖的来源和去路进行调节，使之维持动态平衡的结果。

一、血糖的来源与去路

血糖的来源包括食物中糖类物质的消化吸收，肝糖原分解及肝内糖异生作用生成的葡萄糖。血糖的去路则是在各组织器官中氧化分解供能，合成糖原或转化成三酰甘油及转变为某些氨基酸、糖的衍生物等，此外，当血糖浓度超过 8.9 ~ 10.0 mmol/L 时可随尿排出，这种尿中出现葡萄糖时的最低血糖浓度称为肾糖阈（图 7-11）。

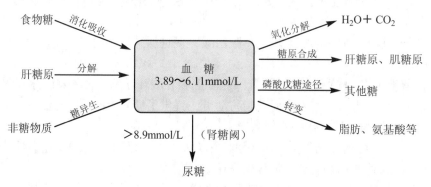

图 7-11　血糖的来源与去路

二、血糖水平的调节

（一）器官的调节

肝是调节血糖水平的主要器官。肝主要通过肝糖原的合成、分解和糖异生作用来维持血糖浓度的相对恒定。进食后血糖浓度增高，肝糖原的合成贮存增加。空腹时肝糖原能直接分解为葡萄糖补充血糖。饥饿状态下肝糖原耗尽，肝中糖异生作用加强，将非糖物质如甘油、生糖氨基酸、丙酮酸、乳酸等转变为糖。其他一些单糖如果糖、半乳糖也可在肝中转变成葡萄糖，维持血糖浓度相对稳定。

（二）激素的调节

调节血糖的激素有两类，一类是降低血糖的激素，胰岛素是体内唯一能降低血糖的激素；另一类是升高血糖的激素，主要有胰高血糖素、糖皮质激素、肾上腺素、生长素等。这两类激素相互对抗、相互制约，他们通过调节糖原的合成与分解、糖的氧化、糖异生等途径的关键酶的活性或含量来实现血糖的调节。各种激素的调节机制见表 7-3。

表 7-3　激素对血糖水平的调节

激　素		调 节 作 用
降低血糖的激素	胰岛素	1. 促进葡萄糖进入肌肉、脂肪组织细胞 2. 活化糖原合酶，抑制磷酸化酶，加速糖原合成，抑制糖原分解 3. 诱导糖酵解 3 个关键酶合成，激活丙酮酸脱氢酶系，促进糖的氧化分解 4. 抑制糖异生的 4 个关键酶，促进氨基酸合成蛋白质，减少糖异生原料而抑制糖异生 5. 抑制激素敏感性脂肪酶，减少脂肪动员
升高血糖的激素	胰高血糖素	1. 活化磷酸化酶，抑制糖原合酶，促进肝糖原分解 2. 抑制磷酸果糖激酶 -2，减少 2,6- 二磷酸果糖的合成而抑制糖酵解，促进糖异生 3. 激活激素敏感性脂肪酶，加速脂肪动员
	糖皮质激素	1. 促进蛋白质分解，促进糖异生 2. 协同其他激素促进脂肪动员
	肾上腺素	1. 引发细胞内依赖 cAMP 的磷酸化级联反应，加速肝糖原分解 2. 促进肌糖原酵解成乳酸，转入肝异生成糖
	生长素	与胰岛素作用相拮抗

（三）神经调节

全身各组织的糖代谢还受神经的整体调节。如当血糖浓度低于正常时，交感神经兴奋，可使肾上腺髓质增加肾上腺素的分泌，从而使血糖浓度升高。而迷走神经兴奋时，肝糖原合成增加，血糖水平降低。

上述几方面作用并非孤立进行，而是互相协同又互相制约地协调一致，以维持血糖浓度的相对恒定。

三、糖代谢紊乱

（一）高血糖

临床上将空腹血糖浓度高于 7.2 mmol/L 时称为高血糖。血糖浓度高于 8.9mmol/ L 时即超过了肾小管重吸收葡萄糖能力，尿中可检测出葡萄糖，称为糖尿。

高血糖分为生理性和病理性两类。

1. 生理性高血糖　如一次性摄入过多或静脉输入大量葡萄糖时，血糖浓度急剧升高，可引起饮食性高血糖；情绪激动时，肾上腺素分泌增加，肝糖原分解加速，血糖升高，可出现情感性高血糖。

2. 病理性高血糖　在病理情况下，如胰岛素分泌障碍或升高血糖激素分泌亢进可导致高血糖，以致出现糖尿，属病理性高血糖。由胰岛素分泌障碍所引起的高血糖和糖尿，称为糖尿病。

糖尿病（diabetes mellitus, DM）是一种由于胰岛素分泌不足或胰岛素作用低下而引起的代谢性疾病，其特征是高血糖症。由于胰岛素绝对或相对不足或胰岛素抵抗，引起葡萄糖、脂肪、蛋白质代谢紊乱，并继发维生素、电解质代谢障碍。糖尿病呈持续性高血糖和糖尿，特别是空腹血糖和糖耐量曲线高于正常范围。

DM 的典型症状为多食、多饮、多尿和体重减轻，俗称"三多一少"，有时伴有视力下降，并容易继发感染，青少年患者可出现生长发育迟缓。长期的高血糖症将导致多种器官的损伤、功能紊乱和衰竭，尤其是眼、肾、神经、心血管系统。DM 并发酮症酸中毒可危及生命。

现行的糖尿病分类和诊断标准主要是参考 1999 年得到 WHO 认可的 1997 年美国糖尿病协会

（ADA）修改后的糖尿病分类和诊断标准，简称 ADA/WHO 标准。

根据病因可将 DM 分为四大类型：1 型糖尿病、2 型糖尿病、妊娠期糖尿病和其他特殊类型糖尿病。1 型糖尿病主要是因为胰岛的 β 细胞的自身免疫性损害导致胰岛素分泌绝对不足引起，任何年龄均可发病，典型病例常见于青少年，具有酮症酸中毒倾向。2 型糖尿病主要表现为胰岛素抵抗和胰岛 β 细胞功能减退，多发于中、老年。妊娠期糖尿病指在妊娠期发现的糖尿病，分娩后血糖浓度即可恢复正常。特殊类型糖尿病往往继发于其他疾病，病因众多，但患者较少。

DM 的诊断标准：目前糖尿病的诊断主要借助于实验室检查结果，其诊断标准见表 7-4。

表 7-4　糖尿病诊断标准

方法	检 查 结 果
1	典型症状，同时随机血糖浓度≥11.1mmol/L
2	空腹血糖浓度≥7.2 mmol/L
3	口服葡萄糖耐量实验中 2 小时血糖浓度≥11.1 mmol/L

以上三种方法都可以单独用来诊断 DM，其中一项出现阳性结果，必须用其余方法中的任意一项复查才能确诊。

出尽风头的胰岛素

班廷（F.G. Banting）因发现胰岛素荣获 1923 年诺贝尔生理学或医学奖；桑格（F.Sanger）成功分析出胰岛素的一级结构获得 1958 年诺贝尔化学奖；1965 年我国科学家人工合成了结晶牛胰岛素。胰岛素的发现到人工合成，都可以成为糖尿病史上的里程碑事件，使众多糖尿病患者获得了生存机会。同时，也为胰岛素抵抗等理论的提出奠定了生物学基础，成为永远值得纪念的医学发现。美国糖尿病协会（ADA）为了纪念 Banting 的贡献，把每年的全美最高奖项命名为 Banting 奖。

（二）低血糖

临床上将空腹血糖浓度低于 3.6 mmol/L 时称为低血糖。脑组织正常能量供应主要依赖血液供给葡萄糖。血糖浓度过低，导致脑组织能量不足，可出现头晕、乏力、心悸、手颤；当血糖浓度低于 2.5 mmol/L（45 mg/dl）时，可出现低血糖昏迷（低血糖休克），甚至死亡。病理性低血糖出现的原因有：①胰岛 β 细胞功能亢进或胰岛 α 细胞功能低下等；②严重肝疾患；③内分泌异常，如垂体功能低下；④进食障碍；⑤肿瘤等。

（三）糖原累积病

糖原累积病是一类遗传性代谢疾病。由于先天性缺乏糖原代谢有关的酶类，引起糖原代谢障碍，使体内某些组织器官中有大量糖原堆积，造成组织器官功能损害，这类疾病统称为糖原累积病。

根据所缺陷的酶在糖原代谢中的作用不同、受累器官不同、糖原结构不同等，该病对健康或生命的影响程度也不同。例如，肝内糖原磷酸化酶缺乏，肝糖原分解障碍，糖原沉积导致肝肿大。若葡萄糖 -6- 磷酸酶缺乏，则肝糖原分解障碍，不能足以维持血糖浓度的相对恒定，将导致低血糖、酮症等严重后果。溶酶体中的 α- 葡萄糖苷酶缺乏，会影响到糖原分子中 α-1,4- 糖苷键和 α-1,6- 糖苷键的水解，使组织受损，严重的甚至可导致心力衰竭、呼吸衰竭危及生命。

架起通向临床的桥梁

胰岛素抵抗是指人体内胰岛素作用的靶细胞对胰岛素的敏感性下降（即胰岛素产生的生物效应低于正常）的一种病理状态。在发生胰岛素抵抗的早期，人体内的胰岛 β 细胞尚能代偿性地增加胰岛素的分泌以弥补其效应的不足。但久而久之，胰岛 β 细胞的功能会逐渐衰竭，从而可使患者出现糖耐量异常和糖尿病。产生胰岛素抵抗的分子机制：

1. 胰岛素分子结构异常　胰岛素氨基酸序列发生改变，目前已发现的至少有三种类型：① B_{24}：TTC（苯丙）→ TCC（丝），称为洛杉矶胰岛素；② B_{25}：TTC（苯丙）→ TTG（亮），称为芝加哥胰岛素；③ A_3：GTG（缬）→ TTG（亮），称为哥山胰岛素。变异胰岛素与受体结合所引发的生物效应大大降低。

2. 胰岛素原转变为胰岛素不完全　正常时 β 细胞合成的前胰岛素原去掉信号肽后转变为胰岛素原，然后在分泌颗粒中水解生成胰岛素和 C 肽。现发现部分病人合成的胰岛素原 C 肽裂解位点氨基酸异常，如胰岛素原 65 位的 CGT（精）→ CTT（亮），称为京都胰岛素原；或 CGT（精）→ CAT（组），称为东京胰岛素原；胰岛素原 10 位的 CAC（组）→ GAC（天冬），称为普罗维登斯胰岛素原。

3. 胰岛素受体抗体　在部分胰岛素抵抗患者血清中发现胰岛素受体抗体，它不仅能与胰岛素受体结合，而且能与胰岛素发生竞争，从而抑制胰岛素与胰岛素受体的结合。

4. 胰岛素受体缺陷　分为遗传性受体缺陷和继发性受体缺陷，遗传性受体缺陷是由于胰岛素受体数目、亲和力获受体结构及功能异常，不能正常介导胰岛素在靶细胞中应有的效应。常是因受体基因突变引起，所表现的往往是重度胰岛素抵抗。继发性受体缺陷是由于其他疾病造成，表现的一般是轻度或重度的胰岛素抵抗。

5. 胰岛素受体后缺陷　是指胰岛素与受体结合后信号向细胞内传递的一系列过程的异常，包括受体酪氨酸激酶活性降低；胰岛素－受体复合物与糖转运系统偶联失常；糖代谢通路中的各种细胞内酶的缺陷和第二信使或化学介质的异常等。

（蒋传命　段如春）

第八章　脂质代谢

学习目标

掌握

必需脂肪酸、脂肪动员、酮体的概念。脂肪酸活化、转运和β-氧化过程，酮体生成、利用和生理意义及酮血症，脂蛋白的分类、组成及功能。

熟悉

脂质生理功能，三酰甘油的水解过程及关键酶，三酰甘油、胆固醇合成的原料，胆固醇的转化与排泄。

了解

脂质的组成和分布，脂肪酸、胆固醇、磷脂合成的基本过程及特点，磷脂代谢与脂肪肝，高脂蛋白血症类型和原因。动脉粥样硬化发生的危险因素。

脂质是脂肪和类脂及其衍生物的总称。脂肪即三酰甘油（triacylglycerol，TG），也称甘油三酯。类脂主要包括磷脂（phospholipids，PL）、糖脂（glycolipid，GL）、游离胆固醇（free cholesterol，FC）和胆固醇酯（cholesterol ester，CE）等，脂类不溶于水，而溶于乙醚、氯仿、丙酮等有机溶剂。脂类不仅参与了机体的物质和能量代谢，而且参与了机体代谢的调节。脂类代谢与机体许多疾病的发生和发展密切相关，因此成为基础医学和临床医学广泛关注的重要内容之一。

第一节　脂质的组成、分布及生理功能

一、脂质的组成与分布

（一）脂肪的组成与分布

1. **脂肪的组成**　脂肪是由1分子甘油和3分子脂肪酸组成的酯，故称三酰甘油（TG），习惯上称为甘油三酯。其结构式为：

$$
\begin{array}{l}
CH_2-O-\overset{\displaystyle O}{\underset{\displaystyle \|}{C}}-R_1\\
CH-O-\overset{\displaystyle O}{\underset{\displaystyle \|}{C}}-R_2\\
CH_2-O-\overset{\displaystyle O}{\underset{\displaystyle \|}{C}}-R_3
\end{array}
$$

R_1和R_3通常为饱和烃基，R_2通常为不饱和烃基。在常温下为固体的称为脂肪，其脂肪酸的

烃基多数是饱和的，而在常温下为液态的称为油，其脂肪酸的烃基多数是不饱和的。

2. 脂肪的分布 大多数脂肪是以油滴状微粒贮存于脂肪细胞中，主要分布在皮下、大网膜、肠系膜、脏器的周围和肌纤维之间，这些部位的脂肪称为脂库脂肪。人体内脂肪的含量因受营养状况、活动量大小、性别及不同个体等因素的影响，变动较大，所以，又称可变脂或动脂。正常成年男子脂肪含量约占体重的10%～20%，女子稍高。

（二）类脂的组成与分布

1. 类脂的组成 类脂包括磷脂、糖脂、胆固醇和胆固醇酯。磷脂包括甘油磷脂和鞘磷脂两大类，人体内含量最多的磷脂是甘油磷脂。甘油磷脂的结构如下：

$$
\begin{array}{l}
CH_2-O-\overset{\overset{\textstyle O}{\|}}{C}-R_1 \\
CH-O-\overset{\overset{\textstyle O}{\|}}{C}-R_2 \\
CH_2-O-\underset{\underset{\textstyle OH}{|}}{\overset{\overset{\textstyle O}{\|}}{P}}-O-X
\end{array}
$$

式中 R_1 和 R_2 为脂肪酸的烃基。R_1 的脂肪酸为饱和脂肪酸，如硬脂酸、软脂酸等；R_2 的脂肪酸为不饱和脂肪酸，如亚油酸、亚麻酸、花生四烯酸等。

X＝H 时为磷脂酸，它是各种甘油磷脂的母体化合物。X 为取代基，不同的取代基组成不同的甘油磷脂。

胆固醇在体内主要以游离胆固醇（FC）和胆固醇酯（CE）的形式存在，第3位碳上有羟基的为游离胆固醇，当羟基被脂肪酸酯化后生成胆固醇酯，结构式如下：

胆固醇　　　　　　　　胆固醇酯

2. 类脂的分布 类脂分布于人体各组织中，是构成生物膜的基本成分，常温下以液态或半固态形式存在。类脂约占体重的5%，以神经组织中含量最多。类脂含量相对恒定，不受营养状况和机体活动量的影响，因此，称为固定脂或基本脂。

二、脂质的生理功能

（一）脂肪的生理功能

1. 储能和供能 脂肪的主要功能是储能和氧化供能。体内储存的脂肪约占体重10%～20%，由于脂肪是疏水性物质，它的储存不伴有水的储存，储存时所占的体积小，1g脂肪所占体积仅为1g糖原的1/4，因此脂肪是体内储存能量最有效的方式。正常情况下人体能量的20%～30%由脂肪提供。氧化1g脂肪能释放38.9 kJ（9.3 kcal）热量，是等量糖或蛋白质产能的2倍以上。在饥饿或禁食等情况下，体内能量主要由脂肪氧化供给。

2. 保护和固定内脏 皮下脂肪和内脏周围的脂肪具有软垫作用，能缓冲外力冲击，起到保护内脏作用；同时内脏周围的脂肪对内脏具有固定的作用。

3. 维持体温 脂肪不易导热，因此，皮下脂肪可防止体内热量过多地从体表散发，具有维持正常体温的作用。

4. 促进脂溶性维生素吸收　如 A、D、E、K 脂溶性维生素，需要溶解在脂肪中才能被小肠吸收，所以脂肪能促进脂溶性维生素吸收。

（二）类脂的生理功能

1. 是生物膜的重要组成成分　磷脂含有两条疏水性的脂酰基长链，称为疏水尾，又含有如磷酸胆碱和磷酸乙醇胺等极性很强的亲水基团，称为极性头，在体液中，"极性头"在生物膜外侧，"疏水尾"在生物膜内侧，形成双分子层，与胆固醇、蛋白质共同构成细胞的膜性结构。

2. 参与细胞信号转导　细胞膜上的磷脂酰肌醇 -4,5- 二磷酸，可水解为肌醇 -1,4,5- 三磷酸和二酰甘油，二者均可作为激素的第二信使调节细胞内的代谢。

3. 参与肝内脂蛋白合成　磷脂是合成脂蛋白 (VLDL 和 HDL) 的重要原料。在肝磷脂与脂肪、载脂蛋白等合成脂蛋白，使肝内脂肪能顺利地运到肝外，防止脂肪肝形成。

4. 转化成多种活性物质　胆固醇是合成胆汁酸、类固醇激素及维生素 D 等重要生理活性物质的原料。

三、脂质的消化与吸收

食物中的脂类主要是脂肪，此外还有少量的磷脂、胆固醇和胆固醇酯等。脂质的消化主要在小肠上段进行，肝细胞分泌的胆汁中含有胆汁酸盐，它能与疏水的三酰甘油和胆固醇酯等组成混合微团，使脂质乳化，乳化的脂质经肠蠕动作用，形成微细的乳胶微粒，增加了脂质与消化酶的接触面积，有利于消化酶的作用。消化脂质的酶主要来自胰液，胰液中含有胰脂酶（pancreatic lipase）、辅脂酶（colipase）、磷脂酶 A_2（phospholipase A_2）、胆固醇酯酶（cholesterol esterase）等消化酶，乳胶微粒中的脂质在相应酶的作用下被消化成单酰甘油、脂肪酸、溶血磷脂和游离胆固醇等物质。

脂质的消化产物主要在十二指肠和空肠上段被吸收。其中小于 12C 的短链和中链脂肪酸被吸收后，直接经门静脉进入血液循环；而长链脂肪酸被吸收后，则在小肠黏膜细胞的内质网经单酰甘油途径重新合成三酰甘油，并与磷脂、胆固醇和载脂蛋白形成乳糜微粒，被腹腔的淋巴管收集后经胸导管进入血液循环。

第二节　三酰甘油代谢

一、脂肪分解代谢

在正常情况下，人体所需要的能量主要由葡萄糖氧化供给，当体内能量供应不足（如饥饿）或者对能量有特殊需求（如长期剧烈运动）时，机体可利用储存的脂肪氧化供能。而在体内能量供求平衡的情况下，也有一定量的脂肪动员，将脂肪酸和甘油释放入血液。

（一）脂肪动员

储存在脂肪细胞中的脂肪被脂肪酶水解为脂肪酸和甘油，并释放入血液，供给其他组织氧化利用的过程，称为脂肪动员（图 8-1）。

参与脂肪动员的酶包括三酰甘油脂肪酶、二酰甘油脂肪酶、单酰甘油脂肪酶，其中三酰甘油脂肪酶活性最低，约低于其他酶的 100 倍，是脂肪动员的关键酶。由于三酰甘油脂肪酶受激素

图 8-1　脂肪动员

的调控，故称为激素敏感性脂肪酶（hormone sensitive lipase，HSL）。肾上腺素、去甲肾上腺素、胰高血糖素、生长素、促肾上腺皮质激素等能提高三酰甘油脂肪酶的活性，加速脂肪动员，称这些激素为脂解激素；而胰岛素能降低三酰甘油脂肪酶的活性，减少脂肪动员，称胰岛素为抗脂解激素。

在脂肪动员过程中，生成的甘油和脂肪酸被释放到血液，甘油随血液循环到肝、肾和肠等组织中进行代谢，而脂肪酸入血后，与清蛋白结合成水溶性复合物，被运送到心、肝和骨骼肌等组织中利用。当机体兴奋或饥饿时，肾上腺素分泌增加，脂肪动员加快，以满足机体对能量的需要。

（二）甘油的分解代谢

来自脂肪动员的甘油，在肝、肾和肠等组织中进行分解代谢。在甘油激酶作用下，消耗 1 分子 ATP，甘油转变成 3- 磷酸甘油，然后脱氢生成磷酸二羟丙酮，磷酸二羟丙酮沿着糖代谢途径进行氧化分解，或者在肝进行糖异生，转变成葡萄糖或糖原（图 8-2）。

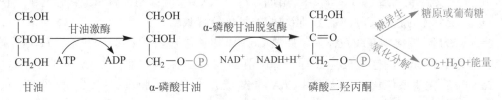

图 8-2　甘油的分解

（三）脂肪酸的分解代谢

脂肪酸是人体的重要能源物质，在供氧充足条件下，脂肪酸可彻底氧化成 H_2O 和 CO_2，并释放出大量能量。除脑组织和成熟红细胞外，大多数组织都能氧化脂肪酸，而以肝和肌肉组织最为活跃。脂肪酸的氧化分解过程分为脂肪酸活化、脂酰 CoA 进入线粒体、脂酰 CoA 的 β- 氧化、乙酰 CoA 的彻底氧化四个阶段。

1. 脂肪酸活化　脂肪酸转变成脂酰 CoA 的过程，称为脂肪酸活化。脂肪酸活化是在细胞胞液中进行的。在三磷酸腺苷 (ATP)、辅酶 A(HSCoA) 和 Mg^{2+} 存在条件下，由脂酰 CoA 合成酶催化脂肪酸生成脂酰 CoA。

$$RCOOH + CoA\text{-}SH + ATP \xrightarrow[Mg^{2+}]{\text{脂酰CoA合成酶}} RCO{\sim}CoA + AMP + PPi$$

脂肪酸　　　　　　　　　　　　　　　　　　　　　　　　　脂酰CoA

脂肪酸经活化生成的脂酰 CoA，具有较强的水溶性和代谢活性。在活化反应中，ATP 分解为一磷酸腺苷和焦磷酸，消耗了 2 个高能磷酸键，相当于正常反应中 2 分子 ATP 分解产生的能量。所以在计算能量时，活化 1 分子脂肪酸，以消耗 2 分子 ATP 计算。

2. 脂酰 CoA 进入线粒体　脂酰 CoA 是在胞液中生成的，但是，催化脂酰 CoA 氧化分解的酶存在于线粒体的基质内，因此，脂酰 CoA 必须进入线粒体基质内才能被氧化分解。脂酰 CoA 不能自由地通过线粒体内膜进入基质，需要以肉碱作为载体，并在肉碱脂酰转移酶 I 和肉碱脂酰转移酶 II 的作用下，才能通过线粒体内膜进入基质。

肉碱脂酰转移酶 I 存在线粒体内膜外侧面，肉碱脂酰转移酶 II 存在线粒体内膜内侧面。在内膜外侧面，肉碱脂酰转移酶 I 催化脂酰 CoA 和肉碱合成脂酰肉碱，在脂酰肉碱转位酶的作用下，脂酰肉碱通过线粒体内膜进入线粒体基质，然后在内膜内侧面的肉碱脂酰转移酶 II 的作用下，脂酰肉碱重新转变成脂酰 CoA 和释放出肉碱，肉碱在转位酶作用下回到线粒体内膜外侧，而脂酰 CoA 则进入线粒体基质（图 8-3）。

肉碱脂酰转移酶 I 是脂肪酸氧化的关键酶。在饥饿和高脂低糖膳食或糖尿病时，因为体内不

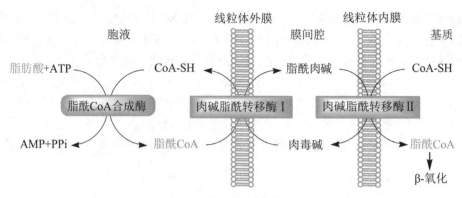

图 8-3 脂酰 CoA 进入线粒体

能利用糖供能，而需要脂肪酸提供能量，此时肉碱脂酰转移酶 I 活性增加，脂肪酸氧化加强。当饱食后，由于脂肪合成加强和丙二酰 CoA 增加，丙二酰 CoA 能抑制肉碱脂酰转移酶 I，使酶活性降低，进入线粒体的脂酰 CoA 减少，脂肪酸的氧化分解减弱。

3. 脂肪酸的 β- 氧化　在线粒体内，脂酰 CoA 氧化从羧基端 β- 碳原子开始，每次断裂两个碳原子，生成乙酰 CoA 的连续反应过程，称为脂肪酸的 β- 氧化。脂酰 CoA 在线粒体基质中，在脂酰 CoA β- 氧化酶系催化下，从脂酰 CoA 的 β- 碳开始，进行脱氢、加水、再脱氢、硫解四步连续反应。

（1）脱氢　在脂酰 CoA 脱氢酶的催化下，脂酰 CoA 的 α 和 β 碳原子各脱下一个氢原子，生成烯脂酰 CoA。FAD 接受 2 个氢原子生成 $FADH_2$。每分子 $FADH_2$ 经琥珀酸呼吸链氧化能生成 1.5 分子 ATP。

（2）加水　在烯脂酰 CoA 水化酶的作用下，烯脂酰 CoA 与水反应，生成 β- 羟脂酰 CoA。

（3）再脱氢　在 β- 羟脂酰 CoA 脱氢酶催化下，β- 羟脂酰 CoA 的 β 碳原子脱下 2 个氢原子，生成 β- 酮脂酰 CoA。脱下的 2 个氢原子由 NAD^+ 接受，生成 $NADH+H^+$。每分子 NADH 经过 NADH 呼吸链氧化可生成 2.5 分子 ATP。

（4）硫解　在 β- 酮脂酰 CoA 硫解酶催化下，β- 酮脂酰 CoA 与 HSCoA 反应，β- 酮脂酰 CoA 在 α 与 β 碳原子之间发生断裂，生成 1 分子乙酰 CoA 和少 2 个碳原子的脂酰 CoA。

比原来少 2 个碳原子的脂酰 CoA，继续进行上述 β- 氧化的脱氢、加水、再脱氢、硫解四步连续反应，如此反复，使脂酰 CoA 完全分解成乙酰 CoA（图 8-4）。

每次 β- 氧化（除最后一次外）能生成 1 分子 $FADH_2$、1 分子 NADH、1 分子乙酰 CoA 和 1 分子比原来少 2 个碳原子的脂酰 CoA。如含 18 碳的硬脂酰 CoA β- 氧化总反应式：

$$CH_3(CH_2)_{16}CO \sim SCoA + 8HSCoA + 8FAD + 8NAD^+ + 8H_2O \rightarrow$$
$$8FADH_2 + 8NADH + H^+ + 9 CH_3CO \sim SCoA。$$

4. 乙酰 CoA 彻底氧化　在肝外组织中，β- 氧化生成的乙酰 CoA 进入三羧酸循环彻底氧化成 CO_2 和 H_2O，每分子乙酰 CoA 经三羧酸循环氧化可生成 10 个 ATP。而在肝内生成的乙酰 CoA，大部分转变成酮体。

（四）脂肪酸氧化的能量生成

以含 16 个碳原子的软脂酸为例，计算 ATP 生成量。①在 β- 氧化前，1 分子软脂酸活化生成软脂酰 CoA，消耗 2 分子 ATP；②经 7 次 β- 氧化生成：7 分子 $FADH_2$、7 分子 $NADH+H^+$、81 分子乙酰 CoA；③每分子 $FADH_2$ 经琥珀酸呼吸链氧化能生成 1.5 分子 ATP，每分子 NADH 经过 NADH 呼吸链氧化生成 2.5 分子 ATP，每分子乙酰 CoA 通过三羧酸循环氧化产生 10 分子 ATP。④1 分子软脂酸彻底氧化共生成：$(7×1.5)+(7×2.5)+(8×10)=108$ 分子 ATP。⑤减去脂肪酸活化消耗的 2 分子 ATP，净生成：$108-2=106$ 分子 ATP。

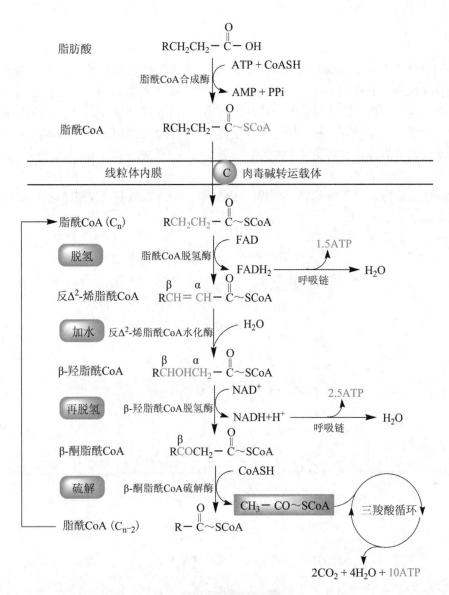

图 8-4 脂肪酸的分解

脂肪酸 β- 氧化的发现

1904 年努珀（F.Knoop）将末端甲基上连有苯环的脂肪酸饲养犬，然后检测犬尿中产物，结果发现，食用偶数碳的脂肪酸的犬尿中苯乙酸的衍生物苯乙尿酸，而食用奇数碳的脂肪酸的犬尿中由苯甲酸的衍生物马尿酸。由此努珀提出了脂肪酸 β- 氧化假说。1944 年莱劳埃尔（L.LeLoir）采用无细胞体系验证了 β- 氧化机制，1949 年莱宁格尔（A.Lehninger）证明 β- 氧化在线粒体进行，1951 年吕南（F.Lynen）成功地分离出"活性乙酸"（即乙酰CoA），至此终于揭示了脂肪酸分解代谢的全过程。

二、酮体代谢

酮体是脂肪酸在肝不完全氧化生成的中间产物，主要包括乙酰乙酸、β-羟丁酸和丙酮，这三种物质统称为酮体。其中以β-羟丁酸含量最多，约占酮体总量的70%，乙酰乙酸占30%，而丙酮含量极微。因为肝具有活性较强的合成酮体酶系，肝外组织却缺乏；而肝外组织具有活性很强的利用酮体酶系，肝却没有。所以肝是合成酮体的重要器官，但不能利用酮体；肝外组织能利用酮体，却不能合成酮体。这就是"肝内生酮，肝外用"的说法。

（一）酮体的生成

在肝细胞线粒体内，以乙酰CoA为原料合成酮体。乙酰CoA则主要来源于肝脂酰CoAβ-氧化。具体反应如下（图8-5）。

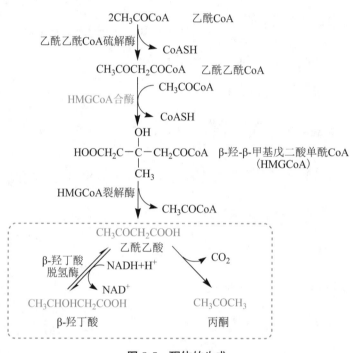

图 8-5　酮体的生成

（1）乙酰乙酰CoA的生成　在乙酰乙酰CoA硫解酶的催化下，两分子的乙酰CoA缩合成乙酰乙酰CoA，并释放出一分子HSCoA。

（2）羟甲基戊二酸单酰CoA的生成　乙酰乙酰CoA与一分子乙酰CoA在羟甲基戊二酸单酰CoA（β-hydroxy-β-methyl glutaryl CoA，HMG-CoA）合酶的催化下，缩合生成HMG-CoA，并释放出一分子HS-CoA。

（3）酮体的生成　在HMGCoA裂解酶的催化下，HMGCoA裂解生成乙酰乙酸和乙酰CoA。乙酰乙酸在β-羟丁酸脱氢酶的催化下，被还原成β-羟丁酸。另外，少量的乙酰乙酸在乙酰乙酸脱羧酶的催化下脱羧或自动脱羧生成丙酮。

（二）酮体的利用

肝外许多组织，特别是心肌、骨骼肌、脑和肾等组织具有活性很强的利用酮体的酶系，如琥珀酰CoA转硫酶、乙酰乙酸硫激酶和乙酰乙酸CoA硫解酶。在酶的催化下，酮体首先转化成乙酰CoA，然后乙酰CoA进入三羧酸循环氧化，生成CO_2和H_2O，并释放大量能量（图8-6）。

正常情况丙酮含量很少，常随尿排出体外，血液中酮体异常高时，也可以通过肺直接呼出，呼出的丙酮具有烂苹果味。

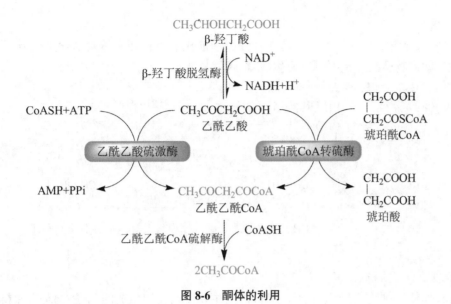

图 8-6 酮体的利用

（三）酮体的生理意义

酮体是脂肪酸在肝内代谢的正常产物，是肝向肝外组织输出脂肪酸类能源物质的重要方式。酮体分子小，易溶于水，能通过血脑屏障及肌肉毛细血管壁，是肌肉特别是脑组织的重要能源。脑组织不能氧化脂肪酸，却有很强的利用酮体的能力。当严重饥饿或糖供应不足时，酮体代替葡萄糖成为脑组织及肌肉的主要能源。酮体生成超过肝外组织利用能力时，引起血液中酮体升高，严重时可导致酮血症和酮尿症。

（四）酮症酸中毒

正常情况下，血液酮体含量很低，为 0.03 ~ 0.5 mmol/L。但在饥饿、高脂低糖饮食和糖尿病时，由于脂肪动员加强，肝生成的酮体增加，超过了肝外组织氧化能力，大量酮体进入血液，血液酮体浓度升高，称为酮血症；发生酮血症的同时，在尿液中有大量酮体出现，称为酮尿症；由于乙酰乙酸和 β- 羟丁酸是很强的有机酸，酮血症时，酮体在血液中积聚过多，导致血液 pH 下降，引起的酸中毒，称为代谢性酮症酸中毒。

糖尿病与酮症酸中毒

酮症酸中毒是糖尿病患者常见的急性并发症之一，常发生于 1 型糖尿病患者，2 型糖尿病患者在各种应激情况下亦可发生。临床表现以发病急、病情重、变化快为其特点。诱发酮症酸中毒的主要原因为感染、急性心肌梗死、脑血管意外、手术、麻醉、妊娠与分娩等各种应激因素。本症主要是由于糖代谢紊乱，体内酮体产生过多，导致血中 HCO_3^- 浓度减少，失代偿时，则血液 pH 下降，引起酸中毒。

三、三酰甘油合成代谢

人体合成三酰甘油的主要器官是肝、脂肪组织和小肠。其中肝的合成能力最强，比脂肪组织大 8 ~ 9 倍，所以肝是合成三酰甘油的主要场所。合成三酰甘油的直接原料是 α- 磷酸甘油和脂酰 CoA。

（一）α- 磷酸甘油的合成

α- 磷酸甘油合成途径有两条：一是在甘油激酶催化下，甘油进行磷酸化生成 α- 磷酸甘油；二是糖代谢中间产物磷酸二羟丙酮还原生成 α- 磷酸甘油。

（1）
$$
\begin{array}{ccc}
CH_2OH & & CH_2OH \\
| & \xrightarrow{\text{甘油激酶}} & | \\
CHOH & & CHOH \\
| & ATP \qquad ADP & | \\
CH_2OH & & CH_2-O-\textcircled{P}
\end{array}
$$

（2）
$$
\text{葡萄糖} \xrightarrow{\text{糖酵解}} \begin{array}{c} CH_2OH \\ | \\ C=O \\ | \\ CH_2-O-\textcircled{P} \end{array} \xrightarrow[NADH+H^+ \qquad NAD^+]{\text{α-磷酸甘油脱氢酶}} \begin{array}{c} CH_2OH \\ | \\ CHOH \\ | \\ CH_2-O-\textcircled{P} \end{array}
$$

（二）脂酰 CoA 的合成

脂酰 CoA 可以由脂肪酸活化生成。但机体内主要以糖代谢生成的乙酰 CoA 为原料，先合成脂肪酸，然后脂肪酸再被活化成脂酰 CoA。

1. 脂肪酸合成的部位　肝、肾、脑、肺、乳腺及脂肪组织的胞液均能合成脂肪酸，以肝最为活跃，所以脂肪酸合成主要是在肝细胞的胞液中进行。

2. 脂肪酸合成的原料　合成脂肪酸的原料主要包括乙酰 CoA、NADPH、ATP 等。乙酰 CoA 是合成脂肪酸的碳源，主要来自线粒体内糖代谢；NADPH 是供氢体，主要来源于磷酸戊糖途径；ATP 为合成过程提供能量。

由于乙酰 CoA 在线粒体内产生，而脂肪酸合成则在胞液中，所以线粒体内的乙酰 CoA 需要进入胞液才能被利用。乙酰 CoA 不能自由通过线粒体内膜，需要通过柠檬酸 - 丙酮酸循环才能进入胞液。

在线粒体内，乙酰 CoA 首先与草酰乙酸缩合成柠檬酸，柠檬酸由线粒体内膜的柠檬酸载体转运进入胞液；在胞液柠檬酸裂解酶作用下，柠檬酸裂解生成草酰乙酸和乙酰 CoA。乙酰 CoA 用于脂肪酸的合成，而草酰乙酸则被还原成苹果酸，苹果酸在酶的作用下分解成丙酮酸，再转运入线粒体内。此外，苹果酸也可以直接经线粒体内膜载体转运入线粒体内。进入线粒体的苹果酸和丙酮酸转变成草酰乙酸，再参与乙酰 CoA 的转运（图 8-7）。

3. 脂肪酸合成过程

（1）丙二酸 CoA 的合成　在胞液乙酰 CoA 羧化酶的催化下，乙酰 CoA 羧化生成丙二酰 CoA。

$$
CH_3-CO\sim SCoA + HCO_3^- + ATP \xrightarrow{\text{乙酰CoA羧化酶}} \begin{array}{c} COOH \\ | \\ CH_2 \\ | \\ CO\sim CoA \end{array} + ADP + Pi
$$

乙酰CoA　　　　　　　　　　　　　　　　　　　丙二酸CoA

乙酰 CoA 羧化酶是脂肪酸合成的关键酶。乙酰 CoA 羧化酶属于变构酶，磷酸化时没有活性，去磷酸化有活性。Mn^{2+}、柠檬酸、异柠檬酸是该酶的激活剂。胰高血糖素使乙酰 CoA 羧化酶磷酸化而失活；胰岛素使乙酰 CoA 羧化酶去磷酸化而活化。

（2）软脂酸的合成　软脂酸是 16 个碳原子的饱和脂肪酸，在脂肪酸合成酶系催化下，1 分子乙酰 CoA 和 7 分子丙二酰 CoA 反应，生成软脂酸。

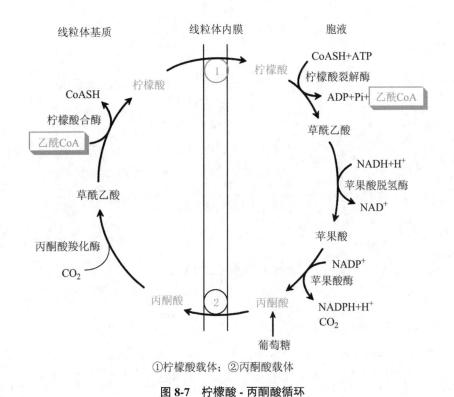

①柠檬酸载体；②丙酮酸载体

图 8-7　柠檬酸 - 丙酮酸循环

$$CH_3CO{\sim}SCoA + 7HOOCCH_2CO{\sim}SCoA + 14NADPH + 14H^+ \xrightarrow{\text{脂肪酸合成酶系}}$$

$$CH_3(CH_2)_{14}CO{\sim}SCoA + 6H_2O + 7CO_2 + 8HSCoA + 14NADP^+$$

（3）碳链缩短或延长　碳链可通过 β- 氧化而缩短。碳链的延长可在内质网和线粒体内进行，以内质网为主，其延长过程基本是 β- 氧化的逆过程，每一轮反应可加上 2 个碳原子。一般可延长脂肪酸至 24 个或 26 个碳原子，但以 18 个碳原子的硬脂酸最多。

（4）脂肪酸的活化　脂肪酸的活化是在胞液中进行的，它与脂肪酸 β- 氧化过程中的脂肪酸活化反应是一致的。在脂酰 CoA 合成酶作用下，脂肪酸与 HSCoA 反应生成脂酰 CoA。

$$RCOOH + HSCoA + ATP \xrightarrow[\text{Mg}^{2+}]{\text{脂酰CoA合成酶}} RCO{\sim}SCoA + AMP + PPi$$

脂肪酸　　辅酶A　　　　　　　　　　　　　　　脂酰CoA

（三）三酰甘油的合成

在 α- 磷酸甘油脂酰转移酶催化下，α- 磷酸甘油与 2 分子脂酰 CoA 反应，生成磷脂酸，在磷脂酸磷酸酶作用下，磷脂酸脱下磷酸生成二酰甘油，二酰甘油再与 1 分子脂酰 CoA 作用，生成三酰甘油。反应过程中，α- 磷酸甘油脂酰转移酶是关键酶（图 8-8）。

四、多不饱和脂肪酸的重要衍生物

人体内多不饱和脂肪酸衍生物主要由花生四烯酸衍变而来，主要包括前列腺素（prostaglandin，PG）、血栓素（thromboxane，TX）和白三烯（leukotrienes，LT）（图 8-9）。它们在细胞内含量很低，但具有很强的生理活性，对细胞代谢具有重要的调节作用，并与免疫、炎症、过敏、心血管疾病等病理过程有关。

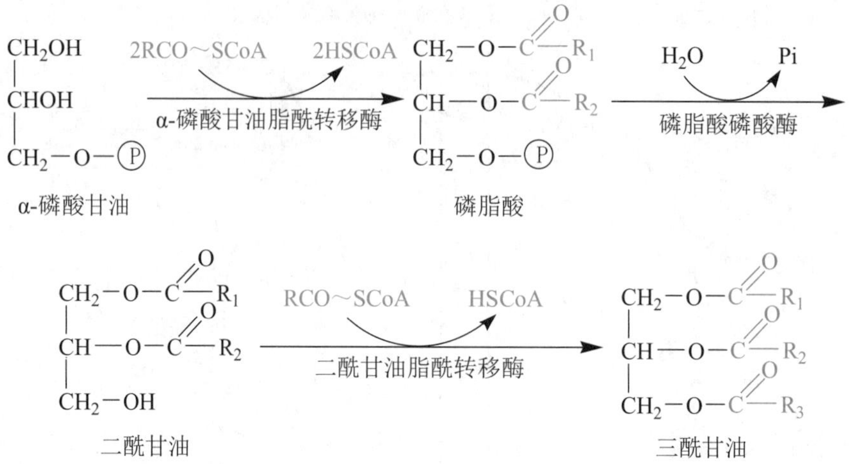

图 8-8   三酰甘油的合成

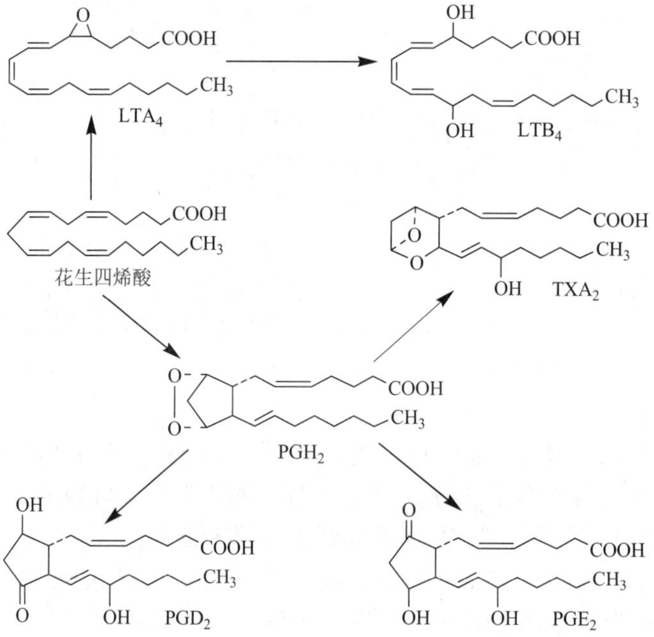

图 8-9   前列腺素、血栓素、白三烯的合成

1. 前列腺素   PG 最早是从人的精液中分离出来，认为来自前列腺，故称之为前列腺素。现在知道，除了红细胞外，全身各组织细胞都能合成 PG。PG 分为 9 型，分别为 PGA、B、C、D、E、F、G、H 及 I，以 PGA、E、F 含量较多。

PGE$_2$ 是诱发炎症的主要因素之一，能促进局部血管扩张及毛细血管通透性增加，引起 红、肿、热、痛等炎症症状。PGA$_2$ 和 PGE$_2$ 可使动脉平滑肌舒张，而且有降血压的作用。

PGE$_2$ 还能使支气管平滑肌松弛，而 PGF$_2$ 则对支气管平滑肌起收缩作用，两者之间平衡失调是哮喘病发作的主要原因。PGI$_2$ 可抑制血小板聚集，并具有舒张血管作用。PGF$_2$ 可促进卵巢平滑肌收缩，引起排卵，增加子宫收缩，促进分娩。

2. 血栓素   由血小板产生的 TXA$_2$ 和 PGF$_2$ 能促进血小板聚集，使血管收缩，促进凝血和血栓形成。而血管内皮细胞释放的 PGI$_2$ 具有很强的舒血管、抗血小板聚集和血栓形成的作用，能抑制凝血和血栓形成，与 TXA$_2$ 作用相对抗。损伤的血管内皮细胞，因为不能合成和释放

PGI_2，无法对抗 TXA_2 的作用，所以引起血栓形成和血管收缩。

3. 白三烯　LT 主要在白细胞内合成，为一类引起过敏反应的慢反应物质，能引起支气管平滑肌强烈收缩，血管扩张、通透性增加，引起炎症和过敏反应，且作用缓慢而持久。此外，LT 还具有调节白细胞游走和趋化作用，诱发多核白细胞脱颗粒，使溶酶体释放水解酶，加重炎症及过敏反应。

第三节　类脂代谢

一、磷脂代谢

磷脂是含有磷酸的脂类化合物。人体内的磷脂主要有两类：一是以甘油为骨架的甘油磷脂，另一类是以鞘氨醇为骨架的鞘磷脂。体内含量最多的是甘油磷脂，甘油磷脂可分为磷脂酰胆碱（卵磷脂）、磷脂酰乙醇胺（脑磷脂）、磷脂酰丝氨酸、磷脂酰甘油、二磷脂酰甘油（心磷脂）、磷脂酰肌醇六大类，这里主要介绍甘油磷脂代谢。

（一）甘油磷脂的合成代谢

各种甘油磷脂的合成途径相似，现以磷脂酰胆碱（卵磷脂）和磷脂酰乙醇胺（脑磷脂）为例说明合成过程。

1. 合成部位　全身各组织细胞内质网都含有合成磷脂的酶类，因此全身各组织均能合成甘油磷脂，但以肝、肾及肠组织最为活跃。

2. 合成原料　甘油磷脂的合成原料主要有甘油、脂肪酸、胆碱、乙醇胺（胆胺）、丝氨酸、ATP 和 CTP 等。其中甘油和脂肪酸主要由葡萄糖转变生成，必需脂肪酸由食物供给，胆碱和乙醇胺可以从食物中获得，也可由丝氨酸和 S- 腺苷甲硫氨酸在体内转化生成。

3. 合成途径

（1）CDP- 胆碱和 CDP- 胆胺的合成　胆碱和胆胺在参与合成反应之前，首先活化成 CDP- 胆碱和 CDP- 乙醇胺（图 8-10）。

（2）二酰甘油的合成　与三酰甘油合成反应过程一样，在 3- 磷酸甘油脂酰转移酶作用下，生成溶血磷脂酸；溶血磷脂酸在溶血磷脂酸脂酰转移酶作用下，生成磷脂酸；在磷脂酸磷酸酶作用下水解脱去磷酸生成二酰甘油。

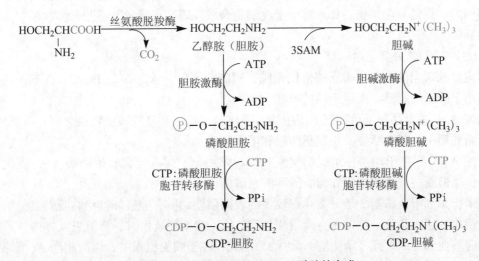

图 8-10　CDP- 胆碱和 CDP- 乙醇胺的合成

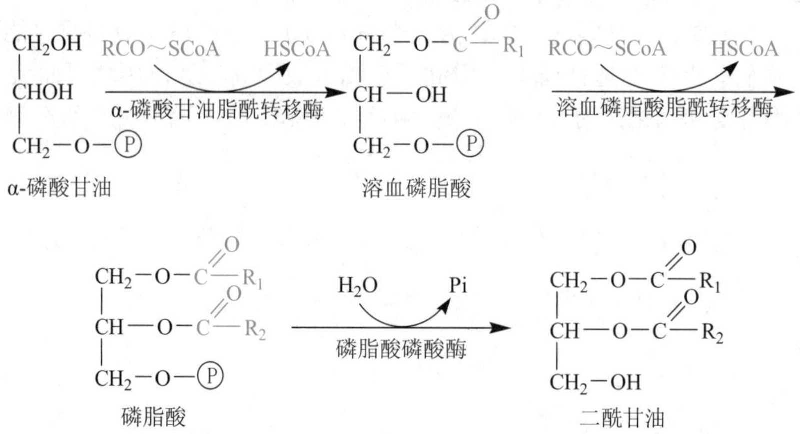

（3）脑磷脂与卵磷脂的合成 二酰甘油分别与 CDP- 胆碱和 CDP- 胆胺作用，生成磷脂酰胆碱（卵磷脂）和磷脂酰胆胺（脑磷脂）。另外，卵磷脂也可以由脑磷脂甲基化生成（图 8-11）。

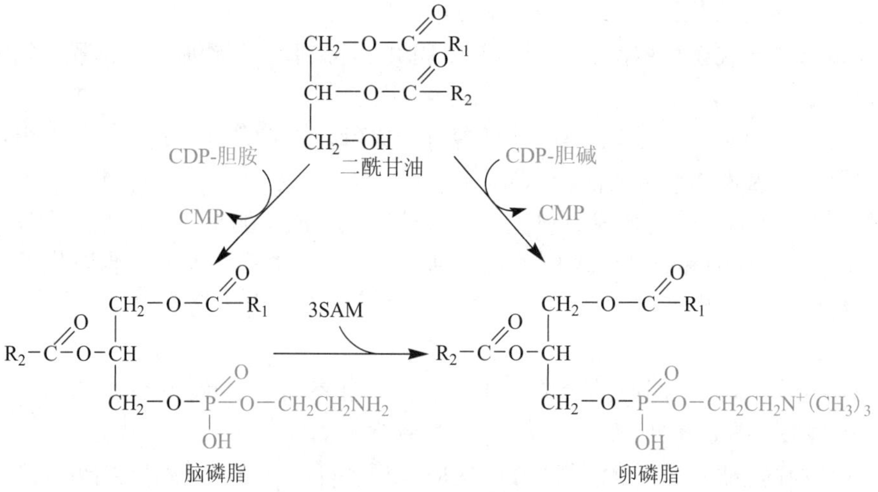

图 8-11 脑磷脂与卵磷脂的合成

人 II 型肺泡上皮细胞可合成和分泌软脂酰磷脂酰胆碱，它是一种肺泡表面活性物质，能降低肺泡表面张力，促进肺泡扩张。如果肺泡上皮细胞合成障碍，可导致肺不张和肺水肿。如新生儿肺透明膜病等。

（二）甘油磷脂的分解代谢

在体内甘油磷脂的分解由磷脂酶催化完成，磷脂酶可分为 A_1、A_2、B、C、D 五种，它们能特异地作用于磷脂的酯键，产生不同的产物（图 8-12）。

磷脂酶 A_1：主要存在于动物组织细胞的溶酶体内，蛇毒及某些微生物也含有。磷脂酶 A_1 催化甘油磷脂的第 1 位酯键断裂，生成脂肪酸和溶血磷脂 2。

磷脂酶 A_2：存在于动物各组织细胞膜和线粒体膜上，蛇毒也含有磷脂酶 A_2，催化甘油磷脂的第 2 位酯键断裂，生成不饱和脂肪酸和溶血磷脂 1。

溶血磷脂 1 和溶血磷脂 2 是一类具有较强的表面活性物质，能破坏红细胞膜及其他组织细胞膜，产生溶血和组织坏死。蛇毒含有磷脂酶 A_1 和 A_2，当被蛇咬伤时，毒液进入体内，产生溶血磷脂，引起溶血和组织坏死。磷脂酶 A_2 以酶原形式存在于胰腺组织中，当磷脂酶 A_2 酶原在胰组织被激活后，可诱发急性胰腺炎。

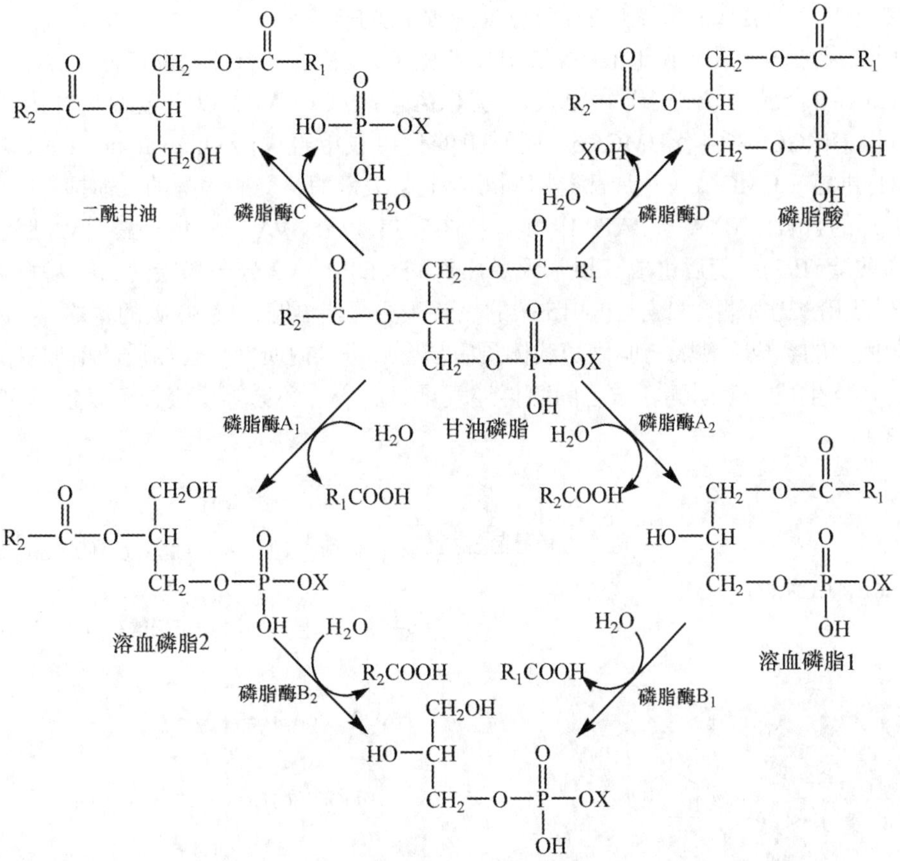

图 8-12 甘油磷脂的水解

磷脂酶 B：磷脂酶 B₁ 能催化溶血磷脂 1 的第 1 位酯键断裂，磷脂酶 B₂ 能催化溶血磷脂 2 的第 2 位酯键断裂，生成脂肪酸和甘油磷酸胆碱或甘油磷酸乙醇胺，溶血磷脂失去溶解细胞膜的活性。

磷脂酶 C：存在细胞膜及某些细菌中，特异水解甘油磷脂分子中第 3 位磷酸酯键，生成二酰甘油及磷酸胆碱或磷酸乙醇胺。

磷脂酶 D：存在于动物脑组织，磷脂酶 D 能特异地水解磷酸与取代基之间的磷酯键，生成磷酸甘油和胆碱或乙醇胺。

二、胆固醇代谢

（一）胆固醇的合成

人体内的胆固醇，一部分来自动物性食物中的胆固醇，称为外源性胆固醇，另一部分由体内合成的胆固醇，称为内源性胆固醇。

1. 合成部位 除了脑组织和成熟红细胞不能合成胆固醇外，几乎全身组织都能合成胆固醇，但以肝合成最强，肝是合成胆固醇的主要场所。体内胆固醇的 70%～80% 是由肝合成，10% 由小肠合成。胆固醇合成酶系存在胞液和滑面内质网膜上，因此胆固醇合成主要在细胞胞液及内质网中进行。

2. 合成原料 乙酰 CoA 是体内合成胆固醇的基本原料，此外，还需要 ATP 供能和 NADPH＋H$^+$ 供氢。乙酰 CoA 和 ATP 主要来自线粒体糖的有氧氧化，NADPH＋H$^+$ 则主要来自糖的磷酸戊糖途径，因此，糖代谢是胆固醇合成原料的主要来源。与脂肪酸合成过程一样，线粒体内的乙酰 CoA 需要经过柠檬酸 - 丙酮酸循环，才能进入胞液中。

3. 合成过程 胆固醇的合成过程比较复杂，有将近 30 步酶促反应，大致可分为三个阶段：

①甲羟戊酸 (MVA) 的合成；②鲨烯的合成；③胆固醇的合成。

（1）甲羟戊酸的合成　在胞液中，2分子乙酰 CoA 首先缩合成乙酰乙酰 CoA，然后再与 1 分子乙酰 CoA 缩合成 β- 羟基 -β- 甲基戊二酰 CoA（HMGCoA）。以上过程与肝内酮体生成的前几步相同。HMGCoA 再经 HMGCoA 还原酶催化生成甲羟戊酸（mevalonic acid，MVA），由 $NADPH+H^+$ 供氢。HMGCoA 还原酶是胆固醇合成的关键酶，受胆固醇的反馈抑制。

（2）鲨烯的合成　MVA 与 2ATP 作用，生成 5- 焦磷酸 MVA，5- 焦磷酸 MVA 脱去羧基生成异戊烯焦磷酸酯 (IPP)，随后生成二甲基丙烯焦磷酸（DPP），3 分子 5 碳的二甲基丙烯焦磷酸缩合成 15 碳的焦磷酸法尼酯，2 分子的 15 碳的焦磷酸法尼酯再缩合成 30 碳的鲨烯。

（3）胆固醇的合成　鲨烯与胆固醇载体蛋白结合后进入内质网，在内质网单加氧酶、环化酶等作用下，环化生成羊毛固醇，羊毛固醇再经氧化、脱羧、还原等反应，最终生成 27 碳的胆固醇（图 8-13）。

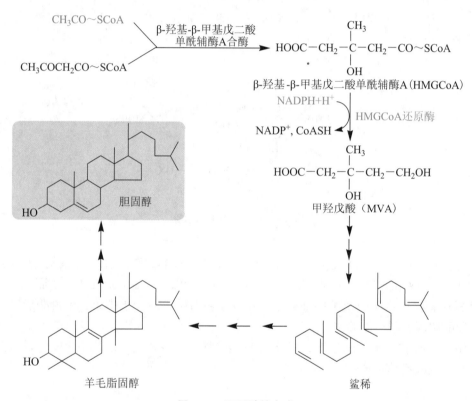

图 8-13　胆固醇的合成

诺贝尔奖风采

布洛赫（KE.Bloch）美籍德裔生物化学家。1938 年，获得生物化学博士学位，并与瑞丁伯格（D. Rittenberg）合作开始研究胆固醇的生物合成，证实醋酸盐中的二碳分子是构成胆固醇碳原子的基础的推断，1951 年德国生物化学家吕南（F.Lynen）成功地分离出"活性乙酸"（即乙酰 CoA），发现它是人体内所有脂质的前体（包括胆固醇和脂肪）。布洛赫和吕南分别发现甲羟戊酸先被转化为异戊二烯，然后再被转化为角鲨烯，角鲨烯会被转化为羊毛固醇，再进一步转化成胆固醇。1964 年，布洛赫和吕南共同获得诺贝尔生理学或医学奖。

4. 胆固醇合成的调节　在胆固醇合成过程中，HMGCoA 还原酶是合成胆固醇的关键酶，对调节胆固醇合成具有重要意义，各种调节因素主要是通过改变 HMGCoA 还原酶活性，来影响胆固醇的合成。

（1）饥饿与饱食　在饥饿或禁食时，一方面使 HMGCoA 还原酶合成量减少，酶活性降低；另一方面合成胆固醇的原料乙酰CoA、ATP 和 NADPH+H$^+$不足，导致肝合成胆固醇减少。相反，饱食、高糖和高脂饮食时，肝内 HMGCoA 还原酶活性增加，胆固醇合成增加。

（2）胆固醇含量　无论是体内合成的内源性胆固醇，还是进食的外源性胆固醇，都可反馈抑制肝 HMGCoA 还原酶的活性。当体内胆固醇含量升高时，反馈抑制肝 HMGCoA 还原酶，使内源性胆固醇合成减少。而小肠内 HMGCoA 还原酶不受胆固醇反馈抑制，即小肠细胞内合成胆固醇不受胆固醇含量的影响。因此，当大量进食胆固醇时，尽管肝内胆固醇合成减少，但是小肠细胞内胆固醇合成不受影响，仍可使血浆胆固醇含量升高。相反，降低进食胆固醇，减轻对酶合成的抑制作用，肝内合成增强也可使总胆固醇量增加。由此可见，单靠限制饮食胆固醇，并不一定能降低血浆胆固醇的浓度。

（3）激素　胰岛素及甲状腺素能诱导肝 HMGCoA 还原酶的合成，从而增加胆固醇的合成。胰高血糖素及糖皮质激素则能抑制 HMGCoA 还原酶的活性，故可减少胆固醇的合成。甲状腺素一方面能诱导肝 HMGCoA 还原酶的合成，促进胆固醇合成；另一方面又可促进胆固醇在肝内转变成胆汁酸，而后一作用较前者强，所以，甲状腺功能亢进患者的血清胆固醇含量反而下降。

（4）药物作用　洛伐他汀、辛伐他汀等他汀类药物能抑制 HMGCoA 还原酶的活性，减少胆固醇的合成。临床上用这些药降低血液胆固醇。

（二）胆固醇酯的生成

血浆中和细胞内的游离胆固醇都可以被酯化成胆固醇酯，但不同部位催化胆固醇酯化的酶及其反应过程不同。

1. 血浆中酯化　血浆中胆固醇在卵磷脂-胆固醇脂酰基转移酶（lecithin cholesterol acyltransferase，LCAT）的催化下，生成胆固醇酯及溶血磷脂。

$$\text{胆固醇 + 卵磷脂} \xrightarrow{\text{LCAT}} \text{胆固醇酯 + 溶血卵磷脂}$$

2. 细胞内酯化　在组织细胞内，游离胆固醇可在脂酰 CoA 胆固醇脂酰基转移酶（acyl-CoA cholesterol acyltransferase，ACAT）的催化下，接受脂酰 CoA 的脂酰基酯化成胆固醇酯。

$$\text{胆固醇 + 脂酰CoA} \xrightarrow{\text{ACAT}} \text{胆固醇酯 + CoA-SH}$$

正常情况下，游离胆固醇与胆固醇酯含量呈一定比例，FC/CE= 1/3，当肝功能障碍时，酯化能力下降，导致游离胆固醇与胆固醇酯比值升高。因此，测定 FC/CE 可反映肝细胞功能。

（三）胆固醇的转化和排泄

胆固醇与糖、脂肪及蛋白质不同，它既不能作为能源物质分解供能，也不能彻底氧化成 CO_2 和 H_2O。在体内胆固醇的侧链经氧化、还原、或降解转变成生理活性物质。

1. 胆固醇的转化

（1）转变成胆汁酸　体内胆固醇的主要代谢途径是在肝内转化成胆汁酸。胆汁酸作为胆汁的主要成分，随胆汁排入肠道。正常人每天合成 1~1.5 g 胆固醇，其中约 2/5 在肝转变成胆汁酸。胆汁酸是一种高效乳化剂，在肠道能使脂质乳化，促进脂质和脂溶性维生素的消化和吸收。

（2）转变成维生素 D_3　在肝、小肠黏膜及皮肤等处的胆固醇，脱氢生成 7-脱氢胆固醇。储存在皮下的 7-脱氢胆固醇经紫外线照射可转变成维生素 D_3。

（3）转变成类固醇激素　胆固醇在肾上腺皮质细胞内可转变成皮质醇、皮质酮、醛固酮和性激素；在睾丸可转变成睾酮等雄激素。在卵巢可转变成孕酮及雌二醇等。

2.胆固醇的排泄

（1）体内大部分胆固醇在肝转变成胆汁酸，并以胆汁酸盐的形式随胆汁排入肠道，随粪便排出体外，这是胆固醇排泄的主要途径。每日排出量约占胆固醇合成量的40%。在小肠下段，大部分胆汁酸被肠黏膜细胞重吸收，经门静脉入肝，构成胆汁酸的肠肝循环；小部分胆汁酸经肠道细菌作用后排出体外。消胆胺可与胆汁酸结合，阻断胆汁酸的肠肝循环，增加胆汁酸的排泄，间接促进肝内胆固醇转变成胆汁酸，降低胆固醇。

（2）肝的胆固醇可与胆汁酸盐形成混合微粒，随胆汁经胆道排入肠道；胆固醇也可以通过肠黏膜脱落而排入肠腔；胆固醇被肠道细菌还原为粪固醇后排出体外（图8-14）。

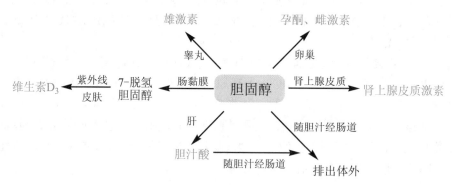

图8-14　胆固醇的转化与排泄

第四节　血脂与血浆脂蛋白

一、血脂的组成和含量

血浆中所含的脂质称为血脂。主要由三酰甘油、磷脂、胆固醇、胆固醇酯及游离脂肪酸等脂质物质组成。血脂的来源有：①食物中脂质消化吸收入血液（外源性）；②脂库中脂肪动员释放和体内合成的脂质（内源性）。血脂的去路有：①氧化分解；②构成生物膜；③进入脂库储存；④转变为其他物质。

正常人血脂的含量变化范围较大，受年龄、饮食、运动、代谢及性别等多种因素的影响。其中饮食对血脂影响最大。例如，高脂肪饮食后，可使血脂含量大幅度上升，需要经过12h左右才能恢复到原来含量。因此临床进行血脂测定时，要在进食后12～14 h（空腹）才能采血，以避免饮食对测定结果的影响。

另外，健康状况也会引起血脂的变化，如糖尿病、动脉粥样硬化和冠心病的病人，血液总胆固醇和三酰甘油含量异常升高。因此测定血脂含量，在临床诊断上，特别是对心血管疾病的诊断中具有极其重要的意义。

表8-1是我国正常成年人空腹血脂正常参考值。

二、血浆脂蛋白的分类与功能

（一）血浆脂蛋白

由于脂质的极性很小，难溶于水，所以不能单独存在血液中。在血液中，脂质与蛋白质结合成可溶于水的复合体，称这些复合体为脂蛋白（lipoprotein，LP）。其中的蛋白质称为载脂蛋

表 8-1　正常成年人空腹血脂正常参考值

成　分	正常参考值（mmol/L）	空腹时主要来源
三酰甘油（TG）	0.45～1.69	肝
总胆固醇（TC）	2.85～5.18	肝
胆固醇酯 (CE)	1.81～3.38	肝
游离胆固醇 (FC)	1.02～1.81	肝
磷脂（PL）	1.7～3.2	肝
游离脂肪酸（FFA）	0.4～0.9	脂肪组织

白 (apolipoprotien，apo)。血液中的三酰甘油、磷脂、胆固醇、胆固醇酯等脂质，主要以脂蛋白形式存在和运输。脂肪酸则与清蛋白结合，在血液中存在和运输。

　　血浆脂蛋白中，疏水性的三酰甘油和胆固醇酯集中在颗粒的中心；而载脂蛋白、磷脂、胆固醇等两性分子，以极性基团朝向外侧水相，疏水基团朝向颗粒中心，并以单分子层包绕在颗粒表面，形成稳定的球状颗粒（图 8-15）。

　　(二)血浆脂蛋白的分类

　　1. 密度分类法（超速离心法）　各种类型的血浆脂蛋白，由于脂质和载脂蛋白的种类和含量不同，形成的颗粒密度也不相同，脂质比例高的密度小，载脂蛋白比例高的密度大。当把血

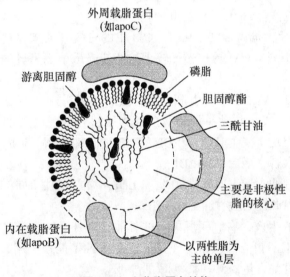

图 8-15　血浆脂蛋白结构

浆置于一定密度的盐溶液中进行超速离心时，由于各种脂蛋白的密度不同，沉降速度不同，可将血浆脂蛋白按密度由小到大分为四类：乳糜微粒（chylomicrons，CM）、极低密度脂蛋白（very low density lipoprotein，VLDL）、低密度脂蛋白（low density lipoprotein，LDL）和高密度脂蛋白（high density lipoprotein，HDL）（图 8-16）。

　　2. 电泳分类法　不同的血浆脂蛋白，所含蛋白质的种类、分子量大小、颗粒表面电荷不同，在电场中具有不同的移动的速度。按移动速度快慢将脂蛋白分为四类：α- 脂蛋白（α-LP）、前 β- 脂蛋白（preβ-LP）、β- 脂蛋白（β-LP）、乳糜微粒（图 8-17）。

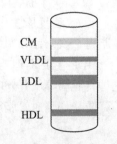

图 8-16　血浆脂蛋白超速离心

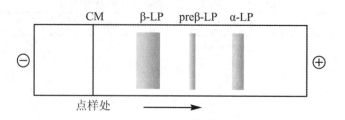

图 8-17　血浆脂蛋白电泳图谱

正常脂蛋白电泳图谱的量比：β- 脂蛋白＞α- 脂蛋白＞前 β- 脂蛋白。乳糜微粒仅在进食后才有，空腹时难以检出。

（三）血浆脂蛋白功能

血浆脂蛋白主要由载脂蛋白、三酰甘油、磷脂、胆固醇和胆固醇酯组成。各种脂蛋白都含有这五种成分，但其组成比例、含量、来源不同，以及各类脂蛋白在体内合成部位不同，所以具有不同的生理功能（表 8-2）。

1. 乳糜微粒　CM 由小肠黏膜细胞合成。首先小肠黏膜细胞将吸收的单酰甘油和脂肪酸重新合成三酰甘油，再与磷脂、胆固醇酯及载脂蛋白等形成新生 CM，经淋巴管入血液。新生 CM 在血液中与 HDL 进行成分交换，接受 HDL 的 apoC 和 E，并将部分 apoA Ⅰ、A Ⅱ、A Ⅳ 转移给 HDL，形成成熟的 CM。在血液中，脂蛋白脂肪酶（lipoprotein lipase，LPL）水解 CM 的 TG 后，生成 CM 残粒，CM 残粒被含 apoE 受体的肝细胞降解。

乳糜微粒中三酰甘油含量占 80%～95%。CM 中的三酰甘油来自食物，所以 CM 主要生理功能是运输外源性三酰甘油。CM 颗粒半径较大，能使光散射而呈乳浊，这是饱食后血清混浊的原因。

2. 极低密度脂蛋白　VLDL 主要由肝细胞合成，小部分在小肠黏膜细胞合成。肝细胞以葡萄糖代谢的中间产物，或脂肪动员的脂肪酸等为原料合成三酰甘油，再与磷脂、胆固醇及 apoB$_{100}$、apoE 等合成 VLDL。在血液中，VLDL 的 TG 被 LPL 水解，生成 IDL（中间密度脂蛋白），IDL 的 TG 继续被 LPL 水解，最后生成 LDL。

VLDL 颗粒中三酰甘油含量占 50%～70%，VLDL 中的三酰甘油是在肝合成的，所以 VLDL 的主要生理功能是运输内源性三酰甘油到肝外组织。

由此可见，VLDL 的生成，有利于肝内三酰甘油向肝外运输。磷脂是肝合成 VLDL 的重要原料，如果肝缺少磷脂时，肝合成 VLDL 下降，三酰甘油不能被利用，而堆积在肝内。当肝内脂质总量＞10% 或三酰甘油含量＞5% 时，称为脂肪肝。

3. 低密度脂蛋白　在血液中 VLDL 的 TG 被 LPL 水解后生成 LDL。LDL 中胆固醇和胆固醇酯含量占 40%～50%。LDL 的主要生理功能是从肝转运内源性胆固醇到肝外组织。LDL 主要被含 LDL 受体细胞降解清除，而氧化型 LDL(oxLDL) 则由含清道夫受体的细胞清除。

4. 高密度脂蛋白　HDL 主要在肝合成，小部分在小肠合成。HDL 含胆固醇占 20%～23%，磷脂占 25%。HDL 由含 HDL 受体的肝细胞降解。

HDL 主要生理功能，是把肝外组织的胆固醇转运到肝，在肝胆固醇被酯化生成胆固醇酯。这种将胆固醇从肝外向肝内转运的过程，称为胆固醇逆向转运。这一过程对清除外周血管壁胆固醇，防止心脑血管脂质沉积和粥样硬化有重要意义。

表 8-2　血浆脂蛋白分类、组成与功能

分类	密度分类 电泳分类	CM 乳糜微粒	VLDL 前 β- 脂蛋白	LDL β- 脂蛋白	HDL α- 脂蛋白
物理 性质	密度	<0.95	0.95 ~ 1.006	1.006 ~ 1.063	1.063 ~ 1.210
	颗粒直径（nm）	90 ~ 1000	30 ~ 90	20 ~ 30	7.5 ~ 10
化学 组成 （%）	蛋白质	0.5 ~ 2	5 ~ 10	20 ~ 25	50
	脂类	98 ~ 99	90 ~ 95	75 ~ 80	50
	三酰甘油	80 ~ 95	50 ~ 70	10	5
	磷脂	5 ~ 7	15	20	25
	总胆固醇	4 ~ 5	15 ~ 19	48 ~ 50	20 ~ 23
	胆固醇	1 ~ 2	5 ~ 7	8	5 ~ 6
	胆固醇酯	3	10 ~ 12	40 ~ 42	15 ~ 17
主要载脂蛋白		A I、B48、C	B100、C II、E	B100	A I、A II、C I
合成部位		小肠	肝	血浆	肝、小肠
主要生理功能		转运外源性 TG	转运内源性 TG	转运肝内胆固醇至肝外	逆向转运胆固醇至肝内

三、脂蛋白代谢紊乱与动脉粥样硬化

脂蛋白代谢紊乱以高脂蛋白血症最为常见。而引起脂蛋白代谢紊乱的原因是多因素的，有遗传的因素，也有继发于其他疾病的因素。

（一）高脂蛋白血症

空腹血浆中三酰甘油（TG）和（或）总胆固醇（TC）浓度升高，称为高脂血症。由于血脂在血浆中以脂蛋白形式运输，高脂血症也表现为不同类型脂蛋白升高，故高脂血症也可认为是高脂蛋白血症。一般以成人空腹 12 ~ 14 h 血浆（清）总胆固醇 >6.21mmol/L 或三酰甘油 >2.26mmol/L 为高脂蛋白血症。1970 年世界卫生组织（WHO）建议将高脂蛋白血症分为五型六类（表 8-3）。

（1）I 型高脂蛋白血症　又称家族性高乳糜微粒血症。原发性主要见于 LPL 缺陷，继发性见于胰岛素依赖性糖尿病、胰腺炎等。由于 LPL 缺陷，乳糜微粒的三酰甘油不能被水解，而导致乳糜微粒升高，空腹血清脂蛋白电泳图谱可见乳糜微粒带。其特点是血清三酰甘油明显升高，可达 11.3 ~ 45.2 mmol/L，而总胆固醇升高不明显。

（2）II 型高脂蛋白血症　又称高 β- 脂蛋白血症，又分为 II a 和 II b 两型。LDL 受体缺陷为其原发性病因，继发性见于肾病综合征、糖尿病、甲状腺功能低下，肾上腺皮质功能亢进及阻塞性肝病等疾病。由于 LDL 受体缺陷，LDL 不能被细胞摄取和降解，患者血浆中 LDL 明显增加，血浆总胆固醇含量显著增高。II a 型和 II b 型的区别在于，II a 型仅 LDL 增加，而 II b 型 LDL 和 VLDL 都增加，所以 II b 型不仅胆固醇升高，三酰甘油也升高。

（3）III 型高脂蛋白血症　又称宽 β- 脂蛋白血症。其特点是：血清总胆固醇和三酰甘油明显增高；电泳图谱出现 β- 脂蛋白与前 β- 脂蛋白区带融合，形成一条宽而浓染的色带，称为宽 β 带，因此又称该型为宽 β- 脂蛋白血症。患者主要临床特征是出现黄色瘤和早发动脉粥样硬化。

（4）IV 型高脂蛋白血症　又称高三酰甘油或高前 β- 脂蛋白血症。其特点是：前 β- 脂蛋白电泳区带增宽浓染，血清三酰甘油升高。病因是 VLDL 生成过多和 VLDL 分解代谢障碍。多见于肥胖中老年人，或糖尿病及慢性肾功能不全的病人。研究表明，IV 型高脂血症占高脂血症总量的50% 以上。

（5）V 型高脂蛋白血症　又称高乳糜微粒高 β- 脂蛋白血症。其特点是：前 β- 脂蛋白电泳区

带增宽浓染，血清三酰甘油明显升高，总胆固醇也升高。临床上多出现在继发性高脂蛋白血症，特别是急性出血性胰腺炎时。

表8-3　高脂蛋白血症分型

分 型	脂蛋白变化	血脂变化	发病率
I	CM ↑	TG ↑↑↑	罕见
Ⅱa	LDL ↑↑	TC ↑↑	常见
Ⅱb	LDL ↑ VLDL ↑	TG ↑↑ TC ↑↑	常见
Ⅲ	IDL ↑	TG ↑↑ TC ↑↑	罕见
Ⅳ	VLDL ↑	TG ↑↑ TC ↑	常见
Ⅴ	CM ↑↑ VLDL ↑↑	TG ↑↑ TC ↑	较少

案例分析

　　患者，女，39岁，发现皮肤黄色斑块10年，胸闷2年，反复发作胸痛1年。心电图检查示心肌缺血。血压138/90mmHg，心率74次/分，节律齐，无心脏杂音。双侧上眼睑有扁平黄色瘤，手指、足跟肌腱处见结节状黄色瘤，两眼有明显的角膜弓。血脂测定结果为：TC 12.3mmol/L，TG 1.5mmol/L，HDL-C 1.2mmol/L，LDL-C 8.0mmol/L。其母亲有冠心病，父亲有高血压，兄妹中一个有胆固醇增高。

　　思考：1. 该患者可诊断为哪型高脂蛋白血症？如要进一步确诊，可做何种检查？
　　　　　2. 除药物治疗外，该患者平时应注意哪些问题？

（二）动脉粥样硬化

　　动脉粥样硬化（atherosclerosis，AS）是指动脉内膜的脂质、血液成分的沉积，平滑肌细胞及胶原纤维增生，伴有坏死及钙化等不同程度病变的一类慢性进行性病理过程。AS是心脑血管系统中最常见的疾病。AS容易发生在主动脉、颈动脉、冠状动脉、脑动脉、肾动脉及周围动脉等。AS主要损伤动脉内壁膜，使血管壁纤维化增厚、狭窄和阻塞，血流量减少，远端组织和器官缺血性损伤，严重时可导致冠心病发生。

　　1. **致动脉粥样硬化的脂蛋白**　凡能增加动脉壁胆固醇内流和沉积的脂蛋白，称为致动脉粥样硬化脂蛋白，包括VLDL、LDL、oxLDL、sLDL(小而密LDL)和Lp(a)等。

　　高脂蛋白血症是动脉粥样硬化的危险因素。研究表明，血浆胆固醇含量超过6.7 mmol/L者比低于5.7 mmol/L者的冠状动脉粥样硬化发病率高7倍。由于血浆胆固醇主要存在于LDL中，因此LDL增高，特别是sLDL含量升高与动脉粥样硬化的关系最为密切，认为sLDL是动脉粥样硬化发生的强危险因素。血浆胆固醇水平升高，不仅可造成血管内皮细胞损伤，而且还刺激血管平滑肌细胞内胆固醇酯堆积而转变成泡沫细胞。泡沫细胞是动脉粥样硬化的典型损害之一。Lp(a)能损伤血管内皮细胞，促进泡沫细胞脂肪斑块形成和平滑肌细胞增生。故认为Lp(a)是致AS的独立危险因素。

　　2. **抗动脉粥样硬化的脂蛋白**　凡能促进胆固醇从血管壁外运的脂蛋白如HDL，称为抗AS的脂蛋白。HDL具有抗动脉粥样硬化的作用，是因为HDL能清除周围组织的胆固醇，维持血中胆固醇正常水平，保护血管内膜不受 LDL 损害，HDL 能抑制 LDL 氧化，抑制泡沫细胞脂肪斑块形成。调查资料表明，血浆 HDL 较高的人不仅长寿，而且很少会发生心肌梗死。相反，血浆 HDL 较低的人，即使血浆总胆固醇含量不高，也容易发生动脉粥样硬化。糖尿病患者及肥胖者血浆中的 HDL 均比较低，因此容易患冠心病。

架起通向临床的桥梁

1. **肥胖症**　分单纯性和继发性两类。单纯性肥胖指无明显内分泌代谢疾病的肥胖。又可分为体质性肥胖及获得性肥胖两种。体质性肥胖有家族遗传史，患者自幼进食丰富，入量过剩，从小肥胖，脂肪细胞呈增生肥大，治疗较为困难。获得性肥胖大多由于营养过度和（或）体力活动减少所致，如人到中年后生活物质条件的改善、疾病恢复和休养充分、产后停止体育锻炼或体力劳动等。脂肪细胞呈肥大变化，没有增生现象，治疗效果较好。

继发性肥胖主要为神经内分泌疾病所致。神经内分泌对代谢有重要调节作用：①下丘脑有调节食欲的中枢，中枢神经系统炎症后遗症、创伤、肿瘤等均可引起下丘脑功能异常，使食欲旺盛而造成肥胖。②胰岛素分泌增多，如早期非胰岛素依赖型糖尿病患者注射过多胰岛素，致高胰岛素血症；胰岛 β 细胞瘤分泌过多的胰岛素，这都使脂肪合成增加，引起肥胖。③垂体功能低减，特别是促性腺激素及促甲状腺激素减少引起性腺及甲状腺功能低下时，可发生肥胖症。④经产妇或口服女性避孕药者易发生肥胖，这提示雌激素有促进脂肪合成的作用。⑤皮质醇增多症常伴有向心性肥胖。⑥甲状腺功能减退，由于代谢率低下，脂肪堆积，且伴黏液水肿。⑦性腺低下也可肥胖，如肥胖性生殖无能症（脑性肥胖症，弗洛利克综合征，外伤、脑炎、垂体瘤、颅咽管瘤等损伤下丘脑所致，表现为向心性肥胖，伴尿崩症及性发育迟缓）。

2. **新生儿肺透明膜病**（hyaline membrane disease，HMD）　又称新生儿呼吸窘迫综合征，系指出生后不久即出现进行性呼吸困难、青紫、呼气性呻吟、吸气性三凹征和呼吸衰竭。其病理特征为肺泡壁至终末细支气管壁上附有嗜伊红透明膜。本病是因为缺乏由 Ⅱ 型肺泡细胞产生的表面活性物质（PS）所造成，表面活性物质的 80% 以上由磷脂（PL）组成，在胎龄 20～24 周时出现，35 周后迅速增加，故本病多见于早产儿，胎龄越小，发病率越高。PS 缺乏的原因有：①早产：小于 35 周的早产儿 Ⅱ 型细胞发育未成熟，PS 生成不足；②缺氧、酸中毒、低温：均能抑制早产儿生后 PS 的合成；③糖尿病孕妇的胎儿：其胎儿胰岛细胞增生，而胰岛素具有拮抗肾上腺皮质激素的作用，延迟胎肺成熟；④剖宫产：因其缺乏正常子宫收缩，刺激肾上腺皮质激素增加，促进肺成熟，PS 相对较少。

（张　申　王海英）

第九章　氨基酸和核苷酸代谢

学习目标

掌握

氨基酸的脱氨基作用，氨的代谢，一碳单位的代谢，嘌呤核苷酸合成代谢的原料和分解代谢的终产物，嘧啶核苷酸合成代谢的原料和分解代谢的终产物。

熟悉

氮平衡、蛋白质的互补作用，α-酮酸的代谢，氨基酸的脱羧基作用，一碳单位代谢、含硫氨基酸的代谢、芳香族氨基酸的代谢；核苷酸抗代谢物。

了解

蛋白质的消化吸收和腐败作用，嘌呤、嘧啶核苷酸的合成过程。

氨基酸是组成蛋白质的基本单位，蛋白质在体内首先分解成氨基酸，然后再进一步代谢，所以氨基酸代谢是蛋白质分解代谢的核心内容，也是蛋白质与糖、脂类及核苷酸代谢相互联系的重要环节。本章主要介绍氨基酸的分解代谢。

核苷酸不仅作为核酸的基本组成单位，参与 RNA 和 DNA 的生物合成，而且还参与能量代谢、物质代谢的调节和构成酶的辅助因子等。体内核苷酸的合成与分解代谢与临床都有密切的联系。

第一节　蛋白质的营养作用

一、氮平衡与蛋白质的生理需要量

蛋白质是组织细胞的主要成分，在维持组织细胞的生长、更新和修复中起重要作用。蛋白质是生命活动的物质基础，参与了几乎所有的生命活动，如催化、代谢调节、免疫、血液凝固、运输、协调运动等。上述功能不能由糖、脂质代替，由此可见，膳食必须提供足够质和量的蛋白质，才能满足机体生长、发育、更新和组织修补，维持正常代谢和保障各种生命活动的需要。蛋白质在体内的氧化分解过程中可释放能量，是体内能量来源之一，每克蛋白质在体内氧化分解产生 17 kJ（4 kcal）能量。但是，蛋白质的这一功能可由糖和脂肪代替，因此，氧化供能是蛋白质的次要功能。

（一）氮平衡

氮平衡（nitrogen balance）是指机体每日氮的摄入量与排出量之间的对比关系。蛋白质的含氮量平均约为 16%，摄入的氮主要来自食物中的蛋白质，排出的氮主要是蛋白质在体内分解代谢的终产物。所以，测定摄入氮量与尿、粪中排出氮量，可间接了解体内蛋白质合成与分解代谢的状况。氮平衡有以下 3 种类型：

1. 氮的总平衡　摄入氮＝排出氮，称为氮的总平衡。反映体内蛋白质的合成与分解处于动态平衡，即氮的"收支"平衡，见于正常成人。

2. 氮的正平衡　摄入氮＞排出氮，称为氮的正平衡。反映体内蛋白质合成大于分解，常见于儿童、孕妇、哺乳期妇女以及病后恢复期患者。

3. 氮的负平衡　摄入氮＜排出氮，称为氮的负平衡。反映体内蛋白质合成小于分解，常见于饥饿、营养不良、消耗性疾病（如结核、肿瘤等）、大面积烧伤及大量失血等情况。

用同位素 ^{15}N 标记氨基酸进行示踪实验表明，60 kg 体重的成人每天蛋白质更新 140～300g。其中大约 1/3 的更新量需由食物蛋白质补充，其余 2/3 则来自组织蛋白质的分解，以维持氮的总平衡。由此可见，摄取足够的蛋白质对维持氮总平衡或氮正平衡是必需的。

（二）蛋白质的生理需要量

根据氮平衡实验计算，在不摄入蛋白质条件下，成人每日蛋白质的最低分解量约 20 g。但食物蛋白质与人体蛋白质组成有一定差异，不可能全部被利用，故成人每日最少需要 30～50 g 蛋白质。为了使机体保持最佳功能状态，我国营养学会推荐成人每日蛋白质需要量为 80 g。

二、蛋白质的营养价值

由于各种蛋白质所含氨基酸的种类和数量不同，它们的营养价值也不同。有的蛋白质含有体内所需要的各种氨基酸，且含量充足，则此种蛋白质的营养价值高。

（一）必需氨基酸

实验证明，人体内有 8 种氨基酸不能自行合成。这些体内需要又不能自行合成，必须由食物供给的氨基酸称为必需氨基酸。它们是赖氨酸、色氨酸、苯丙氨酸、甲硫氨酸、苏氨酸、缬氨酸、异亮氨酸和亮氨酸。其余 12 种氨基酸在体内可自行合成，不一定需要由外界食物供给，此类氨基酸称之为非必需氨基酸。

一般来说，含有必需氨基酸种类齐全和数量充足的蛋白质，其营养价值高，反之营养价值低。由于动物性蛋白质所含人体必需氨基酸的种类和比例与人体需要氨基酸的组成及比例相接近，故营养价值高。

（二）蛋白质的互补作用

将不同种类营养价值较低的蛋白质混合食用，则必需氨基酸可以互相补充，从而提高蛋白质的营养价值，这称为食物蛋白质的互补作用。例如谷类蛋白质中赖氨酸较少而色氨酸较多，而大豆蛋白质则与之相反。如将谷类与大豆蛋白质混合食用，使必需氨基酸互相补充，可满足机体对这两种氨基酸的需要，提高了营养价值。故提倡食物多样化是提高蛋白质营养价值的重要途径。

三、蛋白质的腐败作用

（一）蛋白质的消化

食物蛋白质是体内氨基酸的根本来源。蛋白质经过消化，一方面消除了蛋白质的种属特异性或免疫原性；另一方面使蛋白质水解为氨基酸有利于机体吸收利用。如异体蛋白质直接进入人体，则会引起过敏现象，产生毒性反应。蛋白质的消化是在胃肠道多种蛋白酶及肽酶协同作用下完成的（图 9-1）。

1. 胃内消化　胃黏膜主细胞所分泌的胃蛋白酶原在胃内经胃酸（ HCl ）或胃蛋白酶本身激活而成胃蛋白酶。胃蛋白酶的最适 pH 为 1.5～2.5，pH 为 6 时失活。它主要水解由芳香族氨基酸的羧基与相邻氨基酸氨基所形成的肽键，产物为多肽。

2. 小肠内消化　小肠是蛋白质消化的主要场所。来自胰腺的各种蛋白酶原在十二指肠

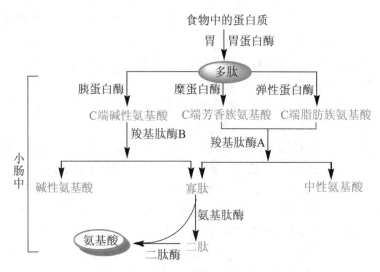

图 9-1　蛋白质的消化过程

迅速被肠激酶（entero kinase）激活而发挥消化作用。这些酶的最适 pH 为 7.0 左右，分为内肽酶（endopeptidase）与外肽酶（exopeptidase）。内肽酶包括胰蛋白酶（trypsin）、糜蛋白酶（chymotrypsin）及弹性蛋白酶（elastase），其中以胰蛋白酶为主，特异性较强，催化蛋白质肽链内的肽键水解，产物为小分子肽类。外肽酶主要有羧基肽酶（carboxypeptidase）A 和 B，特异性较强。它们催化肽链羧基末端氨基酸残基水解，逐个释放氨基酸。

（二）氨基酸的吸收

蛋白质在小肠内水解成各种氨基酸后几乎全部被小肠黏膜细胞所吸收。其吸收方式主要通过以下两种方式进行。

1. 氨基酸的载体吸收　小肠黏膜细胞膜上存在氨基酸载体蛋白，肠腔中的氨基酸与载体蛋白结合后被转运入肠黏膜细胞，这种载体吸收需耗能（ATP），并要 Na+ 协助完成。

此外，肠腔内氨基酸浓度较高时，还可依浓度梯度的不同，扩散到小肠细胞内而吸收。

2. γ- 谷氨酰基循环　小肠黏膜、肾小管上皮细胞膜上存在 γ- 谷氨酰基转肽酶，催化谷胱甘肽和氨基酸形成 γ- 谷氨酰氨基酸，它一旦进入小肠细胞立即将吸收的氨基酸释放进入小肠黏膜细胞内侧，此种氨基酸的吸收方式称为 γ- 谷氨酰基循环。

（三）氨基酸在肠内的腐败作用

肠内少量未消化的蛋白质（约占食物蛋白质的 5%）以及未吸收的氨基酸，被大肠下段　细菌群作用的过程称腐败作用。腐败作用主要是细菌无氧分解过程。腐败作用的大多数产物　对人体有害，但也生成少量脂肪酸和维生素等可被人体利用的物质。

1. 胺类的生成　肠道菌的蛋白酶将食物残渣中的蛋白质水解成氨基酸，它再经脱羧作用生成各种胺类。某些氨基酸在肠道脱羧基生成的胺类见表 9-1。

表 9-1　氨基酸脱羧基生成的胺类

氨基酸	胺	生物学效应
组氨酸	组胺	扩血管、降血压，过敏反应
色氨酸	色胺	缩血管、升血压
酪氨酸	酪胺	升血压、转变成为假经递质
苯丙氨酸	苯乙胺	转变成假神经递质
赖氨酸	尸胺	降血压
鸟氨酸	腐胺	毒性物质

2. 氨的生成　肠道氨的来源主要有两个：①未被吸收的氨基酸在肠道细菌作用下脱氨基生成；②血液中尿素渗入肠道，被肠道细菌的脲酶水解生成的氨。

肠道 pH 可影响氨的吸收，pH 偏碱性，氨吸收增加，降低肠道 pH，可减少氨的吸收。例如，人工合成的双糖半乳糖果糖苷不被肠液中的酶水解，而在结肠中被细菌分解成乳酸及少量的乙酸和甲酸，可降低结肠的 pH，从而减少氨的吸收。

3. 其他代谢产物　主要有色氨酸分解生成的吲哚、甲基吲哚，酪氨酸分解生成的对苯酚、甲苯酚，半胱氨酸分解生成的硫醇、甲烷及 H_2S 气体等。

正常情况下，上述有害物质大部分随粪便排出体外，只有小部分被吸收，经肝的代谢转变为低毒甚至无毒物质，故不会发生中毒现象。便秘时吸收增加可对人体产生毒害，所以保持大便通畅可避免肠内蛋白质腐败产物对人体的毒害。

四、氨基酸静脉营养与临床应用

氨基酸静脉营养是指通过静脉输入方式提供机体生理上所需要的氨基酸。其目的是通过静脉营养的方式使机体如同肠道吸收一样获得氨基酸，供机体合成蛋白质。据报道，住院病人死亡者中有 10% ~ 30% 的直接原因或主要原因是营养不良造成的。因此，静脉营养剂的使用，可使许多病人转危为安，是提高临床疗效的重要方法。

（一）氨基酸制剂的种类

氨基酸制剂的种类包括水解蛋白质注射液和结晶氨基酸混合液。水解蛋白质注射液是天然蛋白质水解后获得的混合氨基酸溶液。结晶氨基酸混合液是人为地按特定含量和比例以各种氨基酸为原料配制而成。其优点在于纯净、组成灵活、不含肽类等。结晶氨基酸混合液种类很多，如纯氨基酸营养液、营养代血浆和复合营养液等。

（二）选用原则

氨基酸制剂的选用应有临床针对性。因此，氨基酸制剂临床分类为：普通营养型氨基酸制剂和特殊用途氨基酸制剂。

1. 营养型氨基酸制剂　该制剂以营养为目的，其成分不仅含有血液中的各种氨基酸，而且要求比例适当以保证平衡，故又称平衡氨基酸制剂。

2. 特殊用途氨基酸制剂　是指根据不同疾病和不同患者的代谢特点，具有较强针对性的氨基酸制剂，故又称非平衡氨基酸制剂。如肝病用氨基酸制剂、肾病用氨基酸制剂、严重创伤感染性等应激性氨基酸制剂等。

（三）适应证

在临床工作中，下列情况之一者均可考虑给予氨基酸制剂：

（1）不能通过胃肠道正常摄取食物的疾病。如高位肠瘘、食管瘘、食管胃肠先天性畸形等。

（2）手术前后的危重病人、化疗期间胃肠反应严重的癌症病人。

（3）代谢高度亢进，经口摄入食物不能满足营养需要。如烧伤、严重创伤或感染等。

（4）吸收不良或胃肠道需要休息。如溃疡性结肠炎、消化道大出血、长期腹泻等。

（5）昏迷或体质虚弱，长期处于消耗状态，在短期内尚无恢复营养可能的。

第二节　氨基酸的一般代谢

各种氨基酸尽管其分子结构不同，但分子中均含有 α- 氨基和 α- 羧基，脱氨基作用和脱羧基作用是氨基酸分解代谢的共同途径，即氨基酸的一般代谢。

一、氨基酸代谢概况

肠道吸收的氨基酸、体内合成的非必需氨基酸以及组织蛋白质分解产生的氨基酸，在细胞内和体液中混合为一体，通过血液循环在各个组织间转运，构成氨基酸代谢库或称为氨基酸代谢池。

人体内的蛋白质处于分解与合成的动态平衡之中。正常成人每天约有总蛋白质的 1%～2% 被降解，其降解释放的氨基酸有 75%～80% 被再用于合成新的蛋白质。体内各种组织蛋白的更新速度很不一致，它们的半寿期（减少其总量 50% 所需的时间）相差悬殊，更新速度快的蛋白质，其半寿期仅为数十分钟或几小时，如血浆脂蛋白的某些载脂蛋白；中等速度更新的蛋白质，它们的半寿期在 10 天左右，如肝细胞中的大部分蛋白质、血浆中的多种蛋白质等；也有一些组织蛋白的更新速率较慢，其半寿期超过数月，例如结缔组织中的胶原蛋白、核内的组蛋白等。

氨基酸一般代谢主要有两大途径：其一是脱氨基作用生成相应的 α-酮酸和氨，其二是脱羧基作用生成 CO_2 和胺类。

氨基酸代谢概况如图 9-2 所示。

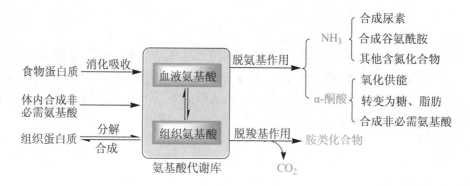

图 9-2　氨基酸代谢概况

二、氨基酸的脱氨基作用

氨基酸分解代谢主要是脱氨基作用。氨基酸的脱氨基作用方式主要有三种，即转氨基作用、氧化脱氨基作用和联合脱氨基作用，其中以联合脱氨基作用最重要。

（一）转氨基作用

一种氨基酸和一种 α-酮酸在转氨酶的催化下，生成另一种 α-酮酸和另一种氨基酸的过程，称为转氨基作用。人体内多数氨基酸（除甘、苏、赖、脯氨酸外）均可在相应的转氨酶作用下与 α-酮酸（多为 α-酮戊二酸）发生转氨基作用。

$$\begin{array}{c} R_1 \\ | \\ CHNH_2 \\ | \\ COOH \end{array} + \begin{array}{c} R_2 \\ | \\ C=O \\ | \\ COOH \end{array} \xrightleftharpoons{\text{转氨酶}} \begin{array}{c} R_1 \\ | \\ C=O \\ | \\ COOH \end{array} + \begin{array}{c} R_2 \\ | \\ CHNH_2 \\ | \\ COOH \end{array}$$

转氨酶种类很多，但不同组织中含量有显著差异。其中以丙氨酸氨基转移酶（ALT）、天冬氨酸氨基转移酶（AST）最为重要，它们的催化反应过程如图 9-3 所示。

转氨酶的辅酶是维生素 B_6 的磷酸酯，即磷酸吡哆醛。磷酸吡哆醛接受氨基酸分子中的氨基生成磷酸吡哆胺，后者将氨基传递给 α-酮酸又生成磷酸吡哆醛，从而实现氨基转移。转氨基作用如图 9-4 所示。

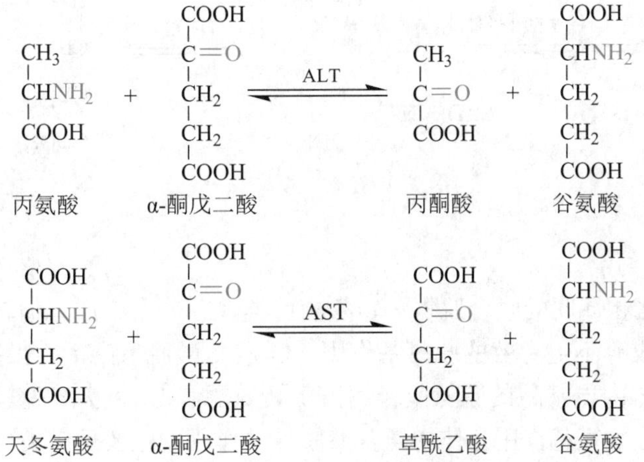

图中化学结构式：

丙氨酸　α-酮戊二酸　丙酮酸　谷氨酸（ALT 催化）

天冬氨酸　α-酮戊二酸　草酰乙酸　谷氨酸（AST 催化）

图 9-3　ALT 及 AST 催化的反应

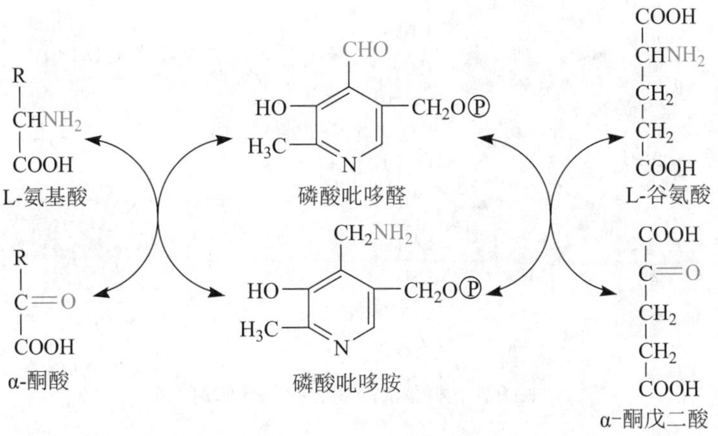

L-氨基酸　磷酸吡哆醛　L-谷氨酸

α-酮酸　磷酸吡哆胺　α-酮戊二酸

图 9-4　转氨基作用

由于转氨酶催化的反应可逆，因此转氨基作用既是氨基酸的分解途径，也是利用 α- 酮酸合成非必需氨基酸的主要途径。

转氨酶属于细胞酶，广泛分布于各种组织细胞中，但不同组织细胞中含量有明显差异。正常情况下，血清中转氨酶的活性较低，只有当组织细胞受损，如细胞膜通透性增加或细胞破坏，转氨酶大量释放入血，血清中相应酶活性则明显升高。如急性肝炎时血清 ALT 活性显著升高；心肌梗死时血清 AST 明显升高。因此，测定血清转氨酶活性可作为诊断某些疾病和预后测评指标之一。

（二）氧化脱氨基作用

催化氨基酸氧化脱氨基作用的酶有氨基酸氧化酶和 L- 谷氨酸脱氢酶两种。氨基酸氧化酶属于黄酶类，辅基为 FAD。在有氧状况下，它催化氨基酸氧化脱氨基生成 α- 酮酸、NH_3 和 H_2O_2。此酶在体内活性低、分布不广，意义不大。

L-谷氨酸脱氢酶的辅酶为 NAD^+，此酶分布广，尤其在肝、肾中活性较高，但肌肉中活性低。此酶最适 pH 在 7.6～8.0，L- 谷氨酸为其特异性底物，加 H_2O 脱氨生成 α- 酮戊二酸。

$$
\underset{\text{L-谷氨酸}}{\begin{array}{c}\text{COOH}\\|\\\text{CHNH}_2\\|\\\text{CH}_2\\|\\\text{CH}_2\\|\\\text{COOH}\end{array}}\quad\xrightleftharpoons[\text{NAD}^+\quad\text{NADH+H}^+]{\text{L-谷氨酸脱氢酶}}\quad\underset{\text{L-谷亚氨酸}}{\begin{array}{c}\text{COOH}\\|\\\text{C=NH}\\|\\\text{CH}_2\\|\\\text{CH}_2\\|\\\text{COOH}\end{array}}\quad\xrightleftharpoons[-\text{H}_2\text{O}]{+\text{H}_2\text{O}}\quad\underset{\text{α-酮戊二酸}}{\begin{array}{c}\text{COOH}\\|\\\text{C=O}\\|\\\text{CH}_2\\|\\\text{CH}_2\\|\\\text{COOH}\end{array}}\quad+\quad\text{NH}_3
$$

（三）联合脱氨基作用

1. 转氨与氧化脱氨相偶联的联合脱氨　转氨酶种类多、分布广泛，但转氨基作用只是氨基转移，没有游离氨的生成算不上有效的脱氨基作用。L-谷氨酸脱氢酶活性虽高，却只能催化 L-谷氨酸脱氨基。因此，体内氨基酸的脱氨基作用需由转氨酶和 L-谷氨酸脱氢酶的联合作用才能顺利实现（图 9-5）。联合脱氨基作用是体内氨基酸脱氨基作用的主要反应类型。

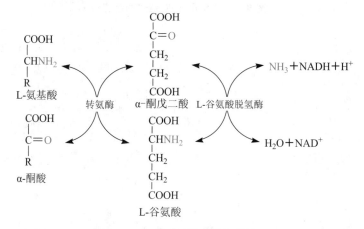

图 9-5　氨基酸的联合脱氨基作用

2. 嘌呤核苷酸循环　由于 L-谷氨酸脱氢酶在肝、肾中活性较强，因此这些组织中的氨基酸可通过上述方式脱氨基。而骨骼肌、心肌等组织中 L-谷氨酸脱氢酶活性较低，这些组织中的氨基酸经嘌呤核苷酸循环脱氨基。

嘌呤核苷酸循环过程中氨基酸首先通过一系列连续的转氨基作用，将氨基转移给草酰乙酸，生成天冬氨酸；天冬氨酸与次黄嘌呤核苷酸（IMP）反应生成腺苷酸代琥珀酸，后者裂解释放出延胡索酸同时生成腺嘌呤核苷酸（AMP）。AMP 在腺苷酸脱氨酶催化下脱去氨基生成 IMP，最终完成氨基酸的脱氨基作用。由此可见，嘌呤核苷酸循环是另一种形式的联合脱氨基作用（图 9-6）。

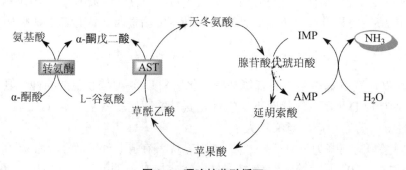

图 9-6　嘌呤核苷酸循环

三、氨的代谢

体内代谢产生的氨及消化道吸收的氨进入血液，形成血氨，正常人血氨浓度<60 μmol/L（0.1 mg/dl）。氨具有毒性，当血氨浓度升高，可导致神经组织，尤其是脑组织功能障碍，称为氨中毒。机体对氨有完善的解毒机制，正常情况下机体不会发生氨堆积造成的氨中毒。

（一）氨的来源

体内氨的来源有两种情况：一是内源性氨，主要是氨基酸脱氨基作用及肾小管泌氨。其次，包括其他含氮化合物分解产生的氨。内源性氨对体内产生的酸性物质，有一定缓冲作用。二是外源性氨，包括肠道食物蛋白质、氨基酸的腐败产物中的氨；血液中尿素渗入到肠道，经肠道细菌中脲酶作用水解生成的氨。因此，便秘、肠梗阻、尿毒症等均可导致体内外源性氨增多，严重时出现氨中毒。

肠道 NH_3 的吸收状况与肠道 pH 有关。当 pH 低时，NH_3 与 H^+ 结合生成 NH_4^+ 不易吸收而随大便排出体外；当 pH 高时，NH_3 吸收增加。因此对高血氨的患者可用弱酸性透析液作结肠透析，目的是减少 NH_3 吸收，加速 NH_3 的排泄。人体内氨的来源与去路如图9-7所示。

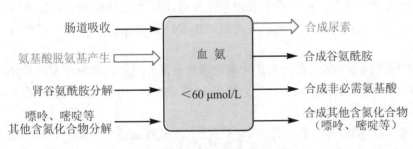

图9-7　氨的来源与去路

（二）氨的运输

氨是有毒物质，致死剂量很低，如给家兔静脉注射 NH_4Cl，当血氨浓度达到 5 mg/dl 时家兔则发生抽搐昏迷立即死亡，故机体必须将有毒的氨转变为无毒的形式进行转运。现已阐明，氨在血液中主要是以谷氨酰胺及丙氨酸两种无毒形式运输的。

1. 谷氨酰胺的运氨作用　氨与谷氨酸在谷氨酰胺合成酶催化下形成谷氨酰胺。谷氨酰胺合成酶广泛存在于各组织中，谷氨酰胺的合成是一耗能过程，需有 ATP 参与，因而也是不可逆的过程。谷氨酰胺的分解由谷氨酰胺酶所催化。此酶主要分布在脑、肾、肝及小肠等组织中。

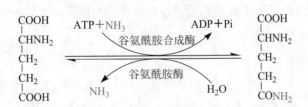

从以上可看出，谷氨酰胺既是氨的解毒产物，也是氨的储存及运输形式。

2. 丙氨酸-葡萄糖循环　肌肉中的氨基酸经转氨基作用将氨基转给丙酮酸（主要来自葡萄糖的酵解途径）生成丙氨酸。丙氨酸经血液运送至肝，在肝中丙氨酸通过联合脱氨基作用，生成丙酮酸和氨，氨经鸟氨酸循环合成尿素，丙酮酸经糖异生途径而生成葡萄糖。葡萄糖再经血液循环被肌肉摄取，因而形成丙氨酸-葡萄糖循环（图9-8）。通过这一过程使肌肉中的氨以无毒的丙氨酸形式经血液运输到肝，也为肝糖异生提供原料。

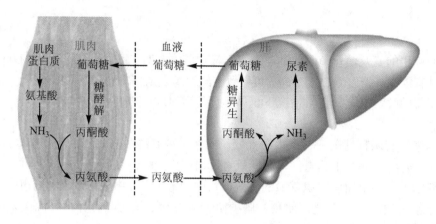

图 9-8　丙氨酸 - 葡萄糖循环

（三）氨的去路——合成尿素

氨在体内的代谢去路有：在肝内合成尿素，在肾小管上皮细胞合成谷氨酰胺，合成非必需氨基酸，合成其他含氮化合物。合成尿素是氨的主要代谢去路，尿素合成过程称为鸟氨酸循环（ornithine cycle）。

正常情况下体内的氨主要在肝内合成尿素，再经肾随尿液排出体外，只有少部分氨通过肾以铵盐形式随尿排出。正常成人尿素占排氮总量的 80%～90%，可见鸟氨酸循环在解除氨的毒性中意义重大。鸟氨酸循环详细过程如下：

1. 氨基甲酰磷酸的合成　在 ATP、Mg^{2+} 及 N- 乙酰谷氨酸（N-acetyl glutamic acid，AGA）存在下，氨与 CO_2 可以在肝细胞线粒体内存在的氨基甲酰磷酸合成酶 I 的催化下，合成氨基甲酰磷酸。

$$NH_3 + CO_2 + H_2O + 2ATP \xrightarrow[Mg^{2+},\ N-乙酰谷氨酸]{氨基甲酰磷酸合成酶 I} H_2N-\overset{\overset{\displaystyle O}{\|}}{C}-O \sim PO_3H_2 + 2ADP + Pi$$

此反应不可逆，消耗 2 分子 ATP。AGA 由乙酰辅酶 A 和谷氨酸合成，它是氨基甲酰磷酸合成酶 I 的变构激活剂。

2. 瓜氨酸的合成　在鸟氨酸氨基甲酰转移酶催化下，氨基甲酰磷酸与鸟氨酸反应生成瓜氨酸。该反应不可逆。鸟氨酸氨基甲酰转移酶存在于肝细胞线粒体中，而合成尿素其他反应都在胞液中进行，所以线粒体内合成的瓜氨酸必须通过载体转运至胞液。

$$
\begin{array}{l}
NH_2 \\
| \\
CH_2 \\
| \\
CH_2 \\
| \\
CH_2 \\
| \\
CHNH_2 \\
| \\
COOH
\end{array}
+ \boxed{H_2N-\overset{\overset{\displaystyle O}{\|}}{C}-O \sim PO_3H_2} \xrightarrow{鸟氨酸氨基甲酰转移酶}
\begin{array}{l}
\boxed{NH-\overset{\overset{\displaystyle O}{\|}}{C}-NH_2} \\
| \\
CH_2 \\
| \\
CH_2 \\
| \\
CH_2 \\
| \\
CHNH_2 \\
| \\
COOH
\end{array}
+ Pi
$$

鸟氨酸　　　　　　　　　　　　　　　　　　　　　　瓜氨酸

3. 精氨酸的合成　瓜氨酸转运到线粒体外，在胞液中经精氨酸代琥珀酸合成酶催化，与天冬氨酸缩合成精氨酸代琥珀酸，天冬氨酸提供了尿素分子中的第二个氮原子，此反应由 ATP 供能。其后，精氨酸代琥珀酸又在其裂解酶催化下，裂解成精氨酸及延胡索酸。

4. 精氨酸水解生成尿素　胞液中精氨酸在精氨酸酶的作用下，水解生成尿素和鸟氨酸。鸟氨酸通过线粒体内膜上的运载体的转运进入线粒体，然后再参与下一轮尿素循环过程。

现将鸟氨酸循环生成尿素的过程总结如图 9-9 所示。

由此可见，尿素分子中的两个氮原子，一个来自氨，另一个来自天冬氨酸。天冬氨酸又可由其他氨基酸转变而来，故尿素分子中的两个氮原子都是直接或间接来自多种氨基酸。另外，尿素合成是一个耗能过程，合成 1 分子尿素就要消耗 4 分子的 ATP。

鸟氨酸循环生成尿素的过程中，精氨酸代琥珀酸合成酶是鸟氨酸循环过程中的关键酶。

此外，目前还发现精氨酸在一氧化氮（NO）合酶作用下加 O_2 生成 NO 与瓜氨酸，NO 是重要的神经递质，与人体多种生理功能有关。

血液中的尿素、尿酸、肌酐、肌酐、游离氨和胆红素等非蛋白含氮化合物主要通过肾排泄，血液中尿素含量测定可作为反映肾排泄功能的常用肾功能试验。

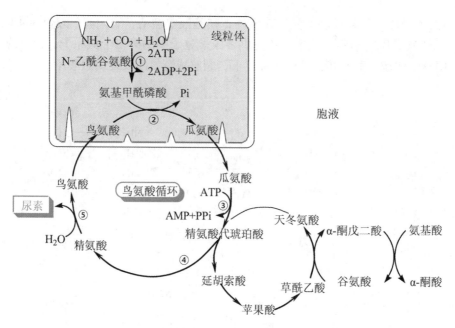

图9-9　尿素合成过程
①氨基甲酰磷酸合成酶；②鸟氨酸氨基甲酰转移酶；③精氨酸代琥珀酸合成酶；
④精氨酸代琥珀酸裂解酶；⑤精氨酸酶

鸟氨酸循环的提出和证实

　　1932年Krebs等人利用大鼠肝切片作体外实验，发现在供能的条件下，可由CO_2和氨合成尿素。若在反应体系中加入少量的精氨酸、鸟氨酸或瓜氨酸可加速尿素的合成，而这种氨基酸的含量并不减少。为此，Krebs等人提出了鸟氨酸循环学说。主要实验依据有：①大鼠肝切片与NH_4^+保温数小时，NH_4^+减少，尿素增加；②加入鸟氨酸、瓜氨酸和精氨酸后，尿素增加；③上述三种氨基酸结构上彼此相关；④早已证实肝中有精氨酸酶。

（四）高血氨与氨中毒

　　正常生理情况下，血氨的来源与去路保持动态平衡，血氨浓度处于较低水平。氨在肝中合成尿素是维持这种平衡的关键。但肝功能严重损伤时，尿素合成障碍，血氨浓度增高，称为高血氨症。

　　高血氨时，大量氨进入脑组织，可与脑中的α-酮戊二酸结合生成谷氨酸，氨再与谷氨酸进一步结合生成谷氨酰胺。降低血氨的同时消耗了大量的α-酮戊二酸，使得三羧酸循环的中间产物严重不足，从而导致脑组织中ATP的生成减少，引起大脑功能障碍，严重时可产生昏迷，这就是肝昏迷的氨中毒学说的生化基础。尿素合成相关酶的遗传性缺陷也可导致高血氨症。

　　高血氨症时，可通过酸性液灌肠、限制蛋白质摄入、给予一定量谷氨酸等措施加以纠正。

四、α-酮酸的代谢

　　氨基酸脱氨基作用生成的α-酮酸可进一步代谢，代谢途径主要有3条：

　　1. 合成非必需氨基酸　α-酮酸经还原氨基化作用（联合脱氨基作用的逆反应）生成非必需氨基酸。这些α-酮酸也可来自糖代谢和三羧酸循环的中间产物。如丙酮酸、草酰乙酸、α-酮戊二酸经还原氨基化作用可生成丙氨酸、天冬氨酸和谷氨酸。

2. 转变成糖类或脂类　用各种不同的氨基酸饲养实验性糖尿病犬时，发现大多数氨基酸可使实验动物尿中排出的葡萄糖含量增加，而亮氨酸和赖氨酸只能使酮体排出量增加。因此，将在体内可以转变成糖的氨基酸称为生糖氨基酸，能转变为酮体者称为生酮氨基酸，二者兼有者称为生糖兼生酮氨基酸（表 9-2）。

表 9-2　氨基酸生糖及生酮性质分类

类别	氨基酸
生糖氨基酸	甘氨酸、丝氨酸、组氨酸、缬氨酸、精氨酸、甲硫氨酸、丙氨酸、谷氨酸、天冬氨酸、半胱氨酸、脯氨酸、羟脯氨酸、谷氨酰胺、天冬酰胺
生酮氨基酸	亮氨酸、赖氨酸
生糖兼生酮氨基酸	异亮氨酸、苯丙氨酸、酪氨酸、苏氨酸、色氨酸

3. 氧化供能　α- 酮酸在体内可以通过三羧酸循环，彻底氧化生成 H_2O、CO_2，并释放 ATP 供机体生命活动所需。可见，氨基酸也是一类能源物质。

由上可见，氨基酸代谢与糖和脂肪代谢密切相关。氨基酸可以转变成糖和脂肪，糖也可以转变成脂肪及多数非必需氨基酸。三羧酸循环既可实现三大营养物质的彻底氧化，也可使其相互转变、彼此联系，构成一个完整的代谢体系。

五、氨基酸的脱羧基作用

有些氨基酸可通过脱羧基作用生成相应的胺类（表 9-1），氨基酸脱羧酶的辅酶是磷酸吡哆醛。胺类含量虽然不高，但具有重要的生理功能。体内广泛存在的胺氧化酶可将胺类氧化成醛、NH_3 和 H_2O_2，醛进一步氧化成羧酸，避免胺类物质在体内蓄积。下面列举几种氨基酸脱羧基产生的重要胺类物质：

（一）γ- 氨基丁酸

γ- 氨基丁酸（γ-aminobutyric acid，GABA）是谷氨酸脱羧生成的。催化反应的酶为谷氨酸脱羧酶，此酶在脑及肾组织中活性强，因而 γ- 氨基丁酸在脑中的浓度较高。

$$
\begin{array}{c}
\text{COOH} \\
|\\
\text{CHNH}_2 \\
|\\
\text{CH}_2 \\
|\\
\text{CH}_2 \\
|\\
\text{COOH} \\
\text{L-谷氨酸}
\end{array}
\xrightarrow[\text{磷酸吡哆醛}]{\text{L-谷氨酸脱羧酶}}
\begin{array}{c}
\text{CH}_2\text{NH}_2 \\
|\\
\text{CH}_2 \\
|\\
\text{CH}_2 \\
|\\
\text{COOH} \\
\gamma\text{-氨基丁酸}
\end{array}
\quad + \quad CO_2
$$

GABA 抑制突触传导，因此是抑制性神经递质，对中枢神经有高度抑制作用。磷酸吡哆醛是氨基酸脱羧酶的辅酶。临床上常用大量的维生素 B_6 治疗神经过度兴奋所产生的妊娠呕吐反应、小儿抽搐等就是通过增强谷氨酸脱羧作用，产生较多 GABA 来实现其疗效的。

结核病患者长期服用异烟肼，也必须同时服维生素 B_6，因为异烟肼与维生素 B_6 结构相似，影响维生素 B_6 的利用，且促进维生素 B_6 的排泄，故大剂量服用异烟肼，减少谷氨酸脱羧基，影响 GABA 生成，可造成维生素 B_6 缺乏症，出现神经系统的不良反应。

（二）5- 羟色胺

色氨酸在色氨酸羟化酶作用下首先生成 5- 羟色氨酸，后者再经脱羧酶作用生成 5- 羟色胺

（5-hydroxytryptamine，5-HT）。在脑组织中，5-HT 是一种抑制性神经递质。在外周组织，5-HT 具有收缩血管功能。目前还发现 5-HT 与血小板聚集、促睡眠有关。

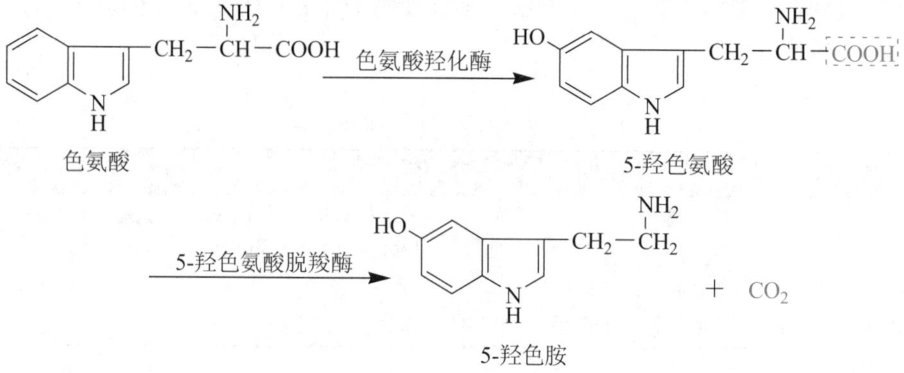

（三）组胺

组胺是由组氨酸脱羧而生成的。组胺在体内分布广泛，尤其在乳腺、肺、肝、肌肉及胃黏膜中含量较高，主要存在于肥大细胞之中。

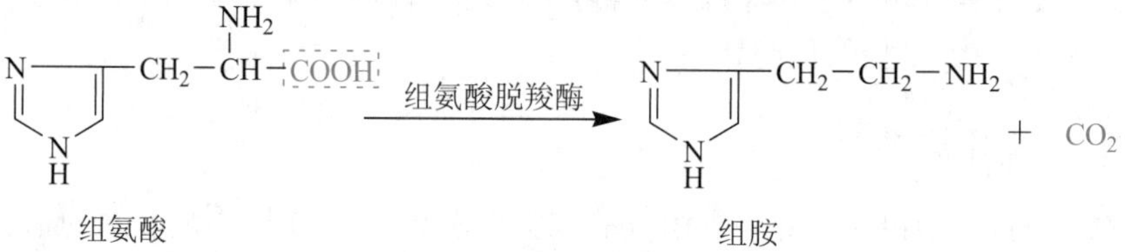

体内许多组织的肥大细胞及嗜碱性细胞在某些情况下（如过敏反应、创伤等）生成组　胺。它是一种强烈的血管扩张剂，引起毛细血管扩张、通透性增加，造成血压下降，甚至休克。它还可使平滑肌收缩，引起支气管痉挛而发生哮喘。组胺还能促进胃黏膜细胞分泌胃蛋白酶及胃酸，故可用于研究胃分泌功能，用于鉴别诊断真性与假性胃黏膜萎缩症。

（四）多胺

某些氨基酸的脱羧基作用可以产生多胺类物质。例如，鸟氨酸脱羧基生成腐胺，然后转变成精脒和精胺（图 9-10）。

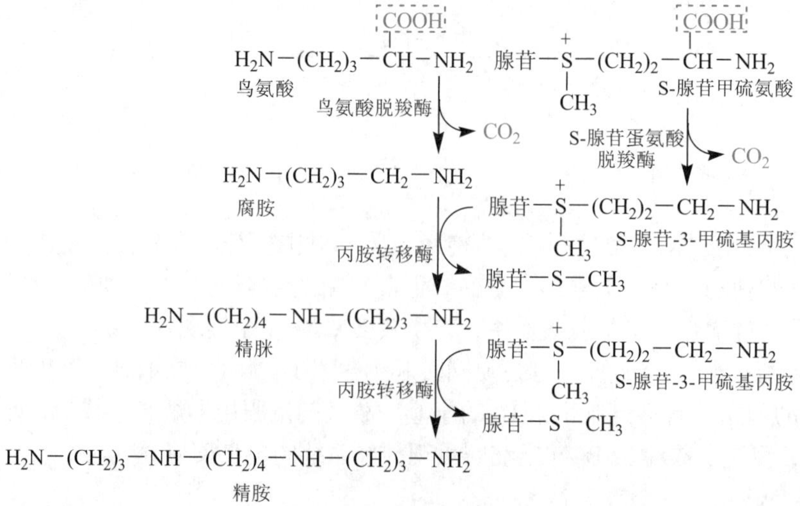

图 9-10　多胺的生成

精脒和精胺是调节细胞生长的重要物质。实验证明，凡是生长旺盛的组织，如胚胎、再生肝、癌瘤组织或生长激素作用的细胞，其鸟氨酸脱羧酶（多胺合成的关键酶）的活性和多胺的含量均增加。多胺化合物可能是通过增强核酸和蛋白质生物合成来促进细胞的增殖。目前临床上测定癌症病人血、尿中的多胺含量作为观察病情和辅助诊断的生化指标之一。

第三节　个别氨基酸的代谢

除一般代谢途径外，有些氨基酸还有特殊的代谢途径，生成某些具有重要生理意义的物质。本节着重介绍一碳单位代谢，含硫氨基酸、芳香族氨基酸代谢。

一、一碳单位的代谢

（一）一碳单位的概念

一碳单位是某些氨基酸分解代谢过程中产生的只含有一个碳原子的基团，也称一碳基团。一碳单位不能游离存在，它必须以四氢叶酸（FH_4）作为载体而转运。

（二）一碳单位的种类

FH_4 为一碳单位的载体，一碳单位结合在 FH_4 的 N^5、N^{10} 位，常见的一碳单位有甲基（$—CH_3$）、亚甲基（$—CH_2—$）、次甲基（$=CH—$）、甲酰基（$—CHO$）、羟甲基（$—CH_2OH$）、亚氨甲基（$CH=NH$）。

FH_4 是由叶酸还原而来，人类可直接利用叶酸，其生成四氢叶酸的反应如下：

$$叶酸（F）\xrightarrow[\text{NADPH+H}^+ \quad \text{NADP}^+]{\text{二氢叶酸还原酶}} 二氢叶酸（FH_2）\xrightarrow[\text{NADPH+H}^+ \quad \text{NADP}^+]{\text{二氢叶酸还原酶}} 四氢叶酸（FH_4）$$

FH_4 分子上 N^5 和 N^{10} 是结合一碳单位的位置，如 N^5, N^{10}- 亚甲基四氢叶酸可简写为 N^5, N^{10}-CH_2-FH_4，其化学结构式和简写式如下：

N^5,N^{10}-亚甲基四氢叶酸

（三）一碳单位的来源、互变及其生理功能

1. 一碳单位的来源与互变　体内重要的一碳单位分别来自不同的氨基酸，因此一碳单位的生成与一些氨基酸的特殊代谢关系密切（图 9-11）。

2. 一碳单位的生理功能

（1）参与嘌呤、嘧啶的生物合成　嘌呤核苷酸从头合成中 $N^{10}—CHO—FH_4$ 提供嘌呤环的 C_2，N^5, $N^{10}CH—FH_4$ 提供 C_8。N^5, $N^{10}—CH_2—FH_4$ 是脱氧胸苷酸合成时 $—CH_3$ 的来源。因此，一碳单位代谢将氨基酸与核酸代谢密切联系起来。

（2）S - 腺苷甲硫氨酸提供的一碳单位是体内甲基化反应的供体，用于肾上腺素、肌酸及胆碱的合成。

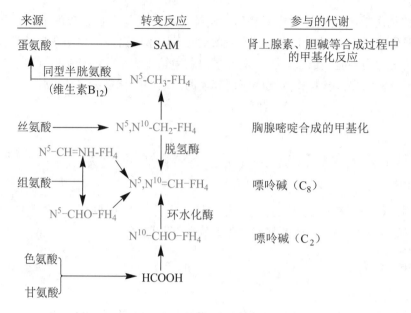

图 9-11　一碳单位的来源与互变

一碳单位代谢障碍或 FH_4 不足时，可引起巨幼细胞性贫血等疾病。磺胺类药物及某些抗肿瘤药物如甲氨蝶呤（methotrexate，MTX）正是通过干扰细菌及肿瘤细胞的叶酸、FH_4 合成而影响一碳单位代谢与核酸合成，从而发挥其药理作用。

二、含硫氨基酸的代谢

含硫氨基酸包括甲硫氨酸和半胱氨酸。甲硫氨酸可以转变成半胱氨酸，但半胱氨酸不能转变成甲硫氨酸。

（一）甲硫氨酸代谢

甲硫氨酸在甲硫氨酸腺苷转移酶催化下，接受 ATP 提供的腺苷生成 S- 腺苷甲硫氨酸（S-adenosyl methionine, SAM）。SAM 称为活性甲硫氨酸，是体内的甲基供体。转甲基酶催化 SAM 为体内甲基化反应提供甲基，同时 SAM 转化为 S- 腺苷同型半胱氨酸（SAH），SAH 在裂解酶作用下脱去腺苷生成同型半胱氨酸。后者在转甲基酶催化下，接受 $N^5\text{-}CH_3\text{-}FH_4$ 的甲基再次合成甲硫氨酸，构成甲硫氨酸循环（methionine cycle）（图 9-12）。

甲硫氨酸是必需氨基酸。甲硫氨酸循环的意义就在于通过 $N^5\text{-}CH_3—FH_4$ 供给甲基合成甲硫氨酸，再由 SAM 提供甲基生成重要的生物活性物质，如肾上腺素、肉碱、肌酸、胆碱等，在保障甲基化反应不断进行的同时，避免甲硫氨酸的消耗。

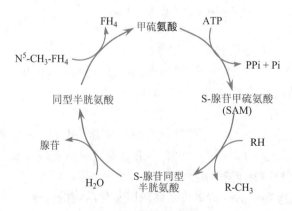

图 9-12　甲硫氨酸循环

（二）半胱氨酸代谢

1. 生成谷胱甘肽　半胱氨酸与谷氨酸和甘氨酸结合形成谷胱甘肽，由于它含有一个－SH，故常以G－SH代表还原型，两分子G－SH脱去一对氢原子生成的G－S－S－G为氧化型。谷胱甘肽是体内重要的还原剂，保护酶和蛋白质的—SH不被氧化。

$$\underset{\text{氧化型}}{G-S-S-G} \underset{-2H}{\overset{+2H}{\rightleftharpoons}} \underset{\text{还原型}}{2G-SH}$$

2. 合成牛磺酸　半胱氨酸的－SH经连续氧化形成磺酸基（$-SO_3H$），然后脱羧，便形成牛磺酸。它主要在肝内用于合成结合型胆汁酸。

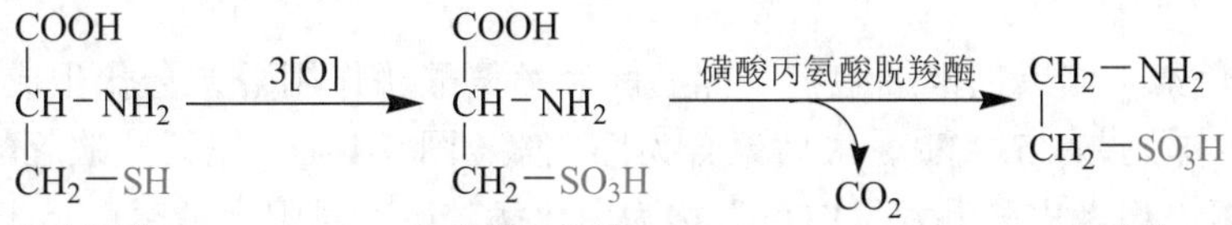

COOH
CH－NH2
CH2－SH
3[O]
COOH
CH－NH2
CH2－SO3H
磺酸丙氨酸脱羧酶
CO2
CH2－NH2
CH2－SO3H

半胱氨酸　磺酸丙氨酸　牛磺酸

3. 合成活性硫酸根　半胱氨酸经非氧化脱氨基作用可分解生成H_2S、NH_3和丙酮酸。其中H_2S经氧化生成硫酸（根），再经ATP活化生成3′-磷酸腺苷-5′-磷酰硫酸（PAPS），即活性硫酸。它既是肝内进行生物转化的一种结合物质，也是使软骨等组织的多糖形成硫酸酯的重要物质。

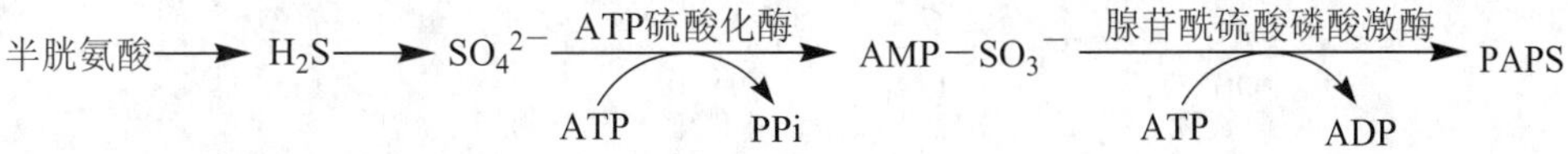

半胱氨酸
H2S
SO4 2−
ATP硫酸化酶
ATP
PPi
AMP－SO3 −
腺苷酰硫酸磷酸激酶
ATP
ADP
PAPS

三、芳香族氨基酸的代谢

芳香族氨基酸包括苯丙氨酸、酪氨酸和色氨酸。酪氨酸可由苯丙氨酸羟化生成。苯丙氨酸和色氨酸为营养必需氨基酸。

（一）苯丙氨酸的代谢

苯丙氨酸羟化生成酪氨酸是苯丙氨酸的重要代谢途径，催化此反应的是苯丙氨酸羟化酶。该酶催化的反应不可逆，故酪氨酸不能转变为苯丙氨酸。苯丙氨酸羟化酶缺乏时苯丙氨酸不能正常地转变成酪氨酸，造成苯丙氨酸蓄积，且可经转氨基作用生成苯丙酮酸。大量的苯丙酮酸由尿排出，称之为苯丙酮酸尿症。这是一种先天性氨基酸代谢酶缺陷病，患者多为婴幼儿。由于苯丙酮酸增多，对中枢神经系统有毒性，因此患儿的智力发育障碍。

（二）酪氨酸的代谢

1. 转变成儿茶酚胺　酪氨酸经羟化、脱羧等反应后生成多巴胺、去甲肾上腺素和肾上腺素等儿茶酚胺类物质（图9-13）。这些物质在体内属于神经递质或激素，具有重要的生理功能。

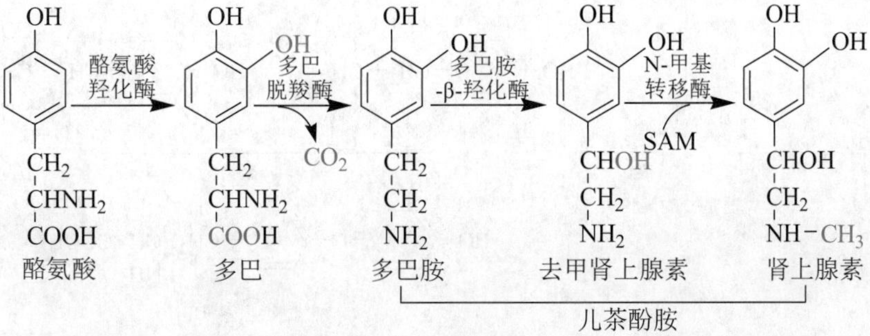

OH
CH2
CHNH2
COOH
酪氨酸
酪氨酸羟化酶
OH
OH
CH2
CHNH2
COOH
多巴
多巴脱羧酶
CO2
OH
OH
CH2
CH2
NH2
多巴胺
多巴胺-β-羟化酶
OH
OH
CHOH
CH2
NH2
去甲肾上腺素
N-甲基转移酶
SAM
OH
OH
CHOH
CH2
NH－CH3
肾上腺素
儿茶酚胺

图9-13　儿茶酚胺的合成

多巴胺与神经信号传送

阿尔维德·卡尔森（Arvid Carlsson），瑞典科学家。1957年，卡尔森提出多巴胺不仅是去甲肾上腺素的前体，也是一种位于脑部的神经递质。他的研究成果使人们认识到帕金森症和精神分裂症的起因是由于病人的脑部缺乏多巴胺，并据此可以研制出治疗这种疾病的有效药物。这一成果使他荣获2000年的诺贝尔生理学或医学奖。

2. 转变成黑色素　在黑色素细胞中，酪氨酸经酪氨酸酶作用下，羟化生成多巴，后者经氧化、脱羧等反应生成吲哚-5,6-醌，最后聚合为黑色素（图9-14）。先天性缺乏酪氨酸酶的病人，因不能合成黑色素，患者皮肤毛发呈白色，称为白化病。患者对阳光敏感，易患皮肤癌。

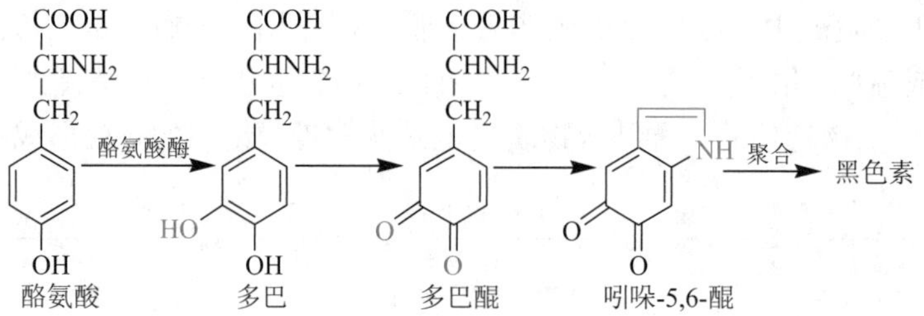

图9-14　黑色素的合成

3. 转变成甲状腺素　甲状腺激素是酪氨酸的碘化衍生物。由甲状腺球蛋白分子中的酪氨酸残基碘化生成。甲状腺激素有两种，即3，5，3′，5′-四碘甲腺原氨酸（甲状腺素,T_4）和3，5，3′-三碘甲腺原氨酸（T_3）（图9-15）。T_3的生物活性比T_4大3～8倍，但含量远比T_4少。临床上通过测定T_3、T_4的含量了解甲状腺功能状态。

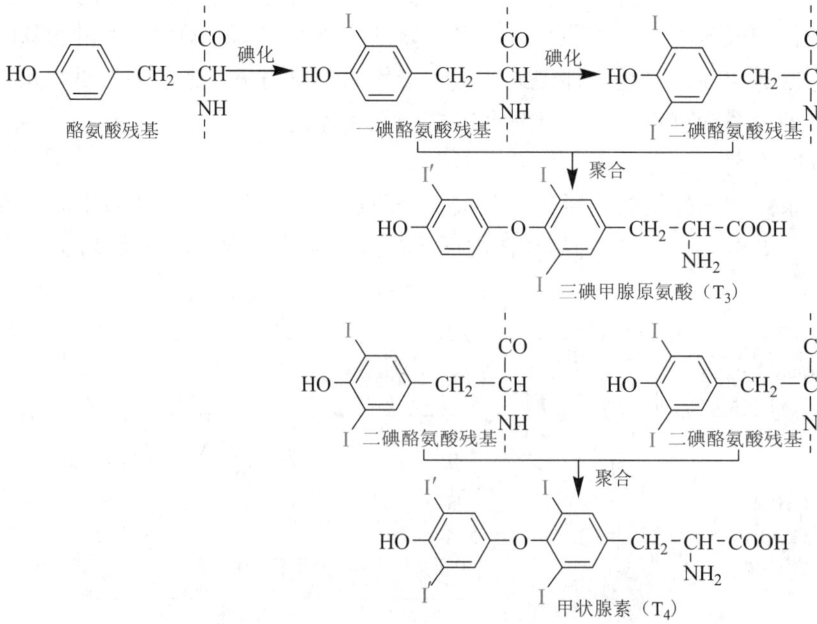

图9-15　甲状腺素的合成

4.酪氨酸的分解代谢　酪氨酸在酪氨酸转氨酶催化下，生成对羟苯丙酮酸，进一步氧化为尿黑酸，尿黑酸在尿黑酸氧化酶作用下分解为乙酰乙酸和延胡索酸（图9-16），分别参与糖、脂肪代谢。若先天性缺乏尿黑酸氧化酶，则尿黑酸不能氧化而从尿中排出，此尿液放置一定时间，其中尿黑酸在空气中氧化而呈黑色，称为尿黑酸症。

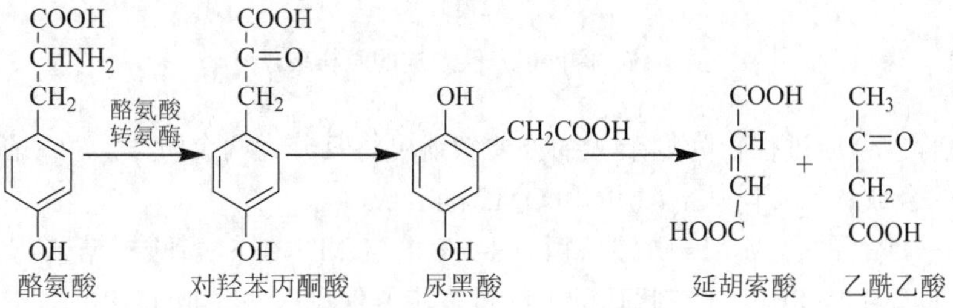

COOH | COOH | | COOH | CH₃
CHNH₂ | C=O | OH | CH | C=O
CH₂ | CH₂ | CH₂COOH | CH | CH₂
 | | | HOOC | COOH

酪氨酸　　对羟苯丙酮酸　　尿黑酸　　延胡索酸　乙酰乙酸

图9-16　酪氨酸的分解代谢

第四节　核苷酸代谢

核苷酸是核酸的基本组成单位，人体内的核苷酸主要由机体自身合成。因此，核苷酸不属于营养必需物质。

食物中的核酸多与蛋白质结合为核蛋白，在胃中受胃酸的作用，分解为核酸和蛋白质。核酸进入小肠后，受胰液和小肠液中各种水解酶的作用逐步水解，水解产物均可被肠黏膜吸收。但大部分在肠黏膜细胞内又进一步分解，吸收后的戊糖参与体内的糖代谢，嘌呤和嘧啶主要被分解排出体外。因此，来自食物的嘌呤和嘧啶很少被机体利用。

核苷酸代谢包括合成代谢与分解代谢。

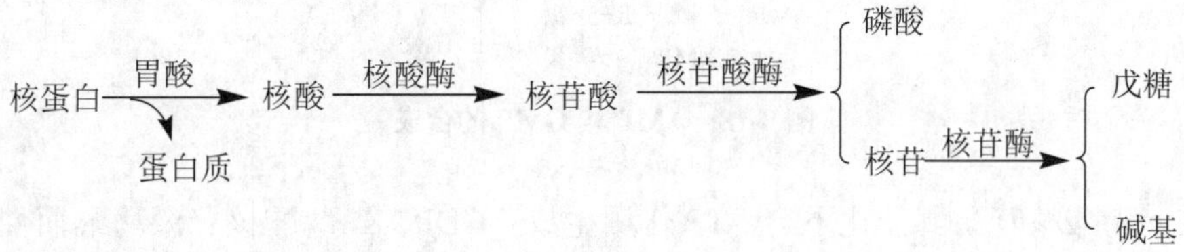

核蛋白 —胃酸→ 核酸 —核酸酶→ 核苷酸 —核苷酸酶→ { 磷酸 / 核苷 —核苷酶→ { 戊糖 / 碱基 }
　　　↓蛋白质

一、核苷酸的合成代谢

核苷酸的合成途径有两条：由氨基酸、一碳单位及二氧化碳等简单物质为原料合成核苷酸的途径称为从头合成；利用现成的碱基作原料合成核苷酸的途径称为补救合成。从头合成是体内大多数组织合成核苷酸的主要途径，而脑、骨髓等只能进行补救合成。嘌呤核苷酸与嘧啶核苷酸的合成过程不同，分述如下。

（一）嘌呤核苷酸的合成代谢

1. 嘌呤核苷酸的从头合成途径

（1）合成原料　嘌呤核苷酸从头合成的基本原料是：5-磷酸核糖、一碳单位、甘氨酸、天冬氨酸、谷氨酰胺和CO_2。

从头合成过程在胞液中进行，应用同位素示踪证明，嘌呤核苷酸中的嘌呤环的合成原料来源如图9-17所示。

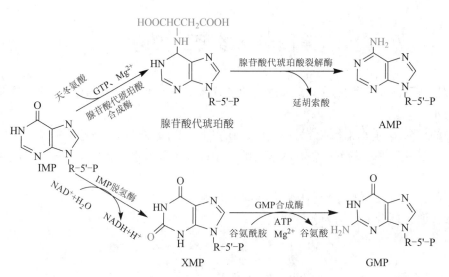

图 9-17 嘌呤碱从头合成的原料来源

（2）合成过程 合成过程较为复杂，为方便叙述可将其分为两个阶段。第一阶段：次黄嘌呤核苷酸（IMP）的合成，第二阶段：AMP 和 GMP 的合成。

第一阶段——IMP 的合成 5- 磷酸核糖（R-5-P）与 ATP 在 5- 磷酸核糖 -1- 焦磷酸（PRPP）合成酶的催化下首先生成 PRPP。在此基础上经过多步酶促反应，生成 IMP。

第二阶段——由 IMP 合成 AMP 和 GMP IMP 经氨基化合成 AMP，IMP 经氧化、氨基化合成 GMP（图 9-18）。

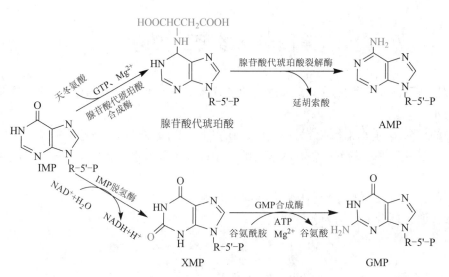

图 9-18 AMP 和 GMP 的合成

GMP 在一磷酸核苷激酶催化下与 ATP 作用生成 GDP，二磷酸核苷激酶继而催化 GDP 和 ATP 作用生成 GTP。同样，AMP 也可由激酶催化生成 ADP。ATP 和 GTP 也可经底物水平磷酸化途径生成。

$$GMP + ATP \rightleftharpoons GDP + ADP$$

$$GDP + ATP \rightleftharpoons GTP + ADP$$

$$AMP + ATP \rightleftharpoons 2ADP$$

2. 嘌呤核苷酸的补救合成途径 骨髓、脑及脾等组织，无从头合成的能力，但可利用现成嘌呤碱或嘌呤核苷以合成嘌呤核苷酸，这样的合成过程称为补救合成途径，是次要的合成途径。

（1）嘌呤碱与 PRPP 直接合成嘌呤核苷酸 催化这类反应的酶有腺嘌呤磷酸核糖转移酶（adenine phosphoribosyl transferase，APRT）和次黄嘌呤 - 鸟嘌呤磷酸核糖转移酶（hypoxanthine-guanine phosphoribosyl transferase，HGPRT）两种，前者催化腺嘌呤与 PRPP 反应形成 AMP。后者催化次黄嘌呤（鸟嘌呤）与 PRPP 作用形成 IMP（GMP）。

$$腺嘌呤 + PRPP \xrightarrow{APRT} AMP + PPi$$

$$次黄嘌呤 + PRPP \xrightarrow{HGPRT} IMP + PPi$$

$$鸟嘌呤 + PRPP \xrightarrow{HGPRT} GMP + PPi$$

（2）腺嘌呤核苷的重新利用　经腺苷激酶催化与 ATP 作用，生成腺苷酸。

$$腺嘌呤核苷 + ATP \xrightarrow{腺苷激酶} AMP + ADP$$

3. 嘌呤核苷酸合成的调节　在由 IMP 形成 AMP 及 GMP 的过程中，AMP 和 GMP 反馈抑制其自身的合成，过量的 AMP 抑制腺苷酸代琥珀酸合成酶，控制 AMP 的生成量，过量的 GMP 抑制次黄嘌呤核苷酸脱氢酶，控制 XMP 及 GMP 的生成量。

ATP/ADP 对核苷酸合成起调节作用，合成 PRPP 需要 ATP，而 ADP 和 GDP 都是磷酸核糖焦磷酸激酶的抑制剂，故当细胞内 ATP/ADP 的比值降低时，影响 PRPP 的生成，不利于核苷酸合成。

IMP 转变为腺苷酸代琥珀酸需 GTP 供能，XMP 转变为 GMP 需 ATP 参与。因此，过量的 GTP 促进 AMP 的生成，过量的 ATP 促进 GMP 的生成。这种交叉调节作用对维持 ATP 及 GTP 浓度的平衡具有重要意义。

自毁容貌综合征

自毁容貌综合征（Lesch-Nyhan syndrome）是 X 连锁隐性遗传的先天性嘌呤代谢缺陷病，源于次黄嘌呤 - 鸟嘌呤磷酸核糖转移酶（HGPRT）的遗传缺陷引起的。由于 HGPRT 缺乏，使得分解产生的 5- 磷酸核糖 -1- 焦磷酸（PRPP）不能被利用而堆积，PRPP 促进嘌呤的从头合成，从而使次黄嘌呤和鸟嘌呤不能转换为 IMP 和 GMP，而降解为尿酸。患者脑发育不全、智力低下、攻击和破坏性行为，继而发展为肌肉强迫性痉挛，四肢麻木，发生自残行为，常咬伤自己的嘴唇、手和足趾，故称自毁容貌综合征。

（二）嘧啶核苷酸的合成代谢

嘧啶核苷酸主要包括 UMP 和 CMP，它们也有从头合成及补救合成途径。

1. 嘧啶核苷酸的从头合成途径

（1）合成原料　经同位素示踪实验证明，嘧啶环的合成原料来自谷氨酰胺、天冬氨酸和 CO_2，如图 9-19 所示。

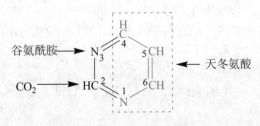

图 9-19　嘧啶环中各元素的来源

（2）合成过程　嘧啶核苷酸从头合成途径与嘌呤核苷酸合成途径有所不同。在胞液中以合成氨基甲酰磷酸为起点，逐步形成嘧啶环，而后由 PRPP 提供磷酸核糖，合成尿嘧啶核苷酸（UMP）。

$$\text{谷氨酰胺} \xrightarrow[\quad 2ATP + HCO_3^- \quad \searrow \quad \text{谷氨酸} + 2ADP+Pi \quad]{\text{氨基甲酰磷酸合成酶 II}} \text{氨基甲酰磷酸}$$

UMP 可在 ATP 供给磷酸基团的条件下，由激酶催化生成 UDP 及 UTP，三磷酸尿苷（UTP）经氨基化转变为三磷酸胞苷（图 9-20）。

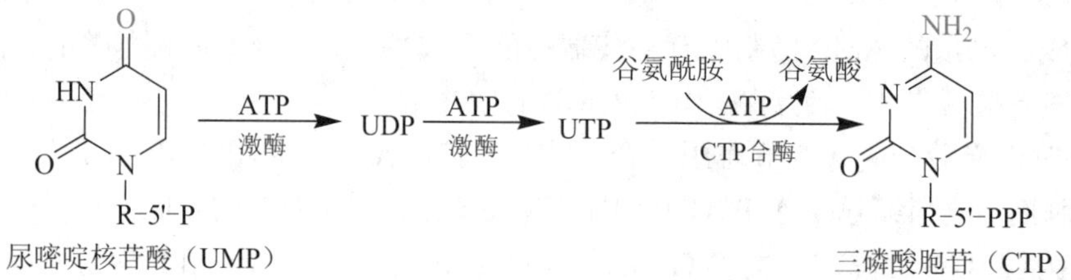

图 9-20　CTP 的合成

2. 嘧啶核苷酸的补救合成途径　生物体内嘧啶核苷酸的补救合成有两种方式：①通过磷酸核糖转移酶催化嘧啶碱接受 PRPP 供给的磷酸核糖基，直接生成核苷酸；②嘧啶碱在核苷磷酸化酶的催化下，先与核糖 1- 磷酸反应，生成嘧啶核苷，后者在嘧啶核苷激酶作用下，被磷酸化而形成核苷酸。

$$\text{尿嘧啶} + PRPP \xrightarrow{\text{尿嘧啶磷酸核糖转移酶}} UMP + PPi$$

$$\text{尿嘧啶} + \text{1-磷酸核糖} \xrightarrow{\text{尿苷磷酸化酶}} \text{尿嘧啶核苷} + Pi$$

$$\text{尿嘧啶核苷} + ATP \xrightarrow[Mg^{2+}]{\text{核苷激酶}} UMP + ADP$$

3. 脱氧核苷酸的合成　核糖转变为脱氧核糖在二磷酸核苷（NDP）水平上进行，反应由二磷酸核糖核苷还原酶也就是核糖核苷酸还原酶催化，所有 4 种二磷酸核苷（ADP、GDP、CDP 和 UDP）都可转变为相应的脱氧衍生物。反应的通式为：

$$NDP + NADPH + H^+ \xrightarrow{\text{二磷酸核糖核苷还原酶}} dNDP + NADP^+ + H_2O$$

由于 DNA 在合成中的直接前身为脱氧三磷酸核苷，所以还原作用生成的 dNDP 还需借助激酶的作用，再磷酸化为脱氧三磷酸核苷（dNTP）。

dTMP 的合成是在胸腺嘧啶核苷酸合成酶催化下，由 dUMP 转化而来，其甲基由 N^5,N^{10}- 亚甲基四氢叶酸供给，释出二氢叶酸。

$$dUMP + N^5,N^{10}\text{-}CH_2\text{-}FH_4 \xrightarrow{\text{胸腺嘧啶核苷酸合成酶}} dTMP + FH_2$$

dTMP 还可以借助补救合成途径由胸腺嘧啶核苷生成。

$$\text{胸腺嘧啶核苷} + \text{ATP} \xrightarrow{\text{胸苷激酶}} \text{dTMP} + \text{ADP}$$

分化较快的细胞如肿瘤细胞，需要丰富的 dTMP 供应，以便合成 DNA。故某些阻断 dTMP 合成的化学制剂，可用于治疗肿瘤。

二、核苷酸的分解代谢

（一）嘌呤核苷酸的分解代谢

体内嘌呤核苷酸的分解代谢主要在肝、小肠及肾内进行，分解代谢过程与食物中核苷酸的消化过程类似。

腺苷经脱氨、水解过程，依次生成次黄苷和次黄嘌呤，在黄嘌呤氧化酶催化下生成黄嘌呤。鸟嘌呤核苷经核苷酶作用生成鸟嘌呤，在鸟嘌呤脱氨酶催化下脱氨生成黄嘌呤。黄嘌呤经黄嘌呤氧化酶催化生成尿酸（图 9-21）。

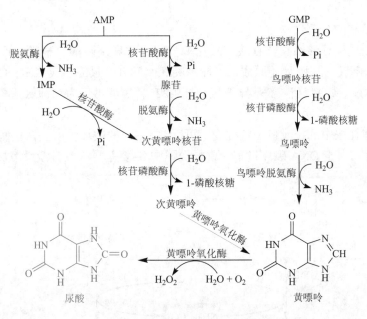

图 9-21　嘌呤核苷酸的分解代谢

尿酸则是嘌呤核苷酸分解代谢的最终产物。正常人血清中尿酸的含量为 0.12～0.36mmol/L，男性略高于女性。

现代文明病——痛风症

痛风症（gout）是一种因嘌呤代谢障碍，使尿酸含量升高，当血中尿酸盐浓度超过 0.48mmol/L 时，尿酸盐晶体即可沉积于关节、软组织、软骨及肾等处，导致关节炎、尿路结石及肾疾患。从发病人群性别上看，痛风"重男轻女"，男女患者比例为 20：1；从职业上看，痛风"重脑力轻体力"，多见运动少，长期伏案工作的人；从嗜好上看。痛风"重荤轻素"，喜肉好酒的人易发病。痛风古称"富贵病"，因为，此症好发在"达官贵人"的身上。

目前已知有两种酶活性异常可导致痛风，一是 HGPRT 缺乏，导致嘌呤核苷酸补救合成障碍，使体内游离嘌呤碱增多；二是 PRPP 合成酶活性升高，加快了嘌呤核苷酸的从头合成，导致嘌呤核苷酸含量增加。除此之外，药物也可导致尿酸升高，如大剂量的阿司匹林可降低肾对尿酸盐的排泄，致使血中尿酸含量升高。

临床上常用别嘌呤醇（allopurinol）来治疗痛风。因为别嘌呤醇的结构与次黄嘌呤类似，可竞争性抑制黄嘌呤氧化酶，抑制尿酸的生成。别嘌呤醇可与 PRPP 作用生成别嘌呤醇核苷酸，消耗了核苷酸合成所需的 PRPP，抑制了嘌呤核苷酸的合成。

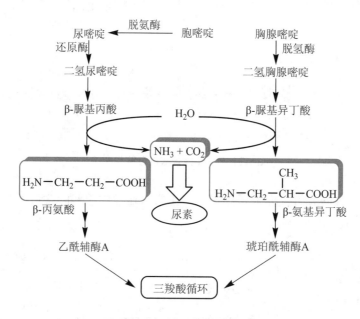

（二）嘧啶核苷酸的分解代谢

嘧啶核苷酸经过核苷酸酶及核苷酸磷酸化酶催化，水解下磷酸、核糖，产生嘧啶碱。胞嘧啶脱氨基转化成尿嘧啶，尿嘧啶还原成二氢尿嘧啶，水解开环最终生成 NH_3、CO_2 及 β- 丙氨酸。胸腺嘧啶降解成 NH_3、CO_2 及 β- 氨基异丁酸（图 9-22），后者可作为一种氨基酸进一步分解或直接随尿排泄。

β- 氨基异丁酸在尿中的排泄量一定程度上可反映 DNA 的破坏程度。白血病患者、癌症病人放疗或化疗治疗后，由于 DNA 破坏过多，常导致尿中 β- 氨基异丁酸排泄量增加。

图 9-22　嘧啶核苷酸的分解代谢

三、核苷酸代谢障碍与核苷酸抗代谢物

（一）核苷酸代谢障碍

由于参与核苷酸代谢的某些酶先天性缺陷或调节机制失常，均可引起核苷酸代谢障碍。嘌呤核苷酸代谢的遗传缺陷较嘧啶核苷酸的多见。表 9-3 列举了几种由嘌呤核苷酸代谢相关的酶缺陷所引起的遗传性疾病。

表 9-3　核苷酸代谢的酶异常及相应的遗传性缺陷

缺陷的酶	临床疾病	临床特点
PRPP 合成酶	痛风症	嘌呤产生过多
HGPRT 部分欠缺	痛风症	嘌呤产生过多
腺苷脱氨酶（ADA）严重欠缺	免疫缺陷	T 细胞及 B 细胞免疫欠缺，脱氧腺苷尿症
嘌呤核苷酸磷酸化酶（PNP）严重欠缺	免疫缺陷	T 细胞欠缺、低尿酸血症
HGPRT 完全欠缺	Lesch-Nyhan 综合征	嘌呤产生、排泄过多，脑性瘫痪、自毁容貌综合征
APRT 完全欠缺	肾结石	2,8- 二羟基腺嘌呤肾结石

（二）核苷酸抗代谢物

有些人工合成的或天然存的化合物的结构，与生物体内的一些代谢物相似，将其引入生物体后，与体内的代谢物会发生拮抗作用，从而影响生物体中的正常代谢，这些化合物为抗代谢物。

核苷酸的抗代谢物是一些碱基、氨基酸或叶酸等的类似物，它们以多种方式干扰或阻断核苷酸的合成代谢，从而进一步阻止核酸及蛋白质的生物合成，这些代谢物具有抗肿瘤作用。

1. 嘌呤类似物　嘌呤类似物有 6- 巯基嘌呤 (6-mercaptopurine，6-MP)、6- 巯基鸟嘌呤、8- 氮杂鸟嘌呤等，其中以 6-MP 在临床上应用较多。6-MP 的结构与次黄嘌呤相似，其分子中由巯基取代了次黄嘌呤的羟基。6-MP 的作用机理之一在于经磷酸核糖化后在体内生成 6- 巯基嘌呤核苷酸，通过抑制 IMP 转变为 AMP 及 GMP，使 AMP 及 GMP 的生成受阻。6-MP 还能直接通过竞争性抑制影响次黄嘌呤 - 鸟嘌呤磷酸核糖转移酶，阻止了嘌呤核苷酸的补救合成途径。

IMP　　　6-MP　　　6-巯基鸟嘌呤　　　8-氮杂鸟嘌呤

2. 嘧啶类似物　嘧啶类似物主要有 5- 氟尿嘧啶（5-fluorouracil，5-FU），是临床上常用的抗肿瘤药物。5-FU 的结构与胸腺嘧啶相似，在体内需转变成 5- 氟尿嘧啶衍生物——一磷酸脱氧核糖氟尿嘧啶核苷（FdUMP）及三磷酸氟尿嘧啶核苷（FUTP）后，才能发挥作用。FdUMP 与 dUMP 结构相似，可阻断 dTMP 的合成，从而影响 DNA 的生物合成，FUTP 以假底物形式掺入 RNA 分子中影响 RNA 的功能。

UMP $\longrightarrow$ （−）$\dashrightarrow$ dTMP

3. 氨基酸类似物　氨基酸类似物有氮杂丝氨酸及 6- 重氮 -5- 氧正亮氨酸等。它们的化学结构与谷氨酰胺类似，可干扰谷氨酰胺在嘌呤核苷酸合成中的作用，抑制 CTP 的生成，从而抑制嘌呤、嘧啶核苷酸的合成。

$$H_2N-\overset{O}{\overset{\|}{C}}-CH_2-CH_2-\overset{NH_2}{\overset{|}{CH}}-COOH \qquad 谷氨酰胺$$

$$N\equiv\overset{+}{N}-CH_2-\overset{O}{\overset{\|}{C}}-O-CH_2-\overset{NH_2}{\overset{|}{CH}}-COOH \qquad 氮杂丝氨酸$$

$$N\equiv\overset{+}{N}-CH_2-\overset{O}{\overset{\|}{C}}-CH_2-CH_2-\overset{NH_2}{\overset{|}{CH}}-COOH \qquad 6-重氮-5-氧正亮氨酸$$

4. 叶酸类似物 氨蝶呤（aminopterin）及甲氨蝶呤（methotrexate，MTX）都是叶酸类似物，能竞争性地抑制二氢叶酸还原酶，从而抑制 FH_4 的生成，使嘌呤环中 C_8 与 C_2 的一碳单位运输受阻，dUMP 不能利用一碳单位甲基化生成 dTMP，进而影响 DNA 的合成。MTX 在临床上用于白血病等癌瘤的治疗。

叶酸：$R_1=OH$，$R_2=H$；氨蝶呤：$R_1=NH_2$，$R_2=H$；甲氨蝶呤：$R_1=NH_2$，$R_2=CH_3$

课一例

架起通向临床的桥梁

肝性脑病（hepatic encephalopathy，HE）也称肝昏迷，是严重肝病引起的以代谢紊乱为基础的中枢神经系统功能失调的综合征，其主要临床表现是意识障碍、行为失常和昏迷。肝性脑病的发病机制尚未完全明确，迄今为止，提出的学说主要有：

（1）氨中毒学说 氨对中枢神经系统的毒性作用，主要是干扰脑的能量代谢。①血氨过高可能抑制丙酮酸脱氢酶活性，从而影响乙酰辅酶 A 的生成，干扰脑中三羧酸循环；②氨与脑组织中 α- 酮戊二酸结合形成谷氨酸，α- 酮戊二酸减少使三羧酸循环受阻，ATP 生成减少，同时消耗大量的 NADH，妨碍了呼吸链中的递氢过程；③谷氨酸与氨结合生成谷氨酸胺，消耗了大量的 ATP。

（2）假性神经递质学说 芳香族氨基酸经肠道细菌脱羧酶的作用可生成酪胺和苯乙胺，肝功能衰竭时，清除发生障碍，此二种胺可进入脑组织，在脑内经 β 羟化酶的作用分别形成 β- 羟酪胺和苯乙醇胺。它们的化学结构与去甲肾上腺素相似，但不能传递神经冲动，因此，称为假性神经递质。当假性神经递质取代了突触中的正常递质，则神经传导发生障碍，兴奋冲动不能正常地传至大脑皮层而产生异常抑制，出现意识障碍与昏迷。

（3）血浆氨基酸失衡学说 正常人血浆支链氨基酸 / 芳香族氨基酸之比值接近 3~3.5，而肝性脑病患者血中支链氨基酸减少，而芳香族氨基酸增多，两者比值为 0.6 ~ 1.20。血中支链氨基酸的减少主要与血胰岛素增多有关。胰岛素具有促进肌肉和脂肪组织摄取、利用支链氨基酸的功能，当肝功能障碍时，肝对胰岛素的灭活明显减弱，组织对支链氨基酸的摄取和利用增加，血中的含量减少。肝功能障碍又使肝失去降解芳香族氨基酸的能力，从而导致血中芳香族氨基酸增高。

（段如春）

第十章　遗传信息的传递与表达

学习目标

掌握

遗传中心法则，复制、转录与翻译的概念与所需要的酶和蛋白质因子；复制的过程、转录的过程、翻译的过程以及转录后的加工。遗传密码的特点；反转录的概念与过程，反转录酶的特点。

熟悉

DNA 的损伤与修复，基因表达调控的概念与模式。

了解

蛋白质合成后的加工，蛋白质生物合成与医学的关系，重组 DNA 技术。

DNA 是主要的遗传物质，生物体遗传信息就贮存在 DNA 分子的碱基序列中，遗传信息的功能单位为基因（gene）。在细胞分裂之前，细胞中的 DNA 分子必须进行自我复制，即以亲代 DNA 为模板合成子代 DNA，将遗传信息准确地传递到子代 DNA 分子中，该过程叫做复制（replication）。通过复制，使子代细胞各具有一套与亲代细胞完全相同的 DNA 分子，这就是遗传中的传代作用。同时，在生物细胞内，也能以 DNA 为模板，合成与 DNA 某一段核酸序列相对应的 RNA 分子，这过程称为转录（transcription）。然后，以 mRNA 为模板，指导蛋白质的生物合成，这一过程称为翻译（translation）。通过转录和翻译，使 DNA 分子中的核苷酸排列顺序转换成蛋白质肽链中的氨基酸排列顺序，将遗传信息传递到蛋白质分子中，这就是基因表达。

遗传信息沿复制 - 转录 - 翻译的方向进行传递的这一规律称为遗传信息传递的中心法则（genetic central dogma）。这一法则是 Crick 于 1958 年提出来的，它代表了大多数生物遗传信息贮存、流动和表达的规律，并奠定了在分子水平上研究生物遗传、繁殖、进化、代谢类型、生长发育、生命起源、健康或疾病等生命科学关键问题的理论基础。1970 年，特明（H.Temin）等人发现了反转录酶，它能以 RNA 为模板合成 DNA，这样，遗传信息的传递方向就和上述转录过程相反，因此叫做反转录（reverse transcription）。另外，某些病毒RNA亦可进行自我复制。于是，由 Crick 提出的中心法则便得到了补充和修正（图 10-1）。

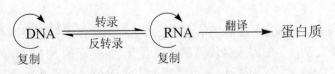

图 10-1　遗传信息传递中心法则

　　1996年7月5日，英国科学家伊恩·维尔穆特（Ian Wilmut）用一个成年羊的体细胞成功的克隆出了一只小羊，即克隆羊——多莉，"多莉"的产生与三只母羊有关。一只是芬兰多塞特母绵羊（白脸绵羊），两只是苏格兰黑面母绵羊（黑脸绵羊）。芬兰多塞特母绵羊提供了乳腺细胞的细胞核；一只苏格兰黑面母绵羊提供无细胞核的卵细胞；另一只苏格兰黑面母绵羊提供羊胚胎的发育环境——子宫，是"多莉"羊的"生"母。请思考：

　　1. 多莉是一只白脸绵羊还是一只黑脸绵羊？
　　2. 哪只羊是多莉真正的生母？为什么？

第一节　DNA 的生物合成

生物体内进行的 DNA 合成主要包括 DNA 复制、DNA 修复合成和反转录合成 DNA 等过程。

一、DNA 的复制

　　DNA 复制的主要特征包括：半保留复制、双向复制和半不连续复制。通过复制将亲代 DNA 的遗传信息准确地传递给子代 DNA 分子，因此，DNA 的复制具有高保真性。

（一）DNA 复制的方式——半保留复制

　　复制时，亲代 DNA 分子双链互补碱基之间的氢键断裂，解开成两条单链，然后分别以每一条单链为模板各自合成一条新的 DNA 链，这样新合成的子代双链 DNA 分子中一条链来自亲代 DNA，另一条链是新合成的，这种复制方式称为半保留复制（图 10-2）。

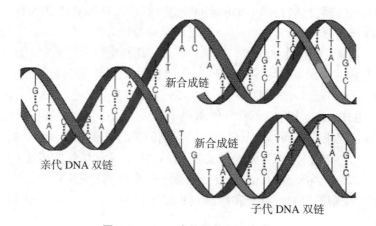

图 10-2　DNA 半保留复制示意图

　　1958 年梅瑟生（M.Meselson）和斯塔尔（F.Stahl）利用同位素标记技术在大肠埃希菌中首次证实了 DNA 的半保留复制。他们将大肠埃希菌放在含有 ^{15}N 标记的 NH_4Cl 培养基中繁殖了 15 代，使所有的大肠埃希菌 DNA 被 ^{15}N 所标记，可以得到 ^{15}N-DNA。然后将细菌转移到含有 ^{14}N 标记的 NH_4Cl 培养基中进行培养，在培养不同代数时，收集细菌，裂解细胞，用氯化铯密度梯度离心法观察 DNA 所处的位置。由于 ^{15}N-DNA 的密度比普通 DNA(^{14}N-DNA) 的密度大，在氯化铯密度梯度离心时，两种密度不同的 DNA 分布在不同的区带（图 10-3）。

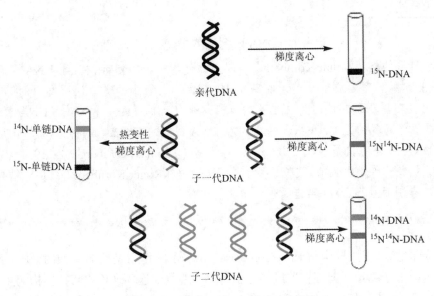

图 10-3　证实 DNA 的半保留复制

（二）参与 DNA 复制的重要酶类与蛋白质

1. DNA 聚合酶　DNA 聚合酶又称 DNA 指导的 DNA 聚合酶（DNA-directed DNA polymerase，DDDP）。其基本作用是遵循碱基互补配对规律，将 DNA 复制的底物 4 种 dNTP（dATP、dTTP、dCTP、dGTP）通过 3′,5′-磷酸二酯键聚合成一条与 DNA 模板链完全互补的新的 DNA 链。无论是在原核还是真核细胞中，均存在着多种 DNA 聚合酶，它们的性质不完全相同。

大肠埃希菌中的 DNA 聚合酶主要有 3 种，分别称为 DNA 聚合酶 I、II 和 III。现将它们的特点总结于表 10-1。

表 10-1　大肠埃希菌 DNA 聚合酶特征

特　性	DNA 聚合酶 I	DNA 聚合酶 II	DNA 聚合酶 III
组成	单条肽链	≥4	多亚基不对称二聚体
5′→3′ 聚合活性	+	+	+
5′→3′ 外切活性	+	−	−
3′→5′ 外切活性	+	+	+
37℃转化率（核苷酸数/酶分子·秒）	10～20	40	250～1000
功能	修复、去除引物、填补空缺	应急修复	复制

真核细胞内的 DNA 聚合酶常见的有 5 种，即 DNA 聚合酶 α、β、γ、δ 和 ε。这 5 种 DNA 聚合酶都具有 5′→3′ 聚合酶活性。DNA 聚合酶 α 及 δ 是复制的主要酶，DNA 聚合酶 α 参与引物的合成，DNA 聚合酶 δ 是复制时新链延长的主要催化酶，参与新链的延长并具有切除引物后填补空隙的作用，DNA 聚合酶 β 复制的保真度低，可能是参与应急修复的酶，DNA 聚合酶 γ 参与线粒体 DNA 的复制，DNA 聚合酶 ε 可能与原核生物的 DNA 聚合酶 I 相似，在复制中起校对、修复和填补引物水解后所留下的缺口的作用。

DNA 聚合酶的发现

阿瑟·科恩伯格（Arthur Kornberg）美国生物化学家。1955年发现了DNA聚合酶，获1959年的诺贝尔生理学或医学奖。在获奖10年后，人们才知道，他所发现的DNA聚合酶并非细菌真正用于复制的酶，在细胞内执行这个任务的是另一种酶——DNA聚合酶Ⅲ。阿瑟·科恩伯格发现的是DNA聚合酶Ⅰ，在DNA复制中起校读和填补空隙的作用。但有趣的是，DNA聚合酶Ⅲ是他次子汤姆·科恩伯格（Thomas Kornberg）在1971年发现的。科恩伯格家族是"科学之家"，其长子罗杰·科恩伯格（Roger Kornberg）更是凭借揭示真核生物的转录机制而独享2006年诺贝尔化学奖。

2. 拓扑异构酶　拓扑异构酶 (topoisomerase，Topo) 的作用是使 DNA 超螺旋松弛，并克服 DNA 复制解链时分子高速反向旋转造成的分子打结、缠绕、连环现象。拓扑异构酶主要有两种：拓扑异构酶Ⅰ (Topo Ⅰ) 和拓扑异构酶Ⅱ (Topo Ⅱ)。Topo Ⅰ切开 DNA 双链中的一股，使 DNA 链末端沿螺旋轴松解的方向转动，适时又把切口封闭，使 DNA 变为松弛状态，反应不需要 ATP 参与。Topo Ⅱ在无 ATP 情况下，切断 DNA 双链某一部位，DNA 断端通过切口沿螺旋轴朝松解的方向转动，使 DNA 变为松弛状态；在利用 ATP 供能的条件下，松弛状态的 DNA 又进入负超螺旋状态，断端在同一酶催化下连接恢复。不难看出，拓扑异构酶除了能松弛 DNA 超螺旋外，还具有核酸内切酶和 DNA 连接酶的活性。

3. 解螺旋酶　解螺旋酶（helicase）是由 *dnaB* 基因编码的一种蛋白质称为 DnaB，它的作用是将 DNA 的双链解开形成单链。解链是一个耗能的过程，每解开一对互补碱基，需消耗 2 分子 ATP。

4. 单链结合蛋白　单链结合蛋白 (single stranded binding protein，SSB) 的作用是与已被解开的 DNA 单链紧密结合，维持模板处于单链状态，同时保护 DNA 单链免遭核酸酶水解，确保 DNA 在复制过程中模板单链的完整性。

5. 引物酶　引物酶（primase）是由 *dnaG* 基因编码的一种蛋白质称为 DnaG，是一种特殊的 RNA 聚合酶，它的作用是以 DNA 为模板，利用 NTP 合成一小段 RNA 引物。RNA 引物为 DNA 复制提供 3′-OH 末端，在 DNA 聚合酶催化下逐一加入 dNTP，延长 DNA 子链。

6. DNA 连接酶　DNA 连接酶（DNA ligase）的作用是将结合于模板链上的各相邻 DNA 片段连接起来，形成连续而完整的长链。DNA 连接酶可催化一个 DNA 片段的 3′-OH 端与另一个 DNA 片段的 5′-末端磷酸形成 3′，5′-磷酸二酯键（图10-4），但这两个片段必须是和 DNA 模

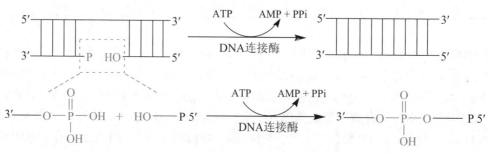

图 10-4　DNA 连接酶的作用

板链相结合的。DNA 连接酶没有连接单独存在的 DNA 单链的作用，反应还需消耗能量。DNA 连接酶不仅在复制中起连接缺口的作用，在 DNA 损伤的修复及基因工程中也起缝合缺口的作用。

（三）DNA 复制的基本过程

DNA 的复制是一个连续的过程，但为了描述上的方便，人们通常把它分为起始、延长 和终止三个阶段。

以下是原核生物的 DNA 复制过程。

1. 起始阶段　复制是从固定的起始点开始的，同时向两个方向进行，称为双向复制。原核生物 DNA 较小，呈环状，一般只有一个复制起始点（ori），真核生物 DNA 庞大，呈线性，有多个复制起始点（图 10-5）。

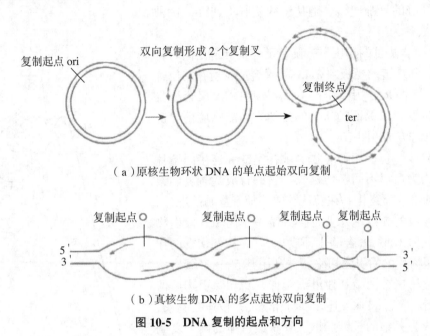

（a）原核生物环状 DNA 的单点起始双向复制

（b）真核生物 DNA 的多点起始双向复制

图 10-5　DNA 复制的起点和方向

复制起始阶段主要包括 DNA 解链形成复制叉及引物合成。在大肠埃希菌中，解链过程由 3 种蛋白质 DnaA、DnaB、DnaC 和拓扑异构酶共同完成。首先由 DnaA 识别复制起始点并与之结合，然后 DnaB（解螺旋酶）在 DnaC 的协同下对 DNA 进行解链，当 DNA 双链解开足够的长度后，单链结合蛋白结合到开放的单链上，形成复制叉（图 10-6）。当两股单链暴露出足够数量的碱基

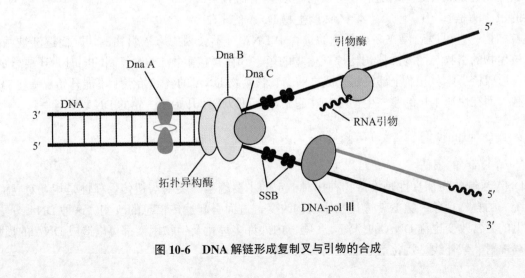

图 10-6　DNA 解链形成复制叉与引物的合成

后，引物酶发挥作用。它能以 4 种 NTP 为原料，以解开的一段 DNA 单链为模板，按 5′ → 3′ 的延伸方向合成 RNA 引物。引物的长度为十几个至几十个核苷酸。DNA 复制时，第一个脱氧核苷酸就是加在引物的 3′ -OH 末端上的。

2. 延长阶段　从引物的 3′ -OH 末端开始，DNA 聚合酶Ⅲ催化 dNTP 发生聚合反应，按 5′ → 3′ 的方向逐个地加入与模板链的碱基互补的 dNTP，使 DNA 新链得以延长。在新合成的两条子链中，其中一条链的延伸方向与复制叉的推进方向相同，可以不间断地延长，称为前导链或领头链；另一条链的延伸方向与复制叉的推进方向相反，只有当模板链解开足够长度后，由引物酶合成 RNA 引物，并分别从引物的 3′ -OH 端进行 DNA 新链的延长，从而形成多个新合成的不连续的 DNA 片段，这些片段称为冈崎片段，这条不连续合成的子链称为随从链或滞后链。DNA 双链中，前导链的复制连续，随从链的复制不连续，这种 DNA 复制方式称为半不连续复制。

在 DNA 聚合酶Ⅲ的作用下，随从链与前导链是同时合成的，所以，随从链的模板须在 DNA 聚合酶Ⅲ所在的位置回折 180°，使得 RNA 引物的 3′ - 端靠近 DNA 聚合酶Ⅲ的一个催化位点，以保证随从链的延伸方向能顺应前导链和复制叉的推进方向（图 10-7）。

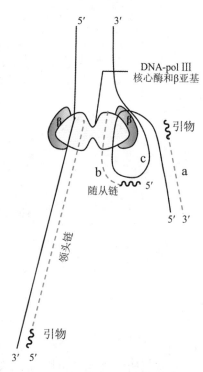

图 10-7　同一复制叉上领头链和随从链由相同的 DNA-pol 催化延长

a. 随从链上已复制的片段；b. 随从链上正在复制的片段；c. 随从链上尚未复制的片段

3. 终止阶段　包括切除引物、填补空缺和连接冈崎片段，前导链因为可以不间断地延长，它的合成随着复制叉到达模板链的终点而终止。在随从链中，随着复制的进行，第二个冈崎片段的 3′ - 端总要延伸到第一个冈崎片段引物的 5′ - 端，这时 DNA 聚合酶Ⅰ即发挥 5′ → 3′ 外切酶的作用将第一个冈崎片段的引物切除，并利用其 5′ → 3′ 聚合酶的活性，催化第二个冈崎片段继续延伸，将切除引物后留下的空缺填满。最后，DNA 连接酶将相邻的片段连接起来，封闭缺口，成为完整的长链。细菌环状染色体的两个复制叉分别向前推移，最后在终止区相遇，复制停止，但其间仍有 50 ~ 100bp 未被复制，可通过其后的 DNA 修复方式来填补。

与上述原核生物 DNA 的复制相比较，真核生物 DNA 的复制有以下不同：①真核生物 DNA 是线性分子，它的复制是从多个起始点开始同时进行的。②参与真核生物 DNA 复制的聚合酶是 α、β、γ、δ 等。③真核生物 DNA 的末端有端粒结构，它可以确保在多次复制的过程中 DNA 链不会因为末端引物的切除而逐渐被截短。④真核生物的引物与冈崎片段均比原核生物的短。⑤在真核生物 DNA 复制的同时，还要合成组蛋白，形成核小体。⑥在全部复制完成之前，真核生物 DNA 的各起始点上不能开始下一轮 DNA 的复制，而在快速生长的原核生物中，在起始点上可以连续开始新一轮的 DNA 复制。

二、DNA 的损伤（突变）与修复

（一）DNA 的损伤

DNA 复制的高保真性是维持物种相对稳定的主要因素。突变与遗传保守性是相互对立而又相互统一的自然现象，突变使遗传物质结构改变，进而引起遗传信息的改变。这种 DNA 分子在结构上的异常改变也称 DNA 的损伤。生物体内外许多理化及生物因素都可以造成 DNA 的损伤，如电离辐射、紫外线、烷化剂、氧化剂、致癌病毒等。

1．DNA 损伤常见的类型

（1）点突变　即 DNA 分子中的某一碱基被另一碱基所取代，也称为碱基错配。自发突变和许多化学诱变都能引起 DNA 分子中某一碱基的置换，如亚硝酸盐可使 C→U，这样使得原有的 C－G 配对变为 U－G。点突变如果发生在基因的编码区，可导致蛋白质中氨基酸的改变。如镰刀形红细胞性贫血就是点突变的一个典型例子。

（2）插入　在 DNA 分子中插入一个原来不存在的核苷酸或一段核苷酸链。如病毒 RNA 通过反转录生成 DNA，可整合于宿主细胞 DNA 分子中，并随宿主基因一起复制和表达。

（3）缺失　DNA 分子中一个核苷酸或一段核苷酸链丢失，如烷化剂可使鸟嘌呤 N-7 甲基化及核苷酸脱落而导致缺失。插入和缺失都可造成移码突变（也称框移突变），移码突变是指三联体密码的阅读方式改变，造成翻译出的蛋白质氨基酸完全不同。

（4）断裂　代谢过程产生的活性氧等因素可引起 DNA 单链断裂等损伤。DNA 双链中一条链断裂称单链断裂，DNA 双链在同一处或相近处断裂称为双链断裂。单链断裂发生频率为双链断裂的 10～20 倍，但较容易修复，而双链断裂对单倍体细胞来说（如细菌）就是一次致死事件。

（5）交联　包括 DNA 链交联和 DNA- 蛋白质交联。双功能基烷化剂，如氮芥、硫芥等，一些抗癌药物（如环磷酰胺、苯丁酸氮芥、丝裂霉素等），其两个功能基可同时使两处烷基化，结果就能造成 DNA 链内、链间以及 DNA 与蛋白质间的交联（图 10-8）。如紫外线能使 DNA 分子中同一条链相邻嘧啶碱基之间形成二聚体（最易形成的是 $\overline{TT}$，其次是 $\overline{CT}$、$\overline{CC}$ 二聚体）（图 10-9）。

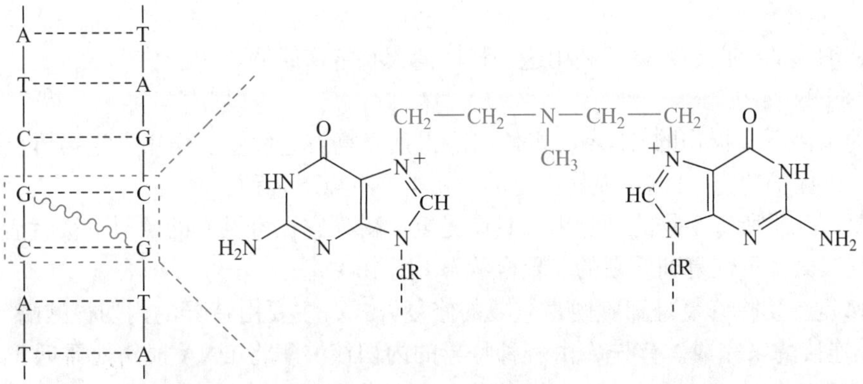

图 10-8　氮芥引起 DNA 分子两条链在鸟嘌呤上的交联

2．基因突变的生物学意义

（1）突变是生物进化的分子基础　生物的进化是基因不断发生突变的结果，没有突变就不可能有现今五彩缤纷的生物世界。大量的突变都属于这种类型，但目前尚未能认识其发生的真正原因，因而称为自发突变或自然突变。

（2）形成 DNA 的多态性　如果基因突变没有可察觉的表型改变，只是形成个体之间基因型差别，称为基因的多态性。应用 DNA 多态性分析技术可识别个体差异和种、株间差异，用于法医学上的个体识别、亲子鉴定、器官移植配型、个体对某些疾病的易感性分析。

（3）突变是某些疾病的发病基础　在目前详细记载的 4000 余种疾病中，约有 1/3 以上属于遗传性疾病或有遗传倾向的疾病。如血友病是凝血因子基因的突变；地中海贫血是血红蛋白基因的突变。有遗传倾向的疾病，包括常见的高血压、糖尿病和肿瘤等，是众多基因与生活环境因素共同作用的结果。

（4）致死性突变可导致个体、细胞的死亡　如果突变发生在对生命过程至关重要的基因上，

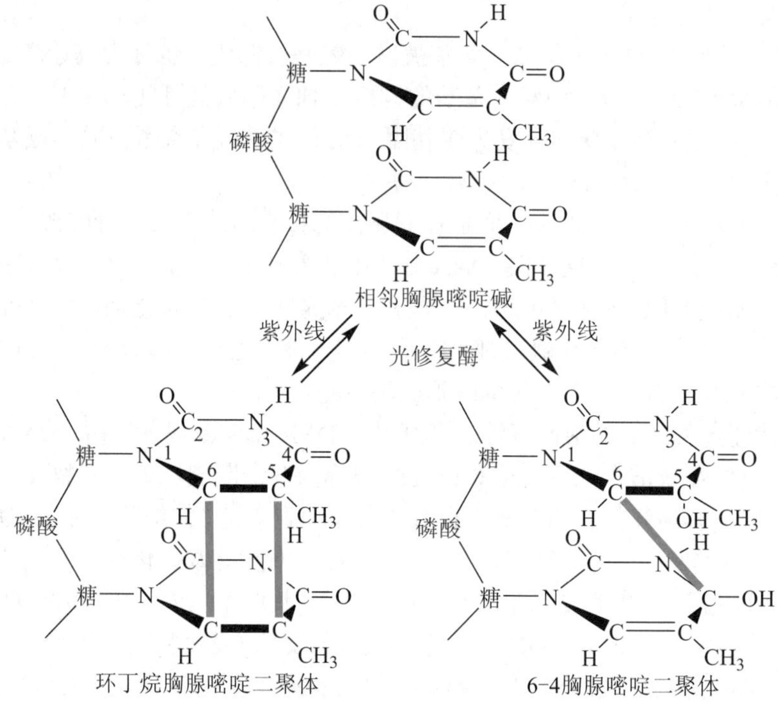

图 10-9　胸腺嘧啶二聚体的形成与解聚

可导致个体、细胞的死亡。人类常利用这一特性消灭有害病原体。

（二）损伤 DNA 的修复

在一定的条件下，损伤的 DNA 在机体内能得到修复。这种修复作用是生物体长期进化　过程中获得的一种保护功能。DNA 损伤修复的主要类型有以下几种：

1. 光修复　几乎所有生物的细胞内都具有光复活酶，它在可见光的照射下被激活。通过此酶的作用，嘧啶二聚体可恢复到原来的非聚合状态（图 10-9 ）。

2. 切除修复　切除修复是细胞内最重要的修复方式，主要由特异的内切核酸酶、DNA 聚合酶 I 及 DNA 连接酶来完成。首先，由一种特异的内切核酸酶将 DNA 损伤处靠近 5′- 端的部位切开，然后切除损伤的 DNA，再在 DNA 聚合酶 I 的作用下，以另一条完整的 DNA 链为模板进行修复合成，将空隙填补，最后由 DNA 连接酶将修复处遗留的两端点进行连接（图 10-10 ）。

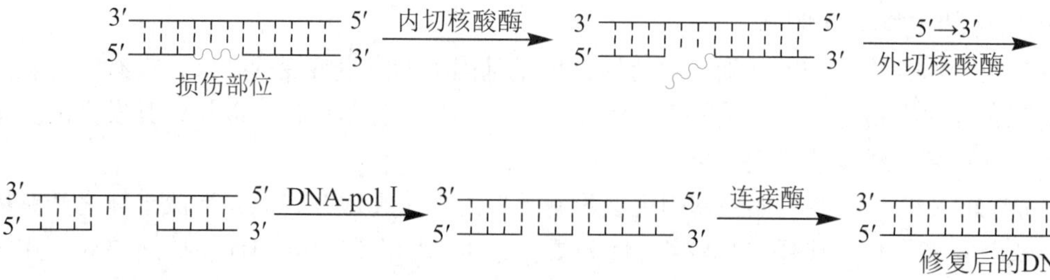

图 10-10　DNA 损伤的切除修复

3. 重组修复　当DNA 分子损伤面积较大，还来不及修复就进行复制时，可利用重组修复来进行 DNA 损伤后的修复（图 10-11 ）。因复制时 DNA 损伤部位不能作为模板来指导子链的合成，使子链上形成缺口。这时重组蛋白 A（RecA）发挥核酸酶活性，将另一股正常母链上的相应的一段 DNA 切下并填补到该缺口处。正常母链上出现的缺口可在 DNA 聚合酶 I 及 DNA 连接酶的

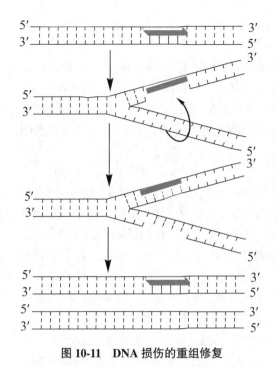

图 10-11　DNA 损伤的重组修复

作用下，以其对应的子链为模板进行填补。重组修复虽不能消除损伤部位，但随着多次复制及重组修复，损伤链因所占比例越来越小而被"稀释"掉，不致于影响细胞的正常功能。

4. SOS 修复　SOS 修复是一类应急性的修复方式，即当 DNA 分子受到广泛损伤而难以继续复制时，细胞内所启动的一种修复方式。通过 SOS 修复，复制如能继续，细胞是可存活的。

DNA 修复能力的异常可能与衰老和某些疾病发生有关。例如，老年动物的 DNA 修复能力较差，这可能是发生衰老的原因之一。又如着色性干皮病的患者对日光或紫外线特别敏感，易发生皮肤癌，其原因是皮肤细胞中存在 DNA 修复酶的缺陷，以致于日光或紫外线照射后产生的 DNA 损伤不能修复，使细胞发生癌变。

三、反转录

（一）反转录的基本过程

反转录（reverse transcription）是指以 RNA 为模板合成 DNA 的过程。催化这一反应的酶是反转录酶 (reverse transcriptase)，也称为 RNA 指导的 DNA 聚合酶（RNA-directed DNA polymerase，RDDP）。

1970 年，特明（H.Temin）等在致癌 RNA 病毒中发现了一种特殊的 DNA 聚合酶，该酶以 RNA 为模板，根据碱基配对原则，按照 RNA 的核苷酸顺序合成 DNA。由于这一过程遗传信息流动方向（RNA → DNA）与转录过程（DNA → RNA）相反，故称为反转录，催化此过程的 DNA 聚合酶叫做反转录酶。后来发现反转录酶不仅普遍存在于 RNA 病毒中，哺乳动物的胚胎细胞和正在分裂的淋巴细胞中也有反转录酶。

反转录酶的作用是以 dNTP 为底物，以 RNA 为模板，合成一条与 RNA 模板互补的 DNA 单链，这条 DNA 单链叫做互补 DNA（complementary DNA, cDNA），它与 RNA 模板形成 RNA-DNA 杂交体。此后，反转录酶又具有核糖核酸酶 (RNase) H 的活性，水解杂交体中的 RNA，再以 cDNA 为模板合成第二条 DNA 链。至此，完成由 RNA 指导的 DNA 合成过程（图 10-12）。

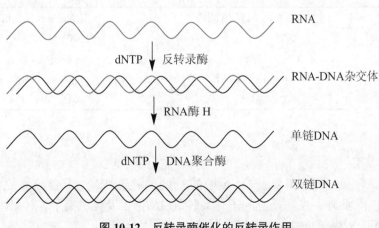

图 10-12　反转录酶催化的反转录作用

反转录酶都具有多种酶活性，主要包括以下三种活性：①DNA聚合酶活性；以RNA为模板，催化dNTP聚合成DNA的过程。反转录酶中不具有3′→5′外切酶活性，因此没有校正功能，所以由反转录酶催化合成的DNA错误频率比较高。②RNase H活性；由反转录酶催化合成的cDNA与模板RNA形成的杂交分子，将由RNase H从RNA 5′端开始水解掉RNA分子。③DNA指导的DNA聚合酶活性；以反转录合成的第一条DNA单链为模板，以dNTP为底物，再合成第二条DNA分子。除此之外，有些反转录酶还有DNA内切酶活性，这可能与病毒基因整合到宿主细胞染色体DNA中有关。

（二）反转录的意义

反转录现象的发现具有重要的理论和实践意义：①进一步补充和完善了分子生物学中心法则，说明某些生物体内RNA同样有遗传信息传递与表达功能。②拓宽了RNA病毒致癌、致病的研究。目前已从反转录病毒中发现了数十种可使细胞癌变的基因，即病毒癌基因（v-onc）。在某些情况下，病毒癌基因可通过基因重组，加入到宿主细胞基因组内，并随宿主基因一起复制和表达，这种重组方式称为整合，是病毒致病、致癌的重要原因。近年来还发现在脊椎动物的正常基因组中均含有和肿瘤病毒癌基因相同的碱基序列，称为细胞癌基因（c-onc）。这些癌基因的激活可导致细胞的癌变。③在基因工程中，应用反转录酶作为获得目的基因的重要方法之一。对于遗传工程技术起了很大的推动作用，目前它已成为一种重要的工具酶。用组织细胞提取mRNA并以它为模板，在反转录酶的作用下，合成出互补的DNA（cDNA），由此可构建出cDNA文库（cDNA library），从中筛选特异的目的基因，这是在基因工程技术中最常用的获得目的基因的方法。

第二节　RNA的生物合成

转录（transcription）是指以DNA为模板，合成与DNA某一段核苷酸顺序相对应的RNA分子的过程。即遗传信息由DNA向RNA传递的过程，是基因表达的第一步，也是最为关键的一步。因此，转录是遗传信息传递过程中的重要环节。

RNA转录与DNA复制有许多共同点：如两者都是以DNA为模板，链的延长方向都从5′→3′，核苷酸之间连接键都是3′,5′-磷酸二酯键。但是，由于复制和转录的目的不同，转录又具有其特点（表10-2）：

表10-2　复制和转录的区别

比较项目	DNA复制	转录
合成模板	DNA两条链均作模板	DNA一条链作模板
合成原料	dNTP	NTP
主要酶	DNA聚合酶	RNA聚合酶
产物	子代双链DNA分子	mRNA、tRNA、rRNA
碱基配对	A-T、G-C	A-U、T-A、G-C

一、RNA转录体系

转录体系主要包括：模板（双链DNA中的一条单链）、RNA聚合酶、原料NTP（ATP、GTP、CTP和UTP）。此外，参与反应的还有某些蛋白质因子及无机离子。转录生成的产物在加工后转变成mRNA、tRNA和rRNA。

（一）转录模板

转录是在细胞不同的发育阶段，按生存条件和需要进行的。在基因组庞大的 DNA 双链分子上能转录出 RNA 的 DNA 区段称为结构基因。结构基因 DNA 区段不是两条链都可以转录，只有其中一条 DNA 单链可以作模板。转录的这种选择性称为不对称转录。能够充当模板的 DNA 单链称为模板链，与模板链相对应的 DNA 互补链称编码链。转录出来的 RNA 初级产物与模板链互补，与编码链在碱基排列顺序上基本相同（只是 RNA 中的 U 代替了编码链中的 T）。模板链或编码链并非永远在同一条单链上（图 10-13）。

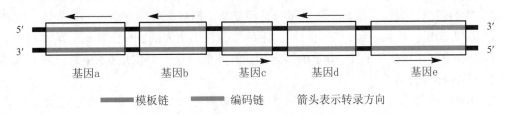

图 10-13　不对称转录

（二）RNA 聚合酶

RNA 聚合酶又称 DNA 指导的 RNA 聚合酶（DNA-directed RNA polymerase，DDRP），它催化如下反应：

$$\left.\begin{array}{c} n_1ATP \\ + \\ n_2GTP \\ + \\ n_3CTP \\ + \\ n_4UTP \end{array}\right\} \xrightarrow[\text{DNA模板，} Mg^{2+}或Mn^{2+}]{\text{RNA聚合酶}} RNA + (n_1+n_2+n_3+n_4)\,PPi$$

1. 原核生物 RNA 聚合酶　目前在原核生物只发现一种 RNA 聚合酶，它是一种多聚体蛋白质，兼有合成各种 RNA 的功能。如大肠埃希菌（*E. coli*）的 RNA 聚合酶是由 4 种亚基（$\alpha_2\beta\beta'$ σ）组成的五聚体蛋白质。各亚基及功能见表 10-3。

其中 $\alpha\alpha\beta\beta'$ 称为核心酶，能催化 NTP 按模板的指引合成 RNA，但核心酶不具备起始合成 RNA 的能力，只能使已经开始合成的 RNA 链延长。σ 亚基又称 σ 因子，能辨认模板上的转录起始部位，协助转录的起始，所以又称为起始因子。核心酶与 σ 因子结合在一起后的形式（$\alpha\alpha\beta\beta'$ σ）称全酶，它能识别和启动某一特异基因的转录。抗结核药利福平或利福霉素能特异地与 β 亚基结合，从而抑制原核生物 RNA 聚合酶活性，即使是在转录开始后才加入利福平，仍能发挥其抑制转录的作用，这也说明 β 亚基在转录的全过程都起作用。RNA 聚合酶缺乏 3′→5′ 外切酶活性，所以它不像 DNA 聚合酶那样具有校对功能，这就决定了转录的错误发生率比复制要高出很多。

表 10-3　大肠埃希菌 RNA 聚合酶

亚　基	分子量	亚基数目	功　能
α	36 512	2	决定哪些基因被转录
β	150 618	1	催化聚合反应
β′	155 613	1	结合 DNA 模板（开链）
σ	70 263	1	辨认起始点，结合启动子

2. 真核生物 RNA 聚合酶　真核生物已发现的 RNA 聚合酶有 4 种，分别是 RNA 聚合酶 Ⅰ、RNA 聚合酶 Ⅱ、RNA 聚合酶 Ⅲ 和线粒体 RNA 聚合酶。它们在细胞核内的定位不同，催化合成 RNA 的种类也不同。RNA 聚合酶 Ⅰ 定位在核仁，催化合成 rRNA 的前体；RNA 聚合酶 Ⅱ 定位在核质，催化合成 mRNA 的前体；RNA 聚合酶 Ⅲ 定位在核质，催化合成 tRNA 和 5S rRNA；线粒体 RNA 聚合酶定位在线粒体，催化合成线粒体 RNA。

二、转录的过程

由于真核生物与原核生物的 RNA 聚合酶种类不同，其结合 DNA 模板的特性也不一样，因此，真核生物的转录过程远比原核生物的转录过程复杂，而且有些地方尚不十分清楚，但基本过程都可人为分为起始、延长、终止三个阶段，下面以原核生物为例，介绍转录的基本过程：

1. 起始阶段　转录是从 DNA 分子的特定部位开始的，这个部位是 RNA 聚合酶全酶结合的部位，这一部位称为启动子。

首先，RNA 聚合酶全酶中的 σ 因子辨认 DNA 的启动子，并引导全酶与启动子结合。当 RNA 聚合酶全酶与启动子结合后，启动子区域的 DNA 发生局部的构象改变，导致结构变得松弛，于是一段 DNA 双链（约十几个碱基对）被解开，暴露出 DNA 模板链。其次，RNA 聚合酶与启动子结合后，即向下游移动，在到达转录起始点后开始转录。转录的起始并不需要引物，两个相邻的核苷酸只要能与模板配对，就可以在 RNA 聚合酶的催化下形成一个以 3′,5′-磷酸二酯键连接的二核苷酸。在这个二核苷酸中，第一个（5′-端）核苷酸通常是 GTP，二核苷酸的 3′-端有游离的羟基，可以继续加入 NTP 而使 RNA 链进一步延长。

2. 链的延长　当第一个 3′,5′-磷酸二酯键形成后，σ 亚基从转录起始复合物上脱落。核心酶沿 DNA 模板链 3′→5′ 方向移动，而新生 RNA 链按碱基配对原则 (A-U、T-A、G-C)，以 5′→3′ 方向进行延伸。在延伸新生 RNA 链时，新合成的部分能暂时与模板 DNA 形成一段 8 bp 的 RNA-DNA 杂化双链，随着 RNA 链的延长，RNA 链的 5′-端不断从 RNA-DNA 杂合体上解离，模板链与编码链之间恢复双螺旋结构。RNA 聚合酶在合成 RNA 时，DNA 双螺旋局部解开，形成所谓"转录泡"。大肠埃希菌的 RNA 聚合酶使 DNA 双螺旋解开的范围约 17 bp，上述 8 bp 的 RNA-DNA 杂合体就在其中（图 10-14）。

新合成的 RNA 链和模板链在方向上是相反的，在碱基顺序上是互补的，但其与编码链不仅方向相同，在碱基顺序上也是相同的（只是 T 被 U 取代），RNA 链把编码链的碱基顺序抄录了过

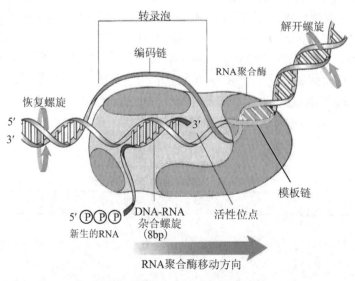

图 10-14　RNA 聚合酶沿 DNA 模板链移动合成 RNA

来，为蛋白质的生物合成提供了条件。

3. **终止阶段**　当核心酶沿模板链滑行到终止区域时，转录便终止。原核生物的转录终止有两种类型：①依赖 ρ 因子的转录终止。ρ 因子是一种特殊的蛋白质因子，在进入终止区域后能与 RNA 聚合酶结合，并使 RNA 聚合酶变构从而失去聚合酶活性；ρ 因子还能与 RNA 链结合，并发挥其 ATP 酶活性，催化 ATP 水解，然后利用 ATP 水解释放的能量将新合成的 RNA 链与 DNA 模板链分离，使转录终止。②不依赖 ρ 因子的转录终止。DNA 模板上靠近终止处有特殊的碱基序列，使转录出的这一段 RNA 形成发夹结构，从而阻止 RNA 聚合酶继续向下游滑动，使转录终止。在终止阶段，新合成的 RNA 链首先从模板链上解离出来，继而与核心酶分离，随后核心酶与双链 DNA 解离。此时解离出来的核心酶又能与 σ 因子结合，开始另一次转录过程（图10-15）。

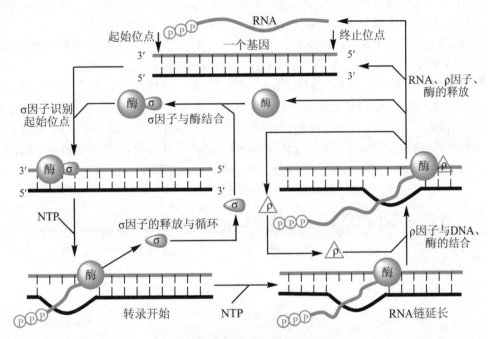

图 10-15　RNA 合成过程示意图

真核生物转录机制的阐明

　　在发现了原核生物中的 RNA 聚合酶后，科学家们逐渐推导出了真核生物的转录过程，但具体细节并不清楚，直到 2001 年美国生物化学家罗杰·科恩伯格（Roger Kornberg）在《科学》杂志上发表了第一张 RNA 聚合酶的全动态晶体图片，才解决了这一难题。图片详细地描述了真核细胞转录的整个运转情况，人们从图片中可以看到 RNA 聚合酶是如何演变的，以及在整个转录过程中其他分子的作用。科恩伯格凭借揭示真核生物的转录机制而独享 2006 年诺贝尔化学奖。

三、转录后的加工与修饰

　　不论原核或真核生物的 RNA 都是以初级转录产物形式被合成的，然后再加工成为成熟的

RNA 分子。然而绝大多数原核生物转录和翻译是同时进行的，随着 mRNA 开始以 DNA 为模板合成，核糖体即附着在 mRNA 上并以其为模板进行蛋白质的合成，因此原核细胞的 mRNA 并无特殊的转录后加工过程。相反，真核生物转录和翻译在时间和空间上是分开的，刚转录出来的 mRNA 是分子很大的前体，称为初级 mRNA 转录物，或称为核内不均一 RNA（hnRNA）。hnRNA 分子中大约只有 10% 的部分转变成成熟的 mRNA，其余部分将在转录后的加工过程中被降解掉。

（一）mRNA 的加工修饰

原核生物中转录生成的 mRNA 为多顺反子，即几个结构基因，利用共同的启动子和共同终止信号经转录生成一条 mRNA，所以，此 mRNA 分子编码几种不同的蛋白质。例如乳糖操纵子上的 Z、Y 及 A 基因，转录生成的 mRNA 可翻译生成三种酶，即 β- 半乳糖苷酶，透性酶和乙酰基转移酶。原核生物中没有核膜，所以转录与翻译是连续进行的，往往转录还未完成，翻译已经开始了，因此原核生物中转录生成的 mRNA 没有特殊的转录后加工修饰过程。

真核生物转录生成的 mRNA 为单顺反子，即一个 mRNA 分子只编码一种蛋白质。真核生物 mRNA 的加工修饰，主要包括对 5′ 端和 3′ 端的修饰以及对中间部分进行剪接。

1. 在 5′ 端加帽　成熟的真核生物 mRNA，其结构的 5′ 端都有一个 7- 甲基鸟嘌呤三磷酸核苷（m^7GpppN）结构，该结构被称为帽子结构，即 5′ - 末端的核苷酸与 7- 甲基鸟苷通过 5′ -5′ 三磷酸连接键相连（图 10-16）。此过程由加帽酶和甲基转移酶催化完成，甲基由 S- 腺苷甲硫氨酸提供。帽子结构的主要功能可能是：①稳定 mRNA 结构，使 mRNA 免遭核酸外切酶的攻击而降解破坏。②参与 mRNA 和特异蛋白质结合，作为翻译起始必需的一种因子。

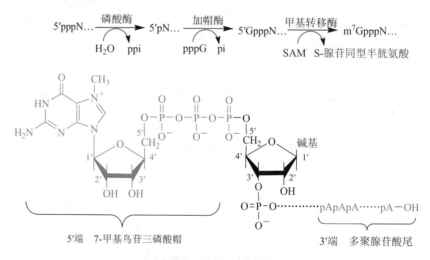

图 10-16　真核生物 mRNA 的帽子结构及形成过程

2. 在 3′ 端接尾　大多数的真核 mRNA 都有 3′ 端的多聚腺苷酸（poly A）尾巴，poly A 尾巴大约为 200bp。poly A 尾巴不是由 DNA 编码的，而是转录后在核内加上去的。受多聚腺苷酸聚合酶催化，该酶能识别 mRNA 的游离 3′ -OH 端，并加上约 200 个腺苷酸残基。Poly A 尾巴的功能尚不完全清楚。有人认为这种结构能维持真核 mRNA 作为翻译模板的活性，并能稳定 mRNA 结构，保持一定的生物半衰期。

3. 剪接　真核生物的基因通常是一种断裂基因。也就是说，真核生物的结构基因通常是由几个编码区和非编码区相间隔而组成的，其中具有表达活性，能编码相应氨基酸的序列（编码区）称为外显子（exon），无表达活性不能编码氨基酸的序列（非编码区）称为内含子（intron）。通过转录，外显子和内含子均被转录到 hnRNA 中，此时，hnRNA 与它的 DNA 模板链等长。hnRNA 的剪接就是去除内含子，拼接外显子的过程。这一过程大致可分为两个步骤：首先是剪开内含子的 5′ - 端，并形成套索结构，使两个外显子相互靠拢；然后是已形成套索的内含子被剪切下来，两个外显子拼接在一起（图 10-17）。哺乳动物细胞核内的 hnRNA 在剪接加工成 mRNA 时，有 50% ~ 70% 的核苷酸链片段要被切除。

真核生物 mRNA 的转录后加工过程总结于图 10-18。

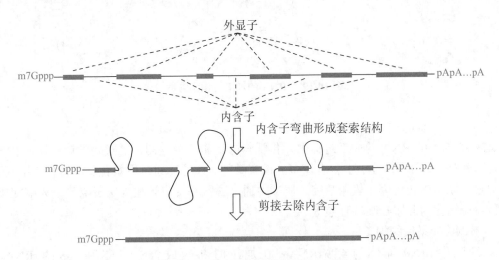

图 10-17　hnRNA 的剪接过程示意图

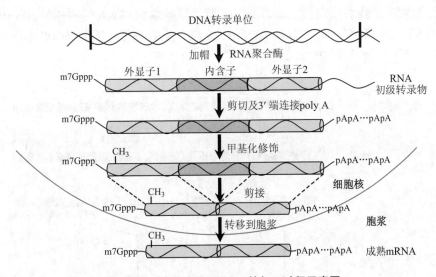

图 10-18　真核生物 mRNA 的加工过程示意图

（二）tRNA 转录后的加工

1. 剪接　tRNA 前体的剪接必须在折叠成特殊的二级结构后才能发生。RNA 前体的 5′ - 端有一个由十几个核苷酸组成的前导序列，在加工过程中由 RNase P 剪切去除。在 tRNA 前体的反密码子环部位有插入序列，通过核酸内切酶将其切除后，再由 RNA 连接酶把两个半分子连接起来（图 10-19）。

2. 3′ - 端的加工　tRNA 前体的 3′ - 端由 RNase D 切除个别碱基后，再在核苷酸转移酶的催化下，连接上 tRNA 分子中统一的 CCA-OH 末端，形成柄部结构。

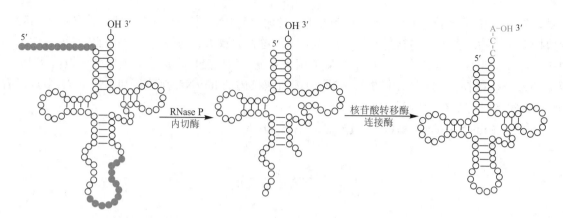

图 10-19　tRNA 的加工过程示意图

3. 化学修饰　在 tRNA 的加工过程中，化学修饰是非常普遍的，通过化学修饰形成 tRNA 分子中的稀有碱基，故 tRNA 分子中含有较多的稀有碱基。如嘌呤通过甲基化反应转化为甲基嘌呤，尿嘧啶通过还原反应转化为二氢尿嘧啶，腺嘌呤通过脱氨基反应转化为次黄嘌呤，尿嘧啶核苷酸通过转位反应转化为假尿嘧啶核苷酸等。

（三）rRNA 转录后的加工

真核细胞中 rRNA 前体为 45S rRNA，在加工时断裂成 28S、5.8S 和 18S 的 rRNA。28S rRNA、5.8S rRNA 以及由 RNA 聚合酶Ⅲ催化合成的 5S rRNA 与有关蛋白质一起组装成核糖体的 60S 大亚基；而 18S rRNA 与有关蛋白质一起组装成核糖体的 40S 小亚基（图 10-20）。然后通过核孔转移到细胞质中，作为蛋白质生物合成的场所。原核细胞 rRNA 的前体为 30S rRNA，在加工时裂解成 16S、23S 和 5S 三种 rRNA。16S rRNA 与有关蛋白质一起组成 30S 小亚基；23S、5S rRNA 与有关蛋白质一起组成 50S 大亚基。

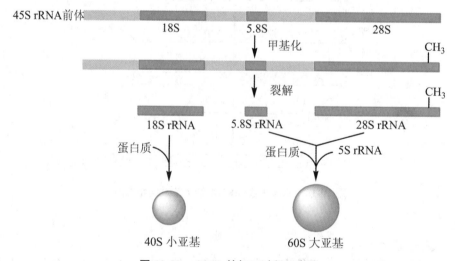

图 10-20　rRNA 的加工过程示意图

1982 年美国科学家切赫（T. Cech）等人发现四膜虫编码 rRNA 前体的 DNA 序列，转录出的 rRNA 前体，在没有任何蛋白质的情况下，rRNA 前体能准确地剪接去除内含子。这种由 RNA 分子催化自身内含子剪接的过程称为自剪接。

第三节　蛋白质的生物合成

　　根据遗传信息传递的中心法则，DNA 将遗传信息转录到 mRNA 分子中，mRNA 以分子中 4 种核苷酸编码的遗传信息指导多肽链的合成，这种 mRNA 的核苷酸排列顺序和蛋白质的氨基酸排列顺序间的特殊关系，如同将一种语言翻译为另一种语言，故将蛋白质生物合成也称为翻译（translation）。新合成的多肽链经过加工修饰形成天然蛋白质构象才具有生物功能。蛋白质是生命活动的物质基础，它赋予细胞一定的功能或表型。因此，生物的各种属、各个体之间千差万别的遗传信息也就决定了各生物体表现出千差万别的生物性状和各种各样的生理功能。

一、蛋白质生物合成体系

　　蛋白质的生物合成是一个由多种分子参加的复杂过程。20 种编码氨基酸是蛋白质生物合成的基本原料，mRNA、tRNA 和核糖体分别是蛋白质生物合成的模板、"适配器"和"装配机"。此外，有关的酶及蛋白质因子、供能物质和某些无机离子也是蛋白质生物合成不可缺少的。

（一）三类 RNA 在蛋白质生物合成中的作用

　　1. mRNA———蛋白质生物合成的直接模板　遗传信息是以核苷酸（碱基）排列的方式贮存于 DNA 分子中。DNA 的结构基因通过转录生成 mRNA 后，mRNA 就含有与结构基因相对应的碱基排列顺序。以 mRNA 为模板合成蛋白质的多肽链时，这种碱基排列顺序就转化为多肽链中氨基酸的排列顺序。研究证明，在 mRNA 分子中，每相邻的三个核苷酸（碱基）组成一组三联体密码，决定一种氨基酸（或蛋白质生物合成的起始、终止信号）。因此，由这三个碱基所组成的一个三联体编码就是一个遗传密码，也叫做密码子。由于 mRNA 有 A、U、G、C 四种碱基，密码子的个数一共就有 64 个（$4^3=64$）。在 64 个密码子中，有 61 个密码子分别代表不同的氨基酸（表10-4）。翻译时，读码从 5′ 端起始密码子 AUG 开始，沿 5′ → 3′ 的方向连续往下读，直至终止密码子（UAA、UAG、UGA）。这样，多肽链中氨基酸的排列顺序就与 mRNA 中密码子的排列顺序相对应。

表 10-4　遗传密码表

第一个核苷酸（5′ 端）	第二个核苷酸				第三个核苷酸（3′ 端）
	U	C	A	G	
U	苯丙氨酸	丝氨酸	酪氨酸	半胱氨酸	U
	苯丙氨酸	丝氨酸	酪氨酸	半胱氨酸	C
	亮氨酸	丝氨酸	终止密码	终止密码	A
	亮氨酸	丝氨酸	终止密码	色氨酸	G
C	亮氨酸	脯氨酸	组氨酸	精氨酸	U
	亮氨酸	脯氨酸	组氨酸	精氨酸	C
	亮氨酸	脯氨酸	谷氨酰胺	精氨酸	A
	亮氨酸	脯氨酸	谷氨酰胺	精氨酸	G
A	异亮氨酸	苏氨酸	天冬酰胺	丝氨酸	U
	异亮氨酸	苏氨酸	天冬酰胺	丝氨酸	C
	异亮氨酸	苏氨酸	赖氨酸	精氨酸	A
	甲硫氨酸	苏氨酸	赖氨酸	精氨酸	G
G	缬氨酸	丙氨酸	天冬氨酸	甘氨酸	U
	缬氨酸	丙氨酸	天冬氨酸	甘氨酸	C
	缬氨酸	丙氨酸	谷氨酸	甘氨酸	A
	缬氨酸	丙氨酸	谷氨酸	甘氨酸	G

遗传密码具有以下特点：

（1）方向性　密码子在 mRNA 中的排列具有方向性，即翻译时读码只能从 mRNA 的起始密码子开始，按 5′→3′ 方向逐一阅读，直至终止密码子。这样，mRNA 阅读框架中从 5′- 端到 3′- 端排列的核苷酸顺序就决定了多肽链中从氨基端到羧基端的氨基酸排列顺序，即将 mRNA 的"核苷酸语言"转变为蛋白质的"氨基酸语言"。

（2）连续性　mRNA 序列上的各个密码子的排列是连续的，各密码子之间没有任何核苷酸作为间隔，这好比一篇由"单词"构成的"文章"中没有任何"标点符号"。翻译时从起始密码子 AUG 开始向 3′- 端连续读码，每次读码时每个碱基只读一次，不重复阅读。因此，mRNA 分子中如有一个（或非 3n 个）核苷酸插入或丢失，就会使之后的读码产生错误，合成一条不是原来意义上的多肽链（图 10-21）。这种情况称为"移码"，由移码而引起的突变称为移码突变。

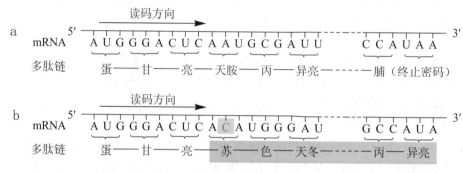

图 10-21　遗传密码的连续性与移码突变

（3）简并性　一种氨基酸可能具有两个或两个以上的密码子，这一特性称为遗传密码的简并性。从遗传密码表中可以看出，除甲硫氨酸和色氨酸外，其余的每种氨基酸均有 2～3 个甚至多达 6 个密码子。编码同一种氨基酸的各密码子称为同义密码子，如苯丙氨酸就有 UUU、UUC 两个同义密码子。遗传密码的简并性对于减少有害突变的影响具有一定的生物学意义。

（4）通用性　是指从原核生物到人类，几乎都在使用同一套遗传密码。即遗传密码表中的这套通用密码基本上通用于生物界的所有物种。这表明各种生物是由同源进化而来的。但近些年来的研究也表明，在动物细胞的线粒体和植物细胞的叶绿体内所使用的遗传密码与通用密码有些差别。

（5）摆动性　通常 mRNA 的密码子与 tRNA 的反密码子以 A-U、G-C 互补关系相互辨认，但密码子第三位碱基与反密码子第一位碱基间的辨认有时不十分严格，这种现象称为遗传密码的摆动性。如 tRNA 的反密码子第 1 位稀有碱基次黄核苷（I），可分别与密码子第 3 位 U、C、A 配对（表 10-5）。可见密码子的特异性主要是由前两个核苷酸决定的（"三中读二"），这就意味着第三位碱基的突变往往不会影响氨基酸的翻译，从而使合成的蛋白质结构不变。

表 10-5　密码子与反密码子的摆动配对关系

tRNA 反密码子第 1 位碱基	I	U	G	A	C
mRNA 密码子第 3 位碱基	U、C、A	A、G	U、C	U	G

遗传密码的破译

1954 年物理学家伽莫夫（G. Gamow）在《自然》杂志中明确提出"遗传密码"的概念。并通过数学推算，认为密码翻译时 3 个核苷酸决定 1 个氨基酸，4 种核苷酸可有 4^3 种排列组合方式，即 64 个密码子。

这一伟大的猜想被尼伦伯格（MW. Nirenberg）等用"体外无细胞体系"的实验证实。1961 年，在莫斯科召开的国际生物化学代表大会上，尼伦伯格宣布了他们破译的第一个密码子 UUU（苯丙氨酸密码子），标志着人类破译遗传密码的开端。另外，科拉纳（HG. Khorana）等采用放射性元素标记氨基酸，确定了半胱氨酸等的密码子。经过多位科学家近 5 年的共同努力，于 1966 年确定了 64 个密码子的意义。尼伦伯格、科拉纳和霍利（RW. Holley）3 位科学家因此共同荣获 1968 年诺贝尔生理学或医学奖。

2. tRNA———氨基酸的"搬运工具"及肽链合成的"适配器" 胞液中的氨基酸需要 tRNA 搬运到核糖体上才能合成多肽链，所以，tRNA 起着"搬运工"的作用。除了充当"搬运工"的角色外，tRNA 还起"适配器"的作用，即 mRNA 中密码子的排列顺序通过 tRNA "改写"成多肽链中氨基酸的排列顺序。

tRNA 分子中有两个关键部位，一个是氨基酸结合部位；另一个是 mRNA 结合部位。氨基酸结合部位是 tRNA 氨基酸臂的 3′ -CCA-OH。在翻译开始之前的准备阶段，各种氨基酸在相应的氨基酰 -tRNA 合成酶催化下分别加载到各自的 tRNA 上，形成氨基酰 -tRNA，这一过程称为氨基酸的活化与转运。

tRNA 与 mRNA 的结合部位是 tRNA 的反密码子。tRNA 的反密码子能与 mRNA 中相应的密码子互补结合，于是 tRNA 所携带的氨基酸就准确地在 mRNA 上"对号入座"，从而使肽链中氨基酸按 mRNA 规定的顺序排列起来（图 10-22）。

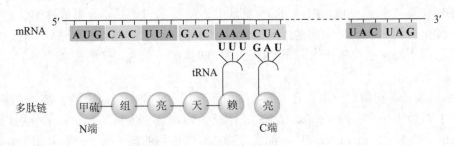

图 10-22 tRNA 的"适配器"作用

3. 核糖体———肽链合成的"装配机" 核糖体是由 rRNA 和蛋白质所组成的复合体。参与蛋白质生物合成的各种成分最终都要在核糖体上将氨基酸合成多肽链，所以，核糖体是蛋白质生物合成的场所。核糖体有两类，一类附着于粗面内质网，参与清蛋白、胰岛素等分泌性蛋白质的合成；另一类游离于细胞质，参与细胞内固有蛋白质的合成。

核糖体由大、小两个亚基构成。原核细胞的大亚基（50S）由 23S、5S rRNA 和有关蛋白质组成；小亚基（30S）由 16S rRNA 和有关蛋白质组成；大、小亚基结合起来后形成 70S 的核糖体。真核细胞的大亚基（60S）由 28S、5.8S、5S rRNA 和有关蛋白质组成；小亚基（40S）由 18S rRNA 和有关蛋白质组成；大、小亚基结合起来后形成 80S 的核糖体。

　　核糖体的小亚基具有单独结合 mRNA 模板的能力，当大、小亚基聚合成核糖体时，大、小亚基之间具有容纳 mRNA 的部位，核糖体能沿 mRNA 向 3′ 端方向移动，使遗传密码被逐个地翻译成氨基酸。核糖体的大亚基上有 3 个 tRNA 结合位点：氨酰基位（A 位），是结合各种氨基酰 -tRNA 的位置；肽酰基位（P 位），是结合肽酰 -tRNA 的位置；排出位（E 位），是空载 tRNA 占据的位置。真核生物的核糖体上没有 E 位，空载的 tRNA 直接从 P 位脱落。转肽酶位于 P 位与 A 位之间，在转肽酶的作用下，P 位的肽酰基被转移到 A 位氨基酰 -tRNA 的 α- 氨基上，两者之间形成肽键，这样，A 位上的氨基酸就被添加到肽链之中，于是肽链便得以延长（图 10-23）。

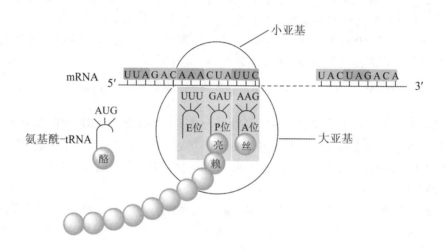

图 10-23　翻译过程中的核糖体

（二）参与蛋白质生物合成的重要酶类及蛋白质因子

　　1. 重要的酶类　蛋白质生物合成过程中的重要酶有：氨基酰 -tRNA 合成酶，催化氨基酸的活化；转肽酶，存在于核糖体的大亚基上，是核糖体大亚基的组成成分，它催化核糖体 P 位上的肽酰基转移至 A 位氨基酰 -tRNA 的 α- 氨基上，使酰基与氨基结合形成肽键，它受释放因子的作用后发生变构，表现出酯酶的水解活性，使 P 位上的肽链与 tRNA 分离；转位酶，其活性依赖于延长因子 G，催化核糖体向 mRNA 的 3′ 端移动一个密码子的距离，使下一个密码子定位于 A 位。

　　2. 蛋白质因子　在蛋白质生物合成的各阶段还有很多重要的蛋白质因子参与反应。这些蛋白质因子有：起始因子（initiation factor, IF），原核生物和真核生物的起始因子分别用 IF 和 eIF 表示；延长因子（elongation factor, EF），原核生物和真核生物的延长因子分别用 EF 和 eEF 表示；释放因子（release factor, RF），又称终止因子，原核生物和真核生物的释放因子分别用 RF 和 eRF 表示。每一种蛋白质因子都具有一定的生物学功能。原核生物中参与蛋白质生物合成的各种蛋白质因子及其生物学功能见表 10-6。

　　此外，参与蛋白质生物合成的还有能源物质和无机离子，参与蛋白质生物合成的能源物质有 ATP 和 GTP，参与蛋白质生物合成的无机离子主要有 Mg^{2+} 和 K^+ 等。

二、蛋白质生物合成过程

　　蛋白质生物合成可分为三个阶段，氨基酸的活化、多肽链的合成、肽链合成后的加工修饰。

表 10-6　原核生物参与蛋白质生物合成的各种蛋白质因子及其生物学功能

蛋白因子	种类	生物学功能
起始因子	IF-1	占据 A 位，防止结合其他 tRNA
	IF-2	促进 fMet-tRNA^{fMet} 与小亚基结合
	IF-3	促进大、小亚基分离，提高 P 位对结合 fMet-tRNA^{fMet} 的敏感性
延长因子	EF-Tu	促进氨基酰 -tRNA 进入 A 位，结合并分解 GTP
	EF-Ts	调节亚基
	EF-G	有转位酶活性，促进 mRNA- 肽酰 -tRNA 由 A 位移至 P 位，促进 tRNA 卸载与释放
终止因子	RF-1	识别 UAA、UAG，诱导转肽酶变为酯酶
	RF-2	识别 UAA、UGA，诱导转肽酶变为酯酶
	RF-3	有 GTP 酶活性，能介导 RF-1 及 RF-2 与核糖体的相互作用

原核生物与真核生物的蛋白质合成过程中有很多的区别，真核生物此过程更复杂，下面着重介绍原核生物蛋白质合成的过程。

（一）氨基酸的活化

氨基酸活化是指氨基酸与特异 tRNA 结合形成氨基酰 -tRNA 的过程。催化该反应的酶是氨基酰 -tRNA 合成酶，可特异地识别 tRNA 和氨基酸两种底物，反应不可逆，消耗 2 个高能磷酸键。

$$\text{氨基酸} + \text{tRNA} + \text{ATP} \xrightarrow{\text{氨基酰-tRNA合成酶}} \text{氨基酰-tRNA} + \text{AMP} + \text{PPi}$$

tRNA 与氨基酸的结合是相对特异的，即一种氨基酸可以和 2～6 种 tRNA 特异地结合。一方面，tRNA 通过其 3′ 端 CCA-OH 与氨基酸羧基以共价键结合，另一方面，通过反密码子与 mRNA 上密码子相识别，从而将所携带的氨基酸准确地运到指定的位置合成肽链。

（二）多肽链合成

多肽链合成是指氨基酸活化后，在核糖体上缩合形成多肽链的过程，该过程包括肽链合成的起始，肽链的延长，肽链合成的终止和释放。

1. 起始阶段

（1）核糖体大、小亚基的分离　首先，IF-3、IF-1 与核糖体小亚基结合，促使核糖体的大、小亚基分离，以便小亚基接下来与 mRNA 及 fMet-tRNA^{fMet} 结合。

（2）mRNA 在小亚基上定位结合　各种原核生物 mRNA 起始密码子 AUG 上游 8～13 个核苷酸部位，存在一富含嘌呤碱基的序列，如 -AGGAGG-，称为 S-D 序列。在原核生物核糖体小亚基的 16S rRNA 3′ 端有一富含嘧啶的序列，如 -UCCUCC-，这两段序列的碱基配对使 mRNA 与小亚基进行结合。

（3）起始 fMet-tRNA^{fmet} 的结合　翻译起始时 IF-1 占据 A 位，不与任何氨基酰 -tRNA 结合。当起始 fMet-tRNA^{fmet} 在 IF-2 和 GTP 参与下，形成 fMet-tRNA^{fmet}-IF2-GTP，可识别并结合 mRNA 上的起始密码子 AUG，并促进 mRNA 的起始密码子准确就位于大亚基 P 位所对应的位置。

（4）核糖体大亚基结合　mRNA、fMet-tRNA^{fmet} 与小亚基结合后，核糖体大亚基进入与小亚基结合。此时，与 IF-2 结合的 GTP 水解释放能量，促使 3 种 IF 相继脱落，形成由核糖体、mRNA、fMet-tRNA^{fmet} 组成的翻译起始复合物。在该起始复合物上，结合起始密码子 AUG 的 fMet-tRNA^{fmet} 占据 P 位，而 A 位空着，为延长阶段的进位做好准备（图 10-24）。

2. 延长阶段　延长阶段是一个循环过程，又称核糖体循环，每个循环包括进位、成肽和转

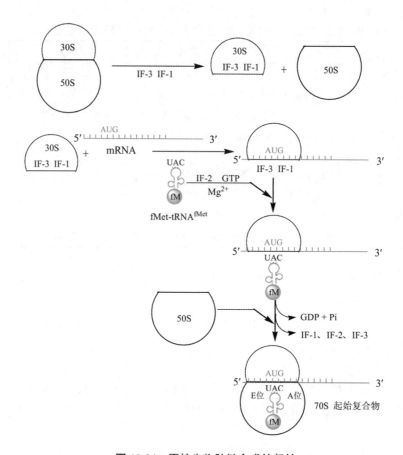

图 10-24　原核生物肽链合成的起始

位三个步骤（图 10-25），每一次循环多肽链增加一个氨基酸残基。

（1）进位　又称为注册，是指一个氨基酰 -tRNA 按 mRNA 模板的指引进入并结合于核糖体 A 位的过程。进位之前，核糖体的 A 位是空着的。根据 mRNA 位于 A 位的密码子，具有互补反密码子的氨基酰 -tRNA 进入 A 位。此时密码子与反密码子配对，氨基酰 -tRNA 进入 A 位。进位时需要 EF-Tu/Ts 参与和 GTP 供能。

（2）成肽　在核糖体大亚基上的转肽酶的催化下，P 位上肽酰 -tRNA 的肽酰基（或 fMet-tRNA^{fMet} 的甲酰甲硫氨酰基）转移到 A 位，并与 A 位上的氨基酰 -tRNA 的 α- 氨基结合形成肽键。成肽过程需要 Mg^{2+} 和 K^{+} 的存在。成肽后，处在核糖体 A 位上的肽酰 -tRNA 的肽链中就增加一个氨基酸残基。

（3）转位　在转位酶的催化下，核糖体向 mRNA 的 3′- 端移动一个密码子的距离，肽酰 -tRNA 及其相应的密码子从 A 移到 P 位，空载 tRNA 移至 E 位，A 位空出，mRNA 模板的下一个密码子进入 A 位，为另一个能与之对号入座的氨基酰 -tRNA 的进位做好准备。当下一个氨基酰 -tRNA 进入 A 位时，位于 E 位上的空载 tRNA 脱落。这一过程需要 EF-G、Mg^{2+} 参与以及 GTP 供能。

在延长阶段，每经过一次进位 - 成肽 - 转位的循环之后，肽链中的氨基酸残基数目就增加 1 个。核糖体在 mRNA 上按 5′→3′ 的方向读码，使肽链由 N 端→C 端延伸。

3. 终止阶段　如果转位后 mRNA 上的终止密码子出现在核糖体的 A 位，则各种氨基酰 -tRNA

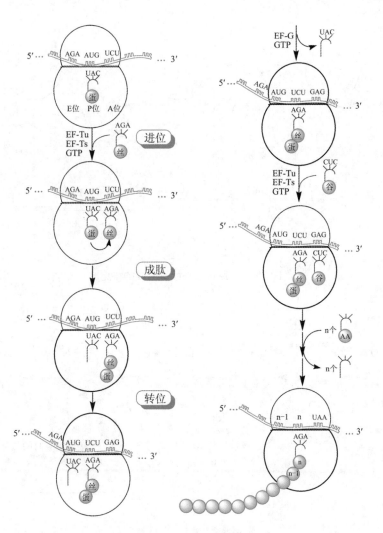

图 10-25 原核生物肽链合成的延长

都不能进位，此时能够进位的只有释放因子（RF）。RF进位后，转肽酶的构象发生改变，它不再起转肽作用，而是表现出水解酶的活性，将P位上肽链与tRNA之间的酯键水解，从而使肽链从核糖体上脱落。随后，GTP水解为GDP和Pi，使tRNA、mRNA与终止因子从核糖体脱落，核糖体也在IF-3和IF-1的作用下解离成大、小亚基（图10-26）。大、小亚基又可进入下一轮核糖体循环。

以上讨论的只是一个核糖体合成肽链的情况。实际上，在同一条mRNA链上依次结合了多个核糖体，排列成串珠样结构，每个核糖体各自合成一条相同的多肽链。这样，一条mRNA链就可以被多个核糖体翻译，使翻译的速度大大加快。这种一条mRNA链上依次结合多个核糖体所形成的串珠样聚合物称为多聚核糖体（图10-27）。

（三）蛋白质合成后的加工与修饰

新合成的多肽链不具有蛋白质的生物学活性，必须经过进一步加工修饰才能转变为具有一定生物学活性的蛋白质，这一过程称为翻译后的加工。翻译后的加工包括多肽链折叠为天然的空间构象以及对肽链一级结构的修饰、空间结构的修饰等。在新合成的蛋白质中，有的保留于胞液，有的被运输到细胞器或镶嵌于细胞膜，还有的被分泌到细胞外，并通过体液运输到其发挥作用的靶细胞。

1. 多肽链的折叠 新合成的多肽链需要逐步折叠形成正确的天然空间构象。细胞中大多数

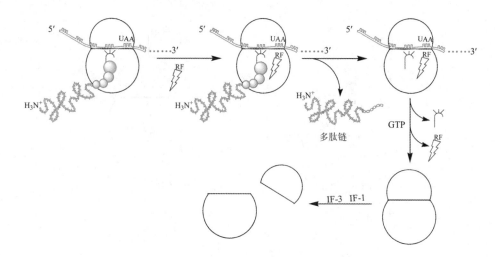

图 10-26　原核生物肽链合成的终止

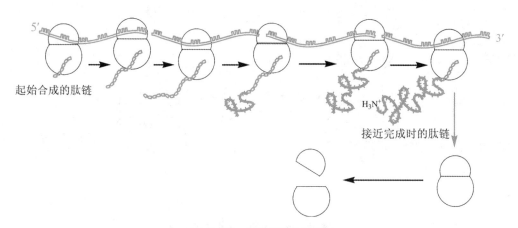

图 10-27　多核蛋白体循环

天然蛋白质的折叠都不是自动完成的，其折叠过程需要折叠酶（蛋白质二硫键异构酶、肽 - 脯氨酰顺反异构酶等）和分子伴侣（热休克蛋白、伴侣蛋白等）参与。

分子伴侣（molecular chaperone）是蛋白质合成过程中形成空间结构的控制因子，在新生肽链的折叠和穿膜进入细胞器的转位过程中起关键作用。

2. 水解去除部分肽段

（1）切除肽链 N 端的起始甲硫氨酸　新合成肽链的起始氨基酸均为甲酰甲硫氨酸（原核生物）或甲硫氨酸（真核生物），在肽链合成之后或在肽链延长的过程中，起始甲硫氨酸就在细胞内氨基肽酶的作用下被水解而切除。

（2）切除信号肽　分泌性蛋白质合成之后将被定向地转移到特定部位发挥其功能，大多数靶向输送到溶酶体、质膜或分泌到细胞外的蛋白质，其肽链的 N- 端有一段特异氨基酸序列，能引导蛋白质定向转移，这一特异氨基酸序列称为信号序列或信号肽。信号肽完成它的穿膜使命之后，即在信号肽酶的作用下被水解切除。

（3）其他形式的水解修饰　一些无活性的蛋白质前体可在特异性蛋白水解酶的作用下，去除其中某些肽段，从而使它们的分子结构发生改变，产生具有不同活性的蛋白质或多肽。如胰岛素原水解去除 C 肽生成胰岛素，鸦片促黑皮质素原水解后可生成促肾上腺皮质激素、促黑激素、内啡肽等活性物质。

3. 氨基酸残基的修饰　　编码蛋白质的氨基酸只有 20 种，但蛋白质分子中有 100 多种修饰性氨基酸，修饰性氨基酸是翻译后经特异加工形成的，它们对蛋白质生物学功能的发挥至关重要。

（1）羟基化　　胶原蛋白分子中含有较多的羟脯氨酸和羟赖氨酸，它们是胶原蛋白前体的赖氨酸、脯氨酸残基羟基化而成的。羟脯氨酸和羟赖氨酸是成熟胶原形成链间共价交联结构的基础。

（2）磷酸化　　丝氨酸、苏氨酸和酪氨酸是一类含有羟基的氨基酸，翻译后它们的羟基可以被磷酸化。代谢途径中的某些酶蛋白通过分子中酪氨酸残基的磷酸化和去磷酸化来改变酶的活性，这些磷酸化的氨基酸往往是酶活性中心的成分。此外，氨基酸的修饰还包括氨基酸的酯化、甲基化、糖苷化等。

（3）二硫键的形成　　多肽链内或链间的二硫键是在肽链合成之后，通过两个半胱氨酸残基的巯基氧化而成。二硫键可维系和稳定蛋白质的天然构象，避免蛋白质受环境因素影响而变性。

4. 辅基的连接　　蛋白质分为单纯蛋白质和结合蛋白质两大类。各种结合蛋白质在多肽链合成之后，还须进一步与相应的辅基结合，才能成为具有特定功能的天然蛋白质。能与多肽结合的辅基种类很多，常见的有色素、糖类、脂类、核酸、磷酸、金属离子等。

5. 亚基的聚合　　具有四级结构的蛋白质，其分子中包含两个以上的亚基。各亚基必需通过非共价键聚合在一起后，才能转变为成熟的功能蛋白质。如人血红蛋白就是由 2 个 α 亚基和 2 个 β 亚基聚合而成的四聚体（$\alpha_2\beta_2$）。亚基的聚合不一定都要等到辅基连接以后才能进行，有时，辅基的连接和亚基的聚合是可以同时进行的。

三、蛋白质生物合成与医学的关系

蛋白质生物合成是很多抗生素和某些物质的作用靶点，它们通过阻断蛋白质生物合成体系中某些组分的功能，干扰和抑制真核、原核生物蛋白质合成过程而发挥作用。下面主要讨论抑制蛋白质生物合成过程的阻断剂。

（一）抗生素对蛋白质生物合成的影响

抗生素（antibiotics）可作用于蛋白质合成的各个环节，包括抑制起始因子，延长因子及核糖体的作用等，干扰细菌或肿瘤细胞的蛋白质合成，从而发挥药理作用。

1. 影响翻译起始的抗生素　　伊短菌素和螺旋霉素可引起 mRNA 在核糖体上错位，从而阻断翻译起始复合物的形成，对所有生物的蛋白质合成均有抑制作用。伊短菌素还可以影响起始tRNA 的就位和 eIF-3 的功能。

2. 抑制进位的抗生素　　四环素和土霉素等，能作用于细菌核糖体 30S 小亚基，抑制起始复合物的形成；抑制氨基酰 tRNA 进入核糖体的 A 位，阻滞肽链的延伸。

3. 引起读码错误的抗生素　　氨基糖苷类抗生素（链霉素、卡那霉素、新霉素等）能结合于原核生物核糖体小亚基解码部位附近的区域，引起读码错误，严重影响翻译的准确性，结果翻译出错误的蛋白质，从而使细菌蛋白质失活。

4. 影响肽键形成的抗生素　　氯霉素能与核糖体的 50S 大亚基结合，抑制转肽酶活性，从而抑制肽酰基与氨基酰基之间的肽键形成，使肽链延伸受到影响，菌体蛋白质不能合成。嘌呤霉素结构与酪氨酰 -tRNA 相似，在翻译中可取代某些氨基酰 -tRNA 进入核糖体的 A 位，当延长中的肽转入此异常 A 位时，容易脱落，终止肽链合成。

（二）其他活性物质对蛋白质生物合成的影响

1. 白喉毒素　　由白喉杆菌所产生的白喉毒素（diphtheria toxin）是真核细胞蛋白质合成的抑制剂。它对真核生物的延长因子 -2（eEF-2）起共价修饰作用，生成 eEF-2 腺苷二磷酸核糖衍生物，从而使 eEF-2 失活（图 10-28）。它的催化效率很高，只需微量就能有效地抑制细胞整个蛋白质合成，对真核生物有剧烈毒性，可导致细胞死亡。

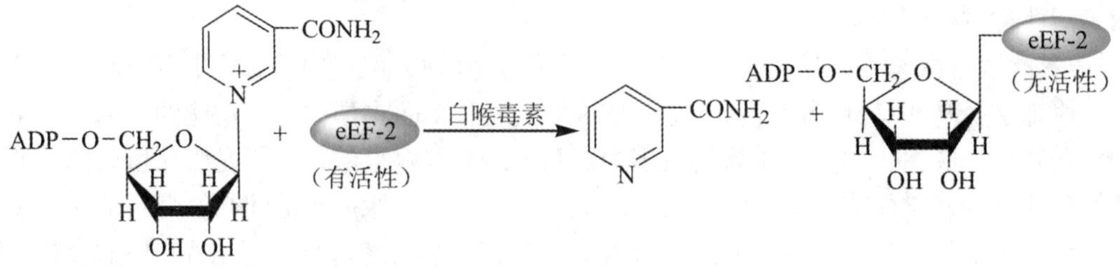

图 10-28 白喉毒素的作用

2. 干扰素　干扰素（interferon，IFN）是真核细胞感染病毒后合成和分泌的一种小分子蛋白质，可抑制病毒的繁殖。干扰素分为 α-（白细胞）型、β-（成纤维细胞）型和 γ-（淋巴细胞）型三大类，每类各有亚型。

干扰素抑制病毒的作用机制是：①干扰素可诱导细胞内一种特异性的蛋白激酶活化，该活化的蛋白激酶使 eIF-2 磷酸化而失活，从而抑制病毒蛋白质的合成。②促进病毒 mRNA 降解，干扰素与病毒双链 RNA 共同激活 2′，5′- 寡聚腺苷酸合成酶，2′，5′- 寡聚腺核苷酸合成酸催化 ATP 聚合，通过 2′，5′- 磷酸二酯键连接形成 2′，5′- 寡聚腺苷酸（ 2′-5′ A ），2′-5′ A 活化核酸内切酶 RNase L，后者可降解病毒 mRNA，从而阻断病毒蛋白质的合成（图 10-29 ）。

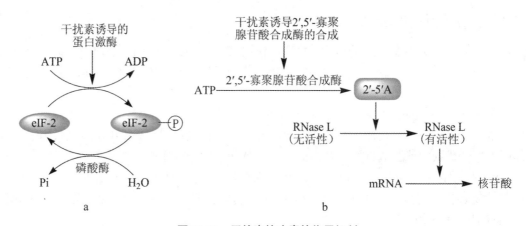

图 10-29　干扰素抗病毒的作用机制
a.干扰素诱导蛋白激酶活化；b.干扰素诱导 2′ -5′ A 合成酶活化

第四节　基因表达调控

基因表达 (gene expression) 是指细胞将储存在 DNA 中的遗传信息经过转录或转录 - 翻译过程产生具有生物活性的分子（ RNA 或蛋白质 ）的过程。

基因表达调控是指在表达的不同阶段控制基因表达速率和产量的过程。基因表达调控可在 5 个层次上进行：转录前、转录、转录后、翻译和翻译后，其中最重要的是转录水平。组织细胞中通常只有一部分基因表达，多数基因处在沉静状态，所以基因表达受到严格调控，通常各组织细胞只合成其自身结构和功能所需要的蛋白质。不同组织细胞中不仅表达的基因数量不相同，而且基因表达的强度和种类也各不相同，这就是基因表达的组织特异性 (tissue specificity)。

细胞分化发育的不同时期，基因表达的情况也是不相同的，这就是基因表达的时间特异性 (stage specificity)。

生物只有适应环境才能生存。当周围的营养、温度、湿度、酸度等条件变化时，生物体就要改变自身基因表达状况，以调整体内执行相应功能蛋白质的种类和数量，从而改变自身的代谢、活动等以适应环境。基因表达的基本方式有两种：

1. 组成性表达 组成性表达 (constitutive expression) 指一般不受环境变动影响而变化的一类基因表达。其中某些基因表达产物是细胞或生物体整个生命过程中都持续需要而必不可少的，这类基因可称为管家基因 (housekeeping gene)，这些基因中不少是在生物个体其他组织细胞、甚至在同一物种的细胞中都是持续表达的，可以看成是细胞基本的基因表达。组成性基因表达也不是一成不变的，其表达强弱也是受一定机制调控的。

2. 适应性表达 适应性表达 (adaptive expression) 指环境的变化容易使其表达水平变动的一类基因表达。随环境条件变化基因表达水平增高的现象称为诱导 (induction)，这类基因被称为可诱导的基因 (inducible gene)；相反，随环境条件变化而基因表达水平降低的现象称为阻遏 (repression)，相应的基因被称为可阻遏的基因 (repressible gene)。

一、原核生物基因表达调控

(一)操纵子学说

原核生物基因转录调控主要表现在转录水平上，其大多数功能相关的基因通常成群地连锁在一起，组成转录单位——操纵子 (operon)。原核生物基因表达的调控主要通过操纵子发挥作用。

操纵子是由一组结构基因 (structural genes) 及其上游 (5′ 端) 的启动序列 (promoter, P) 和操纵序列 (operator, O) 组成。P 和 O 所在区域合称调控区，调控区通常不进行转录。在调控区上游，有阻遏蛋白基因 (或称调节基因)，该基因表达产物称为阻遏蛋白。启动序列是能与 RNA 聚合酶相结合的一段 DNA 序列，两者结合可使结构基因转录作用加强。操纵序列位于启动序列与结构基因之间，是结合阻遏蛋白的 DNA 序列，它是 RNA 聚合酶能否通过的开关。当阻遏蛋白结合于操纵区，RNA 聚合酶不能通过；如操纵区无阻遏蛋白结合，则 RNA 聚合酶可以通过，并转录下游 (3′ 端) 的结构基因，转录一段连续的 mRNA，然后翻译出一组功能相关的蛋白质 (图 10-30)。

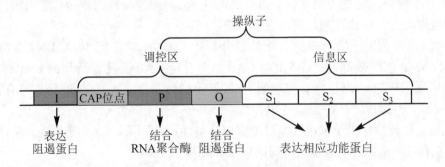

图 10-30 操纵子对转录的调控机制

遗传调控理论——操纵子学说的创立

1961年，法国科学家雅各布（F. Jacob）和莫诺（JL. Monod）在英国《分子生物学杂志》上共同发表了世界第一篇系统论述在基因水平上调节控制的科学文献，即《蛋白质合成的遗传调节机制》。这是分子生物学发展史上的一个里程碑，开创了基因调控机制的研究，阐明基因调节控制蛋白质的合成，提出了操纵子学说。从此根据基因功能把基因分为结构基因、调节基因和操纵基因。1965年，雅各布和莫诺荣获诺贝尔生理学或医学奖。1969年贝克维斯（JR. Beckwith）从大肠埃希菌的 DNA 中分离出乳糖操纵子，证实了雅各布和莫诺的模型及理论。

（二）操纵子调控模式

操纵子机制在原核生物基因表达调控中具有普遍意义。下面以乳糖操纵子（lac operon）为例介绍原核生物的操纵子调控模式。

E.coli 的乳糖操纵子含 Z、Y 和 A 三个结构基因，分别编码 β- 半乳糖苷酶、透酶和乙酰基转移酶，此外，还有一个启动序列（P）、一个操纵序列（O）和一个调节基因 I。I 基因编码一种阻遏蛋白，后者与 O 序列结合，使操纵子受阻遏而处于关闭状态。在启动序列的上游还有一个分解代谢物基因激活蛋白（catabolite gene activation protein，CAP）结合位点。由 P 序列、O 序列、CAP 结合位点共同构成乳糖操纵子的调控区，三个酶的编码基因构成信息区，受同一调控区的调节，实现基因产物的协调表达。

1. 阻遏蛋白的负性调节　在没有乳糖存在时，乳糖操纵子处于阻遏状态。此时，I 基因表达的阻遏蛋白与 O 序列结合，阻碍 RNA 聚合酶与 P 序列结合，抑制转录启动。阻遏蛋白的阻遏作用并非绝对，偶有阻遏蛋白与 O 序列解聚。因此，每个细胞可能有极少量的 β- 半乳糖苷酶、透酶和乙酰基转移酶的生成。

当有乳糖存在时，乳糖操纵子即可被诱导。乳糖经透酶催化，转运进细胞，再经原有的少量的 β- 半乳糖苷酶催化，转变为别乳糖（allolactose）。后者作为一种诱导剂与阻遏蛋白结合，使其变构，导致阻遏蛋白与 O 序列解离而发生转录。

2. CAP 的正性调节　CAP 是同二聚体，分子中有 DNA 结合区和 cAMP 结合位点。当没有葡萄糖及 cAMP 浓度较高时，cAMP 与 CAP 结合，使 CAP 活化，活化的 CAP 结合在乳糖操纵子启动序列附近的 CAP 位点，可刺激 RNA 转录活性，使之提高约 50 倍；当有葡萄糖时，cAMP 浓度降低，cAMP 与 CAP 结合受阻，乳糖操纵子表达下降。

由此可见，对乳糖操纵子来说乳糖阻遏蛋白是负性调节因素，CAP 是正性调节因素。两种调节机制根据存在的碳源性质及水平协调调节乳糖操纵子的表达。

二、真核生物基因表达调控

与原核生物比较，真核生物的基因组更为复杂。真核基因组比原核基因组大得多，大肠埃希菌基因组约 4×10^6 bp，哺乳类基因组在 10^9 bp 数量级，比细菌大千倍；与原核生物不同，真核生物基因转录产物为单顺反子（monocistron），即一个编码基因转录生成一种 mRNA 分子，经翻译生成一条多肽链；原核生物中编码蛋白质的基因序列绝大多数是连续的，而真核生物编码蛋白质的基因绝大多数是不连续的，即有外显子和内含子，转录后需经剪接去除内含子，拼接外显子，形成成熟的 mRNA。不同剪接方式可形成不同的 mRNA，翻译出不同的多肽链。由此可见，真核生物基因表达调控比原核生物基因表达调控要复杂得多。

真核生物基因表达调控主要通过顺式作用元件、反式作用因子和 RNA 聚合酶的相互作用来完成。下面就一些基本概念作一简要介绍。

（一）顺式作用元件

顺式作用元件是指那些与结构基因表达调控相关、能够被调控蛋白特异识别和结合的 DNA 序列，主要包括启动子、增强子和沉默子。

1. 启动子　启动子是 RNA 聚合酶在转录起始时所识别和结合的一段 DNA 序列。一般包括转录起始点及其上游约 100 ~ 200 bp 的序列，包含有若干个具有独立功能的 DNA 序列元件，每个元件长 7 ~ 20 bp。最具典型意义的是一段共有序列 TATAAAA，称为 TATA 盒，常位于转录起始点上游 − 25 ~ − 30 bp，控制转录起始的准确性及频率。此外，很多基因在转录起始点上游 − 30 ~ − 110 bp 区域还有 GCCAAT 序列（称 CAAT 盒）和 GGGCGG 序列（称 GC 盒），这些元件与相应的蛋白因子结合能提高或改变转录效率。典型的启动子由 TATA 盒及上游的 CAAT 盒和（或）GC 盒组成。

2. 增强子　增强子（enhancer）是一种能够决定基因的时空特异性表达、增强启动子转录活性的 DNA 序列。其发挥作用的方式通常与方向、距离无关。增强子要有启动子才能发挥作用，没有启动子存在，增强子不能表现活性。但增强子对启动子没有严格的专一性，同一增强子可以影响不同类型启动子的转录。

3. 沉默子　沉默子（silencer）是指某些基因含有负性调节的 DNA 序列，当其结合特异蛋白因子时，对基因转录起阻遏作用。另有些 DNA 序列既可作为正性又可为负性调节元件发挥顺式调节作用，这主要取决于细胞内存在的 DNA 结合因子的性质。

（二）反式作用因子

反式作用因子是指能直接或间接地识别或结合在各顺式作用元件核心序列上、参与调控靶基因转录的一组蛋白质，又称转录因子（transcription factors，TF）。

1. 转录因子的分类　转录因子包括基本转录因子和特异转录因子两大类，前者是 RNA 聚合酶结合启动子所必需的一组蛋白质因子，决定三种 RNA（tRNA、mRNA 及 rRNA）转录的类别。有人将其视为 RNA 聚合酶的组成成分或亚基，故称为基本转录因子。后者为个别基因转录所必需，决定该基因的时间、空间特异性表达，此类特异因子有的起转录激活作用，有的起转录抑制作用。转录激活因子通常是一些增强子结合蛋白；多数转录抑制因子是沉默子结合蛋白，但也有的抑制因子起作用时不依赖 DNA，而是通过蛋白质 - 蛋白质相互作用抑制基因转录。

2. 转录因子的结构　一般具有两个功能结构域：DNA 结合域（DNA binding domain）、转录激活域（activation domain）。

（1）DNA 结合域　通常由 60 ~ 100 个氨基酸残基组成。最常见的 DNA 结合域结构形式是锌指结构（zinc finger structure）、碱性氨基酸残基形成的 α 螺旋、碱性亮氨酸拉链和碱性螺旋 - 环 - 螺旋。

（2）转录激活域　由 30 ~ 100 个氨基酸残基组成。根据氨基酸组成特点，转录激活域又分为酸性激活域、谷氨酰胺富含域及脯氨酸富含域。

关键转录因子逆转生命的时钟

一直以来，人们都认为干细胞是单向地从不成熟细胞发展为专门的成熟细胞，生长过程不可逆转。然而，约翰·戈登（John Gurdon）和山中伸弥（Shinya Yamanaka）的发现彻底改变了人们对细胞和器官生长的理解。1962年，戈登在他的实验室里证明，已分化的动物体细胞在蛙卵中可以被重编程，从而具有发育成完整个体的能力，证明了细胞的分化是可逆的。2006年，山中伸弥将戈登的这一成果推进了一大步，首次在小鼠成纤维细胞内引入4个转录因子，实现了细胞在体外的重编程，产生诱导性多能干细胞（iPS细胞），随后利用相似方法还获得人的iPS细胞。两位学者因在细胞重编程研究领域的杰出贡献，共同分享2012年诺贝尔生理学或医学奖。

第五节　重组 DNA 技术

一、重组 DNA 技术的基本概念

重组 DNA 技术是指用人工的方法将获得的目的基因在体外与基因载体进行重组，并将此重组的基因转移到适当的宿主细胞中使其扩增和表达的过程。重组 DNA 技术又称为基因工程、基因克隆或 DNA 克隆等。它是近年发展起来的一项高新技术，其意义在于可以使人们按自己设计的蓝图定向地改变遗传性状，从而快速稳定地得到新品种，或生产出有价值的蛋白质，或检测与校正细胞基因缺陷，进行基因诊断与基因治疗，或用来研究基因的表达调控等。自1972年该技术诞生以来，已有大量的基因工程产品和转基因动植物接连问世。

（一）工具酶

重组 DNA 技术主要是人工进行基因的剪切、拼接和组合。因此，酶是重组 DNA 技术中不可缺少的工具，重组 DNA 技术中所使用的酶统称为工具酶。常用的工具酶有以下几类：

1. 限制性内切核酸酶　限制性内切核酸酶（restriction endonuclease）是一类能识别双链 DNA 的特异序列，并在识别位点或周围切割双链 DNA 的一类核酸酶。不同的限制性内切酶切割 DNA 后产生不同的末端。如果断端没有单链突出，称为平末端（blunt end）；如果断端有单链突出，称为黏性末端（cohesive end），黏性末端中有 5′-突出的黏性末端和 3′-突出的黏性末端（表10-7）。用同一限制性内切酶切割目的基因或载体 DNA，所产生的 DNA 片段的黏性末端相同，这些黏性末端的碱基具有互补性，彼此能配对结合，可通过 DNA 连接酶连接起来。所以，具有黏性末端的 DNA 片段更容易结合进载体 DNA 分子中。

表 10-7　几种限制性核酸内切酶的识别序列及切割方式

限制性内切酶	识别序列及切割点	切口类型	切割产物
Hpa I	5′-GTT▼AAC-3′ 3′-CAA▲TTG-5′	平末端	5′-GTT　　　AAC-3′ 3′-CAA　　　TTG-5′
Pst I	5′-C TGCA▼G- 3′ 3′-G▲ACGT C- 5′	黏性末端（3′-端突出）	5′-CTGCA　　　G-3′ 3′-G　　　ACGTC5′
EcoR I	5′-G▼AATT C-3′ 3′-C TTAA▲G-5′	黏性末端（5′-端突出）	5′-G　　　AATTC-3′ 3′-CTTAA　　　G-5′

2. DNA 连接酶　　DNA 连接酶（DNA ligase）可催化 DNA 分子中相邻的 5′-磷酸基末端与 3′-羟基末端之间形成磷酸二酯键，使 DNA 切口封合或使两个 DNA 片段连接。DNA 连接酶常见的有 T4 DNA 连接酶和 E.coli DNA 连接酶两种。前者以 ATP 为辅助因子，后者以 NAD$^+$ 为辅助因子。在基因工程最常用的是 T4 DNA 连接酶，它连接效率高，既可用于黏性末端的连接，也可用于平末端的连接。

在重组 DNA 技术中用到的工具酶还有 DNA 聚合酶、反转录酶、RNA 聚合酶、外切核酸酶、末端转移酶等。

（二）目的基因

重组 DNA 技术的目的主要有两方面：一是为了获得某一感兴趣的基因或 DNA 序列以分析、改造它们的结构；二是为获得感兴趣基因的表达产物——蛋白质。这些令人感兴趣的基因或 DNA 序列就是目的基因。目的基因有两种来源：cDNA 和基因组 DNA。cDNA（complementary DNA）是指在体外以 mRNA 为模板、经反转录合成的 DNA。

（三）基因载体

是指能"携带"目的基因进入宿主细胞、实现无性繁殖或表达有意义的蛋白质的 DNA 分子。理想的基因载体应具备以下条件：（1）具有自主复制能力，保证重组 DNA 分子在宿主细胞内得到扩增；（2）有供选择的遗传标记，可用于对重组体进行筛选（如抗药性基因、酶基因等）；（3）有一个以上单一限制性酶切位点，可供插入目的基因；（4）载体分子量小，以便容纳较大目的基因，拷贝数高；（5）在细胞内稳定性高，以便确保重组体稳定传代而不丢失。重组 DNA 技术中常用的载体有：

1. 质粒　　质粒（plasmid）是存在于细菌染色体外的、具有独立复制能力的小型环状双链 DNA 分子。分子质量大小从 2 kb 到数百 kb 不等，质粒含有一个复制起始点（ori）及与 DNA 复制有关的序列，并带有抗药性基因（编码合成能分解四环素、氯霉素、氨苄西林等的酶基因），这一性质被用于筛选和鉴定转化细菌。常用的质粒有 pBR 322 和 pUC 系列等。

2. 噬菌体　　噬菌体（phage）是一类易感染细菌的病毒，有双链噬菌体和单链丝状噬菌体两大类。前者主要有 λ 噬菌体，后者主要有单链 M$_{13}$ 噬菌体。λ 噬菌体由头和尾构成，其基因组是长约 48 kb 的线性双链 DNA 分子。由于它能够携带的目的基因片段长度较大，而且其感染能力也大于质粒转化细菌的能力，所以 λ 噬菌体一直被作为基因组文库和 cDNA 文库的克隆载体。

3. 柯斯质粒　　柯斯质粒（cosmid）是由质粒和 λ 噬菌体的 cos 黏性末端构建而成的载体。基因组中含有质粒的 ori、限制性内切酶位点、抗药性基因和 λ 噬菌体的 cos 黏性末端。cos 黏性末端是指 λ 噬菌体线状分子两端分别存在的 12 个核苷酸单链结构。柯斯质粒兼有质粒和 λ 噬菌体的优点，大小约为 4～6 kb，能够携带的目的基因片段长度为 31～45 kb，而且能被包装成为具有感染能力的噬菌体颗粒。柯斯质粒进入宿主细胞后表现的是质粒的性质。

此外，还有人工染色体载体，如酵母人工染色体（yeast artificial chromosome，YAC）、细菌人工染色体（bacterial artificial chromosome，BAC）等。它们能克隆更大的 DNA 片段，在人类基因组计划和其他基因组项目的实施中发挥关键性作用。

二、重组 DNA 技术的基本原理

重组 DNA 技术包括以下几个基本步骤：①目的基因的获取；②载体的选择和改建；③目的基因与载体的拼接（即体外重组）；④重组 DNA 导入宿主细胞；⑤筛选转化细菌并扩增。

（一）目的基因的获取

获取目的基因的方法主要有：

1. 从基因组文库中获得　　首先构建基因组文库，即将组织或细胞染色体 DNA 分离，用限制性核酸内切酶将染色体 DNA 切割成一定的片段，再把各片段与适当的载体拼接成重组 DNA 分子，然后将所有重组 DNA 分子转入宿主细胞内进行繁殖，得到分子克隆的混合体，这一混合体就是基因组文库，其中包含着基因组全部的基因信息，当然也包括目的基因。完成基因组文库的构建后，用适当的方法筛选出目的基因。

2. 从 cDNA 文库中获得　以 mRNA 为模板，用逆转录酶合成与 mRNA 互补的 DNA（cDNA），再复制成双链 DNA 片段，然后用类似构建基因组文库的方法构建 cDNA 文库。由总 mRNA 构建的 cDNA 文库包含了细胞全部的 mRNA 信息，自然也包括了感兴趣的编码 cDNA。完成 cDNA 文库的构建后，用适当的方法筛选出目的 cDNA。

3. 化学合成目的基因片段　如果已知某种基因的核苷酸序列，或根据某种基因产物的氨基酸序列推导出编码该多肽链的核苷酸序列，可利用 DNA 合成仪合成目的基因。

4. 聚合酶链式反应　聚合酶链式反应（polymerase chain reaction，PCR）技术是一种在体外对已知基因进行特异性扩增的方法。如果已知目的基因片段两侧的序列，可依据已知区域设计特定的 DNA 引物，在热稳定 DNA 聚合酶（Taq DNA 聚合酶）催化下，将 DNA 经反复变性、退火和延长进行循环式合成（图 10-31）。在很短时间内（30~40 个循环）就能将几个拷贝的基因合成到数百万个拷贝。

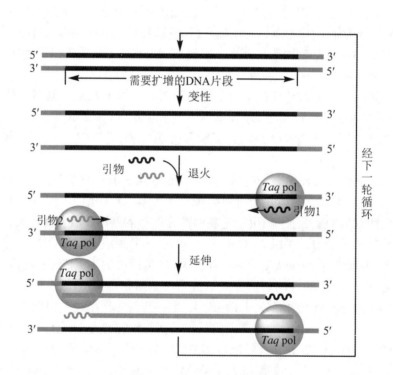

图 10-31　PCR 原理示意图

（二）载体的选择和改建

载体的选择要根据具体实验的需要，根据实验目的不同载体可分为克隆载体和表达载体两大类。用于目的基因的克隆、扩增、序列分析等，通常选用克隆载体（cloning vector）；为了在宿主细胞中表达外源目的基因，获得大量表达产物可选用表达载体（expression vector）。克隆载体的选择相对比较简单，只要插入片段的大小与载体容量适合、酶切位点与克隆位点相配即可。表达载体的选择则比较复杂，需要根据不同基因选择不同的载体以获得最佳表达效率。此外，还应考虑基因产物修饰特性、表达后的分离、纯化以及特殊目的的需要。近年来，绿色荧光蛋白（green fluorescence protein，GFP）融合表达载体应用十分广泛，表达后在荧光显微镜下可直接观察 GFP，示踪目的蛋白的表达、分布或动态过程。

无论克隆载体还是表达载体，有时都需要进行一些必要的改造，才能获得符合特定目的基因克隆和表达的载体。

（三）目的基因与载体的体外重组

载体本身是一种复制子（replicon），能在细胞中自我复制并稳定遗传下去。要将目的基因随载体一起进入宿主细胞，并使目的基因实现无性繁殖，需将目的基因连接到载体上，即 DNA 的体外重组。体外重组主要包括两部分工作，用同一种或两种限制性内切酶对目的基因和载体进行切割，产生互补切口；再用 DNA 连接酶将目的基因和载体在体外连接，形成人工重组体。

（四）重组 DNA 导入宿主细胞

重组基因必须被导入宿主细胞后才能进行无性繁殖。因此，宿主细胞是重组基因扩增和表达的场所，将体外形成的重组体导入宿主细胞后，目的基因就可随宿主细胞的增殖、生长而进行复制、表达。宿主细胞分原核细胞和真核细胞两类。原核细胞主要是大肠埃希菌、链霉菌及枯草杆菌。真核细胞有酵母、哺乳动物细胞及昆虫细胞等。导入重组基因的方法有转化（transformation）、转染（transfection）和感染（infection）等。

（五）筛选转化细菌并扩增

重组基因导入宿主细胞后，必须把含有目的基因的转化细胞从众多的细胞群中挑选出来。根据载体体系、宿主细胞特性及外源基因在宿主细胞中表达的情况不同可采用不同的方法。常用的有抗药性标志筛选。如质粒 pBR322 具有氨苄西林抗性基因（amp^r）和四环素抗性基因（tet^r），将此质粒导入对氨苄西林和四环素均敏感的大肠埃希菌后，该菌即获得对这两种抗生素的抗药性，可在含有上述两种抗生素的培养基中生长，而未导入此质粒的大肠埃希菌则被杀死。如将目的基因插入到 tet^r 基因的 DNA 序列中，tet^r 基因分成了两段而失去活性，再用此重组体转化对氨苄西林和四环素均敏感的大肠埃希菌，则导入了该重组体的细菌能耐受氨苄西林而对四环素敏感，可以在含有氨苄西林的培养基中生长而不能在含有四环素的培养基中生长。

综上所述，重组 DNA 技术的基本步骤，可形象地归纳为"分、切、接、转、筛"，即分离目的基因；限制性内切酶切割目的基因与载体；拼接目的基因与载体，形成重组 DNA；转入宿主细胞；筛选含重组 DNA 的转化菌。

三、重组 DNA 技术与医学的关系

重组 DNA 技术为生命科学带来了革命性变化，目前这一技术已在基础医学、临床医学、药学等方面得到广泛应用。

（一）生物制药

以重组 DNA 技术为基础的生物制药工业已经成为当今世界一项重大产业，并将有望成为 21 世纪的支柱产业。目前正在开发的基因工程治疗药物有几百种，且逐年迅速增加，可见其具有的巨大潜力。但经卫生部门批准正式投入市场的不多，仅 20 余种，如干扰素，生长因子、白细胞介素、生长素、胰岛素、乙肝疫苗等已进入临床应用，为相关疾病的预防、诊断、治疗开拓了良好前景。

（二）基因诊断

基因诊断（gene diagnosis）又称 DNA 诊断。是指用分子生物学技术，从 DNA 水平检测和分析引起人类疾病的突变基因或病原体基因的方法。基因诊断具有特异性高、灵敏度高、早期诊断性和应用范围广等特点。

目前用于基因诊断的方法很多，主要有核酸分子杂交、PCR 及其衍生技术、单链构象多态性（single-strand conformational polymorphism，SSCP）分析、限制性片段长度多态性（restriction fragment length polymorphism，RFLP）分析和 DNA 序列测定等。

1. 遗传病的诊断　用 DNA 重组技术对基因组 DNA 进行分析，以判断某种遗传病是否存在基因缺陷，尤其是对隐性遗传病携带者做出诊断，及产前诊断预防有遗传病风险的胎儿出生。

2. 肿瘤的基因监测　用基因诊断技术检测癌基因、抑癌基因及肿瘤转移相关基因，为肿瘤发生、临床分型、治疗及预后提供资料。

3. 传染性疾病的诊断　病原体都有特定的基因组 DNA，可根据其基因序列设计出特异引物，通过 PCR 检测特异的扩增带，对病原微生物检测、鉴定，用于临床诊断。

（三）基因治疗

基因治疗（gene therapy）是指从基因水平调控细胞中缺陷基因、修补有缺陷的基因，或将正常的基因通过各种途径导入该基因缺陷的患者细胞中，以替代缺陷基因行使正常功能，恢复正常表型的治疗方法。基因矫正治疗按矫正的方式可分为基因增补、基因替换及基因修复三种类型。

DNA 重组技术使人类进入了能动改造生物界的新纪元，使医学发展到分子医学的新阶段。但由于人类对生物基因组的结构、基因表达调控等认识还很有限，因而分子生物学的成果在医学上的应用还处在初级阶段。新的基因工程药物虽然不断涌现，但已应用的还是少数。基因诊断应用的范围尚有待扩大，基因治疗成功的例子还不多。然而探索着生命本质的分子生物学已经指出了光明的前程，随着科学的进步，肯定将逐步实现能按人们的意志去获得理想的结果，可以说"前途光明灿烂，道路曲折而遥远"。

架起通向临床的桥梁

1. DNA 损伤修复与乳腺癌　DNA 修复基因的改变会导致突变率增加，从而大大增加个体对癌症的易感性。DNA 损伤是一件生死攸关的事情。每年在北美洲大约 180 000 女性被诊断为乳腺癌，大约 1/5 是家族性的或遗传因素引起的，还有 1/3 的患者则是因为两个编码同类蛋白的基因 brca 1 或 brca 2 发生突变而引发。

brca 1 基因是科学家用定位克隆技术成功地克隆了第一个与家族性乳腺癌和卵巢癌相关的基因，brca 1 是一个确定的肿瘤抑制基因，它的突变容易使妇女患上乳腺癌和卵巢癌。研究表明 BRCA 蛋白家族在细胞的 DNA 损伤应答中扮演重要角色，对于修复损伤 DNA 的双链缺口是必需的。在细胞中，BRCA2 与真核 RecA 同族体 RAD51 形成复合物。Rad51 是一种 DNA 重组酶，参与有丝分裂和减数分裂中同源重组和 DNA 双链断裂修复，BRCA 2 还可特异结合 BRCA1 形成异源二聚体。当暴露在电离辐射时，这三种 DNA 修复蛋白在细胞间期的核内聚集，参与促进基因组内 DNA 双链断裂的修复。当 brca 1 或 brca 2 基因缺陷时，修复 DNA 双链断裂的能力丧失，而导致更高频率的突变。新的突变可能会使细胞逃脱细胞周期的严格约束，最终导致癌症。

2. 基因治疗　1990 年的 9 月 14 日，美国国立卫生研究院（NIH）的 W. French Anderson 博士等人获准实施人类历史上第一例基因治疗的临床试验。4 岁的小女孩 Ashanthi DeSilva 患有重度联合免疫缺陷综合征。她体内先天性缺少腺苷脱氨酶（adenosine deaminase, ADA），致使细胞内脱氧腺苷大量积累，导致 T 淋巴细胞中毒死亡。在这次基因治疗中，科学家从 Ashanthi 身上抽取血后并分离得到少量白细胞，进行体外培养扩增。然后，他们利用改造后的逆转录病毒将正常的人 ADA 基因转移到靶细胞里，使白细胞代偿性地表达了 ADA 蛋白。通过这种治疗方式，Ashanthi 的免疫系统功能提高了 40% 以上。

至今，Ashanthi 的健康状态一直保持良好，彻底告别了与世隔绝的无菌病房，走进了阳光灿烂的新生活。成为第一个接受基因治疗并获得成功的患者。

图 10-32　（左）Anderson 博士和 4 岁小女孩 Ashanthi DeSilva，
（右）基因治疗后 17 岁的 Ashanthi DeSilva

（张　申）

第十一章 血液生化

学习目标

掌握

血液非蛋白质含氮化合物的种类及临床意义，血浆蛋白质的组成与功能，成熟红细胞的糖代谢特点。

熟悉

血液的化学组成；血浆蛋白质的特点；血红素生物合成的原料和关键酶，血红蛋白的气体运输功能。

了解

血红素生物合成的基本过程及调节，白细胞的代谢特点。

血液（blood）是在心血管系统内循环流动的红色、不透明、具有黏性的液体，由血浆（plasma）和血细胞组成。离体血液加入抗凝剂，离心后血细胞下沉，其浅黄色上清液即为血浆。血浆占全血容积的55%~60%。若将离体血液静置待其自然凝固，血块收缩析出的浅黄色清亮液体称为血清（serum）。凝血过程中，血浆中纤维蛋白原转变为纤维蛋白析出，故血清中不含纤维蛋白原。由于血液在循环系统中不断地流动，它在沟通内外环境、维持机体内环境的恒定、多种物质的运输、免疫、凝血和抗凝血等方面都具有重要作用。血液与全身各个组织密切接触，血中某些代谢浓度的变化，可反映体内的代谢或功能状况，因此，全血、血清和血浆是实验室诊断的常用标本。

第一节 概 述

一、血液的基本成分

血液基本成分主要有水和可溶性固体成分，此外还含有少量气体（O_2、CO_2、N_2等）。水是血液中含量最多的成分，正常人血液的含水量77%~81%，比重为1.050~1.060，pH为7.40±0.05，在37℃时渗透压约7.70×10^2 kPa（310 mOsm/L）。正常人血液总量约占体重的8%。一次失血少于总量的10%，对身体影响不大；若大于总量的20%以上，则可严重影响身体健康；当失血超过总量的30%时将危及生命。

血液中可溶性固体可分为无机盐与有机物两大类。其中无机物主要以电解质为主，重要的阳离子有Na^+、K^+、Ca^{2+}、Mg^{2+}；重要的阴离子有Cl^-、HCO_3^-、HPO_4^{2-}等。有机物为蛋白质（血红蛋白、血浆蛋白质、酶与蛋白类激素）等、非蛋白质类含氮化合物、糖类、脂类（包括类固醇激素）和维生素等。

二、非蛋白质含氮化合物

血液中除蛋白质以外的含氮化合物统称为非蛋白氮（non-protein nitrogen，NPN），主要包括尿素、尿酸、肌酸、肌酐、氨基酸、多肽、氨和胆红素等，正常人血清含量为 14.3~25.0 mmol/L。非蛋白含氮物质绝大多数是蛋白质和核酸分解代谢的终产物，可经血液运输到肾随尿排出体外。当肾功能严重障碍影响排泄时会导致其在血中浓度升高，这是血中 NPN 升高最常见的原因。当肾血流量下降，体内蛋白质分解加强，如消化道大出血、大手术后、烧伤及高热等也会引起血中 NPN 升高。

（一）尿素与尿酸

尿素是非蛋白含氮化合物中含量最多的一种物质，亦是体内蛋白质分解代谢的终产物，正常人血尿素氮（blood urea nitrogen，BUN）含量占血中 NPN 总量的 1/2，为 3.6~14.28 mmol/L（现临床上均用尿素表示，1 mmol/L 尿素等于 2 mmol/L 尿素氮）。临床上测定血中尿素与测定 NPN 的意义基本相同，因尿素检测方法简便，目前已取代 NPN 作为判断肾排泄功能的指标。

尿酸是体内嘌呤化合物分解代谢的终产物，正常人血清含量：男性 150~420 μmol/L，女性 90~360 μmol/L。血液中尿酸升高，可见于痛风症、体内核酸分解增多（如白血病、恶性肿瘤）或肾排泄功能障碍。

（二）肌酸与肌酐

肌酸是肝细胞利用精氨酸、甘氨酸和 S- 腺苷甲硫氨酸（SAM）为原料而合成的（图 11-1），主要存在于肌肉和脑组织中。肌酸和 ATP 反应生成的磷酸肌酸是体内能量储存形式。肌酐由肌酸脱水或由磷酸肌酸脱磷酸脱水生成，是肌酸代谢的终产物。正常男性血清肌酐含量为 53~106 μmol/L，女性为 44~97 μmol/L。肌酐全部由肾排泄，且血中肌酐的含量不受食物蛋白质摄入量的影响，故临床检测血肌酐含量较尿素更能准确地了解肾功能。

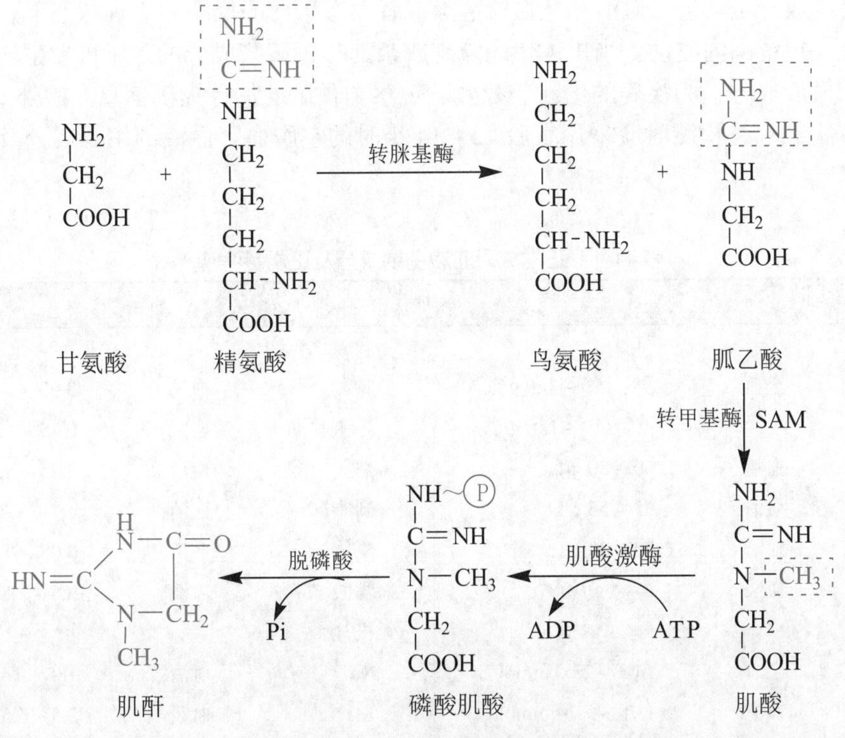

图 11-1　肌酸的生成与降解

（三）氨基酸和氨

血浆游离氨基酸有 20 多种，正常时含量不高，肝在维持血浆游离氨基酸浓度中起着重要作用。肝细胞大量破坏时，血中游离氨基酸升高；肝硬化时，可出现血中芳香族氨基酸（苯丙氨酸、酪氨酸）升高，支链氨基酸下降等。了解血浆中这些氨基酸含量的变化有助于肝性脑部的诊断和估计预后。

血氨主要来自氨基酸的脱氨基作用和肠道吸收，正常人血氨浓度 ＜60 μmol/L（0.1 mg/dl）。血氨升高常见于肝功能障碍和门体侧支循环的患者。高血氨可导致神经组织，尤其是大脑功能障碍，严重时可发生昏迷。

NPN 与尿毒症

血中尿素、肌酐等非蛋白质含氮物质的含量显著升高，称氮质血症。主要见于各种肾病迁延不愈而出现的肾功能损害，临床上氮质血症可视为尿毒症的前期。

尿毒症是指急性和慢性肾衰竭的晚期，人体不能通过肾产生尿液排泄而致使代谢产物和毒性物质在体内大量蓄积所引起的一系列自体中毒症状。尿酸、肌酐和胺类等非蛋白质含氮物亦属于常见尿毒症毒素。目前通常采用血液透析或腹膜透析等治疗尿毒症，但只能缓解症状，而且容易复发或进行性加重。

三、不含氮的有机物

血液中不含氮的有机化合物主要有葡萄糖、乳酸及酮酸、酮体、脂类等。它们的含量与糖代谢及脂类代谢密切相关。

血液中各种成分是其进入血液和从血液清除二者动态平衡的反映。生理状态下，它们的含量相对恒定，在一定范围内波动。当机体代谢障碍或紊乱时，某些成分的含量可发生较大变化。临床上常需分析血液成分，为疾病的诊断、疗效的观察和预后的估计提供信息。此外，血液各成分的含量常受食物影响，检测时应采用餐后 12～14 小时的空腹血。血液的主要成分及正常参考值参见表 11-1。

表 11-1　正常成人血液主要成分及正常参考值

组成成分	标本	正常参考值	组成成分	标本	正常参考值
蛋白质			不含氮化合物		
血红蛋白	全血	男：120～160 g/L	葡萄糖	血清	3.9～6.1 mmol/L
		女：110～150 g/L	三酰甘油	血清	0.45～1.69 mmol/L
总蛋白	血清	60～80 g/L	总胆固醇	血清	2.85～5.69 mmol/L
清蛋白	血清	35～55 g/L	磷脂	血清	1.7～3.2 mmol/L
球蛋白	血清	20～30 g/L	酮体	血清	0.08～0.49 mmol/L
纤维蛋白原	血浆	2～4 g/L	乳酸	血清	0.6～1.8 mmol/L
非蛋白质含氮化合物			无机盐		
NPN	全血	14.3～25.0 mmol/L	Na^+	血清	135～145 mmol/L
尿素	血清	1.78～7.14 mmol/L	K^+	血清	3.5～5.5 mmol/L
氨	全血	＜60 μmol/L	Ca^{2+}	血清	2.1～2.7 mmol/L

组成成分	标本	正常参考值	组成成分	标本	正常参考值
尿酸	血清	男：150 ~ 420 μmol/L	Mg^{2+}	血清	0.8 ~ 1.2 mmol/L
		女：90 ~ 360 μmol/L	Cl^-	血清	98 ~ 106 mmol/L
肌酐	血清	男：53 ~ 106 μmol/L	HCO_3^-	血浆	22 ~ 27 mmol/L
		女：44 ~ 97 μmol/L	无机磷	血清	1.0 ~ 1.6 mmol/L
肌酸	血清	0.19 ~ 0.23 mmol/L			
氨基酸	血清	2.6 ~ 5.0 mmol/L			
总胆红素	血清	1.7 ~ 17.1 μmol/L			

第二节　血浆蛋白质

一、血浆蛋白质的分类

目前已知血浆蛋白质有 200 多种。血浆中各种蛋白质的含量差异很大，多者每升达数十克，少的仅为毫克水平，是除水分外含量最多的一类化合物；正常人含量为 60 ~ 80 g/L。按不同的分离方法可将血浆蛋白质分为不同组分，常用的方法有盐析法及电泳法。

（一）盐析法

盐析法是根据各种血浆蛋白质在不同浓度的盐溶液中溶解度不同而进行分离的方法。盐析法（常用硫酸铵、硫酸钠及氯化钠）可将血浆蛋白质分为清蛋白（albumin，A）、球蛋白（globulin，G）和纤维蛋白原（fibrinogen）。经饱和硫酸铵沉淀的是清蛋白；球蛋白及纤维蛋白原可被半饱和硫酸铵沉淀；而纤维蛋白原则可被半饱和氯化钠沉淀。正常人清蛋白（A）含量为 35 ~ 55 g/L，球蛋白（G）为 20 ~ 30 g/L，清蛋白与球蛋白的比值（A/G）为 1.5 ~ 2.5：1。

（二）电泳法

电泳是最常用的分离蛋白质的方法，其原理是根据蛋白质分子大小不同和表面电荷的差异、在电场中泳动速度不同而加以分离。如使用简便快速的醋酸纤维薄膜为支持物，可将血清蛋白质分为清蛋白、α_1- 球蛋白、α_2- 球蛋白、β- 球蛋白和 γ- 球蛋白。（图 11-2）

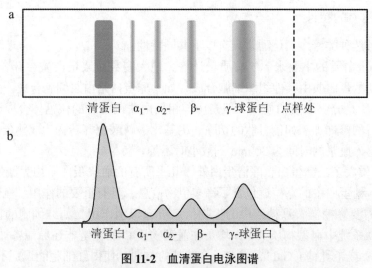

图 11-2　血清蛋白电泳图谱
a. 染色后的图谱；b. 光密度扫描后的电泳峰

表 11-2   正常人血清蛋白各种成分的相对含量

蛋白质	占血清蛋白质总量比例（%）
清蛋白（白蛋白）	55～61
α_1- 球蛋白	4～5
α_2- 球蛋白	6～9
β- 球蛋白	9～12
γ- 球蛋白	12～30

若用分辨率更高的聚丙烯酰胺凝胶电泳或免疫电泳还可将血浆蛋白质分成更多成分，目前已分离出的人血浆中重要的蛋白质见表 11-3。

表 11-3   人体血浆中的重要蛋白质

蛋白质名称	主要生物学作用
前清蛋白	参与甲状腺激素、视黄醇的转运
清蛋白	维持血浆胶体渗透压及 pH、运输和营养
α 球蛋白	
皮质激素传递蛋白	肾上腺皮质激素载体
甲状腺素结合球蛋白	与甲状腺激素特异结合
铜蓝蛋白	具亚铁氧化酶活性、与铜结合
结合珠蛋白	特异地与血红蛋白结合
α- 脂蛋白	运输脂类
β- 球蛋白	
β- 脂蛋白	运输脂类
运铁蛋白	运输铁
血红素结合蛋白	与血红素特异结合
免疫球蛋白 G、A、M、D、E	抗体活性
纤溶酶原	纤溶酶前体，活化后可分解纤维蛋白
纤维蛋白原	凝血因子

二、血浆蛋白质的特性

血浆蛋白质虽然种类繁多，但通常具有以下共同特性：

1. 肝是血浆蛋白质的主要来源　按质量计算，绝大多数血浆蛋白质在肝合成，如清蛋白、纤维蛋白原等；少数蛋白质由其他组织细胞合成，如 γ 球蛋白是由浆细胞合成。

2. 血浆蛋白质是分泌型蛋白质　一般是由与粗面内质网结合的核糖体合成，先以蛋白质前体出现，经翻译后的修饰加工如信号肽的切除、糖基化、磷酸化等转变为成熟蛋白质。血浆蛋白质自肝合成后分泌入血浆的时间为 30 min 到数小时不等。

3. 血浆蛋白质大多是糖蛋白　除清蛋白外，几乎所有的血浆蛋白质均为糖蛋白，含有 N 或 O 连接的寡糖链。糖蛋白中的寡糖链包含了许多生物信息，具有重要的作用。血浆蛋白质合成后的定向转移过程需要寡糖链；寡糖链中的生物信息可起识别作用，如红细胞的血型物质含糖达 80%～90%，ABO 系统中血型物质 A、B 均是在血型物质 O 的糖链非还原端各加上 N- 乙酰氨基半乳糖（GalNAc）或半乳糖（Gal），就这一个糖基的差别，使得红细胞能识别不同抗体。此外，糖链还可使一些血浆蛋白质的半寿期延长。

4. 许多血浆蛋白质具多态性　蛋白质多态性（protein polymorphism）指一种蛋白质存在多种不同的变型，这些变型的产生是由于同一基因位点内的突变，产生复等位基因，导致合成不同类型的蛋白质，人类蛋白质的多态性往往和人种及其地理分布有关。ABO血型的多态性广为人知，而血浆蛋白质中的转铁蛋白（transferrin，TRF）、铜蓝蛋白（ceruloplasmin，CER）、结合珠蛋白（haptoglobin，Hp）等也都具有多态性。研究血浆蛋白质的多态性对遗传学及临床工作均有一定意义。

5. 急性炎症时许多血浆蛋白质含量可发生明显变化　在急性炎症或某种类型组织损伤等情况下，一些血浆蛋白质水平会发生明显变化，被称为急性时相蛋白质（acute phase protein，APP）。如增高的有C-反应蛋白（C-response protein，CRP）、α_1-抗胰蛋白酶、结合珠蛋白、α_1-酸性蛋白（α_1-acid glycoprotein，α_1-AG）、纤维蛋白原等，它们增高的水平至少增加50%，最多可达1 000倍。亦有少数蛋白质水平出现降低，如清蛋白和转铁蛋白。

6. 各种血浆蛋白质都有特征性的循环半寿期　如正常成人清蛋白的半寿期为20天，而结合珠蛋白的半寿期仅为5天。

三、血浆蛋白质的功能

（一）维持血浆胶体渗透压和正常pH

血浆胶体渗透压对水在血管内外的分布起决定性作用。胶体渗透压的大小取决于蛋白质的摩尔浓度。清蛋白是血浆中含量最多的蛋白质，由于其分子质量相对小（69 000），在血浆内的含量多（正常人含量为35~55 g/L），所产生的胶体渗透压大约占血浆胶体总渗透压的75%~80%。清蛋白由肝合成，占肝合成分泌蛋白质总量的50%。当血浆清蛋白浓度过低时，血浆胶体渗透压下降，导致水分在组织间隙潴留从而产生水肿。临床上血浆清蛋白含量降低的主要原因是：合成原料不足（如营养不良等）、合成能力降低（如严重肝病）、丢失过多（肾疾病，大面积烧伤等）、分解过多（如甲状腺功能亢进、发热）等。

正常血液pH为7.35~7.45，血浆蛋白质的等电点大部分在pH 4.0~7.3之间，故血浆蛋白质可以弱酸或部分以弱酸盐的形式存在，组成血浆蛋白盐与相应蛋白缓冲对，参与维持血液正常pH。

（二）运输作用

血浆蛋白质表面分布着许多亲脂性结合位点，难溶于水的脂溶性物质可与其结合而运输。血浆蛋白质还能与易从尿中排泄及易被细胞摄取的小分子物质结合，防止其经肾丢失。如血浆清蛋白可与脂肪酸、Ca^{2+}、胆红素、磺胺等多种物质结合。血浆中还有一些特异性的转运球蛋白如皮质激素传递蛋白、甲状腺素结合球蛋白、转铁蛋白、铜蓝蛋白等，它们除了运输作用外，还有调节被运输物质代谢的作用。

（三）免疫作用

机体对入侵的病原微生物可产生特异的抗体，血液中具有抗体作用的蛋白质称为免疫球蛋白（immunoglobulin，Ig）。免疫球蛋白分为五大类，即IgG、IgA、IgM、IgD及IgE，在体液免疫中起重要作用。血浆中还存在有协助抗体完成免疫功能的蛋白酶体系，被称为补体（complement）。免疫球蛋白识别特异抗原与之结合，形成抗原抗体复合物，进而激活补体系统，产生溶菌和溶细胞现象。

（四）催化作用

血浆中含有多种酶，称为血浆酶。按其来源与功能可分为三类：

1. 血浆功能酶　是指主要在血浆中发挥催化作用的酶类。如参与凝血及纤溶系统的多种蛋白水解酶，均以酶原形式存在，在一定条件下被激活后发挥作用。另外还有脂蛋白脂肪酶、卵磷脂胆固醇脂酰基转移酶和肾素等。血浆功能酶是真正在血浆中起催化作用的酶，绝大多数由肝细胞合成分泌入血。

2. 血浆外分泌酶　是指由外分泌腺分泌的酶类，如胰淀粉酶、胰脂肪酶、胃蛋白酶等，生理条件下仅少量逸入血浆，它们的催化活性与血浆正常功能无直接关系。但当这些脏器受损时，进入血浆的酶量增多，如急性胰腺炎时血浆中淀粉酶含量明显增高。血浆内相关酶的活性增高，在临床上有诊断价值。

3. 血浆细胞酶　细胞酶是在细胞中参与物质代谢的酶类。随着细胞的不断更新可释放入血，正常时血浆中的含量甚微。这类酶主要来自各组织细胞，大部分无器官特异性，小部分来源于特定器官。当特定器官发生病变，其细胞膜的通透性改变或细胞损伤时，相应酶逸出，血浆酶活性增高，可用于临床酶学检验，有助于某些疾病的诊断和治疗。如肝疾患时，血浆丙氨酸氨基转移酶可升高。

（五）凝血与抗凝血和纤溶作用

多数凝血因子、抗凝血因子及纤溶物质都是血浆蛋白质，常以酶原形式存在，它们在血液中相互作用、相互制约，保证循环血流通畅。当血管受损时，凝血酶原等被激活，出现血液凝固，防止血液的大量流失。

（六）营养作用

血浆蛋白质在体内分解为氨基酸参与氨基酸代谢池（库）代谢，或用于合成组织蛋白质、或转变成其他含氮化合物、或氧化分解提供能量。

血浆蛋白质异常与临床疾病

临床上，血浆蛋白质异常可见于多种疾病；这些异常改变主要包括急性炎症反应和因抗原刺激引起的免疫系统增强的反应。

如急性肝炎可发生非典型的急性时相反应，前清蛋白（prealbumin，PA）是肝功能损害的早期灵敏指标。此时，免疫球蛋白尤其是IgA增高，并可有IgG和IgM增高；炎症活动期亦有α_1-AG、Hp和C3成分增高。

肝硬化时则IgG增高，IgA显著增高；C-反应蛋白、CER与纤维蛋白原轻度升高；α_1-AG、Hp和C_3偏低，PA、Alb、α-脂蛋白及TRF明显降低；α_2-巨球蛋白（α_2-macroglobulin，α_2-MG）可显著增高。

第三节　血细胞的代谢

红细胞是血液中最主要的血细胞，由骨髓造血干细胞定向分化生成。红细胞在成熟过程中经历一系列的形态（图11-3）和代谢的改变。早、中幼红细胞有细胞核、线粒体等细胞器，能合成核酸和蛋白质，可通过有氧氧化获得能量，并具有分裂繁殖能力。晚幼红细胞则失去合成DNA的能力，不再进行分裂。网织红细胞已无细胞核，不能进行核酸的生物合成，但尚含少量的线粒体与RNA，仍可合成蛋白质。而成熟红细胞除细胞膜和胞浆外，无其他细胞器结构，与有核红细胞比较，具有不同的代谢方式。

原始红细胞　　　早幼红细胞　　　中幼红细胞　　　晚幼红细胞　　网织　成熟
　　　　　　　　　　　　　　　　　　　　　　　　　　　　　　　　红细胞　红细胞

图 11-3　红细胞发育成熟过程

一、成熟红细胞的代谢特点

（一）糖酵解为糖代谢的主要途径

葡萄糖是红细胞的主要能源物质，红细胞每日约从血浆中摄入 30 g 葡萄糖，其中 90%～95% 经糖酵解代谢，糖酵解是其获取能量的唯一途径。每摩尔葡萄糖经酵解产生 2 摩尔 ATP，使得红细胞中 ATP 浓度维持在 1～2 mmol/L 水平。

1. 红细胞中 ATP 的作用

（1）维持红细胞膜上钠泵（Na^+-K^+-ATP 酶）的运转　钠泵在消耗 ATP 时，将 Na^+ 泵出至红细胞外，K^+ 泵入红细胞内，维持细胞膜内外离子的平衡以及红细胞的容积和双凹盘状形态。

（2）维持红细胞膜上钙泵（Ca^{2+}-ATP 酶）的运转　钙泵将红细胞内的 Ca^{2+} 泵出至血浆，以维持红细胞内低钙状态，即保持红细胞内 Ca^{2+} 浓度 20 μmol/L，血浆 Ca^{2+} 浓度 2～3 mmol/L 水平。如 ATP 缺乏，钙泵不能正常运行，钙聚集并沉积在红细胞膜上，膜失去韧性，当红细胞流经狭窄部位时易破碎。

（3）为红细胞膜上脂质交换提供能量　红细胞膜上的脂质与血浆脂蛋白中的脂质处于不断的更新之中，此过程需消耗 ATP。缺乏 ATP 时，脂质更新受阻，红细胞的可塑性降低，也易于破坏。

（4）用于谷胱甘肽、NAD^+ 的生物合成。

2. 2,3-二磷酸甘油酸旁路　2,3-二磷酸甘油酸（2,3-BPG）旁路是指红细胞糖酵解过程中，由 1,3-二磷酸甘油酸（1,3-BPG）经 2,3-二磷酸甘油酸转变为 3-磷酸甘油酸的侧支途径（图 11-4）。2,3-BPG 旁路与一般酵解的分支点是 1,3-二磷酸甘油酸。

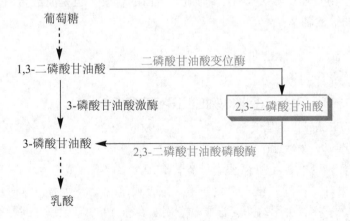

图 11-4　2，3-BPG 旁路

由于红细胞中 2,3-BPG 磷酸酶活性较低，致使 2,3-BPG 的生成大于分解，造成红细胞内 2,3-二磷酸甘油酸浓度升高达 4～5 mmol/L。2,3-BPG 的作用是：①降低血红蛋白对氧的亲和力，调节血红蛋白的运氧功能，即当 2,3-BPG 浓度升高时，血红蛋白对氧的亲和力下降，从而使组织获取更多的氧气；②储能供能，红细胞不能储存葡萄糖，其高含量的 2,3-BPG 氧化即可生成 ATP

作为红细胞内能量储存的形式。

（二）磷酸戊糖途径与氧化还原系统

红细胞中有 5%~10% 的葡萄糖沿磷酸戊糖途径分解，主要生理意义在于提供 NADPH，维持谷胱甘肽还原系统和高铁血红蛋白的还原。

1. 谷胱甘肽的代谢　红细胞合成谷胱甘肽的能力较强，含量高，并且几乎全是还原型谷胱甘肽（GSH）。GSH 是体内重要的抗氧化剂，可保护红细胞膜蛋白、巯基酶和血红蛋白免遭氧化，维持细胞的正常功能。当红细胞中产生少量 H_2O_2 时，GSH 在谷胱甘肽过氧化物酶的作用下，将 H_2O_2 还原为 H_2O，自身则氧化成氧化型谷胱甘肽（GSSG），从而避免其他细胞成分被氧化。GSSG 经谷胱甘肽还原酶催化，以 NADPH 作为供氢体，重新还原成 GSH（图 11-5）。

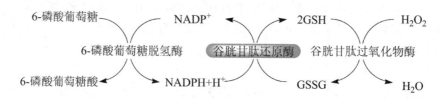

图 11-5　磷酸戊糖途径与谷胱甘肽的氧化还原

2. 高铁血红蛋白的还原　正常血红蛋白的铁是 Fe^{2+}，因氧化作用，红细胞常产生少量高铁血红蛋白（methemoglobin，MHb）。MHb 中的铁为 Fe^{3+}，不能携带氧。红细胞内的 NADH- 高铁血红蛋白还原酶和 NADPH- 高铁血红蛋白还原酶可催化 MHb 还原成 Hb。此外，GSH 与维生素 C 也能直接还原 MHb；但以 NADH- 高铁血红蛋白还原酶最重要。所以，红细胞中 MHb 一般只占血红蛋白的 1%~2%，若 MHb 过多，即可发生发绀等症状。

二、血红素的生物合成

红细胞中最主要的成分是血红蛋白（hemoglobin，Hb），血红蛋白是在红细胞成熟之前合成的。正常成年人的血红蛋白由两条 α 链、两条 β 链组成，每条多肽链各含一分子血红素。血红素是含铁的卟啉化合物（图 11-6），不仅参与血红蛋白的合成，也是肌红蛋白、细胞色素、过氧化氢酶、过氧化物酶等的辅基。

费歇尔对血红素研究的贡献

费歇尔（H. Fischer）德国生物化学家。从 1921—1928 年，费歇尔花了 8 年多的时间在色素方面进行研究，发现血红素是一种含铁的卟啉化合物。且结构同吡咯类似，并证实一切结构与吡咯类似的有机物质都可能用来制造血红素，只要将铁加入一种合成的名为原卟啉的卟啉分子中时，即可制出人造血红素，并证明这种化合物的性质同从血红蛋白中分离出的血红素完全一样。由于这一突出贡献，费歇尔于 1930 年荣获诺贝尔化学奖。

（一）血红素合成的部位和原料

血红素可在机体多种细胞内合成，构成血红蛋白辅基的血红素主要在骨髓幼红细胞和网织红细胞中合成。合成血红素的基本原料是琥珀酰 CoA、甘氨酸和 Fe^{2+}。

（二）血红素合成的过程

血红素合成反应可分为四个阶段：

1. δ氨基-γ-酮戊酸的生成　在线粒体内，琥珀酰CoA与甘氨酸脱羧生成δ氨基-γ-酮戊酸（δ-aminolevulinic acid，ALA）。催化反应的酶是ALA合酶（ALA synthase），该酶是血红素生物合成的关键酶，其辅酶为磷酸吡哆醛。

$$
\begin{array}{ccc}
\text{琥珀酰辅酶A} & \text{甘氨酸} & \xrightarrow[\quad CO_2 + \text{辅酶A}\quad]{\text{ALA合酶}} & \text{ALA}
\end{array}
$$

2. 卟胆原的生成　ALA生成后由线粒体进入胞液，在ALA脱水酶作用下，2分子ALA脱水缩合成1分子胆色素原（porphobilinogen，PBG）。ALA脱水酶的结构中含有疏基，对铅等重金属抑制非常敏感。

$$
2\ \text{ALA} \xrightarrow[\quad 2\ H_2O\quad]{\text{ALA脱水酶}} \text{胆色素原}
$$

3. 尿卟啉原Ⅲ及粪卟啉原Ⅲ的生成　胞质中的4分子胆色素原由脱氨酶催化，脱氨生成线状四吡咯。后者在尿卟啉原Ⅲ同合酶催化下，转变为尿卟啉原Ⅲ，再经尿卟啉原Ⅲ脱羧酶进一步催化生成粪卟啉原Ⅲ。

4. 血红素的生成　粪卟啉原Ⅲ由胞质再进入线粒体，通过粪卟啉原Ⅲ氧化脱羧酶和原卟啉原Ⅸ氧化酶的作用，粪卟啉原Ⅲ的侧链逐步氧化成为原卟啉原Ⅸ至原卟啉Ⅸ，原卟啉Ⅸ经亚铁螯合酶催化，与Fe^{2+}螯合，形成血红素（图11-6）。

（三）血红素合成的调节

血红素合成受多种因素的调节，其中最主要的步骤是通过影响ALA合酶的活性调节ALA的生成。

1. 血红素　ALA合酶受血红素反馈抑制。过多的血红素自发氧化成高铁血红素，对ALA合酶有强烈的抑制作用，可降低血红素合成的速度。血红素还可阻抑ALA合酶的合成。磷酸吡哆醛为ALA合酶的辅基，维生素B_6缺乏将影响血红素的合成。某些固醇类激素，例如睾酮能诱导ALA合酶，促进血红素生成。致癌物质、药剂、杀虫剂等可引起肝ALA合酶显著增加。

2. 促红细胞生成素　促红细胞生成素（erythropoietin，EPO）主要在肾合成，是一种由166个氨基酸残基组成的糖蛋白，相对分子质量34 000。缺氧时，EPO释放入血，经血液循环运至骨髓等造血组织，诱导ALA合酶生成，促进血红素和血红蛋白的合成。慢性肾炎、肾功能障碍患者发生的贫血现象与EPO合成减少有关。

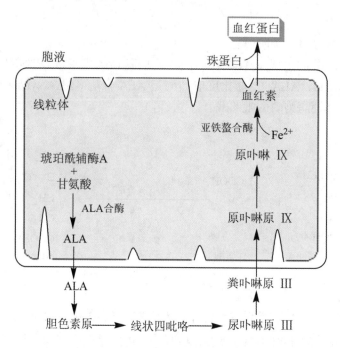

图 11-6　血红素的生物合成

3. ALA 脱水酶与亚铁螯合酶　ALA 脱水酶和亚铁螯合酶对重金属的抑制非常敏感，故血红素合成的抑制是铅中毒的重要体征。同时，亚铁螯合酶还需还原剂（如谷胱甘肽），还原条件的丧失也会抑制血红素的合成。

案例分析

女，20 岁，因患癫痫服用黄丹（PbO），剂量为每日一丸（含 PbO 0.2 克）。服完 30 丸后，出现恶心、呕吐、便秘、阵发性腹痛进行性加重，并伴有头痛、乏力、记忆减退、四肢麻木和腰痛等。

实验室检查　Hb 7.3 克，RBC 2.67×10^{12}/L（267 万 /mm³），网织红细胞 3.5%，点彩红细胞 0.23%，尿铅 0.2 mg/L、尿卟啉（＋＋＋）, ALA 83.58 mg/L。尿含有微量蛋白、脓细胞（＋＋）及颗粒管型。肝功能、B 超和心电图正常。

问题与思考

1. 请考虑患者最有可能的临床诊断是什么？
2. 哪些实验室项目具有诊断价值？

三、血红蛋白的气体运输功能

正常成人血红蛋白是由四条多肽链组成的四聚体，其中 2 条 α 链和 2 条 β 链。每条多肽链卷曲形成一个疏水性的"口袋"，口袋中"镶嵌"着 1 分子血红素，该口袋可保护血红素分子不与水接触，Fe^{2+} 不被氧化。Fe^{2+} 位于血红素卟啉环的中央，与卟啉环的 4 个吡咯基、O_2 及多肽链上的组氨酸形成六配位体。血红蛋白是成熟红细胞中的主要成分（约占其干重的 97%，湿重的

32%），是红细胞执行气体运输功能的结构基础。血红蛋白分子中的每个亚基能结合1个O_2分子，因此1分子血红蛋白能与4分子O_2结合。

（一）氧的运输

1. 氧的运输形式　氧在血液中以物理溶解氧和化学结合氧的形式运输。氧的溶解度很小，动脉血中以物理溶解形式存在的O_2只占1.6%；故氧在血液中运输的主要形式是化学结合，O_2与Hb结合成氧合血红蛋白（HbO_2），动脉血中HbO_2占98.4%。

在隔绝空气的条件下从血管抽取血液，测定其中的含氧量称为氧含量。氧含量为物理溶解氧与化学结合氧之和。在生理状态下，正常人的动脉血氧含量为190 ml/L，静脉血氧含量为140 ml/L。每升血液，循环一次约释放50 ml的O_2。

如将血管抽出的血液与大气接触，使其血液中Hb全部与O_2结合，再测定其中的含氧量称为氧容量。其中Hb结合的O_2量称为氧结合量。由于血液中物理溶解氧量很少，故氧容量近似于氧结合量。

血液将O_2从肺部运输到组织，主要依赖Hb结合O_2和释放O_2的可逆过程。血液流经氧分压高的肺泡时，O_2从肺泡进入血液与Hb结合为HbO_2；当血液流经氧分压低的组织细胞时，HbO_2释放出O_2，O_2从血液扩散到组织细胞供其利用。

2. 血氧饱和度及影响因素　氧含量占氧容量的百分比，即血液中HbO_2与Hb总量之比称为血氧饱和度。

$$血氧饱和度（\%）＝\frac{HbO_2}{Hb＋HbO_2}×100\%$$

血氧饱和度与发绀

发绀（cyanosis）是指患者皮肤和黏膜呈青紫色改变的一种表现，又称为紫绀。发绀主要是由于血液中血红蛋白氧合不全、脱氧血红蛋白增高所致。任何原因使毛细血管内脱氧血红蛋白绝对含量超过50 g/L时，即可出现发绀。发绀最常见的原因为：①心、肺疾病导致动脉血氧饱和度降低，因呼吸系统疾病所引起的发绀称肺性发绀，常见于呼吸道阻塞、重症肺炎、肺水肿、自发性气胸等。因心血管疾病引起的发绀称心性发绀，常见于发绀型先天性心脏病，如法洛氏四联症等。②可能存在异常Hb，如血液中高铁血红蛋白达30 g/L或硫化血红蛋白达5 g/L时也可出现发绀。

正常人动脉血的血氧饱和度为93%～98%，静脉血的血氧饱和度为60%～70%。影响血氧饱和度的因素有：

（1）氧分压（PO_2）　以PO_2为横坐标，血氧饱和度为纵坐标，则得到血氧解离曲线。血氧饱和度为50%时的氧分压称为P_{50}，用来表示Hb与O_2的亲和力。P_{50}减小，表示Hb与O_2的亲和力增加，氧离曲线左移；反之，P_{50}增大，表示Hb与O_2的亲和力降低，氧离曲线右移（图11-7）。由图可见，血氧饱和度随PO_2增高而增高，但不呈直线而是"S"形曲线。这种曲线的重要意义在于：曲线上部平坦，PO_2由13.3 kPa（100 mmHg）降至9.3 kPa（70 mmHg）时，血氧饱和度仅下降3%（从97%至94%），因而当血液流经肺时，与PO_2高的环境接触，即使PO_2有较大变化，但对血氧饱和度影响不大。曲线中部陡直，PO_2由8 kPa（60 mmHg）下降到4 kPa（30 mmHg）时，血氧饱和度下降35%（从90%至55%）；所以，当血液流经PO_2低的组织细胞时，

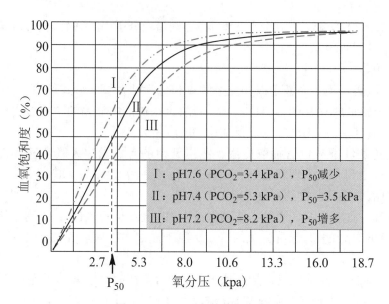

图 11-7 血红蛋白的氧解离曲线

有大量 O_2 从 HbO_2 中释放出来，进入组织细胞被利用。

（2）pH 和二氧化碳分压（PCO_2） CO_2 在血液中形成的 H_2CO_3 可离解为 H^+ 和 HCO_3^-。PCO_2 升高或 pH 值降低使 Hb 对 O_2 的亲和力降低，氧饱和度降低，曲线右移；而 PCO_2 降低或 pH 升高，则曲线左移（图 11-7）。PCO_2 和 pH 对于氧解离曲线的影响称为 Bohr 效应。其生理意义是血液流经组织细胞时，在 PCO_2 升高与 pH 降低的环境中，HbO_2 能释放更多的 O_2 满足组织细胞的需要。

（3）2,3-BPG 当血液通过肺部时，PO_2 高，Hb 与 O_2 的亲和力受 2,3-BPG 影响不大。但当血液流经组织时，PO_2 降低，红细胞内产生的 2,3-BPG 对 Hb 与 O_2 的亲和力影响增加，促进 HbO_2 释放更多的 O_2 提供予组织细胞。由平原登高山，或因贫血、肺气肿时，红细胞内 2,3-BPG 的浓度均会增高，有利于组织获得较多的 O_2。

（二）二氧化碳的运输

CO_2 的运输也有物理溶解和化学结合两种方式。物理溶解仅占总量的 7% 左右，化学结合占 93% 左右（表 11-4）。其中结合形式又有 HCO_3^- 和氨基甲酸血红蛋白两种。

表 11-4 正常人安静状态下血中 CO_2 的含量

	动脉血	静脉血	差值
CO_2 含量（ml/L）	477	518	41（100%）
物理溶解的 CO_2 量（ml/L）	24	27	3（7.3%）
碳酸氢盐形式存在的 CO_2 量（ml/L）	431	459	28（68.3%）
氨基甲酸血红蛋白形式存在的 CO_2 量（ml/L）	22	32	10（24.4%）

1. 碳酸氢盐形式的 CO_2 运输 碳酸氢盐形式存在的 CO_2 占血液 CO_2 总量的 68.3%。血液流经组织时，CO_2 由血浆扩散进入红细胞内。红细胞内高浓度的碳酸酐酶，促使 CO_2 与水结合成碳酸，碳酸再迅速解离成 H^+ 和 HCO_3^-：

$$CO_2 + H_2O \longrightarrow H_2CO_3 \longrightarrow H^+ + HCO_3^-$$

释放出 O_2 的脱氧 Hb 以钾盐形式（KHb）存在于红细胞内。上式解离出来的 H^+ 为 KHb 所缓冲：

$$KHb + H_2CO_3 \longrightarrow KHCO_3 + HHb$$

$KHCO_3$ 的解离度大，故 HCO_3^- 易于透过红细胞膜向浓度低的血浆中扩散。同时血浆中 Cl^- 向红细胞内转移，称氯转移，以恢复膜两侧的电平衡。这一过程使 HCO_3^- 不会在红细胞内蓄积，CO_2 得以不断从组织进入血液。进入血浆的 HCO_3^- 随即与 Na^+ 结合形成 $NaHCO_3$，最后 CO_2 以 $KHCO_3$ 与 $NaHCO_3$ 两种形式运输至肺部。

2. 氨基甲酸血红蛋白形式的 CO_2 运输　CO_2 能直接与 Hb 的氨基结合，形成氨基甲酸血红蛋白，并迅速解离。

$$HbNH_2 + CO_2 \longrightarrow HbNHCOOH \longrightarrow HbNHCOO^- + H^+$$

这一反应无需酶的催化。脱氧 Hb 形成 HbNHCOOH 的能力较强。在组织内，脱氧 Hb 多，故结合 CO_2 量增多；在肺部的 HbO_2 则促使 CO_2 解离。HbNHCOOH 运输 CO_2 量在肺部排出的 CO_2 总量中，占 20% ~ 30%。血液 CO_2 运输量，直接决定于 PCO_2。PCO_2 增高，运输量相应增多，两者呈现直线关系。氧与 Hb 结合可促使 CO_2 释放。在相同 PCO_2 下，动脉血 HbO_2 携带的 CO_2 量比静脉血少。

3. HCO_3^- 运输与 HCO_3^--Cl^- 交换　组织代谢产生的 CO_2 经血液进入红细胞后，在碳酸酐酶作用下转变为 HCO_3^-。红细胞中的 Cl^--HCO_3^- 交换蛋白可将 HCO_3^- 排出红细胞进入血浆，而让 Cl^- 进入红细胞。由于 HCO_3^- 在血液中的溶解度高于 CO_2，因此通过 Cl^--HCO_3^- 交换可将组织生成的 CO_2 迅速从肺排出（图 11-8）。

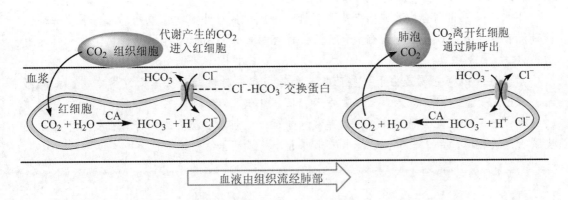

图 11-8　红细胞膜上的 Cl^--HCO_3^- 交换蛋白与血浆 CO_2 的运输

四、白细胞代谢

人体白细胞主要由粒细胞、淋巴细胞和单核吞噬细胞三大系统组成，其功能主要是抵抗外来入侵。淋巴细胞与免疫有关，将在免疫学介绍，以下简单讨论粒细胞和单核吞噬细胞的代谢。

（一）糖代谢

粒细胞中的线粒体很少，故糖酵解是主要的糖代谢途径，中性粒细胞能利用外源性的糖和内源性的糖原进行糖酵解，为细胞的吞噬作用提供能量；约有 10% 的葡萄糖通过磷酸戊糖途径进行代谢。单核吞噬细胞虽能进行有氧氧化和糖酵解，但糖酵解仍占很大比重。中性粒细胞和单核吞噬细胞被趋化因子激活后，可启动细胞内磷酸戊糖途径，产生较多的 NADPH。经 NADPH 氧化酶递电子体系可使氧接受单电子还原，产生大量的超氧阴离子（O^-）。超氧阴离子再进一步转变成 H_2O_2、OH^- 等自由基，发挥杀菌作用。

（二）脂代谢

中性粒细胞不能从头合成脂肪酸。单核吞噬细胞受多种刺激因子激活后，可将花生四烯酸转变成血栓素和前列腺素；在脂氧化酶的作用下，粒细胞和单核吞噬细胞可将花生四烯酸转变为白三烯，它是速发型过敏反应的慢反应物质。

（三）氨基酸和蛋白质代谢

氨基酸在粒细胞中的浓度较高，特别是组氨酸脱羧后的代谢产物组胺含量尤其多。这是由于组胺参与白细胞激活后的变态反应。成熟粒细胞缺乏内质网，蛋白质的合成量极少；而单核吞噬细胞具有活跃的蛋白质代谢，能合成各种细胞因子、多种酶和补体。

架起通向临床的桥梁

卟啉病

卟啉病是一类与卟啉代谢紊乱有关的疾病，可分为先天性卟啉病和后天性卟啉病两大类。

先天性卟啉病是因血红素合成酶系中的某种酶遗传性缺陷所致。如急性间歇性卟啉病，就是卟啉病中较多见的一种类型，其病因是患者胆色素原脱氨酶和尿卟啉原Ⅲ同合成酶缺陷，导致胆色素原转化成尿卟啉原Ⅲ发生障碍，进而血红素合成减少，由此又可诱导 ALA 合酶合成增加，使 ALA 和胆色素原合成进一步增加，结果 ALA 和胆色素原大量从尿中排出。本病临床表现最突出的特点是剧烈的腹痛，疼痛的部位不定，腹绞痛是由于自主神经的节前纤维损害刺激内脏引起平滑肌痉挛所致。

由尿卟啉原Ⅲ同合成酶缺陷产生先天性红细胞生成性卟啉病、原卟啉原Ⅸ氧化酶缺陷导致混合性卟啉病以及血红素合成酶（亚铁螯合酶）缺陷引起原卟啉病都属于先天性卟啉病。

后天性卟啉病主要是由于一些药物或毒物引起中毒性肝脏疾患而继发本病，如雌激素、苯巴比妥、白消安、苯、三硝基甲苯、四氯化碳、铅、砷、汞、铋等；其他能继发该病的有：系统性红斑狼疮、骨髓增生异常综合征、慢性粒细胞白血病等。主要临床症状是皮肤有光敏表现，由于尿中大量排出尿卟啉Ⅰ，故尿液呈红葡萄酒色。

（庄景凡）

第十二章 肝的生物化学

学习目标

掌握

生物转化作用的概念、反应类型及特点；胆汁酸的肠肝循环及功能，胆红素的正常代谢与胆素原的肠肝循环。

熟悉

肝在物质代谢中的作用，影响生物转化作用的因素，胆汁酸的生成、分类及功能，黄疸的概念、分类及三种黄疸的生化特点。

了解

肝的结构特点，肝病时物质代谢紊乱的表现，生物转化的反应机制。

肝是人体内最大的多功能实质性器官，已知的功能达 1500 多种，它几乎参与体内一切物质的代谢，不仅在蛋白质、糖类、脂类、维生素和激素等物质代谢中发挥重要作用，而且还具有分泌、排泄和生物转化等重要功能。因此，肝有"物质代谢中枢"之称。

肝的功能与其独特的组织结构和化学组成密切相关：①肝有双重血液供应——肝动脉和门静脉，通过肝动脉可获取充足的氧，通过门静脉获得从消化道吸收的大量营养物质。②肝有两条输出通道——肝静脉和胆道系统，肝静脉与体循环相连，可以将消化道吸收来的各种营养物质随血液循环运至全身其他组织供机体利用，同时将肝内代谢产物排出体外；胆道系统与肠道相连，有利于肝内代谢物排泄。③肝含有丰富的血窦，肝细胞表面有大量的微绒毛，血流至此血流速度缓慢，增加了肝细胞和血液接触的面积和时间，有利于物质交换。④肝具有丰富的细胞器：肝细胞含有丰富的线粒体、粗面内质网、滑面内质网、溶酶体和过氧化物酶体、微粒体等亚细胞结构，为物质代谢的顺利进行提供了场所。⑤肝含有丰富的酶类：目前已知肝细胞内的酶有数百种以上，而且大多活性高，有些酶是肝特有的，为物质代谢提供了条件。

第一节 肝在物质代谢中的作用

一、肝在糖代谢中的作用

肝在糖代谢中的主要作用是维持血糖浓度的相对恒定，这一作用主要受神经系统与激素调控。肝细胞通过糖原的合成、分解及糖异生途径来维持血糖浓度的相对恒定，从而确保全身各组织，特别是大脑和红细胞的能量供给。

餐后或输入葡萄糖后，血糖浓度升高，葡萄糖分子可自由通过肝细胞膜，进入肝细胞的葡萄糖合成肝糖原贮存起来。肝糖原占肝重的 5% ~ 6%。未进入肝细胞的葡萄糖，经肝静脉进入血液循环，维持血糖浓度；也可在肝内转变成脂肪。肝糖原的合成使得进食后血糖浓度不致过高。

空腹时，血糖浓度呈下降趋势，此时，肝糖原在其特有的葡萄糖 -6- 磷酸酶作用下，能直接分解成葡萄糖释放入血补充血糖，保证全身各组织（特别是脑组织）糖的供应，使血糖浓度不致过低。

在持续饥饿状态下（进食后 12 h 以上），肝糖原几乎被耗尽。此时，肝细胞可利用非糖物质如甘油、乳酸、某些氨基酸等进行糖异生作用，生成葡萄糖进入血液，以维持饥饿状态下血糖浓度的相对恒定。因此，肝功能严重受损时，患者容易出现糖代谢紊乱。

二、肝在脂类代谢中的作用

肝在脂类的消化、吸收、分解、合成、运输及转化过程中均具有重要作用。

肝所分泌的胆汁中含有胆汁酸盐，可乳化脂肪、激活胰脂肪酶，促进脂类食物及脂溶性维生素的消化吸收。肝可利用葡萄糖、乙酰 CoA 等原料合成脂肪，以极低密度脂蛋白（VLDL）的形式运至肝外。肝细胞中富含脂肪酸 β- 氧化和酮体合成的酶系，故脂肪酸 β- 氧化非常活跃，是肝本身所需能量的主要来源；饥饿时体内脂肪动员速度加快，酮体生成增多，肝内合成的酮体被运至肝外供组织氧化利用。

肝是合成磷脂和胆固醇的主要器官。合成的磷脂以 HDL 的形式转运入血，被全身各组织细胞利用。肝合成的胆固醇占全身合成胆固醇总量的 3/4 以上，肝细胞合成并分泌的卵磷脂胆固醇脂酰转移酶（LCAT）在胆固醇酯化中起了重要作用，肝能将胆固醇转化为胆汁酸，是体内降解胆固醇的主要途径。

脂蛋白是脂类的运输形式，而肝是合成脂蛋白的主要场所。VLDL 和大部分 HDL 均在肝中合成，在血液中肝合成的部分 VLDL 将会转变为 LDL，由于 VLDL 能将肝合成的脂肪转运到肝外组织利用。

因此，肝、胆疾病的患者常出现脂类的消化、吸收不良，易出现脂肪泻、厌油腻、脂溶性维生素缺乏等症状。磷脂和脂蛋白合成减少，肝内合成的脂肪不能及时转运至肝外，将导致脂肪肝。

三、肝在蛋白质代谢中的作用

（一）肝在蛋白质合成中的作用

肝是合成与分泌血浆蛋白质的重要器官。肝除了合成自身的结构蛋白质外，还能合成分泌 90% 以上的血浆蛋白质。除 γ- 球蛋白外，几乎所有的血浆蛋白质均来自肝，正常情况下，血浆清蛋白与球蛋白的比值（A/G）为（1.5 ~ 2.5）：1。若肝功能严重受损时，血浆清蛋白合成减少，因免疫刺激作用，浆细胞合成 γ- 球蛋白增加，出现 A/G 比值下降甚至倒置，引起水肿和腹水，并伴有凝血时间延长及出血倾向。

肝分泌的主要蛋白质及其生理功能见表 12-1。

（二）肝在氨基酸代谢中的作用

肝是氨基酸代谢的主要场所。肝对除支链氨基酸（亮氨酸、异亮氨酸、缬氨酸）以外的所有氨基酸均具有很强的代谢能力。氨基酸的转氨基、脱氨基、转甲基、脱硫基、脱羧基等反应在肝中进行得十分活跃。肝细胞内丙氨酸氨基转移酶（ALT）的活性高，当肝细胞坏死或肝细胞膜的通透性增加时，血中 ALT 的活性会异常升高，故临床上通常将血清中 ALT 的活性测定作为急性肝病的辅助诊断。

肝是芳香族氨基酸和芳香胺类的清除器官。严重肝病时，芳香胺类物质不能及时清除而进入

表 12-1　肝分泌的主要蛋白质及生理功能

名　　称	主要功能	结合性质
清蛋白	转运和结合蛋白、调节渗透压	激素、类固醇、脂肪酸、胆红素等
α_1 抗胰蛋白酶	胰蛋白酶和蛋白酶抑制剂	蛋白酶
α 甲胎蛋白	调节渗透压、转运和结合蛋白	在胎儿血中存在、激素、氨基酸
α_2 巨球蛋白	蛋白酶抑制剂	蛋白酶
抗凝血酶Ⅲ	内源性凝血系统的蛋白酶抑制剂	与蛋白酶 1∶1 结合
血浆铜蓝蛋白	转运铜	6 原子铜 / 分子
C 反应蛋白	参与炎症反应	补体 C_1q
纤维蛋白原	纤维蛋白的前体	
结合珠蛋白	结合和转运血红蛋白	与血红蛋白 1∶1 结合
血液结合素	与卟啉或血红素结合	与血红素 1∶1 结合
运铁蛋白	转运铁	2 原子铁 / 分子
载脂蛋白 B	装配脂蛋白颗粒	脂质
凝血因子Ⅱ、Ⅶ、Ⅸ、Ⅹ	血液凝固	
胰岛素样生长因子	调节生长激素的合成	IGF- 受体
类固醇激素结合球蛋白	转运和结合蛋白	皮质醇
甲状腺素结合球蛋白	转运和结合蛋白	T_3、T_4

脑组织，转变为化学结构与儿茶酚胺类似的假神经递质，取代正常的神经递质，引起神经活动的紊乱，这是引起肝性脑病的主要原因之一。

　　肝中含有尿素合成的全部酶系，各种来源的氨都可在肝中通过鸟氨酸循环合成尿素，通过肾排泄，这是体内氨的主要去路。当肝功能受损，尿素合成障碍，导致血氨浓度升高，干扰脑细胞正常的能量代谢，导致脑细胞能量严重缺乏从而引起肝性脑病。

四、肝在维生素代谢中的作用

　　肝在维生素吸收、储存、运输、代谢等方面起重要作用。

　　肝细胞合成并分泌的胆汁酸盐能促进脂类的消化吸收，所以也能促进脂溶性维生素 A、D、E、K 的吸收，故肝细胞受损或胆道梗阻时，会伴有脂溶性维生素的吸收障碍，导致某些维生素的缺乏症。肝是许多维生素（A、E、K 和 B_{12}）的主要储存场所，肝储存的维生素 A 尤为丰富，约占体内总量的 95%。

　　肝是维生素转化、改造、活化和利用的主要器官。肝细胞可将胡萝卜素（维生素 A 原）转化为维生素 A；肝可使维生素 D 转化为 25- 羟维生素 D_3，然后在肾转化为 1,25-（OH）$_2$-D_3，活化的维生素 D 在钙、磷代谢中起重要作用。维生素 PP 在肝中可转化为辅酶Ⅰ（NAD^+）和辅酶Ⅱ（$NADP^+$）；维生素 B_1 可转化为焦磷酸硫胺素（TPP）；泛酸可转化为辅酶 A（CoASH）；维生素 B_2 可转化为黄素单核苷酸（FMN）和黄素腺嘌呤二核苷酸（FAD）。

　　维生素 K 在肝细胞中可促进凝血酶原及凝血因子Ⅶ、Ⅸ、Ⅹ的合成，因此，严重肝病时可出现凝血功能障碍。

五、肝在激素代谢中的作用

　　肝是激素灭活的主要场所。许多激素在体内发挥调节作用后，主要在肝内转化、降低或丧失活性，此过程称为激素的灭活（inactivation）。激素灭活对于激素作用时间的长短及强度起着调控作用，灭活后的产物大部分随尿排出。在肝中灭活的激素有醛固酮、抗利尿激素、胰岛素、胰高血糖素、肾上腺素、甲状腺素、雌激素等。若肝功能障碍，激素的灭活过程受阻，造成激素在体内蓄积，可引起激素调节功能紊乱，出现一系列临床病理体征。如雌激素水平增高，可出现局部小血管扩张导致蜘蛛痣和肝掌，男性乳房女性化等体征；醛固酮水平增高，可出现水钠潴留导致水肿等。

课　堂　讨　论

根据所学生物化学知识——肝在物质代谢中的作用，解释慢性肝炎和肝硬化患者出现下列临床症状的原因。

1. 发生水肿或腹水。
2. 凝血时间延长，有出血倾向。
3. 皮肤和巩膜黄染。

第二节　肝的生物转化作用

一、生物转化的概念与意义

（一）生物转化的概念

生物转化（biotransformation）是指各种非营养性物质在体内经过代谢转变，使其极性或水溶性增加，易随胆汁或尿液排出体外的过程。肝是体内生物转化的主要器官，此外，肾、肠、肺、皮肤等组织也有一定的生物转化功能。

非营养物质是指既不是组织细胞的结构成分，又不能氧化供能的物质，其中有一些物质对人体还有一定的生物学效应或毒性作用。根据非营养物质的来源不同，可分为内源性和外源性两类。内源性非营养物质是体内代谢产生的各种生物活性物质，如激素、神经递质及一些对机体有毒的物质（如氨、胆红素）等；外源性非营养物质是从外界摄入的药物、食品添加剂、毒物和农药等以及从肠道吸收的腐败产物（如腐胺、苯酚、吲哚和硫化氢）等。这些物质多为脂溶性，需经生物转化作用才能排出体外。

（二）生物转化的意义

一方面对体内大部分非营养物质进行代谢转化，使其生物学活性降低或丧失（灭活），或使有毒物质的毒性降低或消除（解毒）。另一方面可使非营养物质的水溶性增加，极性增强，使其易随胆汁或尿液排出。因此，生物转化作用是机体重要的保护机制。应该指出的是，有一些非营养物质经过肝的生物转化作用后，虽然水溶性增加，易于排泄，但其毒性反而增强，如甲硫磷在体内经生物转化作用后，生成甲氧磷，其水溶性大约增加 100 倍，但甲氧磷的毒性比甲硫磷更大。因此，不能将肝的生物转化作用简单地称为"解毒作用"。

二、生物转化的反应类型

生物转化的反应类型按其性质可分为两相四型：第一相反应包括氧化（oxidation）、还原（reduction）、水解（hydrolysis），第二相反应为结合反应（conjugation）。许多物质通过第一相反应极性增强，水溶性增加，易于排出体外；但有些物质的极性改变不大，还必须再通过第二相反应，与某些极性更强的物质（如葡糖醛酸、硫酸、乙酰基等）结合，使其溶解度增加，才能排出体外。

（一）第一相反应——氧化、还原、水解反应

1. 氧化反应 氧化反应是体内最常见的生物转化反应。肝细胞的微粒体、线粒体和胞质中含有参与生物转化的不同氧化酶系，催化不同类型的氧化反应。

（1）加单氧酶系 加单氧酶系（monooxygenase）存在于肝微粒体中，是氧化酶中最重要的酶类，由细胞色素 P_{450}（Cyt P_{450}）、NADPH- 细胞色素 P_{450} 还原酶（其辅酶为 FAD）组成。该酶系反应的特点是直接激活分子氧，使分子氧中的一个氧原子加在底物分子上使其羟化，另一个氧原子被 NADPH 还原生成水。由于一个氧分子发挥了两种功能，故也称混合功能氧化酶或羟化酶。反应通式如下：

$$RH + O_2 + NADPH + H^+ \xrightarrow{\text{加单氧酶系}} ROH + NADP^+ + H_2O$$

底物　　　　　　　　　　　　　　　　　　　氧化产物

此酶特异性低，可催化烷烃、芳香烃、N—烷基和氨基氮等多种非营养物质进行羟化反应，使其溶解度增大而易于随尿排出。加单氧酶系参与药物、毒物、食品添加剂、维生素 D_3、类固醇激素和胆汁酸盐等的羟化反应。

（2）单胺氧化酶系 单胺氧化酶系（monoamine oxidase，MAO）是存在于肝线粒体中的一种黄素蛋白。此酶可催化胺类物质氧化脱氨基生成相应的醛，后者再进一步氧化为酸。从肠道吸收的腐败产物如组胺、腐胺、尸胺、酪胺和体内许多生理活性物质（如 5- 羟色胺、儿茶酚胺类）等均可在此酶的催化下氧化为醛和氨，降低了有机胺对机体的毒害作用。其反应通式如下：

$$RCH_2NH_2 + O_2 + H_2O \xrightarrow{\text{单胺氧化酶}} RCHO + NH_3 + H_2O_2$$

胺类　　　　　　　　　　　　　　　　　　　醛类

（3）脱氢酶系 肝细胞胞质中存在十分活跃的以 NAD^+ 为辅酶的醇脱氢酶（alcohol dehydrogenase，ADH）和醛脱氢酶（aldehyde dehydrogenase，ALDH），分别催化醇类或醛类氧化，生成相应的醛类或酸类。

$$RCH_2OH \xrightarrow[NAD^+ \quad NADH+H^+]{\text{醇脱氢酶}} RCHO \xrightarrow[H_2O+NAD^+ \quad NADH+H^+]{\text{醛脱氢酶}} RCOOH$$

乙醇的氧化使肝细胞胞质中 $NADH/NAD^+$ 比值增高，过多的 NADH 可将胞质中丙酮酸还原成乳酸。严重酒精中毒导致乳酸和乙酸堆积可引起酸中毒和电解质平衡紊乱，还可使糖异生受阻引起低血糖。

长期饮酒，可使肝内质网增殖并启动肝微粒体乙醇氧化系统（即乙醇 -P_{450} 单加氧酶），乙醇 -P_{450} 单加氧酶仅在血中乙醇浓度很高时起作用。乙醇 -P_{450} 单加氧酶不能使乙醇氧化产生 ATP，但增加了对氧和 NADPH 的消耗，而且还可催化脂质过氧化产生羟乙基自由基，促进脂质过氧化，引发肝损伤。

2. 还原反应 肝细胞微粒体中含有的还原酶系主要是硝基还原酶和偶氮还原酶两类，分别作用于硝基化合物和偶氮化合物，使其还原生成相应的胺类，反应中所需要的氢由 NADPH 提供。硝基化合物多见于食品防腐剂、工业试剂等；偶氮化合物常见于食品色素、化妆品、药物等。如氯霉素被还原而失效。

又如，白浪多息是无活性的药物前体，经还原生成具有抗菌活性的氨苯磺胺。

3. 水解反应　肝细胞的胞液与微粒体中含有多种水解酶，如酯酶、酰胺酶、糖苷酶等，分别催化脂类、酰胺类及糖苷类等化合物水解，以降低或消除其生物活性，这些水解产物，通常还需进行第二相反应后才能排出体外。

如乙酰水杨酸（阿司匹林）是无活性的药物前体，经水解后生成有解热镇痛作用的水杨酸，然后与葡萄糖醛酸结合形成多种结合产物而排泄。

（二）第二相反应——结合反应

结合反应是体内最重要的生物转化方式。凡含有羟基、羧基或氨基的化合物均可与葡萄糖醛酸、硫酸、谷胱甘肽、甘氨酸等进行结合反应。其中以葡糖醛酸、硫酸、乙酰基的结合反应最为重要，尤以葡糖醛酸的结合最为普遍，这一反应在肝细胞微粒体中进行，其余均在胞液中进行。

1. 葡糖醛酸结合反应　在肝细胞微粒体中含有葡糖醛酸基转移酶，它以尿苷二磷酸葡糖醛酸（UDPGA）为直接供体，将 UDPGA 分子中的葡糖醛酸基转移到含羟基、巯基、氨基、羧基等极性基团的化合物上，生成葡糖醛酸苷衍生物，使其水溶性增强，易于从尿液和胆汁中排泄。

苯酚 葡糖醛酸基转移酶 苯-β-葡糖醛酸苷

苯甲酸 葡糖醛酸基转移酶 苯甲酰-β-葡糖醛酸苷

2. 硫酸结合反应 在肝细胞胞液中含有硫酸转移酶，可催化硫酸基转移到醇、酚、芳香胺类及内源性的固醇类物质分子上，生成硫酸酯化合物。硫酸基的供体是 $3'$-磷酸腺苷-$5'$-磷酸硫酸（PAPS）。如雌酮就是通过形成硫酸酯进行灭活的。

雌酮 + PAPS 硫酸转移酶 雌酮硫酸酯 + PAP

3. 酰基结合反应 肝细胞胞液中含有乙酰基转移酶，催化乙酰 CoA 把乙酰基转移到芳香胺类化合物（如苯胺、硫胺、异烟肼等）分子上，生成相应的乙酰化合物。如抗结核病药物异烟肼在肝内与乙酰基结合而失去活性。

异烟肼 + $CH_3CO\sim SCoA$ 乙酰基转移酶 乙酰异烟肼 + HSCoA

值得指出的是，磺胺类药物经乙酰化后，其溶解度反而降低，在酸性尿中易于析出，故在服用磺胺类药物时应服用适量的碳酸氢钠，以提高其溶解度，利于从尿中排出。

H_2N—⬡—SO_2NHR + $CH_3CO\sim SCoA$ ⟶ CH_3CO—NH—⬡—SO_2NHR + HSCoA

磺胺 N-乙酰磺胺

三、生物转化的特点

（一）反应的连续性
大多数非营养性物质经过第一相反应后极性仍不强，还需要继续进行结合反应，使其水溶性增加，才能排出体外，体现了生物转化反应的连续性。如阿司匹林（乙酰水杨酸）进入体内后，首先被水解为水杨酸，少量以水杨酸的形式直接排出，大部分水杨酸在肝中再进行结合反应，生成多种结合产物而排泄。因此，服用阿司匹林的病人，尿中可出现多种生物转化的产物。

（二）反应类型的多样性

同一类物质因结构上的差异，在体内可进行多种生物转化反应，甚至同一种物质在体内也可进行多种类型的反应，生成不同的代谢产物。如雌酮既能与 PAPS 结合，又能与葡萄糖醛酸结合，生成不同的转化产物。

（三）解毒与致毒的双重性

大多数非营养性物质在体内经生物转化作用后，极性增强，溶解度增大，易于随胆汁或尿液排出体外，同时其生物活性降低或消除，尤其是有毒物质的毒性减弱或消除；但也有少数物质经过代谢后活性反而增强、毒性出现或毒性增强。如香烟中所含的 3, 4- 苯并芘，其本身并无致癌作用，但进入人体经肝细胞微粒体氧化系统活化后，所生成的环氧化物能与核酸分子鸟嘌呤碱基的第二位碱基结合，引发基因突变从而产生强烈的致癌作用。所以，肝的生物转化作用具有解毒与致毒的双重性，不能将肝的生物转化作用简单地看作是"解毒"作用。

苯并芘（前致癌物）　加单氧酶 O₂, NADPH + H⁺　7, 8环氧苯并芘　（水化）

7, 8-二羟苯并芘　（再加氧）　7, 8-二羟-9, 10环氧苯并芘（终致癌物）

四、影响生物转化作用的因素

生物转化作用存在着个体差异，常受年龄、性别、疾病、诱导物及肝功能状况等因素的影响。

（一）生理因素对生物转化的影响

生理因素包括年龄、性别、民族等。新生儿肝中生物转化的酶系发育不完善，对药物、毒物的耐受性较差，故容易发生中毒。葡糖醛酸转移酶的活性低是新生儿高胆红素血症及核黄疸的重要发病原因。随着年龄增长，老年人器官老化，肝血流量及肾的廓清速率下降，肝的生物转化能力逐渐下降，对药物的代谢能力降低，药物在体内的半衰期延长。如安替比林和保泰松在青年人体内的半衰期分别为 12 h 和 81 h，而老年人则分别为 17 h 和 105 h。因此，常规剂量用药后发生药物蓄积，使药效增强、副作用加大，故临床上对新生儿和老年人的药物用量应较成人低，对某些药物须谨慎使用或禁用。

某些生物转化反应有明显的性别差异。如女性体内醇脱氢酶活性高于男性，故女性对乙醇的代谢处理能力比男性强；氨基比林在男性体内的半衰期约 13.4 h，而女性则为 10.3 h，说明女性对氨基比林的转化能力比男性强；妊娠期妇女肝清除抗癫痫药的能力升高，但晚期妊娠妇女的生物转化能力降低。

（二）药物或毒物的诱导作用

一些药物可诱导某些生物转化酶的合成，使肝的生物转化能力增强，这称为药物代谢酶的诱导。例如长期服用苯巴比妥，可诱导肝微粒体加单氧酶系的合成，从而使机体对苯巴比妥类催眠药产生耐药性。由于加单氧酶特异性差，可利用诱导作用增强某些药物代谢，如苯巴比妥可诱导肝微粒体葡糖醛酸转移酶的合成，故临床上用来治疗新生儿高胆红素血症，以防止发生核黄疸（胆红素性脑病）。另一方面，由于多种药物的代谢转化常由同一种酶系催化，同时服用多种药物时，可因竞争同一酶系而出现相互抑制的现象，故临床上用药时应加以注意。

（三）疾病因素对生物转化的影响

病理因素主要是指肝的实质性病变。肝病变时，各种生物转化酶的活性降低，肝处理药物、毒物、色素、防腐剂等非营养性物质的能力下降，同时这些非营养性物质及其代谢产物更容易对肝病患者的肝细胞造成损害。如肝微粒体混合功能氧化酶及 UDP-葡萄糖醛酸转移酶在生物转化特别是在药物代谢过程中有着举足轻重的地位，肝实质性病变时，这些酶的活性显著下降，加上血流量的减少，患者对许多药物或毒物的摄取、转化作用发生障碍，可积蓄中毒。因此对肝病患者，一方面用药应特别慎重，另一方面应养成良好的生活习惯，忌烟、酒，避免食用煎、炸、腌制、罐装等对肝有损伤作用的食品。

第三节　胆汁与胆汁酸代谢

一、胆汁

胆汁是由肝细胞分泌的一种液体，储存于胆囊，正常成人每天分泌胆汁为 300～700 ml。胆汁分两种：肝细胞初分泌的称肝胆汁，呈金黄色、微苦、稍偏碱性，密度较小。肝胆汁进入胆囊后，其中的水分和其他一些成分被胆囊壁吸收而浓缩，同时胆囊壁还分泌黏液，掺入胆汁，使其颜色转变为暗褐或棕绿色，密度增大，称为胆囊胆汁。胆汁中含有胆汁酸、胆色素、酶、胆固醇、无机盐等。其中胆汁酸约占固体物质总量的 50%～70%，胆汁酸在胆汁中与钠盐或钾盐结合后称为胆汁酸盐。正常成人胆汁的化学组成见表 12-2。

表 12-2　正常成人胆汁的化学组成

	肝胆汁（%）	胆囊胆汁（%）
水	96～97	80～86
总固体	3～4	14～20
胆汁酸盐	0.2～2	1.5～10
胆色素	0.05～0.17	0.2～1.5
胆固醇	0.05～0.17	0.2～0.9
磷脂	0.05～0.08	0.2～0.5
无机盐	0.2～0.9	0.5～1.1
黏蛋白	0.1～0.9	1～4
相对密度	1.009～1.013	1.026～1.060
pH	7.1～8.5	5.5～7.7

　　胆汁经胆道系统排入十二指肠，其中的胆汁酸盐和酶类在肠道中参与食物的消化和吸收；其他多为排泄物，随胆汁排入肠道，伴随粪便排出体外。

二、胆汁酸代谢

（一）胆汁酸的分类

　　胆汁酸（bile acids）是胆汁的主要成分，由胆固醇转化而来，是胆固醇在体内代谢的主要产物。按其在体内的来源和生成部位可分为初级胆汁酸和次级胆汁酸；按其结构又分为游离型胆汁酸和结合型胆汁酸。人胆汁中的胆汁酸以结合型为主，其中甘氨胆汁酸比牛磺胆汁酸含量多，且均以钠盐或钾盐的形式存在，称为胆汁酸盐，简称胆盐。

（二）胆汁酸的生成

　　1. 初级胆汁酸的生成　肝细胞以胆固醇为原料合成初级胆汁酸，胆固醇首先在肝细胞的7α-羟化酶的催化下，生成7α-羟胆固醇，然后再经氧化、还原、羟化、侧链修饰等多步酶促反应生成初级游离胆汁酸，即胆酸和鹅脱氧胆酸。7α-羟化酶是胆汁酸合成过程中的关键酶，其活性受胆汁酸浓度的负反馈调节，甲状腺素可使该酶的合成增加，故甲状腺功能亢进时血胆固醇浓度降低。

　　胆酸和鹅脱氧胆酸可分别与甘氨酸、牛磺酸结合生成初级结合胆汁酸，即甘氨胆酸、甘氨鹅脱氧胆酸，牛磺胆酸及牛磺鹅脱氧胆酸（图12-1）。人体肝中主要以甘氨酸结合的胆汁酸为主，正常人胆汁中甘氨胆酸与牛磺胆酸的比例为 3：1。

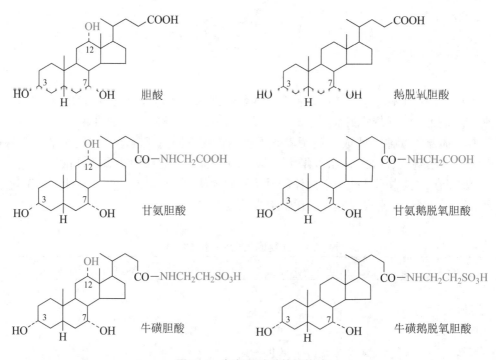

图 12-1　初级胆汁酸的结构式

　　2. 次级胆汁酸的生成　初级结合型胆汁酸随胆汁排入肠道，在促进脂类物质的消化吸收后，经肠道细菌酶的作用，发生去结合反应和7α-脱羟基，生成次级胆汁酸，即脱氧胆酸和石胆酸。

脱氧胆酸　　　　　　　　　　　　　　　　石胆酸

3. 胆汁酸的肠肝循环　肝分泌的胆汁酸进入肠道后，约95%以上被肠壁重吸收，经门静脉入肝，并同新合成的胆汁酸一起再次排入肠道，胆汁酸在肝和肠之间的这种循环过程称为胆汁酸的肠肝循环（图12-2）。初级胆汁酸在小肠下部即回肠中肠道细菌的作用下，脱去甘氨酸和牛磺酸，再去除7α-羟基生成次级胆汁酸，被主动重吸收。少量游离型胆汁酸在小肠远端和大肠被动重吸收。在肝中，重吸收的游离型胆汁酸又可转变成结合型胆汁酸。肠道中的石胆酸由于溶解度小，一般不被重吸收，或少量吸收后在肝细胞形成其硫酸酯而直接随粪便排出。

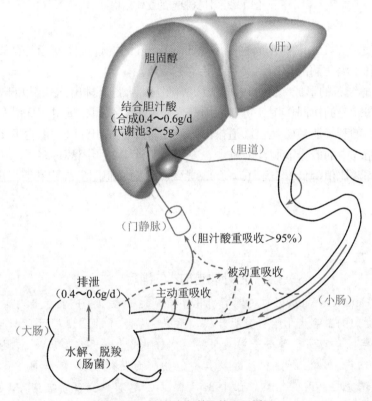

图 12-2　胆汁酸代谢及其肠肝循环

胆汁酸的肠肝循环具有重要的生理意义。肝内胆汁酸代谢池有3～5g胆汁酸，而每日脂类乳化需10～32g胆汁酸，因此难以满足饱餐后肠道对脂类乳化的需要。但通过每日6～12次的肠肝循环，使有限的胆汁酸发挥最大的作用，可以保证脂类的消化吸收。正常人每日仅有0.4～0.6g胆汁酸随粪便排出，与新合成的胆汁酸量相平衡。此外，胆汁酸的重吸收也有利于维持胆汁中胆汁酸盐与胆固醇的比例，不易形成胆固醇结石。

（三）胆汁酸的生理功能

1. 促进脂类的消化吸收　胆汁酸的分子内部既含有亲水性的羟基、羧基、磺酸基等，又含有疏水的甲基和烃核。两类不同性质的结构分别排列于环戊烷多氢菲核的两侧，构成了胆汁酸立体构型上的亲水和疏水两个侧面（图12-3），从而降低了水/油两相间的表面张力，因此胆汁酸

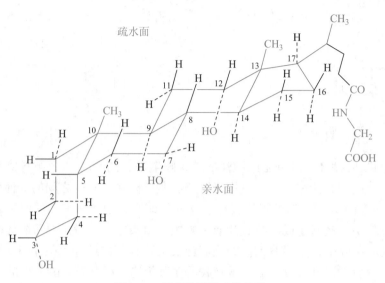

图 12-3 甘氨胆酸的立体结构

是强乳化剂，能使脂类在水中乳化成直径仅为 3 ~ 10 μm 的混合微团使脂类物质能稳定地分散在水溶液中，既有利于消化酶的作用，又利于脂类的吸收。

2. 抑制胆固醇结石的形成　约 99% 的胆固醇随胆汁从肠道排出体外。由于胆固醇难溶于水，胆汁酸盐通过与卵磷脂的协同作用，可与胆固醇形成可溶性微团，促进胆固醇溶解于胆汁中，使之不易结晶沉淀，顺利经胆道转运至肠道排出体外。若肝合成胆汁酸的能力下降，消化道丢失胆汁酸过多或肠肝循环中的肝摄取胆汁酸过少，或排入胆汁中的胆固醇过多，均可造成胆汁中胆汁酸、卵磷脂与胆固醇比值降低（小于 10∶1），导致胆汁中的胆固醇因饱和而析出形成结石。

胆汁酸结构式的确定

维兰德（Heinrich Wieland）德国有机化学家，他的最重要的贡献是对胆汁酸化学结构的确定。他早在 1912 年就开始研究胆汁酸，后来他证明了胆酸、胆汁酸与胆甾醇的关系。他和合作者多年探索着胆甾醇分子中某个特定部位的氧化作用，终于得出胆酸和其他胆汁酸的部分正确结构。他因研究胆汁酸及其类似物质而获得 1927 年诺贝尔化学奖。此后 4 年里，他继续研究胆汁酸的结构，于 1932 年修正了他以前公布的结构式，终于得出现在国际上一致公认的胆汁酸结构式。

第四节　胆色素的代谢

胆色素（bile pigments）是铁卟啉化合物在体内分解代谢产物的总称，包括胆红素、胆绿素、胆素原和胆素等。除胆素原为无色外，其余均有一定颜色，故统称为胆色素。胆红素是胆汁中的主要色素，呈金黄色，有毒性，可引起大脑不可逆性损害。正常情况下胆红素主要随胆汁排泄，其代谢异常，可导致高胆红素血症，引起黄疸。

一、胆红素的生成

正常成人每天产生 250～350 mg 胆红素。其主要来源有：①衰老红细胞中血红蛋白在单核吞噬细胞系统中降解产生胆红素，约占体内胆红素总量的 80%；②无效造血，即在造血过程中，体内合成的血红素或血红蛋白，在未成为成熟红细胞成分之前有少量分解而产生；③其他含铁卟啉化合物分解产生，如肌红蛋白、细胞色素、过氧化氢酶和过氧化物酶等，后两者来源约占 20%。

正常红细胞的平均寿命约 120 天，衰老红细胞由于细胞膜的变化，可被肝、脾和骨髓的单核吞噬细胞系统识别并吞噬，释放出血红蛋白，衰老红细胞每天会释放 6～8 g 血红蛋白，血红蛋白进一步分解为珠蛋白和血红素。珠蛋白可降解为氨基酸，供机体再利用。血红素在微粒体 NADPH- 细胞色素 P_{450} 参与下，经血红素加氧酶催化，将血红素铁卟啉环上的 α- 次甲基（—CH=）氧化断裂，释放出 CO 和 Fe^{3+} 并生成胆绿素，这一反应是胆红素生成的限速步骤，血红素加氧酶是胆红素生成过程的关键酶。释放的铁可被机体再利用，CO 除一部分经呼吸道排出外，近年来研究发现 CO 可作为细胞间和细胞内信号分子，具有重要的生理功能。胆绿素在胞液中活性极高的胆绿素还原酶催化下，被还原生成胆红素。

血红蛋白 ⟶ 血红素 ⟶（血红素加氧酶；NADPH + H⁺，O₂ → NADP⁺，Fe + CO）⟶ 胆绿素 ⟶（胆绿素还原酶；NADPH + H⁺ → NADP⁺）⟶ 胆红素

珠蛋白

胆红素过量可引起组织黄染及大脑不可逆性的损害，但适宜水平的胆红素对人体是有益的。近年来的研究表明，胆红素具有抗氧化功能，其作用甚至优于维生素 E，是人体内强有力的内源性抗氧化剂，是血清中抗氧化活性的主要成分，能有效地清除超氧化物和过氧化自由基。氧化应激可诱导血红素加氧酶 -1 的表达，从而增加胆红素的量以抵御氧化应激状态。胆红素的这种抗氧化作用是通过胆绿素还原酶循环实现的，胆红素氧化成胆绿素后，再在分布广、活性强的胆绿素还原酶催化下，利用 NADH 或 NADPH 再还原成胆红素。胆绿素还原酶循环可使胆红素的作用增大 10 000 倍。

二、胆红素在血液中的运输

在血液中，胆红素大多与血浆清蛋白结合形成胆红素 - 清蛋白复合物，少量与 α_1- 球蛋白结合形成复合物而运输。这种结合一方面增加了胆红素在血液中的溶解度，有利于运输；另一方面限制了胆红素透过生物膜进入组织细胞（尤其是脑细胞）产生毒性作用。胆红素 - 清蛋白复合物是胆红素在血液中的运输形式，故称为血胆红素；因其尚未进入肝进行结合转化，故称为未结合胆红素；这种胆红素必须在加入甲醇、乙醇、尿素等破坏分子内的氢键后才能与重氮试剂起反应，所以又称为间接胆红素。胆红素 - 清蛋白复合物相对分子量大，不能经过肾小球滤过随尿排出，所以尿中不会出现未结合胆红素。

正常人每 100 ml 血浆中的清蛋白能结合 20～25 mg 胆红素，而血浆胆红素浓度只有 1.7～17.1 μmol/L（0.1～1.0 mg/dl），故正常人血浆中丰富的清蛋白足以结合全部的胆红素，防止胆红素进入组织细胞产生毒性作用。但当新生儿患高胆红素血症时，由于新生儿的血脑屏障发育不全，游离胆红素因其脂溶性强很容易透过血脑屏障进入脑组织与神经核团结合，干扰脑的正常功能，引起胆红素脑病（bilirubin encephalopathy）或核黄疸（kernicterus）。故临床上给高胆红素血症的新生儿静脉点滴富含清蛋白的血浆。某些有机阴离子如磺胺药、抗生素、胆汁酸、造影剂、利尿剂、脂肪酸等可与胆红素竞争性地结合清蛋白，使胆红素从复合物中游离出来而产生毒性作用，故新生儿要慎用此类药物。

新生儿生理性黄疸

　　新生儿生理性黄疸是由于其胆红素代谢尚不完善所引起的暂时性黄疸。据报道，80%的新生儿出生 24 h 后血清胆红素由出生时的 17 ~ 51 μmol/L（1 ~ 3 mg/dl），逐步上升到 86 μmol/L（5 mg/dl）以上临床上出现黄疸而无其他症状，1 ~ 2 周内自行消退。

　　新生儿生理性黄疸的发生与其胆红素代谢特点有关。①新生儿 RBC 寿命短（70 ~ 90 天），循环中的 RBC 数量多，故胆红素产生过多；②肝细胞受体蛋白缺乏，对胆红素的摄取能力下降；③肝酶系统发育不完善；④胆红素排泄障碍，可导致暂时性肝内胆汁淤积；⑤胆素原的肠肝循环增加，刚出生的新生儿肠道无菌，无胆素原形成，小肠内葡糖醛酸苷酶使结合胆红素脱去葡糖醛酸成为未结合胆红素，由肠道吸收。

三、胆红素在肝中的转化

　　胆红素在肝内的代谢包括肝细胞对胆红素的摄取、转化与排泄三个过程。

　　1. 肝细胞对胆红素的摄取　当未结合胆红素随血液循环运至肝细胞时，在肝血窦中胆红素首先与清蛋白分离，然后在肝细胞上特异受体蛋白作用下，胆红素迅速被肝细胞摄取。在肝细胞的胞液中存在两种载体蛋白，即 Y- 蛋白和 Z- 蛋白。胆红素可与两者结合形成复合物。以胆红素 -Y 蛋白或胆红素 -Z 蛋白的形式被运往内质网进一步代谢转化。新生儿出生后 7 周，Y- 蛋白合成量才接近成人水平，这是新生儿出现生理性黄疸的原因。苯巴比妥可诱导新生儿 Y 蛋白的合成，故临床上用其减轻新生儿生理性黄疸。

　　2. 肝细胞对胆红素的转化　在肝细胞滑面内质网中，大部分胆红素在尿苷二磷酸 - 葡糖醛酸基转移酶的催化下，接受由尿苷二磷酸葡糖醛酸（UDPGA）提供的葡糖醛酸基（GA），生成葡糖醛酸胆红素，称为结合胆红素（直接胆红素）。由于胆红素分子含有两个羧基，可接合两分子葡糖醛酸或单分子葡糖醛酸，生成胆红素双葡糖醛酸酯和胆红素单葡糖醛酸酯（图 12-4），以前者为主，占 70% ~ 80%；另有小部分胆红素可与活性硫酸、甲基、乙酰基等进行结合。

胆红素 + UDP-葡糖醛酸 $\xrightarrow{\text{葡糖醛酸转移酶}}$ 胆红素葡糖醛酸一酯 + UDP

工素葡糖醛酸一酯 + UDP-葡糖醛酸 $\xrightarrow{\text{葡糖醛酸转移酶}}$ 胆红素葡糖醛酸二酯 + UDP

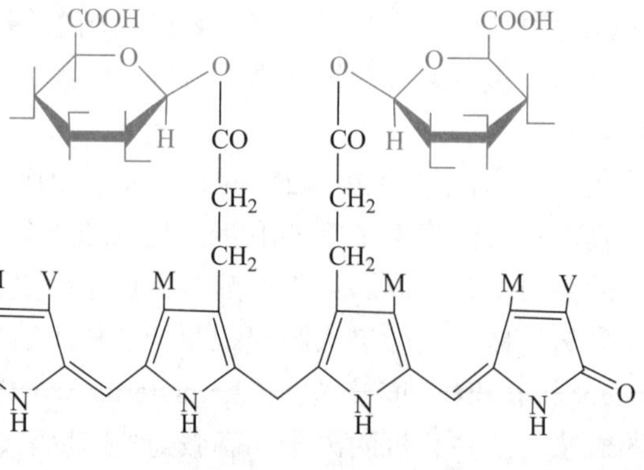

M=—CH₃　　　V=—CH=CH₂

图 12-4　葡糖醛酸胆红素

结合胆红素因分子中含有强极性的葡糖醛酸基，所以亲水性增强，易溶于水，主要随胆汁进入肠道排泄，亦可经肾排出。此种胆红素不易透过生物膜进入其他组织，减少了其毒性。结合胆红素能与重氮试剂直接起反应，生成紫红色的偶氮化合物，又称直接胆红素。正常人血中结合胆红素含量很少，因此尿中无结合胆红素。当胆道阻塞毛细胆管压力增高破裂时，结合胆红素随胆汁返流入血，在血中和尿中均可出现。两类胆红素的比较见表 12-3。

表 12-3　两类胆红素的比较

	未结合胆红素	结合胆红素
常见其他名称	间接胆红素、血胆红素	直接胆红素、肝胆红素
与葡萄醛酸结合	未结合	结合
与重氮试剂反应	慢或者间接反应	迅速、直接反应
水中溶解度	小	大
经肾随尿排出	不能	能
毒性作用	大	无

3. 肝对胆红素的排泄　肝分泌结合胆红素进入胆管系统，随胆汁排入肠道，此过程是肝代谢胆红素的限速步骤。肝毛细胆管膜侧存在的多耐药相关蛋白 -2（MRP2）是肝细胞向毛细胆管分泌结合胆红素的转运蛋白。此过程对缺氧、感染、药物均敏感。肝内外的阻塞或重症肝炎、中毒、感染，均可导致胆红素排泄障碍，使结合胆红素逆流入血，导致血、尿中胆红素浓度明显升高。

由此可见，血浆中的未结合胆红素通过肝细胞膜上的受体蛋白、细胞内的载体蛋白、内质网葡糖醛酸转移酶及转运蛋白的联合作用，不断被摄取、转化与排泄，保证了血浆中胆红素经肝细胞而被清除（图 12-5）。所以上述任何环节出现障碍均可导致胆红素代谢紊乱，使血中胆红素水平升高。

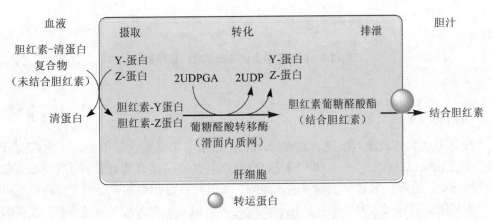

图 12-5　肝在胆红素代谢中的作用

四、胆红素在肠中的转变及胆素原的肝肠循环

结合胆红素随胆汁排入肠道后，在肠道细菌作用下，先脱去葡糖醛酸基，再逐步还原生成无色的中胆素原、粪胆素原和尿胆素原，这些物质统称为胆素原。生理情况下，80% ~ 90% 的胆素原在肠道下段被空气氧化成黄褐色的粪胆素，是粪便颜色的主要来源。正常人每天随粪便排出的粪胆素 40 ~ 280 mg。当胆道完全阻塞时，因结合胆红素不能顺利排入肠道生成胆素原和粪胆素，

故粪便颜色呈灰白色。新生儿肠道细菌少，粪便中因为有未被细菌作用而直接排出的胆红素，所以可呈橙黄色。

肠道中 10%～20% 的胆素原可被肠黏膜细胞重新吸收，经门静脉进入肝。其中大部分被肝细胞摄取随胆汁再以原型排入肠道，形成胆素原的肠肝循环（图 12-6）。少量胆素原经体循环进入肾随尿排出，正常人每日随尿排出 0.5～4.0 mg。尿胆素原接触空气后被氧化成尿胆素，成为尿颜色的主要来源。碱性尿有利于尿胆素的排泄。临床上将尿胆红素、尿胆素原、尿胆素合称为"尿三胆"，是黄疸类型鉴别诊断的常用指标。正常人尿液中检测不出胆红素。当胆道完全阻塞时，胆红素不能排入肠道，因此肠中无胆素原生成，尿中也检测不到胆素原。

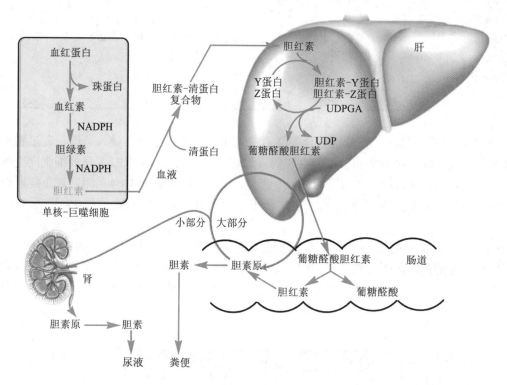

图 12-6　胆红素的生成与胆素原的肠肝循环

五、血清胆红素与黄疸

由于肝对胆红素处理能力很强，正常情况下，血浆中胆红素含量很少，正常人血清胆红素总量小于 17.1 μmol/L（1 mg/dl），其中未结合胆红素占 4/5，结合胆红素占 1/5。未结合胆红素是有毒的脂溶性化合物，易透过细胞膜进入细胞，尤其对富含脂类的神经细胞可造成不可逆的损伤。肝对血浆胆红素有强大的摄取、转化和排泄能力，虽然正常人每天通过单核 - 吞噬细胞系统产生 200～300 mg 的胆红素，但正常人肝每天可清除 3 000 mg 以上的胆红素，远大于机体产生胆红素的能力，使胆红素的生成与排泄处于动态平衡，因此，正常人血清胆红素含量甚微。

如果体内胆红素生成过多，超过肝处理能力，或肝细胞摄取、转化、排泄过程障碍等原因均可导致胆色素代谢障碍，引起血清总胆红素含量升高，称为高胆红素血症。胆红素可扩散进入组织，引起皮肤、巩膜和黏膜黄染的现象，称为黄疸（jaundice）。当血清胆红素浓度升高，但未超过 34.2 μmol/L（2 mg/dl）时，肉眼观察不到皮肤和黏膜等黄染，称为隐性黄疸；当血清胆红素浓度大于 34.2 μmol/L，皮肤、巩膜等黄染明显，用肉眼可观察到，称为显性黄疸。根据黄疸发病机制的不同，可将其分为溶血性黄疸、阻塞性黄疸和肝细胞性黄疸三类。

（一）溶血性黄疸

溶血性黄疸（hemolytic jaundice）又称肝前性黄疸，是由于各种原因（如蚕豆病、恶性疟疾、输血不当、过敏、药物等）导致红细胞大量破坏，释放出大量的血红素，在单核 - 吞噬细胞系统产生的胆红素过多，超过肝细胞的处理能力所致。主要特征为：①血清中未结合胆红素明显升高，结合胆红素浓度改变不大；②重氮反应呈间接反应阳性；③由于未结合胆红素不能由肾排出，所以，尿胆红素阴性；④由于肝最大限度地摄取、转化、排泄胆红素，所以，粪便和尿液中胆素原族化合物增多；⑤粪便及尿液颜色加深，粪便呈现咖啡色，尿液多为浓茶色。

（二）阻塞性黄疸

阻塞性黄疸（obstructive jaundice）又称肝后性黄疸。是由于各种原因（如胆结石、肿瘤、先天性胆管闭锁、胆道蛔虫或肿瘤压迫等）引起胆道阻塞，胆汁排泄障碍，使毛细胆管内压力增大破裂，结合胆红素逆流入血，造成血清胆红素升高引起的黄疸。主要特征为：①血清中结合胆红素明显升高，未结合胆红素变化不大；②重氮反应呈直接反应阳性；③由于结合胆红素可以由肾排出，所以，尿胆红素检查阳性；④由于胆道阻塞，结合胆红素排入肠道的量减少，使肠道中生成的胆素原减少，所以，粪便和尿液中胆素原族化合物减少；⑤粪便颜色变浅呈陶土色或灰白色。尿液中虽然尿胆原、尿胆素减少，但因含有大量尿胆红素，所以尿液颜色常呈现金黄色。

（三）肝细胞性黄疸

肝细胞性黄疸（hepatocellular jaundice）又称肝源性黄疸。是由于肝炎、肝硬化等病变导致肝细胞受损，使其摄取、转化和排泄胆红素的能力降低所致的黄疸。其特征为：①血中两种胆红素均升高，一方面肝细胞不能将未结合胆红素完全转化为结合胆红素，使血中未结合胆红素升高；另一方面，因肝细胞肿胀，压迫毛细胆管，造成肝内毛细胆管堵塞或与肝血窦直接相通，部分结合胆红素返流入血，使血中结合胆红素也升高；②重氮反应实验直接和间接反应均阳性；③由于血清中结合胆红素升高，所以，尿胆红素阳性；④由于肝对结合胆红素的生成和排泄减少，所以粪胆原、粪胆素减少。由于肝细胞受损程度不定，所以，尿中胆素原含量变化不定；⑤粪便颜色通常变浅，尿液颜色深浅不定，但因尿液中含较多胆红素，所以尿液颜色多加深。三种类型黄疸的病因及血、尿、便的改变见表 12-4。

表 12-4　三种类型黄疸血、尿、粪的变化

类型	血液		尿液		尿液颜色	粪便颜色
	未结合胆红素	结合胆红素	胆红素	胆素原		
正常	有	无或极微	阴性	阳性	淡黄色	黄色
溶血性黄疸	明显增加	正常或微增	阴性	显著增加	加深（浓茶色）	加深
阻塞性黄疸	不变或微增	明显增加	强阳性	减少或无	加深（金黄色）	变浅或陶土色
肝细胞性黄疸	增加	增加	阳性	不定	加深	变浅

案例分析

某患者，男性，43 岁，近 2 个多月来食欲缺乏、乏力，因腹部不适、发热 3 天来院就诊。体格检查：体温 39℃，皮肤、巩膜明显黄染，肝区叩击痛阳性，肝大肋下 1 cm，皮肤瘙痒，浅表淋巴结未触及肿大，双下肢无水肿。

实验室检查　血清总蛋白 68 g/L，清蛋白 37 g/L，总胆红素 122.5 mmol/L，结合胆红素 113.6 mmol/L，ALT 396 U/L，GGT 91 U/L，TBA 56 mmol/L，TC 10.8 mmol/L，TG 3.3 mmol/L。尿常规：尿液颜色变深，胆红素强阳性，其他均正常。粪便常规：粪便呈灰白色，其他均正常。血常规：WBC 13×10^9/L，N 76%，L 22%，E 2%，其余正常。超声检查，肝肿大，胆囊萎缩，胰腺、脾和肾未见明显异常。

问题与思考

该病人最有可能的诊断是什么？诊断依据是什么？

架起通向临床的桥梁

1. 肝硬化　肝硬化（liver cirrhosis）是一种常见的慢性肝病，可由一种或多种原因引起肝损害（其中最常见的病因是病毒性肝炎和慢性酒精中毒），肝呈进行性、弥漫性、纤维性病变。使肝变形、变硬而导致肝硬化。早期肝硬化在临床上无任何特异性的症状和体征，如果患者出现乏力、易疲倦、体力减退；食欲缺乏、腹胀或伴便秘、腹泻或肝区隐痛等症状要尽快去医院进行诊断。肝硬化往往因并发症而死亡，上消化道出血为肝硬化最常见的并发症，而肝性脑病是肝硬化最常见的死亡原因。因此，肝硬化的治疗和预防原则是：合理膳食、平衡营养、改善肝功能、抗肝纤维化治疗、积极预防并发症。

晚期肝硬化尚缺乏特效的治疗手段，干细胞移植为肝硬化患者的治愈带来了新的希望。干细胞是一类具有自我更新和分化潜能的细胞。通过介入的方式将干细胞输入到肝，干细胞会在肝微环境的作用下分化为有功能的正常肝细胞，替代因退变、损伤、基因缺陷或者自身免疫而受损的细胞，恢复肝功能，达到治疗的目的。

2. 胆石症　在胆道系统中，胆汁的某些成分（胆色素、胆固醇、黏液物质及钙等）可以在各种因素作用下析出、凝集而形成结石。发生于各级胆管内的结石称胆管结石，发生于胆囊内的结石称胆囊结石，统称胆石症（cholelithiasis）。按组成成分可将胆石分为色素石、胆固醇石及混合石三种基本类型。

（1）色素性胆石　结石成分以胆红素钙为主，可含少量胆固醇。有泥沙样及砂粒状二种。砂粒状者大小为 1 ~ 10 mm，常为多个。多见于胆管。

（2）胆固醇性胆石　结石的主要成分为胆固醇。此类结石在我国较欧美为少，其发生率不超过胆石症的 20%。结石呈圆形或椭圆形。黄色或黄白色，表面光滑或呈细颗粒状，质轻软。剖面呈放射状。多见于胆囊，常为单个，体积较大，直径可达数厘米。

（3）混合性胆石　由两种以上主要成分构成。以胆红素为主的混合性胆石在我国最多见，约占全部胆石症病例的 90% 以上。结石多为多面体，少数呈球形，呈多种颜色。外层常很硬，切面成层，或像树干年轮或呈放射状。多发生于胆囊或较大胆管内，大小、数目不等，常为多个，一般约 20 ~ 30 个。

大多数病人无症状，少数胆石症病人的典型症状为胆绞痛、上腹隐痛、胆囊积液等，表现为急性或慢性胆囊炎。其诊断可根据临床典型的绞痛病史、影像学检查即可确诊。

（黄泽智）

第十三章　水和无机盐代谢

学习目标

掌握
　　体液的含量、分布及体液电解质分布特点；水、电解质的生理功能，水平衡及钾、钠、氯的代谢；钙、磷的含量、分布及生理功能，血钙与血磷。

熟悉
　　水和电解质平衡的调节，钙、磷代谢的调节。

了解
　　体液的交换，微量元素的代谢

　　人体内的各种代谢都是在体液中进行的，体液是由水、无机盐、低分子有机物和蛋白质组成，广泛地分布于细胞内外的液体。它们的化学成分、容量及分布的改变，将直接影响细胞的功能，严重时可危及生命。因此，掌握体液平衡的基本理论、水和无机盐的代谢与功能，对于在临床工作中正确处理水、电解质平衡失调，进行体液疗法，提高疾病治愈率，减少死亡率，具有重要的指导意义。

第一节　体　液

一、体液的含量与分布

（一）体液的含量与分布

　　正常成人体液约占体重的60%。以细胞质膜为界，体液分为细胞内液与细胞外液。细胞外液包括血浆与细胞间液（组织液）。

$$
\text{体液（占体重的 60\%）}\begin{cases}\text{细胞外液（占体重的 20\%）}\begin{cases}\text{血浆（占体重的 5\%）}\\[2ex]\text{细胞间液（占体重的 15\%）}\end{cases}\\[3ex]\text{细胞内液（占体重的 40\%）}\end{cases}
$$

　　消化液、尿液和汗液直接来自细胞外液，它们的大量丢失将引起细胞外液容量下降，故可认为他们是细胞外液的特殊部分。

各部分体液具有各自不同的生理意义。细胞内液是大部分生化反应进行的场所，其容量和化学组成直接影响细胞的代谢和功能；血浆、组织液沟通了各组织和细胞之间的联系，同时也是细胞摄入所需营养物质和排出代谢产物的渠道，故细胞外液被视为机体的"内环境"。

（二）影响体液含量的因素

体液含量与年龄、性别和体型等因素有关。一般而言，体液的含量是随年龄的增加而减少，如新生儿体液含量可占体重的80%，儿童占65%，成年人占60%，而老年人只占55%；成年男性的体液含量大于女性；体型瘦者的大于肥胖者。因此，肥胖者对失水的耐受力较差，而肌肉发达者对失水的耐受力较强。此外，不同组织含水量也不同。脂肪组织含水量只有15%～30%，而肌肉组织含水量则高达75%～80%。

二、体液电解质组成的特点

体液中的无机盐大多是以离子的形式存在，故称为电解质。主要的阳离子有 K^+、Na^+、Ca^{2+} 和 Mg^{2+}，阴离子有 Cl^-、HCO_3^-、HPO_4^{2-} 和 $H_2PO_4^-$。细胞内液与细胞外液电解质的含量与分布有以下特点：

（1）体液呈电中性　细胞外液或细胞内液中阴阳离子的电荷量相等，体液呈电中性。

（2）细胞外液与细胞内液中电解质含量有很大差异　细胞外液阳离子以 Na^+ 为主，阴离子以 Cl^- 和 HCO_3^- 为主。细胞内液阳离子则以 K^+ 为主，阴离子以 HPO_4^{2-} 和蛋白质为主。K^+、Na^+ 在细胞内外分布的显著差异是由于细胞膜上的 K^+-Na^+-ATP 酶所致。

（3）各种体液渗透压相等　细胞内液电解质总量高于细胞外液，但渗透压基本相等。这是因为细胞内液蛋白质和二价离子较多，而这些电解质产生的渗透压较小。

（4）血浆蛋白质含量大于组织液　血浆与细胞间液二者之间的无机离子与小分子有机酸分布及含量相近，但血浆蛋白质含量明显大于细胞间液，这种差别有利于血浆与细胞间液之间水分的交换。

各种体液中电解质的含量和电荷见表13-1。

表13-1　各种体液中电解质的含量（mmol/L）

电解质	血浆		组织液		细胞内液	
	离子	电荷	离子	电荷	离子	电荷
阳离子						
Na^+	145	145	139	139	10	10
K^+	4.5	4.5	4	4	158	158
Mg^{2+}	0.8	1.6	0.5	1	15.5	31
Ca^{2+}	2.5	5	2	4	3	6
合计	152.8	156	145.5	148	186.5	205
阴离子						
Cl^-	103	103	112	112	1	1
HCO_3^-	27	27	25	25	10	10
HPO_4^{2-}	1	2	1	2	12	24
SO_4^{2-}	0.5	1	0.5	1	9.5	19
蛋白质	2.25	18	0.25	2	8.1	65
有机酸	5	5	6	6	16	16
有机磷酸	—	—	—	—	23.3	70
合计	138.75	156	144.75	148	79.9	205

　　构成体液渗透压的物质分为两类，一类是由无机离子构成的，称为晶体渗透压；另一类是由蛋白质等大分子构成的，称为胶体渗透压。表示渗透压的单位常用的是渗量 / 升（Osm/L）。1 Osm/L 等于每升溶液中含有 6.023×10^{23} 个离子或分子所产生的渗透压。由于 Osm/L 单位较大，通常用毫渗量（mOsm/L）表示体液的渗透压。体液渗透压的正常范围在 280 ~ 320 mOsm/L 之间。当溶液的渗透压在此范围内时称为等渗溶液（等张溶液），低于 280 mOsm/L 时称为低渗溶液（低张溶液），高于 320 mOsm/L 时称为高渗溶液（高张溶液）。

三、体液的交换

　　人体与外界的物质交换包括两个主要过程：一是摄取营养物质，二是向外排泄废物。这两个过程是依靠体液在血浆、细胞内液和组织液三者之间的交换来完成并维持动态平衡的。

（一）血浆与组织液的交换

　　血浆与组织液之间的体液交换是在毛细血管进行的。毛细血管壁具有半透膜的特性，水、电解质和小分子有机物等均可自由透过，但大分子蛋白质则不能透过，所以除蛋白质以外的物质几乎都可以交换。

　　血浆与组织液之间的体液交换的动力是有效滤过压。组织液的静水压和血浆胶体渗透压是促使体液进入毛细血管的力量，而毛细血管血压与组织液的胶体渗透压是促使体液进入组织液的力量。上述四种压力的总和称为有效滤过压。它等于毛细血管血压与组织液的胶体渗透压之和减去组织液静水压与血浆胶体渗透压之和。

　　在毛细血管动脉端的有效滤过压为：$(3.99 + 1.995) - (3.325 + 1.33) = 1.33$（kPa），故体液由血浆流入组织液，各种营养物质也随之流向组织液。

　　在毛细血管静脉端的有效滤过压为：$(1.596 + 1.995) - (3.325 + 1.33) = -1.064$（kPa），因此，体液由组织液流向毛细血管，代谢终产物也随之流向毛细血管。

　　血浆与组织液的交换如图 13-1 所示。

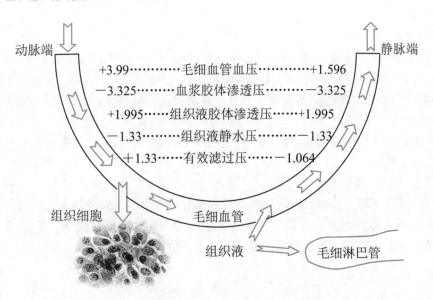

图 13-1　血浆与组织液的交换示意图
数字单位为 kPa

（二）组织液与细胞内液的交换

　　组织间液与细胞内液的交换通过细胞膜进行。细胞膜是一种结构、功能复杂的半透膜，它对物质的透过有高度的选择性，故物质的交换也很复杂。交换的方式有：

1. 单纯扩散 气体分子，如 CO_2、O_2 等物质，由于水化程度很低，较易通过脂质双分子层的疏水核心区，脂溶性越大的物质，通过脂质双分子层的速度就越快。

2. 易化扩散 易化扩散是在膜转运蛋白的协助下，非脂溶性物质由高浓度向低浓度移动的过程。包括载体转运和通道转运。如葡萄糖载体、氨基酸载体和离子通道等。

3. 主动转运 主动转运与载体蛋白介导的易化扩散相同之处是都需要载体、有特异性、并有饱和现象。细胞内外 K^+ 与 Na^+ 的分布有显著差异，便是主动转运的结果。由于细胞膜上的钠泵主动地把 Na^+ 泵出细胞，同时将 K^+ 泵入细胞内。这种主动转运是一个耗能的过程，即需要 ATP 供给能量。每消耗 1 分子 ATP，就有 3 个 Na^+ 泵出细胞外和 2 个 K^+ 泵入细胞内。

第二节 水 平 衡

一、水的生理功能

水是生物体内含量最多、最重要的物质。生物体内的水以两种形式存在：一种是多与蛋白质、多糖等物质结合存在的结合水；另一种是可自由流动的自由水。

（一）运输作用

水的黏度小、流动性大，又是良好的溶剂，是体内运输营养物质和排泄废物的媒介，许多营养物质和代谢产物皆能溶于水中，即使是难溶或不溶于水的物质，也能与亲水性的蛋白质分子结合而分散于水相中，通过血液循环而运输。

（二）促进和参与物质代谢

水能溶解许多物质，有利于化学反应进行。水的介电常数高，能促进各种电解质的解离，如促进酶分子活性中心的必需基团解离，从而促进酶促反应的进行，水也直接参与代谢反应，如水解、加水脱氢等。

（三）调节体温

水的比热大，1 g 水从 15℃升至 16℃时，需要吸收 4.2 J（1 cal）的热量，高于其他溶剂。因此，水能吸收或释放较多的热量而本身温度无明显变化。蒸发热大，在 37℃时，1 g 水完全蒸发，需要吸收 2 415 J（574 cal）的热量，故蒸发少量汗液就能散发大量热量，这在高温环境时尤为重要。

（四）润滑作用

唾液有利于食物的吞咽及咽部湿润；关节腔的滑液减少关节活动的摩擦；泪液可防止眼球干涩，有利于眼球的转动。

（五）维持组织器官的形态和功能

结合水在维持组织器官形态、硬度和弹性等方面有重要作用。如心肌含水量约为 79%，血液含水约为 83%，两者相差无几，然而血液能在心肌有力的推动下进行循环，这是因为心肌主要是结合水，具有一定的形态，而血液中主要是自由水，故能循环流动。

二、水平衡

（一）水的摄入

正常成人每日需水量约为 2 500 ml，体内水的来源有：饮水（包括各种液体饮料）、食物中所含的水和代谢水。代谢水是由糖、脂肪、蛋白质等营养物质在体内氧化时产生的水，也称内生水。一般情况下，成人每日饮水约 1 200 ml，随食物摄入的水约 1 000 ml，内生水约 300 ml。其中，饮水量随气候、劳动强度和生活习惯的不同有很大差异。

（二）水的排出

人体每天也有与摄入量相等的水量排出体外，排出的途径有 4 条：

1. 呼吸排出　人体在呼吸时，以水蒸气的形式排出一定量的水，一般成人每日约排出 350 ml。肺的排水量随呼吸的深度和频率而变化。各种原因造成呼吸急促的患者由呼吸排出的水量增多。

2. 皮肤蒸发　皮肤排水的方式有两种：①非显性汗，即体表水分的蒸发。非显性汗与体表面积有关，正常成人每日经皮肤蒸发约 500 ml，其中电解质含量甚微，故可将其视为纯水。②显性汗，为皮肤汗腺活动所分泌，其量的多少与环境温度、湿度及劳动强度有关。显性汗是低渗液，含少量 K^+、Na^+、Cl^- 等电解质，故大量出汗除补充水分外，还应补充电解质。

3. 消化道排出　各种消化腺分泌进入胃肠道的消化液，包括唾液、胃液、胆汁、胰液和肠液等，平均每日分泌量约 8 000 ml（表 13-2），其中绝大部分被肠道重吸收，成人每日由粪便排出水量仅 150 ml 左右。消化液中含有大量电解质，呕吐、腹泻不但丢失大量水，同时也丢失电解质，造成体内水、电解质平衡的紊乱。

表 13-2　各种消化液的分泌量、pH 及电解质含量（mmol/L）

消化液	每日分泌量（ml）	pH	Na^+	K^+	Ca^{2+}	Cl^-	HCO_3^-
唾液	1 000 ~ 1 500	6.6 ~ 7.1	10 ~ 30	15 ~ 25	1.5 ~ 4	10 ~ 30	10 ~ 20
胃液	1 500 ~ 2 500	0.9 ~ 1.5	20 ~ 60	6 ~ 7		145	—
胰液	1 000 ~ 2 000	7.8 ~ 8.4	148	7	3	40 ~ 80	80 ~ 110
胆汁	500 ~ 1 000	6.5 ~ 7.7	130 ~ 140	7 ~ 10	3.5 ~ 7.5	110	40
小肠液	1 000 ~ 3 000	7.2 ~ 8.2	100 ~ 142	10 ~ 50	—	80 ~ 105	30 ~ 75

4. 肾排出　肾是机体排水的主要器官，正常成人每日尿量 1 000 ~ 2 000 ml（平均为 1 500 ml）。饮水量和其他途径排水量明显影响尿量。正常成人体内每日至少有 35 g 固体代谢产物随尿排出，每克固体溶质至少需要 15 ml 水才能溶解，所以成人每日尿量至少需要 500 ml 才能将代谢废物排尽，此量称为最低尿量。每日尿量低于 500 ml，临床上称为少尿，每日尿量低于 100 ml 称为无尿。尿量过少，会导致尿素等代谢废物在体内潴留，引起尿毒症。

正常成人每日水的进出量大致相等，约为 2 500 ml（表 13-3）。每日摄入水量 2 500 ml 可满足正常生理需要，称为生理需水量。但在缺水或不能进水时，每日仍然要从肺、皮肤、消化道和肾丢失约 1 500 ml 水，称为水的必然丢失量。因此，成人每日最少应补充 1 200 ml 水（必然丢失量减去 300 ml 内生水）才能维持水平衡。此量称为最低需水量，是临床补充水的依据。

表 13-3　正常成人每日水的出入量（ml）

水的摄入量		水的排出量	
饮料（水、汤、其他流质）	1 200	肾排出	1 500
食物（固体、半固体）	1 000	皮肤蒸发	500
代谢水	300	肺部呼出	350
		经粪排出	150
共　计	2 500	共　计	2 500

水中毒

"水中毒"就是人体短时间内摄入水分过多，使体液内的钠含量急剧降低，引起脱水低钠症和细胞水肿等，严重时可危及生命。引起水中毒的主要原因是由于抗利尿激素泌过多（如恐惧、休克、急性感染、疼痛、手术等应激刺激）和肾功能障碍。主要临床表现：由于脑细胞水肿，颅内压增高，可出现视物模糊、淡漠，头痛、恶心、呕吐、嗜睡，抽搐和昏迷，此外还有呼吸、心搏减慢、视神经乳头水肿，乃至惊厥、脑疝。由于水潴留，体重增加，细胞外液容量增加可出现水肿。初期尿量增多，以后尿少甚至尿闭。重者可出现肺水肿。

第三节　电解质平衡

体内的电解质主要是各种无机盐，总量占体重的 4%～5%。无机盐种类繁多，功能各异，有些无机盐含量甚微，却具有重要的生理功能。

一、电解质的生理功能

（一）维持体液渗透压和酸碱平衡

Na^+、Cl^- 是维持细胞外液渗透压的主要离子；K^+、HPO_4^{2-} 是维持细胞内液渗透压的主要离子。当这些电解质的浓度发生改变时，体液渗透压亦将发生改变，从而影响体内水的分布。体液电解质可形成缓冲对，如 $NaHCO_3/H_2CO_3$ 和 K_2HPO_4/KH_2PO_4 等，是维持体液的酸碱平衡的重要缓冲物质。

（二）维持神经肌肉的应激性

神经肌肉的应激性和兴奋性与环境中的一些离子浓度以及它们之间的比例有关。Na^+、K^+ 可增高神经肌肉的应激性，Ca^{2+}、Mg^{2+}、H^+ 可降低神经肌肉的应激性，其关系可用下式表达：

$$神经肌肉应激性 \propto \frac{[Na^+]+[K^+]+[OH^-]}{[Ca^{2+}]+[Mg^{2+}]+[H^+]}$$

神经肌肉周期性麻痹就是由于病人周期性血 K^+ 过低，而出现肌肉软弱无力甚至麻痹的症状。而血 Ca^{2+} 或血 Mg^{2+} 过低的病人可引起手足搐搦。

对于心肌细胞，Ca^{2+} 与 K^+ 的作用恰好与上式相反：

$$心肌细胞应激性 \propto \frac{[Na^+]+[Ca^{2+}]+[OH^-]}{[K^+]+[Mg^{2+}]+[H^+]}$$

血 K^+ 过高对心肌有抑制作用，可使心搏舒张期延长，心率减慢，严重时可使心脏停搏于舒张期。血 K^+ 过低常出现心律紊乱，使心跳停止于收缩期。Na^+ 和 Ca^{2+} 可拮抗 K^+ 对心肌的作用，正常的血 Na^+ 和血 Ca^{2+} 浓度可维持心肌的正常应激状态。

（三）构成组织细胞成分

所有组织细胞中都有电解质。如钙、镁、磷是骨和牙的主要成分；含硫酸根的蛋白多糖则参与软骨、皮肤和角膜等组织的构成。

（四）参与细胞物质代谢

有些无机离子是某些酶的辅助因子或激活剂。如 Zn^{2+} 是碳酸酐酶的辅助因子，Cl^- 是唾液淀粉酶的激活剂，K^+ 参与细胞内糖原及蛋白质合成。

二、钠、氯的代谢

（一）含量与分布

成人体内钠含量约为 45 mmol/kg 体重（1 g/kg 体重），其中约 40% 存在于骨骼中，10% 存在于细胞内液，50% 存在于细胞外液。血清钠浓度为 135 ~ 145 mmol/L。成人体内氯的含量约为 33 mmol/kg 体重，婴儿含量多至 52 mmol/kg 体重，其中 70% 存在于细胞外液，血清氯浓度为 98 ~ 106 mmol/L。

（二）吸收与排泄

钠与氯主要来自于食盐（NaCl），其摄入量因个人饮食习惯不同而有很大差异。成人每日需 4.5 ~ 9.0 g NaCl，低盐饮食患者，每日摄入量也不应少于 0.5 ~ 1.0 g，以保证机体的需要。一般情况下成人每日从食物中摄入 8 ~ 15 g NaCl，且几乎全部被消化道所吸收，所以体内不会缺乏钠和氯。

Na^+ 和 Cl^- 的排泄主要经肾随尿排出，正常情况下，尿中的排泄量与摄入量几乎相等。肾对 Na^+ 的排出有很强的调控能力，概括起来是"多吃多排，少吃少排，不吃不排"。因此，较长时期进食低钠饮食，如无意外丢失，亦不会出现低钠症状。但若长期禁止或过度限制食盐的摄入（0.5 ~ 1.0 g/d），也可引起低钠血症。此外，消化道及汗液也能排出少量 Na^+ 和 Cl^-。

Na^+ 的摄入量与健康的关系很密切。若摄入过多，主要通过肾排 Na^+ 进行调节。长期摄入高 Na^+ 饮食的人，一方面加重肾负担；另一方面血容量长期处于较高水平，罹患高血压的可能性增大，成为诱发心血管疾病的危险因素。对于儿童、老人或肾病患者，因肾功能较弱，则应进低盐饮食，不宜多食咸菜等高盐食品，以保护肾，避免水肿、高血压等疾患。

三、钾的代谢

（一）含量与分布

K^+ 是细胞内液主要阳离子。正常成人体内钾含量为 31 ~ 57 mmol/kg 体重（1.2 ~ 2.2 g/kg 体重），其中 98% 左右分布在细胞内液，细胞外液含量较少，仅 2% 左右。血清钾浓度为 3.5 ~ 5.5 mmol/L。

K^+、Na^+ 在细胞内、外分布极不均匀，主要是由于细胞膜上的钠泵的作用，除钠泵外，钾在细胞内、外的分布还受物质代谢和体液酸碱平衡的影响。

1. 物质代谢影响　细胞合成糖原或蛋白质时，K^+ 从细胞外进入细胞内，每合成 1 g 糖原或 1 g 蛋白质分别有 K^+ 0.15 mmol 与 0.45 mmol 进入细胞内，反之，当糖原或蛋白质分解时，有同样多的 K^+ 又返回细胞外，故临床上可同时注射葡萄糖和胰岛素以纠正高血钾。在创伤恢复期，蛋白质合成增强，大量 K^+ 从细胞外进入细胞内，可使血 K^+ 降低，此时应注意补钾；当严重创伤、组织破坏、感染或缺氧时，蛋白质分解增强，细胞释出较多的 K^+ 到细胞外，可引起高血钾。

2. 细胞外液 H^+ 浓度的影响　机体酸中毒时，细胞外液 H^+ 浓度增高，部分 H^+ 与细胞内 K^+ 进行交换，以缓解酸中毒，从而导致高血钾；反之，碱中毒则可引起低血钾。

（二）吸收与排泄

正常成人每日钾的需要量为 2 ~ 3 g。食物中钾含量丰富，水果、蔬菜和肉类是钾的主要来源，一般膳食即可满足生理需要。食物中的钾的吸收率约 90%，未吸收的部分随粪便排出。K^+ 在细胞内外平衡速率十分缓慢。静脉注射钾要 15 h 才能达到平衡，因此，临床上补钾一定要谨慎，要求肾功能基本正常，尽可能口服补钾。静脉补钾浓度不宜高，速度不宜快，以免过多过快引起高血钾。

钾主要由肾排泄。肾调控排 K^+ 的能力不及调控排 Na^+ 的能力，特点是"多吃多排，少吃少排，不吃也排"。因此，对长期不能进食或大量输液的患者应注意补钾。由于 80% ~ 90% 的 K^+ 经肾随尿排出，故临床上有"见尿补钾"之说。

临床静脉补钾"四不宜"和"见尿补钾"原则

临床静脉补钾遵循"不宜过早，不宜过浓，不宜过快，不宜过多"和"见尿补钾"的原则，请结合钾的吸收与排泄特点，试述其原因。

第四节　水与电解质平衡调节

人体每天都要摄入和排出一定量的水和无机盐，使体液维持着正常的渗透压和容积。血浆渗透压是调节水、电解质平衡的主要因素。当血浆渗透压发生变化时，机体可通过神经 - 体液的调节使其恢复动态平衡。

一、神经系统的调节

口渴思饮，饮水止渴，这是神经系统对水摄入的调节作用。而强烈的精神抑制可使肾排尿减少，这是排水的神经调节。在这一过程中血浆渗透压的改变起着重要的作用，当机体失水过多、或摄盐过多时，均可使细胞外液晶体渗透压升高，细胞内水流向细胞间液，细胞失水，唾液分泌减少，引起口渴反射。另外，细胞外液晶体渗透压升高，下丘脑视前区的渗透压感受器受到刺激，兴奋传至大脑皮质，产生口渴感，通过摄入水，细胞外液晶体渗透压下降，水从细胞外转向细胞内，又重新建立平衡。

二、激素调节

（一）抗利尿激素

抗利尿激素（antidiuretic hormone，ADH）又称加压素，它是由下丘脑视上核神经细胞分泌的九肽激素，贮存于垂体后叶的神经垂体中，当血浆晶体渗透压增高，循环血量减少，血压降低时，通过神经反射使神经垂体释放 ADH。ADH 的主要功能是增强肾远曲小管和集合管对水的通透性，从而促进水的重吸收，使尿量减少，以维持体液渗透压的相对恒定。如下丘脑发生病变时，ADH 分泌释放障碍，造成尿量显著增多，每日多达 10 升以上，称尿崩症。除细胞外液的渗透压、血压和血容量可调节 ADH 分泌外，兴奋、疼痛、麻醉、发热等皆可促进 ADH 的分泌。而寒冷则能抑制其分泌（图 13-2）。

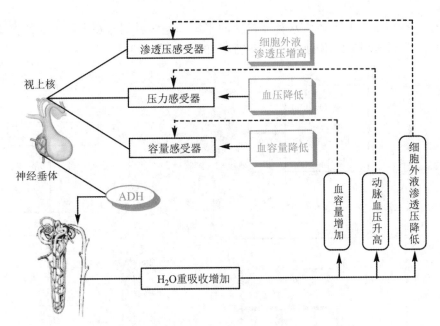

图 13-2 抗利尿激素分泌的调节及其作用示意图
（实线箭头表示促进作用，虚线箭头表示抑制作用）

尿崩症

尿崩症（diabetes insipidus，DI）是由于下丘脑 - 神经垂体病变引起 ADH 不同程度的缺乏，或由于多种病变引起肾对 ADH 敏感性缺陷，导致肾小管重吸收水的功能障碍的一组临床综合征。前者为中枢性尿崩症（CDI），后者为肾性尿崩症（NDI），其临床特点为多尿（一般在 4 L/d 以上）、烦渴、低比重尿（1.0001～1.0005）或低渗尿（50～200 mOsm/L）。尿崩症常见于青壮年，男女之比为 2：1，遗传性 NDI 多见于儿童。

（二）醛固酮

醛固酮（aldosterone）是肾上腺皮质球状带分泌的盐皮质激素。醛固酮的分泌受肾素 - 血管紧张素系统和血浆 $[Na^+]/[K^+]$ 的影响。当血容量减少或血压下降时，肾小球入球小动脉血压降低；同时肾小球滤过率减小，经过肾远曲小管致密斑的 Na^+ 减少，两者都可使肾小球旁细胞分泌肾素。另外，全身血压下降交感神经兴奋也能刺激肾小球旁细胞分泌肾素。肾素是一种蛋白水解酶，它催化血浆中血管紧张素原转变为血管紧张素，后者能促进醛固酮分泌。

醛固酮的主要功能是促进肾远曲小管及集合管上皮细胞分泌 K^+ 与 H^+ 以换回 Na^+，即"排钾保钠"。随着 Na^+ 重吸收的增强，同时伴有 Cl^- 和水重吸收的增加，使得血容量及血压恢复。另外，当 $[Na^+]/[K^+]$ 比值下降时，醛固酮分泌增加，尿中排 K^+ 增多；当 $[Na^+]/[K^+]$ 比值增高，醛固酮却分泌减小，尿中排 Na^+ 增多（图 13-3）。

（三）心房钠尿肽

心房钠尿肽（atrial natriuretic peptide，ANP）又称心钠素或心房利钠因子，主要存在于哺乳动物心房肌细胞中。ANP 具有强大的利钠利尿作用，能拮抗肾素 - 醛固酮系统，并能显著减轻失水失血后血浆中 ADH 水平增高的程度，故在水、电解质平衡的精确调节中起重要作用。

综上所述，在正常情况下体内水和无机盐的平衡，是多种器官在大脑皮层的控制下，受神经体液的影响而发挥其调节作用的结果，参与调节的主要器官是肾。

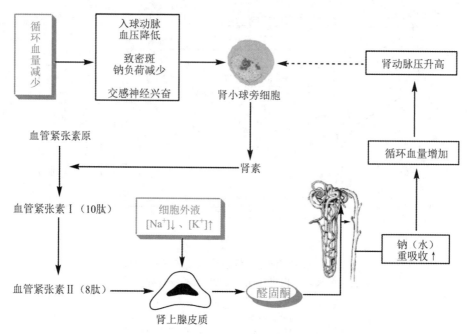

图 13-3　醛固酮分泌的调节及其作用示意图
（实线箭头表示促进作用，虚线箭头表示抑制作用）

第五节　钙、磷代谢

一、体内钙、磷的含量、分布及生理功能

（一）钙、磷的含量与分布

钙和磷是人体内含量最多的无机盐。成人体内钙的总量为 700~1 400 g，磷的总量为 400~800 g。其中 99% 以上的钙和 86% 以上的磷以羟磷灰石 $[3Ca_3(PO_4)_2 \cdot Ca(OH)_2]$ 的形式沉积于骨骼和牙齿中，其余的则以溶解状态分布于体液和软组织中。细胞内含钙极少，只相当于细胞外液的千分之一。细胞膜上有钙泵，可把细胞内 Ca^{2+} 不断泵到细胞外，以维持细胞内外 Ca^{2+} 浓度梯度。

（二）钙、磷的生理功能

体内绝大部分钙与磷以骨盐形式沉积在骨组织，是构成骨骼和牙齿的主要成分，赋予骨骼硬度，使骨骼能作为机体的支架，同时又是体内钙、磷的贮存库。

1. 钙的生理功能

（1）作为第二信使　通过 Ca^{2+}-依赖性蛋白激酶途径，在生物信号传导过程中发挥重要作用。如腺体分泌、肌肉收缩、糖原的合成与分解、离子的转移、基因表达都与钙离子有关。

（2）降低毛细血管和细胞膜通透性　因此，临床上常用钙剂治疗荨麻疹等过敏性疾病，以减轻组织的渗出性病变；降低神经肌肉兴奋性，当血浆钙离子浓度低于 0.87 mmol/L 时，神经肌肉兴奋性增高，导致手足抽搐。

（3）增强心肌收缩力　与钾离子相拮抗，使心肌的收缩与舒张过程达到协调统一。

（4）作为凝血因子　参与血液凝固。作为一些酶的激活剂或抑制剂，参与多种酶促反应。

2. 磷的生理功能

（1）是体内许多重要化合物的组成成分　如核酸、核苷酸、磷脂及一些辅酶（NAD^+、$NADP^+$、FMN、FAD、TPP 等）。

（2）参与物质代谢的调节　通过对一些功能蛋白和酶的磷酸化与脱磷酸化作用，改变这些蛋白质和酶的活性，对物质代谢进行调节。

（3）参与酸碱平衡的调节　体液中的 HPO_4^{2-} 与 $H_2PO_4^-$ 构成缓冲对，调节体液酸碱平衡。

（4）参与能量的生成、储存与利用　如 ATP、GTP、UTP、磷酸肌酸等，都是体内重要的高能磷酸化合物。

二、钙和磷的吸收与排泄

（一）钙的吸收与排泄

1. 钙的吸收　机体对钙的需要量和吸收量随年龄及生理状态的改变有较大差异。钙的需要量为：婴儿 360～540 mg/d，儿童 800 mg/d，青春期 1 200 mg/d，成人 800 mg/d，孕妇及乳母 1 500 mg/d。

食物钙主要在十二指肠及空肠上段被吸收。钙的吸收率一般为 25%～40%，体内缺钙或钙需要量增加时，吸收率增加。影响钙吸收的因素有多种：

（1）维生素 D　维生素 D_3 的活性形式促进小肠对钙的吸收。维生素 D 缺乏时，机体对钙的吸收减少。

（2）肠道 pH 及食物中钙磷比例　能降低肠道 pH 的物质，可促进钙盐溶解，促进钙吸收；食物中合适的钙磷比例（Ca：P = 1：1～2）有利于钙磷的吸收。

（3）食物中某些成分降低钙的吸收　过多的碱性磷酸盐、草酸及植酸与钙结合生成不溶性钙盐，从而阻碍钙的吸收；钙、镁吸收有竞争作用，镁盐过多可抑制钙的吸收。

（4）年龄　钙吸收率随着年龄增长而降低。婴儿钙吸收率在 50% 以上，儿童为 40%，成年人则只能吸收 20%，尤其是 40 岁以后，不论其营养状况如何，钙吸收率急剧下降，平均每 10 年减少 5%～10%，故老年人易出现许多与钙相关性的病变，如骨质疏松、骨关节退行性变、易骨折等。

2. 钙的排泄　体内的钙约 80% 由肠道随粪便排泄，约 20% 经肾随尿排泄。肾排钙较恒定，不受食物含钙量的影响，主要随血钙浓度而增减。当血钙降至 1.9 mmol/L（7.5 mg/dl）时，尿钙几乎为零。故临床上常采用简便易行的尿钙测定来大致了解血钙水平。正常成人每日钙的摄入量与排出量大致相等，多进多排，少进少排，保持动态平衡。

（二）磷的吸收与排泄

1. 磷的吸收　食物中的磷主要是有机磷酸酯（磷脂、磷蛋白及磷酸酯），经消化水解成无机磷酸盐后被吸收。磷的吸收部位及影响因素与钙相似，但吸收率远高于钙，可达 70%～90%，故缺磷在临床上极为罕见。食物中的 Ca^{2+}、Mg^{2+}、Fe^{2+} 等过多时，可与磷结合成不溶性的磷酸盐，从而妨碍磷的吸收。

2. 磷的排泄　磷的排泄与钙相反，60%～80% 由肾排出，当肾功能不全时，尿磷减少，血磷升高。肾对磷的排泄主要受维生素 D 和甲状旁腺素的调控。20%～40% 由肠道随粪便排出。

三、血钙与血磷

（一）血钙

血液中的钙几乎全部存在于血浆中，故血钙主要就是血浆钙（一般用血清测定）。血钙正常参考范围为 2.25～2.75 mmol/L（9～11 mg/dl）。

血钙存在的主要形式有两种，即结合钙和离子钙，其中离子钙约为 47%，结合钙约为 53%。

主要包括与血浆蛋白质（清蛋白）结合的蛋白结合钙和少量与柠檬酸结合的柠檬酸结合钙（也称复合钙）。离子钙和复合钙易透过毛细血管壁，故称为可扩散钙；蛋白结合钙不能透过毛细血管壁，称为非扩散钙。在体内发挥生理作用的是离子钙。

血浆蛋白结合钙与离子钙之间可相互转化，保持动态平衡。血浆 pH 影响该平衡，pH 升高时蛋白结合钙增多，离子钙浓度下降。因此，临床上碱中毒病人常伴有肌肉抽搐。

$$\text{蛋白质结合钙} \xrightleftharpoons[\text{HCO}_3^-]{\text{H}^+} \text{蛋白质} + \text{Ca}^{2+}$$

（二）血磷

血磷通常是指血液中的无机磷酸盐，其中 80%～85% 是以 HPO_4^{2-} 的形式存在，15%～20% 以 $H_2PO_4^-$ 的形式存在，PO_4^{3-} 的含量极微。正常成人血磷浓度 1.0～1.6 mmol/L（3～5 mg/dl），儿童稍高 1.2～2.1 mmol/L。

血钙、血磷浓度之间保持一定的数量关系。正常成人钙、磷浓度（mg/dl）的乘积为 35～40，即 [Ca]×[P] = 35～40。乘积大于 40 时，钙磷以骨盐的形式沉积于骨组织中，有利于骨钙化；若小于 35 时，则发生骨盐的溶解，导致儿童发生佝偻病，成人发生软骨病。

四、钙磷代谢调节

调节钙磷代谢的主要因素有 1,25-二羟维生素 D_3［1,25-(OH)$_2$-D_3］、甲状旁腺素（parathormone，PTH）和降钙素（calcitonin，CT）。它们主要通过对小肠、骨和肾三种靶组织的调节作用来维持血钙、血磷浓度恒定，以保证钙、磷代谢的正常进行。

（一）1, 25-(OH)$_2$-D_3

前已讲述，1, 25-(OH)$_2$-D_3 是维生素 D_3 的活性形式，其主要生理功能为：

1. 对小肠的作用　1, 25-(OH)$_2$-D_3 与小肠黏膜内的特异受体蛋白结合后，进入细胞核内，促进 DNA 转录生成 mRNA，使钙结合蛋白（Ca-BP）和 Ca^{2+}-ATP 酶合成增加，从而促进 Ca^{2+} 的吸收和转运。

2. 对骨的作用　1, 25-(OH)$_2$$D_3$ 可增加破骨细胞的数量和活性，并协同甲状旁腺素，促进溶骨作用。骨盐溶解释放钙、磷，使血钙、血磷升高，又有利于新骨的钙化。所以 1, 25-(OH)$_2$-D_3 既促进老骨溶解又促进新骨钙化，从而维持骨组织的生长和更新。

3. 对肾的作用　促进肾近曲小管对钙、磷的重吸收，减少尿钙、尿磷的排泄。1, 25-(OH)$_2$-D_3 的总体作用是使血钙和血磷升高。

（二）甲状旁腺素（PTH）

PTH 由甲状旁腺主细胞所分泌，由 84 个氨基酸残基组成的单链多肽，分子量约 9 500。其分泌主要受血 Ca^{2+} 浓度的调节，血 Ca^{2+} 升高，PTH 分泌被抑制；血 Ca^{2+} 降低，血中 PTH 浓度可增加 5～10 倍。主要生理功能为：

1. 对骨的作用　PTH 能促进间充质细胞转化为破骨细胞，提高骨组织中破骨细胞的数量及活性，促进骨盐溶解。

2. 对肾的作用　促进肾小管对钙的重吸收，抑制对磷重吸收，从而使血钙升高、血磷降低、尿磷排出增多、尿钙排出减少。

3. 对小肠的作用　PTH 可促进维生素 D_3 的活化，使 1,25-(OH)$_2$$D_3$ 生成增多，从而间接增加肠道对钙磷的吸收。同时，PTH 还可直接作用于肠黏膜，增加对钙的吸收。因此，PTH 的总体作用是使血钙升高而血磷降低。

（三）降钙素（CT）

CT是由甲状腺滤泡旁细胞即C细胞所分泌的一种32肽激素。其分泌也受血Ca^{2+}水平的调节，血Ca^{2+}水平升高可使其分泌增多；血Ca^{2+}降低，则其分泌减少。主要生理功能为：

1. 对骨的作用 对抗PTH对骨组成的作用，减少骨钙和骨磷的释出。CT能抑制破骨细胞的活性，抑制骨髓干细胞转变成破骨细胞，从而使破骨作用减弱，骨盐溶解减少，钙磷的释出亦减少。

2. 对肾的作用 抑制肾小管对钙、磷的重吸收，使尿钙、尿磷排出量增多；

3. 对小肠的作用 CT能抑制维生素D_3的活化，使1,25-(OH)$_2D_3$生成减少，从而间接减少肠道对钙、磷的吸收。因此，CT的总体作用是使血钙和血磷均降低。

三种体液因素对钙、磷代谢的影响见表13-4。

表13-4 三种激素对钙磷代谢的影响

调节因素	肠钙吸收	溶骨	成骨	肾排钙	肾排磷	血钙	血磷
1, 25-（OH）$_2$-D$_3$	↑↑	↑	↓	↓	↓	↑	↑
PTH	↑	↑↑	↑	↓	↑	↑	↓
CT	↓	↓	↑	↑	↑	↓	↓

注：↑表示升高 ↑↑表示显著升高 ↓表示降低

第六节 微量元素代谢

组成人体的元素有几十种，根据其在体内含量的不同，可分为常量元素和微量元素两大类。含量占人体总重量0.01%以上的称为常量元素，主要有碳、氢、氧、氮、硫、磷、钙、镁、钾、钠、氯等元素，占人体总重量的99.95%以上；含量占人体总重量0.01%以下的称为微量元素。目前认为铁、铜、锌、锰、铬、钼、硒、镍、钒、锡、钴、氟、碘、硅14种微量元素是人类和动物所必需的。微量元素主要来自食物，在人体内主要通过与蛋白质、酶、激素和维生素等结合而发挥作用。

一、铁的代谢

（一）铁的含量与分布

铁是体内含量最多的一种微量元素，正常成人体内含铁总量为54～90 mmol（3～5 g），女性略低于男性。铁在体内分布很广，约75%存在于铁卟啉化合物（血红蛋白、肌红蛋白、细胞色素等）中；25%存在于其他含铁化合物（含铁血黄素、铁硫蛋白和运铁蛋白等）中。

（二）铁的吸收与排泄

人体内铁的来源：一是食物中的铁，一般膳食中含铁10～15 mg/d，但吸收率在10%以下。二是体内血红蛋白分解释放的铁。成人每日红细胞衰老破坏释放约25 mg的铁，80%用于重新合成血红蛋白，20%以铁蛋白等形式储存备用。人体对铁的需要量和吸收量因年龄、性别及生理情况的不同而异，成年男性和绝经后妇女需铁1 mg/d，主要用于补充胃肠道黏膜、皮肤、泌尿道所丢失的铁。

铁的吸收部位主要在十二指肠及空肠上段。溶解状态的铁易于吸收。影响铁吸收的主要因素有：①胃酸可促进铁的吸收，胃酸可促进有机铁的分解和铁盐的溶解；②某些氨基酸、柠檬酸、苹果酸和胆汁酸能与铁结合形成可溶性螯合物，有利于铁的吸收；③Fe^{2+}较Fe^{3+}易吸收，维生素 C、半胱氨酸和谷胱甘肽等还原性物质可使 Fe^{3+} 还原成易吸收的 Fe^{2+}；④血红蛋白及其他铁卟啉蛋白在消化道中分解而释出的血红素，可直接被吸收；⑤植物中的植酸、磷酸、草酸、鞣酸等能使铁离子形成难溶性化合物，影响铁的吸收。

（三）铁的运输与储存

肠中吸收入血的 Fe^{2+} 被血浆铜蓝蛋白氧化成 Fe^{3+}，再与脱铁运铁蛋白结合成运铁蛋白，是铁的运输形式。血浆运铁蛋白将90%以上的铁运到骨髓，用于血红蛋白的合成，小部分与脱铁铁蛋白结合成铁蛋白储存于肝、脾、骨髓等组织。含铁血黄素也是铁的储存形式，但不如铁蛋白易于动员和利用。

（四）铁的生理功能

铁是体内各种含铁蛋白质的重要组成成分，如血红蛋白、肌红蛋白、细胞色素体系、过氧化物酶、过氧化氢酶等。参与氧和二氧化碳的运输，组成呼吸链参与氧化磷酸化作用，作为过氧化物酶和过氧化氢酶的辅助因子参与过氧化氢的代谢。

二、锌的代谢

（一）锌的含量与分布

正常成人体内含锌量 2~3 g，广泛分布于所有组织，以视网膜、胰岛及前列腺组织含锌量最高，血浆锌含量为 0.1~0.15 mmol/L。红细胞中锌含量约为血浆的10倍，主要存在于碳酸酐酶中。发锌含量为 125~250 mg/g 头发，含量稳定，可反映体内含锌状况和膳食锌的供给情况。

（二）锌的吸收与排泄

天然食物中均含有锌，贝类、肉类、肝和豆类尤为丰富。锌主要在小肠吸收，吸收率为 20%~30%。锌吸收入血后，大部分与血浆清蛋白结合，小部分与 α-球蛋白结合而运输。成人每日需锌量为 15~20 mg。

锌主要随胰液分泌入肠，由粪便排出；部分由尿液和汗液排出；失血和妇女月经都是机体丢失锌的途径。

（三）锌的生理功能

1. 锌是体内多种酶的组成成分　现知体内有200多种酶含锌，重要的有碳酸酐酶、DNA 和 RNA 聚合酶、碱性磷酸酶、羧基肽酶、丙酮酸羧化酶、谷氨酸脱氢酶、乳酸脱氢酶、苹果酸脱氢酶和醇脱氢酶等。

2. 锌能增强胰岛素的活性　锌与胰岛素结合形成以 Zn^{2+} 为中心排列的胰岛素六聚体，使胰岛素活性增强，结合型胰岛素能与精蛋白结合，延长胰岛素的作用时间。缺锌者有糖耐量降低，胰岛素释放迟缓的表现。

3. 锌对大脑功能的影响　锌是脑组织含量最高的微量元素，为 10 mg/g 脑组织，锌有抑制 γ-氨基丁酸（GABA）合成酶的作用，在维持调节神经元的 GABA 浓度中发挥关键作用。妊娠妇女缺锌会使下一代学习能力和记忆力下降。

4. 锌在基因调控中的作用　许多蛋白质如反式作用因子、类固醇激素及甲状腺素受体的 DNA 结合区，都有锌参与形成锌指结构，在基因转录调控中起着重要的作用。

锌在体内的储存量很少，所以食物中锌供应不足时，很快出现缺乏症，如食欲缺乏，生长不良，皮肤病变，伤口难愈，味觉减退，胎儿畸形等。长期缺乏还可引起性功能障碍。

三、铜的代谢

（一）铜的含量与分布

成人体内铜的含量为 100~150 mg。人体各组织均含铜，其中以肝、脑、心、肾和胰含量较多。成人血清铜含量约为 0.02 mmol/L。

成人每日铜的需要量为 1~3 mg，食物中铜主要在十二指肠吸收，入血后主要与清蛋白结合，运至肝细胞代谢，主要是参与铜蓝蛋白（也称亚铁氧化酶）的组成，然后再进入血浆。在组织中，铜以铜蛋白的形式储存，其中肝和脑是铜的重要储库。体内的铜 80% 以上随胆汁分泌至肠道排出体外，少量通过肾随尿排出体外。

（二）铜的生理功能

1. 参与生物氧化和能量代谢　铜是细胞色素氧化酶的组成成分，参与生物氧化过程，起传递电子的作用。

2. 促进铁的代谢　血浆铜蓝蛋白具有铁氧化酶活性，能动员体内储存的铁，还能将 Fe^{2+} 氧化成 Fe^{3+}，促进铁与运铁蛋白结合而运输。

3. 作为某些酶的活性中心的必需成分　铜是许多酶的活性中心成分，如单胺氧化酶、抗坏血酸氧化酶、超氧物歧化酶、过氧化氢酶、酪氨酸酶等均含铜。

铜缺乏的特征表现为小细胞低色素性贫血，因铜缺乏时铜蓝蛋白含量降低，影响铁的运输和利用。

四、硒的代谢

（一）硒的含量与分布

成人体内含硒量约为 14~21 mg，主要分布于肝、胰和肾。成人每日需要量为 30~50 mg，含硒丰富的食物有动物内脏、海产品、蛋、鱼、肉类等。硒主要在十二指肠吸收，低分子有机硒（如硒代甲硫氨酸、硒代半胱氨酸）易吸收，维生素 E 可促进硒的吸收。吸收入血后主要与 α 球蛋白及 β 球蛋白结合，小部分与 VLDL 结合而运输，硒主要随尿及汗液排出。

（二）硒的生理功能

硒是谷胱甘肽过氧化物酶（GSH-Px）活性中心的组成成分，每分子 GSH-Px 含有 4 个硒原子。GSH-Px 催化还原型谷胱甘肽转变成氧化型谷胱甘肽，同时清除 H_2O_2 和有机过氧化物（ROOH），保护细胞膜和细胞内重要活性物质免受强氧化剂的破坏；与超氧化物歧化酶等组成体内防御氧自由基损伤的重要酶体系，硒对心肌的保护作用、抗癌作用等可能均与此有关；硒参与辅酶 A 和辅酶 Q 的合成；此外硒还有拮抗和降低镉、汞、砷等元素的毒性作用。

架起通向临床的桥梁

1. 克山病　亦称地方性心肌病，于 1935 年在中国黑龙江省克山县发现而命名。主要病变是心肌实质的变性、坏死和纤维化交织在一起，心脏呈肌原性普遍扩张，心壁通常不增厚，20% 的患者可见附壁血栓及肺、脑、肾、末梢血管的栓塞。光镜可见心肌变性和坏死，心肌变形呈弥漫性，坏死呈灶状分布。病变通常以左心室及室间隔部为重，右心室较轻。电镜主要表现为线粒体肿胀、增生和嵴及肌原纤维破坏。

克山病的病因目前尚不清楚，当前克山病病因研究集中在生物地球化学病因和生物病因两大方面。克山病全部发生在低硒地带，患者头发和血液中的硒明显低于非病区居民，而口服亚硒酸钠可以预防克山病的发生，说明硒与克山病的发生有关。但鉴于病区虽然普遍低硒，而发病仅占居民的一小部分，且缺硒不能解释克山病的年度和季节多发，所以还应考虑克山病的发生除低硒外尚有多种其他因素参与的可能。

2. 低血钾与高血钾

（1）低血钾　血钾浓度低于 3.5 mmol/L 时称低血钾。其原因主要有：①钾的摄入不足，如进食障碍、禁食等；②排泄过多，如严重腹泻、呕吐、大量使用排钾利尿剂等；③大量钾向细胞内转移，如严重创伤恢复期，大量合成蛋白质，用胰岛素治疗糖尿病，碱中毒等，均可导致低血钾。低血钾时神经肌肉兴奋性降低，出现肌无力，表现为倦怠、四肢无力、腹胀、呼吸困难、尿潴留等。同时，低血钾使心肌自动节律性增高，易产生期前收缩和异位心律，严重时心跳骤停在收缩状态。

（2）高血钾　血钾浓度高于 5.5 mmol/L 时称高血钾。其原因主要有：①输入钾过多，如临床上输钾过多过快或输入大量的库存血使短时间内进入体内的钾增多；②排泄障碍，如肾衰竭，肾上腺皮质功能低下等使钾的排泄减少；③大量钾向细胞外转移，如大面积烧伤或创伤、严重挤压伤以及酸中毒等使细胞内钾转移到细胞外均可导致高血钾。高血钾时神经肌肉应激性增高，引起肌张力增强，导致肌肉酸痛，极度疲乏，肢体湿冷、面色苍白、嗜睡等。同时，高血钾对心肌有严重毒性作用，可使心肌兴奋性及收缩力降低，出现心跳无力、心动过缓，严重时心跳骤停在舒张状态。

（周太梅）

第十四章 酸碱平衡

学习目标

掌握

酸碱平衡的概念，血液缓冲作用，肺和肾对酸碱平衡的调节作用。

熟悉

体内酸性和碱性物质的来源，临床上常见的判断酸碱平衡的生化指标及意义。

了解

酸碱平衡失调的几种类型。

血液 pH 值的相对恒定是机体进行正常生理活动的必要条件。细胞在代谢过程中会不断地产生一些酸性和碱性物质，同时还不断地从食物中摄取酸碱物质。但正常人血液 pH 值总是能维持在 7.35～7.45 之间。机体这种处理酸碱物质的含量和比例，维持血液 pH 恒定的过程，称为酸碱平衡（acid-base balance）。

血液 pH 值之所以能够维持在一个相对稳定的范围内，主要依赖三个方面的调节作用：①血液的缓冲作用（几秒钟内即可发生作用）；②肺对 CO_2 呼出的调节作用（在血液 pH 值改变后 15～30 min 内发生作用）；③肾对酸性或碱性物质排出的调节作用（在血液 pH 值改变后数小时内发生作用）。这三方面的调节作用相互协调、相互制约，共同维持血液 pH 值的相对恒定。上述任何一方面的调节作用发生障碍，或体内产生的酸碱物质超过了机体的调节范围，都可能导致体液酸碱平衡紊乱（acid-base imbalance），从而出现酸中毒（acidosis）或碱中毒（alkalosis）。

第一节　体内酸碱物质的来源

一、酸性物质的来源

体内酸性物质的来源较广，其中主要来源是糖、脂类、蛋白质等的分解代谢产物，因此，这些食物被称为成酸食物，其次少量来自某些食物和药物。体内的酸性物质可分为两大类：

（一）挥发性酸——碳酸

糖、脂类、蛋白质在体内完全氧化生成 CO_2 与 H_2O，在碳酸酐酶作用下结合成 H_2CO_3。H_2CO_3 随血液循环运至肺部后又可分解成 CO_2 并呼出体外，故 H_2CO_3 称为挥发性酸。成人每日经代谢产生的 CO_2 为 300～400 L，相当于 15 mol 的 H_2CO_3。因此，H_2CO_3 是体内产生的主要酸性物质。

（二）非挥发性酸——固定酸

糖、脂类、蛋白质在体内分解代谢过程中除生成 CO_2 外，还产生一些无机酸和有机酸，如磷酸、硫酸、乳酸、丙酮酸、酮体、尿酸等，这些酸性物质不能像 H_2CO_3 一样由肺呼出，必须由肾排出体外，故称为固定性酸或非挥发性酸。正常成人每日产生的固定酸仅 50～90 mmol，比每天产生的挥发性酸要少得多。固定酸还可来自食物和某些酸性药物，如醋酸、水杨酸、阿司匹林等。

二、碱性物质的来源

机体通过物质代谢产生的碱性物质较少，如氨基酸分解产生的 NH_3。碱性物质主要来自蔬菜和水果，蔬菜和水果中含有较多的有机酸盐（如柠檬酸盐、苹果酸盐等），这些有机酸根在体内氧化生成 CO_2 和 H_2O，剩下的 Na^+、K^+ 则与 HCO_3^- 结合生成碳酸氢盐，使体液中碳酸氢盐的含量增多。所以蔬菜和水果被称为成碱食物。此外，服用碱性药物（如抑制胃酸的药物 $NaHCO_3$），也可增加体内的碱量。

在正常饮食情况下，机体代谢产生的酸性物质远多于碱性物质。因此机体对酸碱平衡的调节作用是以对酸的调节为主。

课堂讨论

为什么有的水果吃起来是酸酸的口感，却属于碱性食物，如何定义食物的酸性和碱性？

第二节　酸碱平衡的调节

虽然机体在物质代谢的过程中不断产生大量的酸性物质和少量的碱性物质，但是血浆的 pH 值却能维持在一个很窄的范围内，这主要是因为体内存在血液的缓冲作用、肺的呼吸作用以及肾的分泌和排泄作用。在中枢神经系统的参与下，这三个方面构成一个统一的调节系统，有效地维持体液 pH 值的恒定。

一、血液缓冲体系及其作用

一种弱酸与该弱酸和强碱所组成的盐，构成一对缓冲系统，又称缓冲对，其溶液具有缓冲酸或碱的能力，称为缓冲溶液。缓冲溶液的 pH 由构成缓冲系统的弱酸的解离常数（Ka）及弱酸和弱酸盐的浓度比所决定（参看《医用化学》），即：

$$pH = pKa + \lg \frac{[\text{弱酸盐}]}{[\text{弱酸}]}$$

式中 pKa 为弱酸解离常数的负对数。

（一）血液的缓冲体系

血浆缓冲体系：$NaHCO_3/H_2CO_3$，Na_2HPO_4/NaH_2PO_4，$NaPr/HPr$（Pr：血浆蛋白）。

红细胞缓冲体系：$KHCO_3/H_2CO_3$，K_2HPO_4/KH_2PO_4，KHb/HHb，$KHbO_2/HHbO_2$（Hb：血红蛋白）

这些缓冲对中，血浆中以碳酸氢盐缓冲体系最为重要，红细胞中以血红蛋白、氧合血红蛋白缓冲体系最为重要。血浆碳酸氢盐缓冲对之所以重要，不仅是因为其含量多，缓冲能力强，还在于该体系易于调节，H_2CO_3 的浓度，可通过肺的呼吸调节；而 $NaHCO_3$ 浓度则可通过肾的调节作用维持相对恒定。血液中各缓冲体系的缓冲能力如表 14-1 所示：

表 14-1 血液中各缓冲体系缓冲能力的比较

缓冲体系	占全血缓冲能力的百分比（％）	缓冲体系	占全血缓冲能力的百分比（％）
Hb 和 HbO_2	35	血浆蛋白质	7
有机磷酸盐	3	血浆碳酸氢盐	35
无机磷酸盐	2	红细胞碳酸氢盐	18

血浆的 pH 主要取决于血浆中 $NaHCO_3$ 和 H_2CO_3 浓度的比值。在正常情况下，血浆 $NaHCO_3$ 的浓度约为 24 mmol/L，H_2CO_3 的浓度约为 1.2 mmol/L，由于测定溶液中 H_2CO_3 的浓度较困难，一般利用二氧化碳分压（PCO_2）来代替，即 $[H_2CO_3] = \alpha \cdot PCO_2$。$\alpha$ 为气体溶解系数，计算公式可写成：

$$pH = pKa + lg\frac{[NaHCO_3]}{\alpha \cdot PCO_2}$$

已知 37℃时 H_2CO_3 的 pKa 值为 6.10，CO_2 溶解系数为每 1 kPa 0.23 mmol/L，PCO_2 为 5.32 kPa，所以血浆 pH 为：

$$pH = 6.10 + lg\frac{24}{0.23 \times 5.32} = 6.10 + lg\frac{24}{1.2} = 6.10 + lg20 = 6.10 + 1.30 = 7.40$$

从上式可见，只要 $NaHCO_3$ 与 H_2CO_3 浓度比值为 20/1，血浆的 pH 即可维持在 7.40。当 $NaHCO_3$ 的浓度发生改变时，只要 H_2CO_3 的浓度也作相应的增减，维持它们的比值为 20/1，则血浆 pH 值仍然为 7.40。当比值不能维持在 20/1，血浆 pH 值亦随之发生改变。缓冲体系中的 H_2CO_3 是中和碱的酸性成分，能通过肺迅速调节，故 H_2CO_3 的浓度可以反映肺的通气情况，称为呼吸因素。$NaHCO_3$ 是缓冲体系内中和酸的碱性成分，习惯上称为碱储。$NaHCO_3$ 浓度可反映体内的代谢情况，受肾的调节，称为代谢因素。

（二）缓冲体系的缓冲作用

进入血液的固定酸或碱性物质，主要被碳酸氢盐缓冲体系所缓冲；而挥发性酸则主要被血红蛋白缓冲体系所缓冲。

1. 对固定酸的缓冲作用　代谢过程中产生的固定酸（以 HA 表示）进入血浆时，主要由 $NaHCO_3$ 中和，使酸性较强的固定酸转变为酸性较弱的 H_2CO_3，H_2CO_3 则进一步分解成 CO_2 和 H_2O，CO_2 可经肺排出体外。

$$HA + NaHCO_3 \longrightarrow NaA + H_2CO_3$$
$$\longrightarrow H_2O + CO_2$$

另外，血浆中其他缓冲体系也有一定的缓冲作用。

$$HA + NaPr \longrightarrow NaA + HPr$$
$$HA + Na_2HPO_4 \longrightarrow NaA + NaH_2PO_4$$

2.对碱性物质的缓冲作用　碱性物质进入血液后，可被血浆中的 H_2CO_3、NaH_2PO_4 及 HPr 所缓冲，使碱性减弱。

$$OH^- + H_2CO_3 \longrightarrow HCO_3^- + H_2O$$
$$OH^- + H_2PO_4^- \longrightarrow HPO_4^{2-} + H_2O$$

反应的结果是使碱性较强的 OH^- 转变成碱性较弱的 HCO_3^-，其中所消耗的 H_2CO_3 可由体内不断产生的 CO_2 得以补充。因此 H_2CO_3 是对碱性物质进行缓冲的主要成分，缓冲后生成的过多 HCO_3^- 可由肾排出体外，从而维持了血液 pH 的恒定。

3. 对挥发性酸的缓冲作用　H_2CO_3 主要与血红蛋白的运氧过程相偶联而被缓冲，在正常情况下，血红蛋白以 KHb/HHb 形式存在，氧合血红蛋白以 $KHbO_2/HHbO_2$ 形式存在。

当血液流经组织时，在组织毛细血管内的 $KHbO_2$ 释放出氧后生成 KHb。与此同时。组织产生的 CO_2 大量扩散进入红细胞内，在碳酸酐酶的催化下与 H_2O 迅速结合生成 H_2CO_3，反应过程如下：

$$KHbO_2 \longrightarrow KHb + O_2$$
$$CO_2 + H_2O \longrightarrow H_2CO_3$$
$$H_2CO_3 + KHb \longrightarrow KHCO_3 + HHb$$

通过上述反应，防止了红细胞内 H^+ 浓度的升高，但产生了大量的 $KHCO_3$。为了保持红细胞与血浆之间 HCO_3^- 浓度的平衡，红细胞内 HCO_3^- 向血浆扩散，在 HCO_3^- 向血浆转移的同时，血浆中 Cl^- 向红细胞内移动以保持细胞内外正负电荷的平衡。

当血液流经肺部时，CO_2 不断向肺泡扩散并排出体外，血中 H_2CO_3 浓度不断减少。与此同时，O_2 不断地由肺泡扩散入血，并在红细胞中与 HHb 结合成 $HHbO_2$。$HHbO_2$ 与 $KHCO_3$ 反应生成 $KHbO_2$ 和 H_2CO_3，H_2CO_3 在碳酸酐酶催化下分解为 CO_2 和 H_2O，CO_2 由肺部呼出体外。反应过程如下：

$$HHb + O_2 \longrightarrow HHbO_2$$
$$HHbO_2 + KHCO_3 \longrightarrow KHbO_2 + H_2CO_3$$
$$H_2CO_3 \longrightarrow CO_2 + H_2O$$

在此过程中，由于红细胞内 HCO_3^- 浓度不断下降，血浆中 HCO_3^- 便向红细胞内扩散，同时红细胞内 Cl^- 则向血浆中转移（图 14-1）。

二、肺对酸碱平衡的调节作用

肺主要通过增加或减少 CO_2 的排出量，调节体内 H_2CO_3 的浓度，肺呼出 CO_2 的作用受延髓呼吸中枢的调节。而呼吸中枢的兴奋性又受血液中 PCO_2 和 H^+ 浓度的影响。延髓呼吸中枢对动脉血液 PCO_2 的变化很敏感。如动脉血液 PCO_2 由正常的 5.33 kPa（40 mmHg）增加到 5.87 kPa（44 mmHg）时，肺的通气量可增加 2 倍。动脉血液 H^+ 浓度增高时，可刺激中枢化学感受器，其神经冲动传入延髓呼吸中枢，使呼吸运动加深加快，CO_2 呼出增多。反之，当血液 PCO_2 降低和 H^+ 浓度下降时，呼吸中枢兴奋降低，则呼吸运动变慢变浅，CO_2 呼出量减少。通过 CO_2 的呼出量的多少来调节血液中 H_2CO_3 的浓度，维持 $[NaHCO_3]/[H_2CO_3]$ 的正常比值。

依靠肺的调节虽然能维持 $[NaHCO_3]/[H_2CO_3]$ 的正常比值，固定酸增多时，$NaHCO_3$ 减少，

血液流经组织

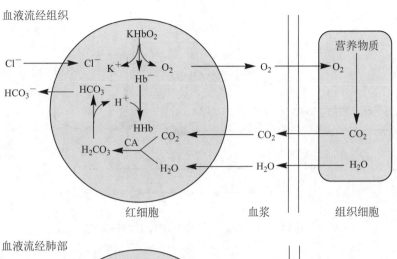

血液流经肺部

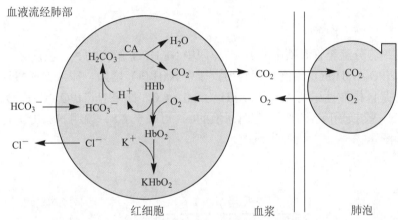

图 14-1 血红蛋白对挥发性酸的缓冲作用
CA 为碳酸酐酶

H_2CO_3 随着呼吸运动的加深加快也相应减少；当碱性物质增多时，H_2CO_3 也随着呼吸运动的变慢变浅而相应增多，但 $NaHCO_3$ 和 H_2CO_3 的绝对量仍发生了改变，因此还需要肾脏的调节。

三、肾对酸碱平衡的调节作用

肾主要是通过排出过多的酸或碱来调节血浆中 $NaHCO_3$ 的浓度。当血浆 $NaHCO_3$ 浓度降低时，肾加强排出酸性物质和对 $NaHCO_3$ 的重吸收，从而恢复 $NaHCO_3$ 的正常含量。相反，当血浆 $NaHCO_3$ 含量过高时，则增加对碱性物质的排出量，使 $NaHCO_3$ 浓度降至正常。肾的调节速度较肺慢，但调节能力强大。肾的调节作用主要通过 H^+-Na^+ 交换、NH_4^+-Na^+ 交换和 K^+-Na^+ 交换来实现。

（一）H^+-Na^+ 交换

机体每天通过肾小球滤过的碳酸氢盐约 5000 mmol（相当于 420 g $NaHCO_3$），但排出量仅 4～6 mmol，只占滤过量的 0.1%，这表明肾对 $NaHCO_3$ 有很强的重吸收能力。肾小管重吸收的 $NaHCO_3$ 并非是原尿中的 $NaHCO_3$，而是原尿中的 Na^+ 与肾小管上皮细胞分泌的 H^+ 进行交换的结果。肾小管上皮细胞内含有碳酸酐酶，能催化细胞内的 CO_2 和 H_2O 化合生成 H_2CO_3，后者解离成 H^+ 和 HCO_3^-。肾小管上皮细胞将 H^+ 分泌至管腔内，与滤液中的 $NaHCO_3$ 中的 Na^+ 交换，生成 H_2CO_3。从滤液中换回的 Na^+ 与细胞内产生的 HCO_3^- 结合生成 $NaHCO_3$ 扩散入血，以补充血浆中 $NaHCO_3$ 的浓度。同时，滤液中生成的 H_2CO_3 在肾小管上皮细胞刷状缘上的碳酸酐酶作用下，又分解成 CO_2 和 H_2O，CO_2 可扩散进入肾小管上皮细胞内再被利用（图 14-2）。

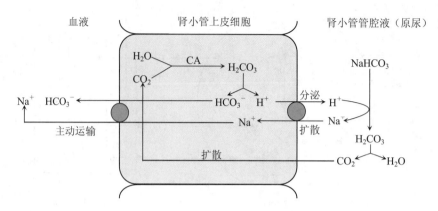

图 14-2 H^+-Na^+ 交换与 $NaHCO_3$ 的重吸收

肾小管上皮细胞分泌至管腔液中的 H^+ 与原尿中 Na_2HPO_4 解离的 Na^+ 进行交换生成 NaH_2PO_4，使原尿中的 Na_2HPO_4/NaH_2PO_4 比值逐渐变小，尿中 NaH_2PO_4 增加，尿液变成酸性。正常人在普通膳食状况下，是以排酸性尿为主，尿液 pH 为 5.0 ~ 6.0。如果 Na_2HPO_4/NaH_2PO_4 的比值由原尿中的 4/1 经 H^+-Na^+ 交换后降至 1/99，此时尿液的 pH 可降至 4.8，说明 Na_2HPO_4 已基本上全部转化为 NaH_2PO_4（图 14-3）。

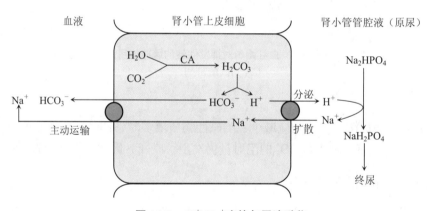

图 14-3 H^+-Na^+ 交换与尿液酸化

（二）NH_4^+-Na^+ 交换

肾远曲小管上皮细胞有泌氨作用，肾远曲小管分泌的氨主要来自血液中的谷氨酰胺，经肾小管上皮细胞内的谷氨酰胺酶水解释放出 NH_3，这种方式产生的 NH_3 约占远曲小管产生 NH_3 总量的 60%，另一部分 NH_3 则来自肾小管上皮细胞内氨基酸的脱氨基作用。由于肾小管液酸度比细胞内液高，因此，NH_3 极易透过细胞膜弥散到管腔中。NH_3 接受管腔中的 H^+ 生成 NH_4^+，使管腔液中的 H^+ 浓度减少，有利于肾小管上皮细胞继续分泌 H^+，NH_4^+ 与酸根离子结合生成铵盐随尿排出。故肾小管上皮细胞泌氢和泌氨有相互促进的作用（图 14-4）。

正常人 24 h 有 30 ~ 50 mmol NH_3 与 H^+ 结合成 NH_4^+ 随尿排出。但在酸中毒时每天排出量可增加 10 倍，多达 400 mmol。因为酸中毒时，糖皮质激素分泌增多，使线粒体内膜对谷氨酰胺的通透性增加几十倍，线粒体内 NH_3 的生成量也随之增加 15 ~ 20 倍。酸中毒还可诱导肾近曲小管细胞内谷氨酰胺酶的合成。

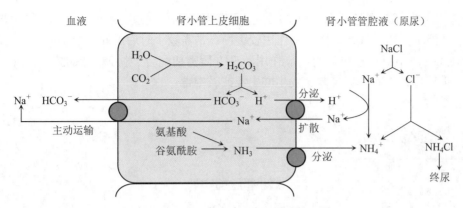

图 14-4 NH₄⁺-Na⁺ 交换和铵盐的排泄

（三）K⁺-Na⁺ 交换

肾远曲小管上皮细胞有主动泌钾换回钠的作用，即 K⁺-Na⁺ 交换。在远曲小管，K⁺ 被主动分泌，分泌的 K⁺ 与管腔中的 Na⁺ 交换，排出 K⁺ 回收 Na⁺。H⁺-Na⁺ 交换与 K⁺-Na⁺ 交换均在肾远曲小管进行，两者形成相互竞争作用。当细胞外液 K⁺ 浓度升高时可抑制肾小管上皮细胞分泌 H⁺，此时，K⁺-Na⁺ 交换加强，而 H⁺-Na⁺ 交换减弱，尿中 K⁺ 排出增加，H⁺ 排出减少，因此，高血钾可引起酸中毒；细胞外液 K⁺ 浓度降低时，K⁺-Na⁺ 交换减弱，H⁺-Na⁺ 交换加强，因此，低血钾可引起碱中毒（图 14-5）。

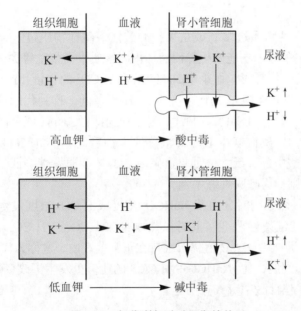

图 14-5 钾代谢与酸碱平衡的关系

H⁺-Na⁺ 交换与 K⁺-Na⁺ 交换受醛固酮的调节。醛固酮分泌不足时，H⁺、K⁺ 与原尿中 Na⁺ 的交换量降低。尿液 H⁺、K⁺ 排出量减少，NaHCO₃ 重吸收降低，导致血浆中 NaHCO₃ 的含量减少，可引起酸中毒。醛固酮分泌过多时则反之。

综上所述，体内酸碱平衡的调节主要通过血液缓冲体系、肺和肾的调节维持的。进入血液的酸性或碱性物质，首先由血液缓冲体系缓冲，尤其是 NaHCO₃/H₂CO₃ 的缓冲，将酸、碱性较强的物质转变成酸、碱性较弱的物质。然而，这种缓冲作用，会消耗体内的一些碱性或酸性物质，势必引起 NaHCO₃ 和 H₂CO₃ 含量和比值的变化。肺的呼吸作用可以调节血液 PCO₂ 即 H₂CO₃ 的含量，以维持 NaHCO₃/H₂CO₃ 比值为 20/1。但肺对 NaHCO₃ 浓度无直接调节作用，故还必须通过肾排出过多的酸或碱，调节 $NaHCO_3$ 的浓度。肺的呼吸功能通过神经调节机制，作用非常迅速。而肾的调节功能主要通过激素的作用，作用较缓慢，常需数小时后见效。由此可见，酸碱平衡的调节，是血液缓冲作用、肺和肾的调节作用，三方面密切配合、协调一致的结果。任一调节机制的障碍，都可导致酸碱平衡失调，发生酸中毒或碱中毒。

肾小管性酸中毒

　　肾小管性酸中毒（renal tubular acidosis，RTA）是由于各种病因导致肾酸化功能障碍而产生的一种临床综合征，主要表现是血浆阴离子间隙正常的高氯性代谢性酸中毒。按病变部位、病理生理变化和临床表现分为 4 型：Ⅰ型又称远端 RTA，远曲小管和集合管疾患致使泌氢能力下降；Ⅱ型又称近端 RTA，肾近曲小管重吸收碳酸氢盐能力明显减退；Ⅲ型又称混合型 RTA，肾近曲小管及远曲小管均有障碍，临床表现同Ⅰ型，但尿碳酸氢盐丢失比Ⅰ型多；Ⅳ型又称高血钾型 RTA，醛固酮缺乏或出现醛固酮耐受，肾排钾保钠能力降低。

第三节　酸碱平衡失调

　　体内产生的酸性、碱性物质过多，或是丢失的酸性、碱性物质过多，超出了机体的调节能力；或是肺、肾调节酸碱平衡的功能发生障碍；体内电解质平衡紊乱等原因都会导致体内酸碱平衡失调。酸碱平衡失调时，势必影响血浆中 $NaHCO_3$ 和 H_2CO_3 的含量和比值。若血浆中 $NaHCO_3$ 浓度原发性降低，$[NaHCO_3]/[H_2CO_3]$ 的比值变小，pH 值降低，称为代谢性酸中毒；反之，如果血浆 $NaHCO_3$ 浓度原发性升高，$[NaHCO_3]/[H_2CO_3]$ 的比值增大，pH 值升高，则称为代谢性碱中毒。若因 CO_2 呼出过少，以致血浆中 H_2CO_3 浓度原发性升高，$[NaHCO_3]/[H_2CO_3]$ 的比值变小，pH 值降低，称为呼吸性酸中毒；反之，如果血浆 H_2CO_3 浓度原发性降低，$[NaHCO_3]/[H_2CO_3]$ 的比值增大，pH 值升高，则称为呼吸性碱中毒。

　　在早期或轻度酸碱平衡失调时，血浆 $NaHCO_3$ 浓度或 H_2CO_3 浓度发生原发性改变，而另一成分的浓度也发生相应的继发性改变，此时虽然血浆 $NaHCO_3$ 与 H_2CO_3 的绝对浓度发生变化，但二者的比值可以不变（即 20/1），pH 值仍可维持在正常范围内，这称为代偿性酸中毒或碱中毒。如果酸、碱中毒病情继续发展，使 $[NaHCO_3]/[H_2CO_3]$ 的比值也发生了改变，血液 pH 值低于 7.35 或高于 7.45，这称为失代偿性酸中毒或碱中毒。

一、酸碱平衡失调的基本类型

（一）代谢性酸中毒

　　代谢性酸中毒是临床上最常见的酸碱平衡紊乱，是由于血浆中 $NaHCO_3$ 浓度原发性减少所致。

　　1. 常见原因　①固定酸来源过多，导致 $NaHCO_3$ 的过量消耗，如糖尿病酮症酸中毒、缺氧引起的乳酸中毒；②固定酸排出障碍，如肾衰竭，肾小管上皮细胞分泌 H^+ 和 NH_3 的能力降低，导致酸性代谢产物在体内堆积；③体内 $NaHCO_3$ 丢失过多，如腹泻、肠瘘、胆瘘和肠引流等，导致大量碱性消化液丢失；④服用过多的酸性药物，如 NH_4Cl 等。

　　2. 代偿机制：固定酸经血浆中 $NaHCO_3$ 缓冲，生成固定酸的钠盐和 H_2CO_3，使血浆 H_2CO_3 浓度升高，pH 值降低，可刺激延髓呼吸中枢，使其兴奋，引起呼吸加深加快，CO_2 排出增多，

使血浆 H_2CO_3 浓度降低；而后肾小管上皮细胞泌 H^+ 和泌 NH_3 作用增强，通过 H^+-Na^+ 交换和 NH_4^+-Na^+ 交换，增加 $NaHCO_3$ 的重吸收和固定酸的排出。经上述代偿过程，若 $[NaHCO_3]/[H_2CO_3]$ 的比值在 20/1，则血浆 pH 值可维持在正常范围，这称为代偿性代谢性酸中毒。若超过机体的代偿能力时，血浆 $[NaHCO_3]/[H_2CO_3]$ 的比值变小，此时 pH 值低于 7.35，这称为失代偿性代谢性酸中毒。

（二）呼吸性酸中毒

呼吸性酸中毒主要是由于肺的呼吸功能障碍，导致体内 CO_2 潴留，使血浆中 H_2CO_3 浓度原发性升高。

1. 常见原因 ①广泛性肺部疾病，如肺气肿、支气管哮喘、气胸等，这些疾病可严重妨碍肺泡的通气；②呼吸中枢受抑制，如延脑肿瘤、脑炎、脑膜炎、颅脑外伤等，呼吸中枢活动受抑制，使通气减少而 CO_2 蓄积。此外，麻醉剂、镇静剂（吗啡、巴比妥钠等）均有抑制呼吸的作用，剂量过大亦可引起通气不足；③呼吸神经、肌肉功能障碍，如脊髓灰质炎、重症肌无力，低钾血症，高位脊髓损伤等，严重者可引起呼吸肌麻痹。

2. 代偿机制 呼吸性酸中毒是由呼吸障碍引起，故呼吸代偿难以发挥，肾代偿是呼吸性酸中毒的主要代偿措施。当血浆 PCO_2 及 H_2CO_3 浓度升高时，肾小管上皮细胞泌 H^+、泌 NH_3 作用增强，$NaHCO_3$ 重吸收增多，血浆中 $NaHCO_3$ 浓度继发性升高，如果 $[NaHCO_3]/[H_2CO_3]$ 的比值仍维持在 20/1，则血浆 pH 仍在正常范围，这称为代偿性呼吸性酸中毒。若血浆 H_2CO_3 浓度过高，超过机体的代偿能力时，则 $[NaHCO_3]/[H_2CO_3]$ 的比值变小，血浆 pH 低于 7.35，这称为失代偿性呼吸性酸中毒。

（三）代谢性碱中毒

代谢性碱中毒是由于 H^+ 的丢失导致血浆 $NaHCO_3$ 原发性增多。

1. 常见原因 ①氢离子丢失过多，如幽门梗阻或高位肠梗阻时的剧烈呕吐，直接丢失胃酸，醛固酮分泌增加，促进远曲小管和集合管排 H^+ 和 K^+，而加强 Na^+ 的重吸收；②碱性物质摄入过多，如溃疡病人服用过量的碳酸氢钠，超过肾排泄能力；③低血钾，肾小管上皮细胞排 K^+ 减少而排 H^+ 增加，即 H^+-Na^+ 交换加强而 K^+-Na^+ 交换减弱，使进入血液的 $NaHCO_3$ 增加，导致细胞外碱中毒，细胞内酸中毒；④低血氯，Cl^- 是肾小管中唯一的容易与 Na^+ 相继重吸收的阴离子，当原尿中 $[Cl^-]$ 降低时，肾小管便加强 H^+、K^+ 的排出，使 $NaHCO_3$ 的重吸收增加。

2. 代偿机制 代谢性碱中毒时，由于血浆 $NaHCO_3$ 浓度升高，H^+ 浓度下降，导致呼吸中枢兴奋性降低，出现呼吸抑制，肺泡通气减少，使血浆 H_2CO_3 浓度升高；同时，肾小管上皮细胞泌 H^+ 和泌 NH_3 作用减弱，对 $NaHCO_3$ 的重吸收减少。结果使 $[NaHCO_3]/[H_2CO_3]$ 的比值仍维持在 20/1，血浆 pH 仍在正常范围，这称为代偿性代谢性碱中毒。若血浆 $NaHCO_3$ 浓度过高，超过机体的代偿能力时，则 $[NaHCO_3]/[H_2CO_3]$ 的比值变大，血浆 pH 大于 7.45，这称为失代偿性代谢性碱中毒。

（四）呼吸性碱中毒

呼吸性碱中毒是由于肺的换气过度，CO_2 呼出过多，使血浆 H_2CO_3 浓度原发性降低。

1. 常见原因 ①精神性过度通气，如癔病发作患者；②代谢过程异常，如甲状腺功能亢进、高烧等，通气明显增加超过应排出 CO_2 量；③中枢神经系统疾患，如脑炎、脑膜炎、脑肿瘤及颅脑损伤病人中有的呼吸中枢受到刺激而兴奋，出现通气过度；④水杨酸中毒，水杨酸能直接刺激呼吸中枢使其兴奋性升高，而出现过度通气。

2. 代偿机制 当 CO_2 排出过量，血浆 PCO_2 及 H_2CO_3 浓度降低时，肾小管上皮细胞碳酸酐酶活性降低，泌 H^+、泌 NH_3 作用减弱，H^+-Na^+ 交换、NH_4^+-Na^+ 交换下降，$NaHCO_3$ 重吸收减少。血浆 $NaHCO_3$ 浓度继发性降低，使 $[NaHCO_3]/[H_2CO_3]$ 的比值仍维持在 20/1，则血浆 pH 仍在正常范围，这称为代偿性呼吸性碱中毒。若血浆 H_2CO_3 浓度过低，超过机体的代偿能力时，

则 [NaHCO₃]/[H₂CO₃] 的比值变大，血浆 pH 大于 7.45，这称为失代偿性呼吸性碱中毒。

二、酸碱平衡的常用生化指标及意义

（一）血液 pH 值

血液 pH 值反映体液中 $[H^+]$，其值是以 $[H^+]$ 的负对数表示。正常人动脉血 pH 值变动范围为 7.35～7.45，平均为 7.40。婴幼儿低于儿童，儿童低于成人。如新生儿血浆 pH 值为 7.3～7.35，处于成人 pH 值 7.35～7.45 的下限以下。这是因为年龄越小血浆二氧化碳分压越高，乃属正常生理范围。正常成人动脉血液 pH 值比静脉血液高约 0.02～0.1。

血浆 pH 低于 7.35 为失代偿性酸中毒，高于 7.45 为失代偿性碱中毒。但只看 pH 的变化还不能区分酸碱中毒是代谢性的还是呼吸性的。pH 值处于正常范围内，也不能说明体内没有酸碱平衡紊乱。因为在酸碱中毒时，通过机体的调节作用，尽管 [NaHCO₃] 和 [H₂CO₃] 的绝对值已经发生改变，但二者的比值仍维持在 20：1 附近，pH 值则可保持于正常范围内。

（二）二氧化碳分压

二氧化碳分压（PCO_2）是指物理溶解于血浆中的 CO_2 所产生的张力。动脉血浆 PCO_2 的正常范围为 4.67～6.0 kPa（35～45 mmHg），平均值为 5.33 kPa（40 mmHg）。PCO_2 是反映呼吸性酸碱平衡紊乱的重要指标。由于通气过度，CO_2 排出过多，其值低于正常，为呼吸性碱中毒；由于通气不足，CO_2 排出过少而在体内潴留，其值高于正常，为呼吸性酸中毒。在代谢性酸中毒时，由于呼吸加深加快的代偿反应，可使病人 PCO_2 值下降而低于正常。也就是说当 [NaHCO₃] 原发性降低时，H₂CO₃ 代偿性地下降，使 [NaHCO₃]/[H₂CO₃] 比值变化尽量减少或仍能维持 20：1。在代谢性碱中毒时，则与此相反，PCO_2 值可代偿性升高而高于正常。

（三）二氧化碳结合力

二氧化碳结合力（CO_2 combining power，CO_2-CP）是指每升血浆中以 NaHCO₃ 形式存在的 CO_2 mmol 数。正常参考范围为 23～31 mmol/L，平均为 27 mmol/L。血浆 CO_2-CP 可反映血浆中 NaHCO₃ 的含量。代谢性酸中毒血浆 CO_2-CP 降低，代谢性碱中毒 CO_2-CP 增高；但是在呼吸性酸中毒和碱中毒时，由于肾的代偿作用，可继发性地引起血浆 NaHCO₃ 浓度增高或降低，而出现与代谢性酸碱中毒相反的结果。CO_2-CP 的测定方法建立于 1917 年，它在测定血浆 NaHCO₃（碱贮）上起过重要作用，现因血气分析仪的使用，测定 pH 值、PCO_2 等更方便可靠，故 CO_2-CP 的测定已日渐少用。

（四）标准碳酸氢盐和实际碳酸氢盐

标准碳酸氢盐（standard bicarbonate，SB）是指动脉血液标本在标准条件下（温度 37℃、Hb 氧饱和度为 100%、PCO_2 为 5.33 kPa）所测得的血浆 NaHCO₃ 含量。因为这种方法已排除呼吸因素的影响，故为判断代谢性酸碱中毒的指标。正常参考范围为 22～27 mmol/L，平均为 24 mmol/L。代谢性酸中毒病人 SB 降低，代谢性碱中毒时则 SB 升高。

实际碳酸氢盐（actual bicarbonate，AB）是指隔绝空气的血液标本，在保持其原有 PCO_2 和血氧饱和度不变的条件下测得的血浆 NaHCO₃ 的真实含量。因此，AB 受代谢和呼吸两方面因素的影响。AB 的正常值同 SB，因为正常人的条件和测定 SB 的人工条件是相同的。但 AB 与 SB 的差值能反映呼吸因素对酸碱平衡的影响。

正常人，AB＝SB。若 AB＞SB，表明体内有 CO_2 蓄积，为呼吸性酸中毒；若 AB＜SB，表明 CO_2 呼出过多，即通气过度，为呼吸性碱中毒。当两者均低于正常值，为代谢性酸中毒；两者均高于正常值时，为代谢性碱中毒。

（五）缓冲碱

缓冲碱（buffer base，BB）是指血液中具有缓冲作用的碱性物质的总和。即血液中具有缓冲作用的阴离子的总和。这些阴离子包括 HCO_3^-、HPO_4^{2-}、Hb^-、Pr^- 等。通常用氧饱和的全血测定，这称为全血缓冲碱（buffer base of blood，BBb）。正常参考范围为 45～52mmol/L。全血缓冲碱受血红蛋白含量的影响，而不受呼吸因素的影响，是反映代谢因素的指标。代谢性酸中毒 BB 降低，而代谢性碱中毒则 BB 升高。如果测定血浆中缓冲碱含量，则称为血浆缓冲碱（buffer base of plasma，BBp），BBp 不包括 Hb^-，故不受 Hb 含量的影响，正常参考范围为 40～48 mmol/L。

（六）碱剩余和碱缺失

碱剩余（base excess，BE）是指在标准条件下处理全血，分离血浆后用酸或碱滴定至 pH=7.40 时所消耗的酸或碱的量。如需用酸滴定，指示血液中碱含量多于正常，即称为碱剩余。用正值（＋BE）表示，见于代谢性酸中毒。反之，如果需用碱滴定，则表示碱缺失（base deficit，BD），用负值（－BE）表示，见于代谢性酸中毒。正常人的 BE 值在 0 附近，正常参考范围为 0±3 mmol/L。EB 是反映代谢性因素的重要指标。

（七）阴离子间隙

血浆中的主要阳离子是 Na^+ 和 K^+，称为可测定阳离子，其余为未测定阳离子。主要阴离子是 Cl^- 和 HCO_3^-，称为可测定阴离子，其余为未测定阴离子。阴离子间隙（anion gap，AG）是指血浆中的未测定阳离子与未测定的阴离子的差值。但临床上常用可测定的阳离子与可测定的阴离子的差值表示：$AG = ([Na^+]+[K^+]) - ([Cl^-]+[HCO_3^-])$。正常参考范围为 8～16 mmol/L。AG 是反映代谢性酸碱失调的重要指标，代谢性酸中毒 AG 升高，但 AG 降低在酸碱平衡分析中无重要意义。

酸碱平衡失调时血液中主要生化诊断指标的变化情况（表 14-2）。

表 14-2　酸碱平衡失调的类型及其血液生化指标的变化

指标	酸中毒				碱中毒			
	代谢性		呼吸性		代谢性		呼吸性	
	代偿	失代偿	代偿	失代偿	代偿	失代偿	代偿	失代偿
原发性改变	［$NaHCO_3$］↓		［H_2CO_3］↑		［$NaHCO_3$］↑		［H_2CO_3］↓	
pH	正常	↓	正常	↓	正常	↑	正常	↑
PCO_2	↓	↓	↑	↑↑	↑	↑	↓	↓↓
CO_2CP	↓	↓↓	↑	↑	↑	↑↑	↓	↓
SB 与 AB	SB＝AB 均↓		SB＜AB		SB＝AB 均↑		SB＞AB	
BE 与 BD	BE（负值）		—		BE（正值）		—	

注：↑表示升高　↑↑表示显著升高　↓表示降低

案例分析

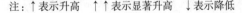

　　患者，男性，45 岁，患糖尿病 10 余年，因昏迷状态入院。体查：血压 90/40 mmHg，脉搏 101 次/min，呼吸 28 次/min。实验室检查：血糖 10.1 mmol/L、K^+ 5.0 mmol/L、Na^+ 160 mmol/L、Cl^- 104 mmol/L；pH 7.14、PCO_2 30 mmHg、HCO_3^- 9.9 mmol/L、AG 35 mmol/L；尿酮（＋＋＋）、尿糖（＋＋＋）。

　　经低渗盐水灌胃，静脉滴注等渗盐水和胰岛素等抢救措施，6 h 后，病人呼吸平稳，神志清醒，重复上述检验项目测定，除血 K^+ 为 3.2 mmol/L 偏低外，其他项目均接近正常。

问题与思考

1．该患者发生了何种酸碱紊乱？原因和机制是什么？

2．如何解释该患者治疗前及治疗的血钾变化？

架起通向临床的桥梁

1．**离子转移与酸、碱中毒治疗的关系**　当能改变酸碱平衡的离子如 H^+、HCO_3^- 等在细胞外液中升高时，它们进入细胞内（或骨内）与 K^+、Cl^- 等离子交换，以保持细胞外液的 pH 的恒定。根据实验研究估算，酸或碱在细胞外液增加后，一般经 2～4 h 会有 1/2 的量进入细胞内。这一事实对治疗有关。例如：代谢性酸中毒病人用 $NaHCO_3$ 治疗时的情况。病人体重＝60 kg，细胞外液量＝0.20×60=12 L，治疗前血浆 $[HCO_3^-]$=13 mmol/L，给 $NaHCO_3$ 量＝100 mmol，试计算 2～4h 后血浆 $[HCO_3^-]$ 是多少？

计算：① $NaHCO_3$ 未进入细胞内时可提升血浆 $[HCO_3^-] = \dfrac{100 \text{ mmol/L}}{12 \text{L}}$ =8.3 mmol/L

② 2～4h 后 $NaHCO_3$ 进入细胞内可提升血浆 $[HCO_3^-]$=1/2×8.3 =4.2 mmol/L

③ 最终可提升血浆 $[HCO_3^-]$ 至 =13＋4.2=17.2 mmol/L

2．**酮症酸中毒**　各种原因（如糖尿病、饥饿、大量饮酒等）导致脂肪分解加速，肝生成的酮体超过了肝外组织对酮体的利用，使血中酮体升高，因酮体是酸性物质，如在体内堆积过多，引起血液 pH 下降，造成代谢性酸中毒，称为酮症酸中毒。

酮症酸中毒是糖尿病患者常见的并发症。因为正常时人体胰岛素拮抗脂解激素，使脂解维持常量。当胰岛素缺乏时，脂解激素如 ACTH、皮质醇、胰高血糖素及生长激素等的作用加强，大量激活脂肪细胞内的脂肪酶，使三酰甘油分解为甘油和脂肪酸的过程加强，脂肪酸大量进入肝，肝则生酮显著增加。

肝生酮增加与肉碱酰基转移酶活性升高有关。因为正常时胰岛素对此酶具有抑制性调节作用，当胰岛素缺乏时此酶活性显著增强。这时进入肝的脂肪酸形成脂肪酰辅酶 A 之后，在此酶作用下大量进入线粒体，经 β- 氧化而生成大量的乙酰辅酶 A，在肝内缩合成酮体的速度就大大地加快。

（王海英）

第十五章　细胞信号转导

学习目标

掌握

　　信号分子、受体的概念，主要转导途径的基本过程。

熟悉

　　细胞通讯方式，受体的种类，受体与信号分子结合的特点。

了解

　　信号转导异常与疾病。

　　细胞信号转导是指细胞通过细胞膜（或细胞内）受体接受外界信号，通过系统级联传递机制，将胞外信号转导为胞内信号，最终引起细胞应答反应（包括下游基因表达的调节、细胞内酶活性的变化、细胞骨架构型和 DNA 合成的改变等）的过程（图 15-1）。这种特定的反应体系称之为细胞信号通路。

　　信号转导机制的阐明不仅能加深对生命活动本质的认识，同时也有助于对某些疾病发病机制的深入研究。现已证实，细胞信号转导的异常与人类许多常见疾病相关，如肿瘤、心血管疾病、内分泌疾病以及某些感染性疾病等。因此，掌握细胞信号转导机制，将有助于提高临床诊疗水平。

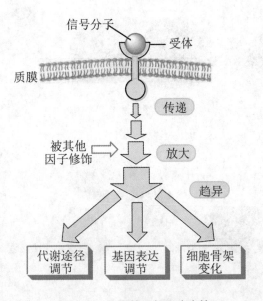

图 15-1　信号转导与细胞应答

第一节　细胞通讯与信号转导基本特征

细胞信号转导包括胞外传递、跨膜转换和胞内传递三个环节。信号的胞外传递又称细胞通讯（cell communication），是指一个细胞发出的信息通过介质传递到另一个细胞产生相应反应的过程。细胞间的通讯对于多细胞生物体的发生和组织的构建，协调细胞的功能，控制细胞的生长和分裂是必需的。

一、细胞通讯方式

细胞间通讯方式中，最重要的是化学通讯。细胞之间进行信息传递的化学物质称为信息分子或信使。

细胞间几种基本细胞信号通讯方式。

1. 接触依赖型　参与此类细胞间通讯的配体和受体分别存在于两个相互作用的细胞质膜表面，细胞通过直接接触进行通讯（图15-2 A）。这种类型的细胞通讯在机体发育和免疫反应中扮演着重要角色，例如免疫细胞的相互识别。

2. 间隙连接型　细胞与细胞相互接触并在接触部位形成一个特化的孔道，称为间隙连接（图15-2 B），相邻细胞通过间隙连接可快速交换小分子信号如 Ca^{2+}，cAMP 等，以协调细胞群对外来信号的反应，因此在发育过程中间隙连接也发挥着重要作用。特定细胞如心肌细胞之间快速传导电信号，对心肌细胞的同步收缩有重要意义。

3. 内分泌型　是最为普遍的通讯方式，信号细胞分泌的信号分子进入血液，经血液循环把信号分子转运到机体各部位的靶细胞发挥作用（图15-2 C）。靶细胞通过其表达的特异性受体来捕获这些信号分子，不表达该受体的细胞不受该信号的影响，充分表现信号传送的准确性和目的性。在动物中，以这种方式发挥作用的信号分子叫做激素，产生激素的细胞称为内分泌细胞。其

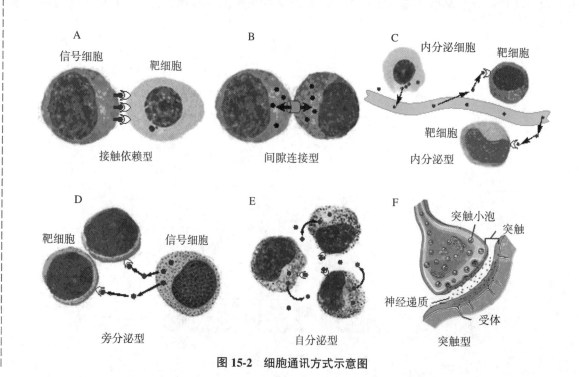

图 15-2　细胞通讯方式示意图

作用特点是作用距离远、范围大、作用缓慢而持久。

4. 旁分泌型　为较常见的细胞通讯方式。其信号细胞释放的信号分子经细胞周围的细胞外基质以局部扩散的方式作用邻近的靶细胞，然后迅速被靶细胞接受或被酶降解（图15-2 D）。其作用特点是作用距离近、范围小、持续时间短、特异性高。绝大部分的生长因子和细胞因子通过此方式进行传递。

5. 自分泌型　信号分子由细胞分泌后，可被细胞本身的受体接收（图15-2 E）。在胚胎的发育早期，接触依赖的信号在组织形成中具有重要作用。那时血液循环尚未建立，神经系统的发育也未完成，细胞外信号的交流方式非常局限。许多生长因子以这种方式传递信号。如肿瘤细胞常产生和分泌过量的生长因子，导致肿瘤细胞无限制地增殖。

6. 突触型　为神经系统信息传递的主要方式。在神经元的信号传递中，神经细胞产生神经递质，储存于神经末梢。当有动作电位传至神经末梢时，神经递质释放入突触间隙，作用于突触后靶细胞。靶细胞上有神经递质受体可接收神经递质并引发信号转导（图15-2 F）。

二、信号转导的基本特征

细胞信号转导是多通路、多环节、多层次和高度复杂的过程。其主要特征如下：

1. 信号转导的作用机制具有专一性和相似性　虽然不同的信号转导通路有共同的信号转导分子，但不同的刺激能产生不同的应答反应，这说明细胞信号转导具有专一性。然而，面对众多纷杂的胞外信号，只通过少数几种第二信使便可介导多种多样的细胞应答反应，从而说明信号转导作用机制的相似性。

2. 信号转导过程中具有级联放大效应　细胞在对外源信号进行识别、转换和传递时，大多具有瀑布似逐级将信号加以放大的作用。在一条信号传递链上，胞外信号分子（第一信使）被细胞表面受体识别后，在细胞内产生一些分子量小而短暂存在的信号分子（第二信使），活化或改变信号转导通路的下游分子的活性。产生第二信使和信号级联反应的一个重要特征是放大原始信号，致使靶细胞产生强大的生物学效应。

3. 信号转导通路具有综合性和发散性　不同受体能识别和结合各自特异性配体，来自各种非相关受体的信号，可以在细胞内综合为激活一个共同的效应器的信号，从而引起细胞生理、生化反应和细胞行为相似的改变。另外，来自相同的配体的信号，又可发散地激活各种不同的效应器，导致多样的细胞应答。

4. 信号转导通路具有通用性和多样性　信号转导的通用性是指不同信号转导通路可介导相同的生物学效应，如趋化因子可通过不同的信号转导通路传递信号，如激活 PKA 通路、PI3K 通路、MAPK 通路等，激活的信号转导通路虽然不同，但产生的生物学效应是相同的，即促进细胞趋化运动。而信号转导的多样性是指同一条信号转导通路可在细胞中发挥多种不同的生物学效应，如 cAMP 通路不仅可介导胞外信号对细胞的生长、分化产生效应，也可调节物质代谢和神经递质的释放。

第二节　信号分子与受体

对多细胞生物而言，细胞之间必须进行相互间的信号交流，使之形成一个功能协调和完善的生命活动整体。而细胞之间的信号交流是靠信号分子及相应的靶细胞上特异受体的结合来实现的。

一、信号分子

信号分子（signaling molecules）是指由特定的信号源（如信号细胞）产生的，可以通过神经或体液转导等方式进行传递，作用于靶细胞并产生特异应答的一类化学物质。信号分子可根据其分泌方式和作用机制而分为以下几大类。

（一）激素

激素（hormone）是由内分泌细胞分泌，通过血液循环而传递至靶细胞，与靶细胞的特异性受体结合，而发挥生理作用的生物活性物质。激素的种类繁多，功能各异。按照化学本质的不同，可将激素分为 4 大类：①类固醇类；②氨基酸衍生物类；③多肽和蛋白质类；④脂肪酸衍生物类。根据物理性质不同，可将激素分为水溶性和脂溶性两大类。水溶性激素为蛋白类、肽类及氨基酸衍生物等。脂溶性激素主要包括类固醇激素和甲状腺素。

（二）神经递质和神经肽

神经递质（neurotransmitter）和神经肽是神经系统的信号分子。它们由神经细胞分泌，在神经突触间隙将信号传递给突触后的靶细胞。按化学本质的不同，神经递质可分为：①有机胺类；②氨基酸类；③神经肽类。

（三）生长因子

生长因子（growth factor，GF）是由各种分化的组织细胞分泌的肽类或蛋白质类胞外信号分子。主要通过旁分泌或自分泌途径发挥作用，调节靶细胞的生长与分化。根据其来源及功能进行分类命名，可分为表皮生长因子（epidermal growth factor，EGF）、成纤维细胞生长因子（fibroblast growth factor，FGF）、血小板衍生生长因子（platelet-derived growth factor，PDGF）、神经生长因子（nerve growth factor，NGF）、肝细胞生长因子（hepatocyte growth factor，HGF）、血管内皮细胞生长因子（vascular endothelial growth factor，VEGF）等。

（四）细胞因子

细胞因子（cytokine）是由免疫细胞或相关细胞分泌的低分子蛋白质。作为免疫系统的信号分子，其分泌后数秒或数毫秒即被清除，仅作用于周围相邻细胞或自身细胞，参与旁分泌或自分泌细胞间通讯。细胞因子种类繁多，功能复杂，已发现的有 100 多种。细胞因子的分类命名比较混乱，按产生的细胞可将其分为单核因子、淋巴因子、巨噬细胞因子等。按结构不同可将其分为白介素（interleukin，IL）、干扰素（interferon，IFN）、淋巴毒素（lymphotoxin，LT）、集落刺激因子（colony stimulating factor，CSF）、肿瘤坏死因子（tumor necrosis factor，TNF）、转化生长因子（transforming growth factor，TGF）、趋化因子（chemokine）等。

（五）无机物

与细胞信号转导有关的无机物主要包括无机离子（如 Ca^{2+}）、气体分子（如 NO、CO）等，这些物质在细胞内浓度的改变，也可以引发信号传递，发生特定的生理效应。

二、信号转导受体

受体（receptor）是指存在于靶细胞膜上或细胞内的一类能够识别和结合特异信号分子，并引发靶细胞产生特定的细胞内反应的蛋白质（糖蛋白或脂蛋白）。由于信号分子与其受体之间存在特异的结合作用，故通常也将这些信号分子称之为配体（1igand）。

按照受体存在的亚细胞部位的不同，可将其分为细胞膜受体和细胞内受体两大类。其中，细胞膜受体又可以按照其分子结构与功能的不同，分为离子通道型受体（ion-channel-linked receptor）、G 蛋白偶联型受体（G-protein-linked receptor）和催化型受体（catalytic receptor）3 大类。

（一）离子通道型受体

此型受体本身就是位于细胞膜上的配体门控离子通道，其共同特点是由均一的或非均一的亚基构成寡聚体，并由这些亚基围成一跨膜通道，故又称为环状受体。此型受体依赖配体是否与之结合来控制通道的开关，选择性地允许离子进出细胞，引起细胞内某种离子浓度的改变，从而触发生理效应（图 15-3）。此型受体的配体主要为神经递质等信息物质，主要在神经冲动的快速传递中起作用。

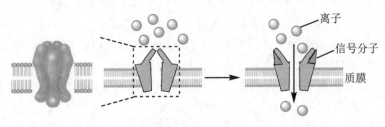

图 15-3　离子通道型受体

离子通道型受体分为阳离子通道，如乙酰胆碱、谷氨酸和 5- 羟色胺的受体，阴离子通道（单跨膜 α- 螺旋型受体），如甘氨酸和 γ- 氨基丁酸的受体。

（二）G 蛋白偶联型受体

G 蛋白偶联受体通常为单体或均一的亚基组成的寡聚体，其多肽链可分为细胞外区、跨膜区和细胞内区三部分。它们在结构上的共同特征是单一肽链 7 次穿越膜，构成 7 次跨膜受体（图 15-4）。此类受体与 G 蛋白偶联，并通过 G 蛋白向下游传递信号，因此称为 G 蛋白偶联受体。

G 蛋白由 α、β 和 γ 三个亚基组成，有两种构象，一种以 αβγ 三聚体存在，并与 GDP 结合，为非活化型；另一种是 α 亚基与 GTP 结合并导致 βγ 二聚体脱落，为活化型（图 15-5）。α 亚基具有 GTP 酶活性，可将 GTP 水解为 GDP，使该亚基失活而重新与 βγ 亚基结合成为三聚体，从而终止信号转导。G 蛋白偶联型受体包括多种神经递质、肽类激素和趋化因子的受体。

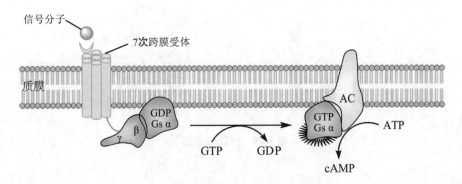

图 15-4　G 蛋白偶联受体结构示意图

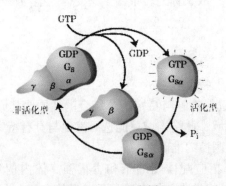

图 15-5　G- 蛋白循环

7 次跨膜受体关键信号转导分子——G 蛋白的发现

　　自发现第二信使 cAMP 后，腺苷酸环化酶（AC）活化的详细机制成为当时最引人入胜的生物化学研究领域。1969 年，罗德贝尔（M. Rodbell）首先证明了 AC 本身不是外源信号的受体，接着发现 GTP 为 AC 活化所必需。1971 年，吉尔曼（A.G. Gilman）分离出 G 蛋白，并证明了 G 蛋白是受体与 AC 之间的信号中介分子，能将受体接收的信号传导到细胞内部，这类蛋白质有一个共同的特点，都连接在 GTP 上。它们从外界接收信息，进行调整、集合、放大，再传递到细胞内的功能器上，由此开辟了认识细胞内 G 蛋白偶联受体信号转导机制的先河。吉尔曼和罗德贝尔因为发现了 G 蛋白而荣获 1994 年诺贝尔生理学或医学奖。

（三）催化型受体

　　催化型受体需要直接依赖酶的催化作用作为信号传递的第一步反应，故又称为酶偶联受体。因其仅含一个跨膜区段，又称单跨膜受体。这些受体或自身具有酶活性，或者自身没有酶活性，但与酶分子结合存在。催化型受体主要接受生长因子和细胞因子的信号，调节细胞内蛋白质的功能和表达水平（图 15-6）。

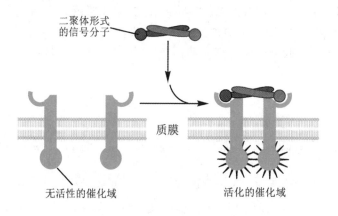

图 15-6　催化型受体

（四）细胞内受体

　　此型受体分布于胞浆或胞核，多为反式作用因子，当与相应配体结合后，能与 DNA 的顺式作用元件结合，调节基因转录，故又称为转录因子型受体。能与该型受体结合的信号分子有类固醇激素和甲状腺激素等。

三、受体与信号分子结合特点

　　受体与信号分子结合有以下特点：

　　1. **高度专一性**　指受体选择性地与特定配体结合的性质。其原因在于受体分子上存在具有一定空间构象的配体结合结构域，此结构域只能选择性地与具有特定分子结构的配体相结合。受体与配体的特异性结合保证了调控的准确性。

　　2. **高度亲和力**　受体与相应配体间的亲和力很强。体内信息分子的浓度非常低，一般 $\leq 10^{-8}$ mol/L，但却能产生显著的生物学效应，足见二者的亲和力之高。

3. 可逆性　受体与配体一般以非共价键可逆地结合在一起，当生物效应发生后，两者即解离，从而导致信号转导的终止。解离后的受体可恢复到原来的状态，并被再次利用，而配体则常被立即灭活。

4. 可饱和性　细胞表面或细胞内的特异受体数目都是有限的。随着配体浓度的增加，可使受体与配体的结合达到饱和。当全部受体被配体占据以后，达到最大生理效应。

5. 可调节性　位于靶细胞表面或细胞内的受体数目以及受体对配体的亲和力是可以调节的。如果某种因素引起靶细胞受体数目增加和（或）对配体结合的亲和力增高，称为向上调节（up regulation）；反之，则称为向下调节（down regulation）。向上调节可增强靶细胞对信号分子的反应敏感性（超敏），而向下调节则降低靶细胞对信号分子的反应敏感性（脱敏）。

第三节　主要信号转导途径

胞外信号产生，作用于靶细胞并产生生理反应的一系列级联反应称为细胞信号转导途径（cell signaling pathway）。不同的信号转导途径，其信号转导机制不同、复杂程度不同，参与的信号分子也不同。现介绍几条比较重要的途径。

一、膜受体介导的信号转导途径

膜受体介导的信号转导途径的共同特征：是通过存在于细胞外的信号分子与靶细胞膜表面受体的特异结合来触发细胞内的信号转导过程，信号分子本身并不进入细胞。在这种信号转导机制中，常将在细胞外传递特异信号的信号分子称为第一信使，而将在细胞内传递特异信号的小分子物质（如 cAMP、cGMP、Ca^{2+}、DG、IP_3）及 TPK 等称为第二信使（second messenger）。

（一）环核苷酸依赖的蛋白激酶信号转导途径

1. cAMP-蛋白激酶途径　该信号通路以靶细胞内 cAMP 的产生和 cAMP 依赖性蛋白激酶（又称蛋白激酶 A，protein kinase A，PKA）的活化为主要特征，是多种激素发挥调节作用的重要通路，其作用是调节物质代谢。这是一条经典的信号转导途径，信号分子通常与 G 蛋白偶联型受体相结合而激活此途径。一般说来，构成 cAMP 信号转导途径的级联反应为：信号分子→膜受体→ G 蛋白→ AC → cAMP → PKA →效应蛋白或酶→生物学效应（图 15-7）。

当胞外信号分子与靶细胞膜上的特异性 G 蛋白偶联受体结合，导致受体的构象发生改变而被激活，进而引起 G 蛋白构象改变，G 蛋白解离成 α 亚基和 βγ 亚基两部分，α 亚基与 1 分子 GTP 结合转变为激活状态。活化的 G 蛋白能激活腺苷酸环化酶（AC），AC 催化 ATP 转化为 cAMP，使细胞内 cAMP 浓度升高。

cAMP 对细胞的调节作用是通过激活 PKA 系统来实现的。PKA 是一种由四聚体组成的别构酶（C_2R_2）。其中 C 为催化亚基，R 为调节亚基。每个调节亚基上有两个 cAMP 结合位点，催化亚基具有催化底物蛋白质某些特定丝 / 苏氨酸残基磷酸化的功能。催化亚基与调节亚基相结合时，PKA 呈无活性状态。当 4 分子 cAMP 与 2 个调节亚基结合后，调节亚基脱落，游离的催化亚基具有蛋白激酶活性（图 15-8）。PKA 是消耗 ATP 使多种蛋白质磷酸化的酶，其生理作用主要包括：对物质代谢、基因表达、细胞膜离子通透性以及细胞骨架蛋白功能的调节。

2. cGMP-蛋白激酶途径　cGMP 由 GTP 在鸟苷酸环化酶（guanylate cyclase，GC）的催化下生成，经磷酸二酯酶催化而降解。该转导途径为：信号分子→膜受体 /GC → cGMP → cGMP 依赖性蛋白激酶 G（PKG）→效应蛋白或酶→生物学效应。

GC 是单次跨膜蛋白受体，胞外段是配体结合部位，胞内段为催化结构域（图 15-9）。主要

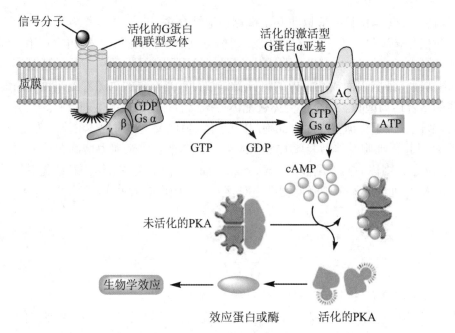

图 15-7　cAMP- 蛋白激酶途径示意图

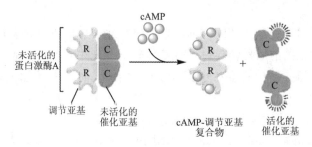

图 15-8　蛋白激酶 A 的活化

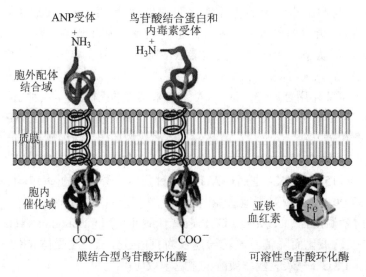

图 15-9　受体鸟苷酸环化酶

配体有心钠素（atrial natriuretic peptides，ANP）和脑钠肽（brain natriuretic peptides，BNP）等。例如，当心脏的血流负载过大时，心房细胞分泌的 ANP 能与靶细胞膜上的受体结合，活化 GC，催化 GTP 生成 cGMP，激活 PKG，催化有关蛋白或酶类磷酸化，产生生物学效应，即松弛血管平滑肌和增加尿钠，并间接影响交感神经系统和肾素 - 血管紧张素 - 醛固酮系统，从而降低血压。

除了与质膜结合的 GC 外，在细胞质基质中还存在可溶性的 GC，它们是 NO 或 CO 作用的靶酶，催化产生 cGMP，使 cGMP 生成增加，进一步激活 PKG，导致血管平滑肌松弛。

NO 在信号转导中作用与"伟哥"的问世

佛契哥特（R.F. Furchgott）、伊格纳罗（L. J. Ignarro）、慕拉德（F. Murad）因发现一氧化氮（NO）是机体产生的一种信号分子，获得 1998 年的诺贝尔生理学或医学奖。NO 因此而成为"明星分子"。

药物开发商辉瑞公司看到了其中的机会，想从 NO 的道路里挖点"降压药"卖，他们将目标锁定在了 cGMP 身上，开发出一种能抑制磷酸酯酶的化合物，但在临床试验时，发现在高血压病人身上几乎看不到什么降压效果，眼看数十亿美金的投入即将毁于一旦，却意外发现一群常年阳痿患者，服用这个化合物可以让他们"重振雄风"。辉瑞公司立即改变研发方向，把这个化合物做成"壮阳药"。不久一个别名叫"伟哥"的药物开始畅销全球。原来这一化合物是 5 型磷酸二酯酶的选择性抑制剂，通过抑制海绵体内分解 cGMP 的 5 型磷酸二酯酶来增强 NO 的作用，增加海绵体内 cGMP 水平，松弛平滑肌，使血液流入海绵体。

（二）IP₃/DG-PKC 途径

该途径是一种以三磷酸肌醇（inositol 1,4,5-triphosphate, IP$_3$）和二酰甘油（diacylglycerol, DG）为第二信使的双信号途径（图 15-10）。

当外界信号分子，如促甲状腺素释放激素、去甲肾上腺素和抗利尿激素等作用于靶细胞膜上特异性受体后，通过特定的 G 蛋白激活磷脂酰肌醇特异性磷脂酶 C（PI-PLC），后者水解膜组分——磷脂酰肌醇 -4, 5- 二磷酸（PIP$_2$）而生成 DG 和 IP$_3$。存在于膜上的 DG 在磷脂酰丝氨酸和 Ca^{2+} 的配合下激活蛋白激酶 C（PKC）；而 IP$_3$ 生成后，从膜上扩散至胞质中与内质网上的受体结合，促使这些钙储库内的 Ca^{2+} 迅速释放，使胞质内的 Ca^{2+} 浓度升高，Ca^{2+} 能与胞质内的 PKC 结合并聚集至质膜，在 DG 和膜磷脂共同诱导下激活 PKC。

PKC 由一条多肽链组成，含一个催化结构域和一个调节结构域。一旦 PKC 的调节结构域与 DG、磷脂酰丝氨酸和 Ca^{2+} 结合，便引起 PKC 构象改变而暴露出活性中心。PKC 通过对靶蛋白的磷酸化修饰而改变功能蛋白质的活性和性质，参与多种生理功能的调节。

（三）酪氨酸蛋白激酶途径

酪氨酸蛋白激酶（tyrosine protein kinase, TPK）途径是指信号分子激活受体型或非受体型 TPK 引发的一系列细胞内信息传递的级联反应。该途径在细胞的生长、增殖、分化等过程中起重要的调节作用，并与肿瘤的发生关系密切。

1. 受体型 TPK 途径　该信号转导途径大致分三个阶段，受体活化，受体与激酶之间的偶联以及磷酸化级联反应。

（1）受体活化　信号分子与受体结合后使受体二聚体化。二聚体化受体自身磷酸化，受体胞内区羧基端酪氨酸残基磷酸化，同时酪氨酸激酶区活化。

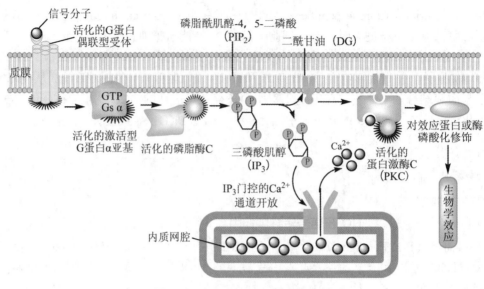

图 15-10　IP$_3$/DG-PKC 途径示意图

（2）受体与激酶之间信号的偶联　激活的 TPK 把信号通过生长因子受体结合蛋白 2（growth factor receptor-bound protein2, Grb2）和 Ras 鸟苷酸转换因子（Sos）传递到 Ras，使 Ras 发生 GDP/GTP 的交换而被激活。

（3）磷酸化级联反应　Ras 激活以后可以启动多条信号转导通路。其中最重要的一条是丝裂原活化蛋白激酶（mitogen-activated protein kinase, MAPK）磷酸化级联反应。MAPK 是一类高度保守的癌基因产物，与细胞的增殖、分化有密切的关系。它的激活是在 MAPK 的激酶（MAPK-kinase, MAPKK）作用下完成的，而 MAPKK 的激活还需要 MAPKK 的激酶（MAPKK-kinase, MAPKKK），由此构成一个三级的磷酸化级联反应。最上层的 MAPKKK 由 Ras 直接激活（图 15-11）。

MAPK 被激活以后，可激活下游的多种靶蛋白，包括一系列转录因子（transcription factors）和其他蛋白激酶。MAPK 可进入细胞核内直接调节某些转录因子——DNA 复合物的活性，启动一系列早期快反应基因（immediate early gene）的表达。

2. 非受体型 TPK 途径　许多细胞因子受体自身没有激酶结构域，与细胞因子结合后，受体通过近膜区的蛋白酪氨酸激酶 JAK 的作用使信号转导子和转录激动子（signal transductors and activator of transcription，STAT）的酪氨酸磷酸化，磷酸化的 STAT 分子形成二聚体进入细胞核，作为转录因子影响相关基因的表达，改变细胞的增殖和分化。

二、胞内受体介导的信号转导途径

细胞内受体多为转录因子，能与该型受体结合的信号分子有类固醇激素、甲状腺素、维生素 D 和维甲酸等。它们进入细胞后，如果其受体位于细胞核内，则被运输至核内与其受体形成激素 - 受体复合物；如果其受体位于胞浆，激素则在胞质中与受体结合形成激素 - 受体复合物，导致受体的构象发生改变，与抑制其作用的蛋白分子，如热休克蛋白（heat shock protein，HSP）分离，暴露出受体的核内转移部位及 DNA 结合部位，激素 - 受体复合物转移至核内，并与其靶基因相邻的 DNA 激素反应元件（hormone response element，HRE）结合，进而促进（或抑制）靶基因的转录（图 15-12）。

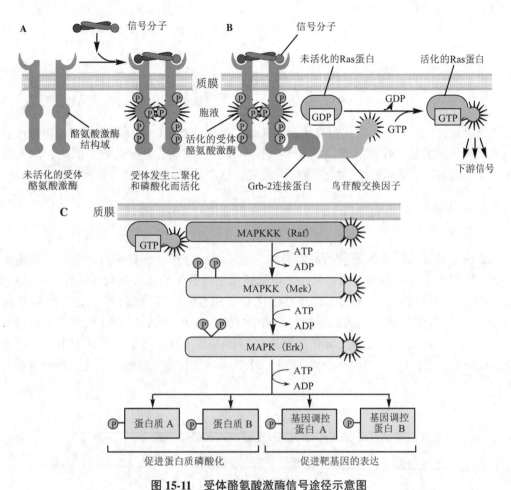

图 15-11　受体酪氨酸激酶信号途径示意图
（A.受体的活化；B.受体与激酶之间信号的偶联；C.MAPK 级联反应）

图 15-12　脂溶性激素转导途径示意图

第四节 信号转导异常与疾病

正常的信号转导是人体正常代谢与功能的基础，是保证细胞内物质和能量代谢正常进行的关键。如果人体内信号转导出现异常，就会导致代谢紊乱、疾病，甚至死亡。因此，深入研究信号转导的分子机制对于认识临床疾病的发生、发展、诊断及治疗都具有重要意义。

一、G 蛋白异常与疾病

（一）霍乱

霍乱是由霍乱弧菌引起的烈性肠道传染病。患者起病急骤，剧烈腹泻，常有严重脱水、电解质紊乱和酸中毒，可因循环衰竭而死亡。霍乱弧菌通过分泌活性极强的外毒素——霍乱毒素，干扰细胞内信号转导过程。霍乱毒素选择性催化 Gsα 亚基的精氨酸 201 核糖化，此时 Gsα 仍可与 GTP 结合，但 GTP 酶活性丧失，不能将 GTP 水解成 GDP，从而使 Gsα 处于不可逆性激活状态，不断刺激 AC 催化 ATP 生成 cAMP，胞浆中的 cAMP 含量可增加至正常的 100 倍以上，导致小肠上皮细胞膜蛋白构型改变，大量氯离子和水分子持续转运入肠腔，引起严重的腹泻和脱水（图 15-13）。

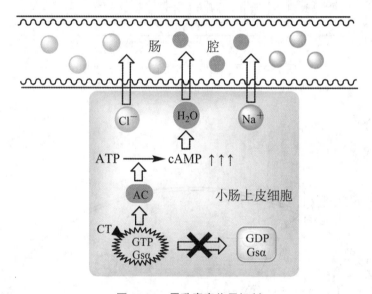

图 15-13　霍乱毒素作用机制

（二）肢端肥大症和巨人症

生长激素（growth hormone，GH）的分泌受下丘脑 GH 释放激素和生长抑素的调节，GH 释放激素经激活 Gsα，使 cAMP 增高，促进分泌 GH 的细胞增殖和分化。

垂体腺瘤的病人，由于编码 Gsα 的基因突变，其特征是 Gsα 的精氨酸 201 被半胱氨酸或组氨酸取代，或谷氨酰胺 227 被精氨酸或亮氨酸取代，这些突变抑制了 GTP 酶活性，使 Gsα 处于持续激活状态，cAMP 含量增多，垂体细胞生长和分泌功能活跃。GH 的过度分泌，可刺激骨骼过度生长，在成人引起肢端肥大症，在儿童引起巨人症。

二、受体异常与疾病

受体病亦称受体异常症，是由于受体数量、结构或调节异常，导致受体功能异常，使之不能正常介导配体在靶细胞中应有的效应所致的疾病。

受体异常可表现为：受体下调（受体数目减少）或脱敏（对配体刺激的反应性减弱或消失）。受体上调（受体数目增加）或超敏（对配体刺激的反应过度）。受体病按病因可分为：

（一）遗传性受体病

由于编码受体的基因突变，导致受体缺失、减少或结构异常而引起的遗传性疾病。

家族性高胆固醇血症是由于基因突变引起的 LDL 受体异常症，为常染色体显性遗传。肝细胞及肝外组织的细胞膜广泛存在 LDL 受体，它能与血浆中富含胆固醇的 LDL 颗粒相结合，并经受体介导的内吞作用进入细胞。在细胞内受体与 LDL 解离，再回到细胞膜，而 LDL 则在溶酶体内降解并释放出胆固醇，供给细胞代谢需要并降低血浆胆固醇含量（图 15-14）。

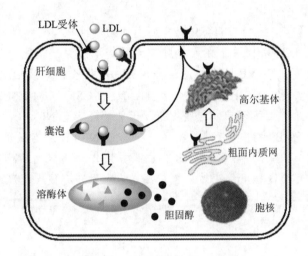

图 15-14　LDL 受体的代谢过程

按受体突变的类型及分子机制可分为：①受体合成障碍：最常见，约占 50%；②受体转运障碍：在内质网合成的受体前体不能正常转运至高尔基体；③受体与配体结合障碍：受体的配体结合区缺乏或变异；④受体内吞障碍：与 LDL 结合后不能内吞入细胞。

家族性高胆固醇血症的临床表现：因 LDL 受体数量减少或功能异常，对血浆 LDL 的清除能力降低，患者出生后血浆 LDL 含量高于正常，发生动脉硬化的危险也明显升高。

（二）自身免疫性受体病

重症肌无力是一种神经肌肉间传递功能障碍的自身免疫病，主要特征为受累横纹肌稍行活动后即迅速疲乏无力，经休息后肌力有程度不同的恢复。轻者仅累及眼肌，重者可波及全身肌肉，甚至因呼吸肌受累而危及生命。

正常情况下，神经冲动抵达运动神经末梢时，释放乙酰胆碱（Ach），Ach 与骨骼肌的运动终板膜表面的烟碱型乙酰胆碱（n-Ach）受体结合，使受体构型改变，离子通道开放，Na^+ 内流形成动作电位，肌纤维收缩。

重症肌无力的发生机制：在患者的胸腺上皮细胞及淋巴细胞内含有一种与 n-Ach 受体结构相似的物质，可能作为自身抗原而引起胸腺产生抗 n-Ach 受体的抗体。抗 n-Ach 受体抗体通过干扰 Ach 与受体的结合；或是加速受体的内吞与破坏，最终导致运动神经末梢释放的 Ach 不能充分与运动终板上的 n-Ach 受体结合，使兴奋从神经传递到肌肉的过程发生障碍，从而影响肌肉的收缩，导致重症肌无力。

架起通向临床的桥梁

1. **JAK-STAT 信号通路与白血病**　白血病是造血组织的恶性疾病，又称"血癌"，是最常见的恶性肿瘤之一。很多研究成果都表明，JAK-STAT 通路的异常激活在白血病的病理机制中占据着重要的地位。STAT1、STAT3 和 STAT5 就是白血病中最常见的持续激活的信号蛋白。不同类型的白血病细胞可以表现为一种或多种 STAT 蛋白的异常激活，例如在淋巴细胞白血病和单核粒细胞白血病中，常见的是 STAT5 的持续激活；而骨髓系白血病细胞则以 STAT3 持续激活为主。激酶 JAK 对整个信号通路激活起着关键作用。迄今，我们已经在人体白血病细胞中发现了很多 JAK 基因的点突变，其中的一些点突变造成激酶 JAK 持续激活 STAT 蛋白。

2. **NF-κB 信号通路与癌症**　NF-κB 具有明显的抑制细胞凋亡的功能，与肿瘤的发生、生长和转移等多个过程密切相关。在人类肿瘤尤其是淋巴系统的恶性肿瘤中，常可发现 NF-κB 家族基因的突变。NF-κB 的持续激活会刺激细胞生长，导致细胞增殖失控。NF-κB 与肿瘤治疗息息相关。IFN-α、IFN-β、TNF-α、IL-2、G-CSF、GM-CSF 是迄今为止被批准用于临床肿瘤治疗的几种细胞因子，这些细胞因子已被证实与 NF-κB 的信号通路有关。目前，国内外主要以 NF-κB 为靶点，使用抗氧化剂抑制 NF-κB 活性以及针对 p65 和 p50 设计小分子干扰 RNA（siRNA）抑制 NF-κB 合成等方法作为癌症的治疗策略，而且在动物实验及细胞培养中取得不同程度的疗效，但是离临床应用还有很大距离。

（周太梅）

中英文专业词汇索引

1,6- 二磷酸果糖　fructose-1,6-phosphate，F-1,6-P　90

5- 氟尿嘧啶　5-fluorouracil，5-FU　157

5- 羟色胺　5-hydroxytryptamine，5-HT　145

6- 磷酸果糖　fructose-6-phosphate，F-6-P　90

6- 磷酸葡萄糖　glucose-6-phosphate，G-6-P　90

6- 巯基嘌呤 6-mercaptopurine，6-MP　157

ALA 合酶　ALA synthase　203

cAMP 依赖性蛋白激酶（蛋白激酶 A）cAMP-dependent protein kinase，PKA　261

cDNA 文库　cDNA library　168

C- 反应蛋白　C-response protein，CRP　199

DNA 结合域　DNA binding domain　187

DNA 聚合酶　DNA-directed DNA polymerase，DDDP　161

DNA 连接酶　DNA ligase　162

DNA 指导的 RNA 聚合酶　DNA-directed RNA polymerase，DDRP　169

G 蛋白偶联型受体　G-protein-linked receptor　258

MAPKK 的激酶　MAPKK-kinase，MAPKKK　264

MAPK 的激酶　MAPK-kinase，MAPKK　264

N- 乙酰谷氨酸　N-acetyl glutamic acid，AGA　142

RNA 指导的 DNA 聚合酶　RNA-directed DNA polymerase，RDDP　167

S- 腺苷甲硫氨酸　S-adenosyl methionine，SAM　148

α_1- 酸性蛋白　α_1-acid glycoprotein，α_1-AG　199

α_2- 巨球蛋白　α_2-macroglobulin，α_2-MG　200

α- 磷酸甘油穿梭　glycerol-α-phosphate shuttle　81

α- 螺旋　α-helix　11

β- 折叠　β-pleated sheet　12

β- 转角　β-turn　13

γ- 氨基丁酸　γ-aminobutyric acid，GABA　145

δ 氨基 -γ- 酮戊酸　δ-aminolevulinic acid，ALA 203

A

氨蝶呤　aminopterin　50,158

氨基酸　amino acid　6

暗适应　dark adaptation　41

B

白喉毒素　diphtheria toxin　183

白介素　interleukin，IL 258

白三烯　leukotrienes，LT　121

胞嘧啶　cytosine，C　25

吡哆醇　pyridoxine　48

吡哆醛　pyridoxal　48

必需基团　essential group　60

变构酶　allosteric enzyme　64

变性　denaturation　19

标准碳酸氢盐　standard bicarbonate，SB 252

表达载体　expression vector　190

表皮生长因子　epidermal growth factor，EGF　258

别构效应　allosteric effect　17

别嘌呤醇　allopurinol　156

丙酮酸激酶　pyruvate kinase，PK　92

丙酮酸羧化支路　pyruvate carboxylation shunt　104

丙酮酸脱氢酶复合体　pyruvate dehydrogenase complex，PDH　94

补体　complement　199

C

成纤维细胞生长因子　fibroblast growth factor，FGF　258

操纵序列　operator，O　185

操纵子　operon　185

产物　product，P　56

肠激酶　entero kinase　136

超氧化物歧化酶　superoxide dismutase，SOD　87

沉默子　silencer　187

醇脱氢酶　alcohol dehydrogenase，ADH 213

次黄嘌呤 - 鸟嘌呤磷酸核糖转移酶　hypoxanthine-guanine phosphoribosyl transferase，HGPRT　152

催化型受体　catalytic receptor　258

D

单胺氧化酶系　monoamine oxidase，MAO 213

269